庞杰 主编

食品文化概论

Shipin Wenhua Gailun

化学工业出版社

·北京·

本书由文化角度来话食品养生，是一本传统食文化与养生文化交融的图书，通过对文化概论、文化传播、食品文化概论、中国食品文化与民俗学关系、中国食品文化的种类、食品文化与认知科学、餐具与烹饪文化、食品文化的体验、食品文化的传播、中国的食品安全等方面介绍祖国相关文化的同时，又介绍了生活中的一些养生习惯，对读者有一定的指导作用。本书既具有创新的学术价值，又具有一定的应用价值。

本书能给文化类、食品类和医学类的本科生、研究生、教师，以及非专业的普通读者提供参考，同时又可使国内外读者对中国的传统文化有所认识，又能给相关领域的研究人员提供参考。

图书在版编目（CIP）数据

食品文化概论/庞杰主编．—北京：化学工业出版社，2009.2（2023.9 重印）

ISBN 978-7-122-04422-8

Ⅰ．食…　Ⅱ．庞…　Ⅲ．饮食-文化-中国　Ⅳ．TS971

中国版本图书馆 CIP 数据核字（2008）第 203652 号

责任编辑：赵玉清　　文字编辑：王新辉

责任校对：宋　夏　　装帧设计：尹琳琳　风行书装

出版发行：化学工业出版社（北京市东城区青年湖南街 13 号　邮政编码 100011）

印　　装：北京虎彩文化传播有限公司

720mm×1000mm　1/16　印张 16½　字数 365 千字

2023 年 9 月北京第 1 版第 8 次印刷

购书咨询：010-64518888　　售后服务：010-64518899

网　　址：http://www.cip.com.cn

凡购买本书，如有缺损质量问题，本社销售中心负责调换。

定　　价：40.00 元

本书编写人员名单

主　　编　庞　杰

副主编　鲁玉妙　王良玉　刘湘洪

编写人员　（以姓氏笔画为序）

王世宽（四川理工学院）
王良玉（福建师范大学福清分校）
田妍基（宁德职业技术学院）
向珣（浙江大学）
刘晓丽（广东工业大学）
刘湘洪（海南大学）
齐海萍（大连民族学院）
陈慧（宜宾职业技术学院）
吴先辉（宁德职业技术学院）
李清明（湖南农业大学）
何明祥（福建省福清市质量技术监督局）
林洋（福建省福州市质量技术监督局）
庞杰（福建农林大学）
莫开菊（湖北民族学院）
鲁玉妙（西北农林科技大学）

前言

“饮食男女，人之大欲存焉（《礼记·礼运》）”，意思是说饮食是人类生存最基本的需要。食品文化以食品为物质基础，它所反映出来的精神文明，是人类文化发展的一种标志。食物对于动物和人是不同的，人在享用食物的时候，已经摆脱了对物欲的单纯追求，而是将饮食美化、雅化，将饮食行为升华成为一种精神享受所呈现出来的文化形态，并通过人们吃什么、怎么吃、为什么吃、吃的效果、吃的观念、吃的情趣、吃的礼仪等表现出来。因此，饮食是关系到国计民生的一件大事。对食物烹饪的重视和考究，以及人们对于饮食的观念，能够表现出一个国家的文化素养，同时也是一个国家物质文明和精神文明的体现。中国饮食是中华文明的产物，其文明成熟度高于世界其他文明古国。近些年来，各国都在着力弘扬和传播中国的饮食文化。

中国饮食文化对外传播历史悠久，从先秦时期开始，中国文化就以饮食为先导，担负起了文化传播的使命。中国传统文化在长达数千年的历史中一直走在世界前列，它所树立的一座座丰碑，至今仍然令人景仰。然而，十五六世纪以来，随着世界形势的变化，中国文化的这种领先地位逐渐丧失，唯有中国饮食文化仍不断走向世界，这应该归功于华侨华人在海外的推广，而这种推广是充满艰辛的，其原因就在于这种传播缺少一个较大的平台和先进的营销理念。有研究者指出：“在中国这个拥有几千年饮食文化的文明古国，在西方人眼中被看做东方美食之都的中国大地，蓬勃发展的餐饮业却始终摆脱不了这样一大困惑——有名冠全球的招牌菜系，有各界津津乐道的美味小吃，却难觅称霸世界的餐饮企业。”这与当今麦当劳和肯德基等西式快餐传入中国的速度相比大为逊色。面对洋快餐在中国的疯狂扩张，我们应当作出迅速反应，抓住机遇，创造出一个个传播中国饮食文化的平台。我们必须充分开发中国饮食文化资源，创造性地实现各国文化与中国文化的交流与融合。这落实在饮食管理上，就是要坚持中餐和西餐相结合，确立一种促进身心和谐发展的良好生活方式，并且进一步丰富中国饮食文化的内涵，弥补其缺憾，为我国现代化建设的发展创造良好的文化环境，展示中国饮食文化特色，把中国和世界结合起来，让世人记住中国的饮食文化。

中华饮食文化的精华是“善在调味，重在营养，美在造型”。中华饮食文化博览馆与众多食品文化节是展示中华饮食文化发展历史，体现民族传统饮食精华，弘扬中华民族传统饮食文化的重要平台，代表着中国人民的一种文化创造。同时，对于挽救那些质优量少且风味佳的传统特色食品也具有极为重要的意义。我们应该在实现传统食品工业化的同时，给传统土特产品保留一块让它自由充分发展的空间，这样做不仅仅是在保留一种产品、一个工艺或一种配方，更是在弘扬一种传统和一种文化。

本书由福建农林大学、西北农林科技大学、浙江大学、海南大学、福建师大福清分校、广东工业大学、湖南农业大学、四川理工学院、大连民族学院、湖北民族学院、宁德职业技术学院、宜宾职业技术学院、福州市质量技术监督局以及福清市质量技术监督局共同编写而成。本书各章节分别由以下作者完成：绪论庞杰；第一章王世宽、莫开菊；第二章刘晓丽、吴先辉；第三章齐海萍、田妍基；第四、第六章王良玉、陈慧（在第四、第六章编写过程中福建省福州市质量技术监督局林洋、张国德提供宝贵意见）；第五、第十章吴先辉；第七章何明祥、林洋（在第七章编写过程中福建省福清市质量技术监督局郑春明、林士东提供指导与帮助）；第八章李清明；第九章刘湘洪、向珣。福建农林大学食品科学学院汤颖颖、曾恩萍、吴则人参加了文字整理工作，杨艳参加了全书的配图及文字编排工作。全书由庞杰、鲁玉妙修改、统稿，并对个别章节进行修改。江南大学食品文化研究所所长徐兴海教授对全书进行了审定。

本书可作为高等学校食品质量与安全和食品科学与工程专业，以及高等农林院校素质教育的公选课教材，亦可供有关院校及科技人员参考，同时也可供从事文化研究、传播研究相关人士阅读。

由于编者水平所限，书中难免有不当之处，敬请同行、专家和广大读者批评指正，我们将十分感谢。

编者

2008 年 10 月

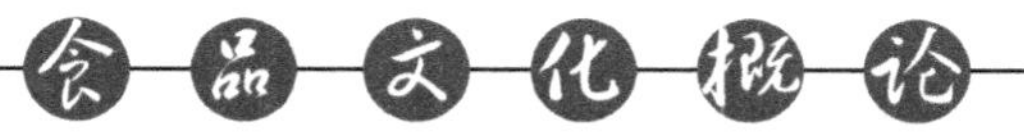

目录

第一章 绪论

第一节 食品文化概述

一、食品文化的起源

对于中国饮食文化而言，饮食是其次要部分，而饮食所承载的文化才是其主要部分。这与原创时期的饮食文化有密切关系。中国文化起源于先秦时期，而食品文化也在这个时期占据了中国文化的特殊地位。

说中国文化起源于先秦时期，是因为在这个时期诞生了许多伟大人物，如孔子、孟子、老子、庄子、墨子、管仲、子产、邹衍，他们对随后中国的文化发展方向起到了重大影响，他们创建的学派深入社会形态和思想的建构之中，他们的文学创作奠定了中华民族的精神。说食品文化在这个时期占据了中国文化的特殊地位，是由于这个时期这些伟大的思想家都深刻地论断过食品文化，都深入地思考过食品文化与中国文化这两者间的联系，如中国文化中的“礼”由他们设计而成并灌输于日常饮食生活之中，食品文化中“中和”这一基本概念也是从这里开始的。他们的至理言论改变了中国人眼中的饮食概念，使它由简单的物质层次上升到了丰富的精神层次，对中国文化的发展产生了深远的影响。

中国古代的很多传说都与人们的生存状况或者饮食情况有关。

燧人氏的传说意义重大，虽其记载稍后了些，但却折射出先人的思想光辉。燧是火的意思，“燧人氏始钻木取火，炮火为熟，令人无腹疾，有异于禽兽”。《礼记·礼运》：“未有火化，食草木之食，鸟兽之肉，饮其血，茹其毛。”说明人类未用火之前的进食方式主要是生食，这一历史时期我们称其为“自然饮食状态”。恩格斯说过：“就世界性的解放作用而言，摩擦生火还是超过了蒸汽机，因为摩擦生火第一次使人支配了一种自然力，从而最终把人与动物界分开。”他还指出：“甚至可以把这种发现看做人类历史的开端。”因此燧人氏的地位很高，火的使用在食品文化发展史上具有划时代的意义。

另外一个与饮食文化密切相关的传说是伏羲氏，又称包牺氏、庖羲氏。庖，是庖厨的意思，纪念他将生食变成熟食的伟大贡献。牺是牺牲的意思，是古时宗庙祭祀用的纯色牲畜。祭祀表达了人们对神的敬畏，进而祈求鬼神的恩赐。《尚书·泰誓》中就有：“牺牲粢盛，既于凶盗。”其政治的全部内容几乎是祭祀鬼神。而祭祀必与饮食有关联。因为在古人看来，鬼神和祖先都要和人一样享用食物。不同的祭品象征着人与自然、人与鬼神、人与祖先之间不同的距离，提供好的饮食以求得到青睐。

神农氏也对中华民族的开端发挥了重要作用。轩辕黄帝与神农氏的战争史亦源于此，这个时期司马迁也撰写了一部有关中华民族历史的书，即《五帝本纪》。神农意味着农业的开始，农业的开始意味着先民开始产生生产食品的主动性，意义非凡。《神农本草经》是神农氏尝百草的结晶，充分表明中国人开始对食物的功能有了更新的关注，但这个时候的食品仍然是缺乏的。

这些中国神话，特别是创世神话，都与人的生存饮食有关，这些神话的伟大之处就在于其为人们提供了基本的生存饮食条件。神话作为一个民族精神的基石，从内容到社会根源都体现了人的中心地位，体现了中国的饮食观念："民以食为天。"作为人类生存的基本要义，饮食越来越受到中国人的重视，其重要性也成为体现社会伦理道德的载体；饮食已经不仅仅在于满足人类的生理需要，而是上升到了意识形态层面，成为体现民族精神的平台。中国饮食中的隐喻性特征与此也有着很大联系。

再有，许多古代的伟大人物及其著作搭起了中国文化与饮食的桥梁，空前提高了饮食的重要性，具有文化符号的作用。

被称为中国文化之源的《周易》对中国文化的影响非常巨大，它不仅论述了一个思维模式，又设计了具体的文化精神、价值理念。它也对中国的食品文化进行了可贵的探讨，如食对于民众的重要性、人体内的阴阳平衡与饮食、饮食有节、应时顺气、鼎中之变、五味调和、饮食礼仪等，不但反映了中国古代饮食烹饪名物制度，揭示其基本义理，而且其辨证的思维模式也在一定程度上指导着饮食文化的发展，"一阴一阳谓之道"的"中和观"后来成为饮食文化的核心思想。

《周易》中集中谈到饮食的有《颐卦》、《井卦》、《鼎卦》等。《颐卦》之"颐"是"面颊"的意思，指口中含着食物而鼓起的腮帮子。《颐卦》提出"节饮食"的观点。《象辞》说："山下有雷，颐，君子以慎语言，节饮食。"《井卦》的"井"是水井，井水供人引用，初六"井泥不食"，是说带有泥滓的井水不可食用，说明人们已经有了讲究饮水清洁的习惯。《鼎卦》的"鼎"是用来煮食的三足铜锅，只有王公贵族能够拥有，成为权力的象征。《象辞》说："鼎，象也，以木巽火，亨饪也。圣人亨以享上帝，而大亨以养圣贤。"以木材投入鼎下，就可以煮熟食物，圣人用煮熟的食物祭祀上帝，君王烹饪大量的食物供养圣贤。前一句是生活经验，后一句将饮食与治理国家联系到了一起。从中可以看出，《周易》不仅有具体的饮食记载与描绘，还通过辨证的思维及深刻的人生哲学角度来看饮食文化。说食是引子，说治理天下的大道理才是目的。饮食文化的意义鲜明地体现于此。

孔子是思想家，同时又是美食家。他对中国文化的影响巨大，他创立的儒学主导着中国古代的思想文化，渗透到中华民族生活的方方面面。虽然孔子的人生追求在于如何实现政治理想，只是"食无求饱，居无求安"，但是他同样把其对食品文化的许多独特创见及生动思想贯穿于日常生活之中。孔子说："士志于道而耻恶衣恶食者，未足与议也（《里仁》）。"意思是对于那些有志于追求真理，但又过于讲究吃喝的人，采取不予理睬的态度。可是对他大弟子那种苦学而不追求享受的人，则给予高度赞扬。他说："贤哉回也！一箪食，一瓢饮，在陋巷。人不堪其忧，回也不改其乐。贤哉回也（《雍也》）！"孔子自己所追求的也是一种平凡的生活，他说："饭蔬食饮水，曲肱而枕之，乐亦在其中矣。不义而富且贵，于我如浮云（《述而》）。"

孔子一生追求礼制的实现，把饮食礼仪与礼的思想相结合，对后世影响深远。

《论语》中不少内容与饮食文化有关，尤其以《乡党》一篇最为精辟。如“食不厌精，脍不厌细”，“斋必变食，居必迁坐”，“食噎而餲，鱼馁而败，不食”，“色恶，不食；臭恶，不食”，“失饪，不食”，“不时，不食”，“割不正，不食”，“不得其酱，不食”，“肉虽多，不使胜食气”，“唯酒无量，不及乱”，“沽酒市脯，不食”，“祭于公，不宿肉，祭肉不出三日，出三日不食之”，“食不语，寝不言”。

儒家所提倡的礼仪渗透到中国人生活的点点滴滴。以吃饭为例，中国人饭局讲究之多是世界上其他国家所无法比拟的。这种讲究就是礼仪，并贯穿于用餐的整个过程，从排放座位到按序上菜，从谁先动筷到何时离席，都有明确规定，把儒家的礼制观念发挥得淋漓尽致。在中国人的饭局上，最尊贵的人坐在靠里面正中间的位置，上菜的顺序是先凉后热、先简后繁。吃饭的时候，要等最尊贵的人动筷后，其他人才能动筷。吃完饭后，人们往往还要聊上一会儿，以增进彼此的感情，等最尊贵的人流露出想走的意思后，大家才能随之散席。

墨子说过“量腹而食，度身而衣”，反对人们过高追求物质生活上的享受，他的学生吃的是藜藿之羹，穿的是短褐之衣，和普通民众没有两样。墨子反对儒家“贪于饮食，惰于作务”，说孔子在饮食上有虚伪的表现，《非儒》说：“孔某厄于陈蔡之间，食藜羹不糁，十日，子路为享豚，孔某不问肉之所由来而食；号人衣以酤酒，孔某不问酒之所由来而饮。哀公迎孔子，席不端弗坐，割不正弗食，子路进，请曰：‘何其与陈、蔡反也?’孔某曰：‘来！吾语女，曩与女为苟生，今与女为苟义。’夫饥约则不辞妄取，以活身，赢饱则伪行以自饰，污邪诈伪，孰大于此！”《墨子·非乐》指“民有三患：饥者不得食，寒者不得衣，劳者不得息，三者民之巨患也”。提出要社会互助、积极生产。他已经看到了粮食对于国家的重要性，认为国家的七大患之一就是“畜种菽粟不足以食之”。《节用》篇讲述古代饮食道理。

老子的饮食思想与其政治思想相通并独成体系，其主旨是要适应当时的社会，又要清心寡欲，辨证地看待饮食之美。老子的理想是“无为而治”和“小国寡民”：“甘其食，美其服，安其居，乐其俗。邻国相望，鸡犬之声相闻，民至老死不相往来。”意思是使人民认为他们的饮食已经很香美，衣服已经很舒服，住宅已经很安适，风俗已经很安乐。邻国彼此可以互相望见，鸡犬之声互相可以听见，而两国人民至死不相往来。人民生活虽然不富足，但是能够得到的食品就是最好的食品。老子提倡永远保持极低的物质生活水平，认为发达的物质文明不会有好的结果：“五色令人目盲，五音令人耳聋，五味令人口爽；驰骋畋猎，令人心发狂。难得之货，令人行妨。是以圣人为腹不为目，故去被取此。”意思是越是丰美的饮食，越使人味觉迟钝，过分追求食物的滋味，反而会伤害胃口。老子还提出“为腹不为目”，这是针对当时饮食的奢靡之风提出的批评，认为不应只求饮食外在的美，而应求其实际，吃饭是为了饱肚子，不是为了好看。老子又有“为无为，事无事，味无味”的说法，“味无味”就是以无味为味，能于恬淡无味之中体会出最浓烈的味道才是最高级的品味师，这也是一种独到的饮食理论。很明显，老子的饮食观与其人生哲理密切相关，谈的是饮食，同时也是人生态度。老子还明确提到饮食对人的修养的重要意义，有“治身养性者，节寝处，适饮食”的议论。老子有一句治国名言：“治大国若烹小鲜。”小鲜，即小鱼，老子将治理大国比喻为煎烹小鱼，就是要统治者做出的决策准确稳定，如果朝令夕改，

那就像用铲子乱铲乱翻，锅里的小鱼就会被铲烂。

孟子是孔子以后的儒家大派，对后代的影响也很大。孟子指出大自然给人类提供了无穷无尽的食物资源，关键在于统治者不违背自然规律：“不违农时，谷不可胜食也；数罟不入洿池，鱼鳖不可胜食也；斧斤以时入山林，林木不可胜用也；谷与鱼鳖不可胜食，林木不可胜用，是使民养生丧死无憾也。养生丧死无憾，王道之始也。”孟子最有名的说法是：“鱼，我所欲也，熊掌，亦我所欲也；二者不可得兼，舍鱼而取熊掌也。生，亦我所欲也，义，亦我所欲也，二者不可得兼，舍生而取义者也。”为了说明取舍之难，用鱼和熊掌的难以割舍作比喻。他又说道：“一箪食，一豆羹，得之则生，弗得则死，嘑尔而与之，行道之人弗受；蹴尔而与之，乞人不屑也。”将对待食物的态度与人所应当具有的崇高气节相联系。

《孟子·告子》“告子曰：食、色，性也”。先秦思想家很少有人谈到性的问题，对男女之间的事情总是讳莫如深，而告子却石破天惊地讨论了它，并且将其与吃饭这一头等大事放在同一重要位置来谈，确实让人感到意外。告子将人的追求概括为饮食之欲和男女之情两个方面，并将食放在第一的位置，说明食品在人生存意义上的重要性。

所以说中国食品文化发源于先秦时期，并深深地影响着后来的食品文化发展。

二、食品文化的定义及分类

本书所要研究的对象是食品文化，且以中国的食品文化为主。要实现这一目标，需要理清几个概念，如食、食品、饮食、食品文化等，以及与之相关的一些问题。

（1）食　东汉许慎《说文解字》：“食，亼米也。”亼，是集、聚集，意思是集众米而成食。引申以后，人吃饭也谓之食。《说文解字》又说：“饭，食也。”汉代刘熙《释名》：“食，殖也，所以自生殖也。”刘熙是用声训的方法解释“食”为什么叫做食，是因为“食”与“殖”同声，故而“食”有“生殖”的意思。此处的“生殖”乃是指人类自身生命的保持与繁衍，没有饮食则没有生命，也就没有生命的延续。正乃《韩非子》所说：“人上不属天，而下不着地，以肠胃为根本，不食则不能活。”“食”是汉语中最为重要的词汇之一。以“食”为部首的且与人社会生活密切相关的字有：饥，谷不熟为饥；馑，菜不孰为馑；饿，饥也；飪，大孰也；饎，酒食也；馀，饶也。

（2）食品　《金史》卷一六方有了“食品”一词：“谕太府减损食品。”《明史》卷五六：“蕃国从官坐于西庑下，酒数食品同。”卷八一：“自织布帛、农器、食品及买既税之物。”可知“食品”包括制成的熟食，亦包括生食，意义较为宽泛。在“食品”一词产生之前，“食”即指食品。古代“食”字所有的含义中，“食物”一义当属第一。《尚书·益稷》：“暨稷播，奏庶艰食鲜食。”“食”之义为所食的对象。“食”又表“吃”之义，又指俸禄，又指受纳；引申为日月亏蚀；又有迷惑之义。《现代汉语词典》“食品”的释义为：“商店出售的经过一定加工制作的食物。”可知“食品”一词的核心部分为“食物”。在此一点上古今无甚变化。

（3）饮食　与“食品”一词表意最为接近的是“饮食”。“饮食”一词最早出现在《周易》，比“食品”一词的出现要早得多。《周易·需卦》“象曰：需君子以饮食”。《周易·颐卦》“象曰：君子以慎言语，节饮食”。慎于所言，节于饮食，是古代君子十分看重的事情，大概君子养尊处优，有这样的物质条件吧。

"饮食"一词在子书中的出现频率也极高，如《关尹子·三极》："圣人之与众人，饮食衣服同也，屋宇舟车同也，富贵贫贱同也。"《管子·立政第四》"右省官：度爵而制服，量禄而用财，饮食有量，衣服有制"。《韩非子·存韩》："秦王饮食不甘，游观不乐，意专在图赵。"《老子·德经》："厌饮食，财货有余，是谓盗夸。"《现代汉语词典》"饮食"释义："吃喝。"现代汉语中"饮食"的意义与其最早的用意无甚差别。"饮食"是一个联合词组，是"饮"和"食"的结合。在这种情况下，饮是饮用，其对象是液体的；"食"的对象是固体的。

（4）食品文化　食品文化是附着在食品上的文化意义。饮食是人类生存最基本的[1]需要。食品文化就是以食品为物质基础，其所反映出来的人类精神文明，是人类文化发展的一种标志。

食品文化是人类在饮食方面的创造行为及其成果，是关于饮食生产与消费的科学、技术、习俗和艺术等的文化综合体。凡涉及人类饮食方面的思想、意识、观念、哲学、宗教、艺术等都在饮食文化范围之内。所有的生命都离不开营养。最初的食品，仅仅是维持生命，后来人类开始用火弄熟食吃，进入了文明时期。于是食品成为人类智慧和技艺的凝聚物，人类食物与动物食物便有了质的区别，食品具有了文化的意义。人们在食品上面附加了许多意义，通过食品来寄托自己的感情，表达自己的思想，说明人与自然的关系等，这就是食品文化过程。比如，汤的烹制过程需要调和五味，思想家、政治家由调和五味来说明君臣之间的协调，比喻社会的和谐；哲学家进而推广到天人合一、阴阳燮理，汤的烹制成为中国古代哲理的最好比喻物。

第二节　食品文化传播与发展

一、食品文化传播

世界上很多民族的饮食习惯及食风食俗存在或多或少的相似之处。欧洲人几乎过着同样的饮食生活，亚洲人在一般饮食生活上基本相同，而美洲人则因为移民的关系，成为世界大家庭饮食习惯的综合体。

中华民族有着长达5000年的悠久历史，古代中国作为当时的世界大国，与很多国家有了政治和商务来往，这在很大程度上促进了中国饮食文化的传播。基于这个层面的原因，世界各地的饮食文化或多或少都受到了中国饮食文化的影响。那么，中国的烹饪原料、烹饪技法、传统食品、食风食俗等又是怎样传播到世界各地的呢？

早在秦汉时期，中国的饮食文化就对外传播。据《史记》记载，西汉张骞出使西域时，就同中亚各国开展了经济和文化交流活动。张骞等人除了从西域引进了胡瓜、胡桃、胡荽、胡麻、胡萝卜、石榴等物产外，也把中原的桃、李、杏、梨、姜、茶叶等物产及饮食文化传到了西域，并同时带去了中原的饮食工具和烹调方式。

[1] 《食品文化概论》．江苏：东南大学出版社，2008．

传播中华饮食文明的还有一条商旅通道，即西南丝绸之路，北起西南重镇成都，途经云南到达缅甸和印度。在汉代，这条丝绸之路同样发挥着对外传播饮食文化的作用。

受中国饮食文化影响最深的应数邻近的亚洲国家，如朝鲜和日本。汉代，中国人卫满曾一度在朝鲜称王，此时中国的饮食文化对朝鲜的影响最深，唐鉴真东渡时还把中国的饮食文化带到了日本。朝鲜和日本这两个民族都使用中国发明的筷子作为食用工具。唐代，在中国的日本留学生还几乎把中国的全套岁时食俗带回了本国，如元旦饮屠苏酒、正月初七吃七种菜、三月上巳摆曲水宴、五月初五饮菖蒲酒、九月初九饮菊花酒等。

饮食文化的传播，不仅体现在饮食习惯上，还影响着一个民族的饮食结构。中国菜对日本菜的影响很大。日本人调味时经常使用的酱油、醋、豆豉、红曲及日本人经常食用的豆腐、酸饭团、梅干、清酒等都来源于中国。饶有趣味的是，日本人称豆酱为唐酱、蚕豆为唐豇、辣椒为唐辛子、萝卜为唐物、花生为南京豆、豆腐皮为汤皮等。

除了西北丝绸之路和西南丝绸之路之外，还有一条海上丝绸之路，它扩大了中国饮食文化在世界上的影响，将中国的饮食文明传播到世界的每个角落，近及亚洲小国，远至欧洲大陆。泰国人的米食、挂面、豆豉、干肉、腊肠、腌鱼及就餐用的羹匙等，都和中国有许多共同之处。茶作为中国饮食文化的一项重要内容，对世界各国的影响最大。各国语言中“茶”和“茶叶”这两个词的发音，都是从汉语演变而来的。中国的茶改变了许多外国人的饮食习俗。例如，英国人由于中国的茶而养成了喝下午茶的习惯，而日本人则由于中国的茶而形成了独具特色的“茶道”。

繁荣文明的古代中国，把引以为豪的中国饮食传播到世界，同时也把千年中华文明向世界展现。热情的中国人拥有丰富美味的佳肴，同时也代表了中国人的民族精神文化，通过食品文化的传播，促进了民族文明的传播。

世界各国频繁的交流，同时伴有饮食文化的传播，现在的世界大家庭互相汲取享受他国优良的饮食文化。

二、中国食品文化的发展趋势

中国食品文化源远流长，成为中国文化的一个有机组成部分。可以说，自从中华大地上有了人，便没有一天离开过食品，在食品的获得和享受过程中便已经有了人与自然的相互交流，便已经有了食品文化。中国人吃什么，不吃什么，为什么吃，又为什么不吃，为什么这样吃而不那样吃，为什么这个地方的人这样吃，而那个地方的人那样吃，这些问题的背后隐藏着异常深奥的文化道理。

丰富多彩的中国食品文化，包含深刻的哲学、诗文、科技、艺术乃至安邦治国的道理。食品文化是中国文化的重要组成部分，有人甚至认为中国食品文化是中国文化的代表，不了解中国食品文化就不能了解中国文化。钱钟书说：“吃饭有时候很像结婚，名义上最主要的东西，其实往往是附属品。吃讲究的饭事实上只是吃菜，正如讨小姐的阔佬，宗旨倒并不在女人。”这说明中国食品文化的特点是：吃饭不是吃菜，而是吃一种文化，看一种文化，在文化的沐浴中，感受味觉和视觉双重满足后的个人价值和社会意义。中国人从古至今都非常了解吃的重要性——从人皆熟知的“民以食为天”，到告子的“食、色，性也”；从李渔以“蟹奴”自居，到苏轼的“黄州好猪肉，价贱如粪土，富者不肯吃，贫者不会煮。慢着火，少着水，火候足时他自美。每日起来打一碗，饱得自家君莫管……”中国文化之博大精深，可谓浓缩在一个“吃”字上。

讨论中国食品文化，不能不提到“民以食为天”，无论是中国学者还是外国学者，只要是研究中国食品文化，都会引用这一句话，这是证明中国食品文化独特性的一句名言。此语最早出自《管子》：“王者以民人为天，民人以食为天。”在政治家看来，王、民、食三者之间的关系为食是基础，没有食便没有民，没有民又哪里会有王。“民以食为天”是政治名言，它将“食”与政治密切结合在一起，使食品文化带有极为浓重的政治色彩。历代的重要政治家无不通过发挥“民以食为天”这一经典论断来探寻治国良策。“食”与中国政治有着不解之缘，它是中国社会稳定的基石。

国学大师钱穆先生将自己一生对中国文化的研究归结于“天人关系”，认为这是打开中国文化大门的钥匙。食品文化正好是天人关系的结合点。人乃天地之精气所生，人所食也是天地所能供给的最好食物，这些食物无一不是天地之精华，天地之精华造就了天地之间最具灵性的人。食物是天地所赐，不可暴殄天物；人仰给予食物，食物乃生命之源；食物的供给与否，直接决定政治局势的稳定与否，决定战争的胜负。因而，对于中国人而言，食物具有特殊的意义：“民以食为天。”人大地大天大，天最大，天盖过了一切，因此食品文化研究成为最重要的事情。

中国食品文化的发展，也应该紧紧把握“天人关系”，具体而言，即把握住一对矛盾，矛盾的一方面是天，天即大自然；矛盾的另一方面是人。大自然所生的物质种类是无限的，人的欲望也是无限的，表现在对食品的追求上也是无限的，“食不厌精，脍不厌细”。人对食物的需求是多层次的、渐进的，首先是吃饱，这一层次实现以后，就要求吃好。什么是好？好的标准无限，不断膨胀，最后也就成了奢侈。试看今日，上到九霄云外，下到大海深处，天上飞的，地上跑的，水里游的，树上长的，凡是能被人吃的，没有不被人享用的，甚至有人已经摆开了“黄金宴”，那可是真真正正用黄金做的。黄金都可以作为宴席原料，那世界上还有什么东西不能作为食物的？人的欲望是无止境的。欲望是一种推动力，推动着人们不断向大自然索取。大自然是无私的，所能够提供于人的全都展示了。人也在不断地发掘，不断地探索，总有新的可食的东西被发现。但是对于某个人而言，对于某个时代而言，大自然对人的满足总是有限的。这是一对矛盾。因此，中国食品文化史就是这一对矛盾不断展开的过程，对于人而言，这是一个不断探索、不断发现的过程；对于大自然而言，这是一个不断满足人的需要的过程。

中国食品文化是沿着天人关系的矛盾展开而不断丰富发展的。首先是祖国疆域的不断开拓，生态环境更富层次感，还有江河湖海等地理环境的变迁，使得生物品种不断增加，提供了更加丰富的食物。其次，战争、种族冲突、外族侵入，以及国家与民族之间的友好交往等都促进了人际的交流，国家的分裂与统一打破了原来的社会结构，形成新的交往形式，这些都使得原来的食品结构、饮食方法、饮食习惯等发生变化，并相互作用，互为因果，形成新的思想观念，推动食品文化的不断丰富发展。

第三节　本课程的学习方法

对于中国食品文化与传播，应结合历史，注重调查研究、案例分析，并在实践中不断总结提高。对食品文化的研究采用理论与实践相结合的方法，以对纷繁的中国食品文化做出细致的判断，提高人们对食品文化的认知性。

研究学习中国食品文化与传播的具体方法有很多，主要分为以下三种。

1. 历史文献研究方法

搜集中国食品文化的历史资料，获得比较丰富的图片资料和相关资料，加深对中国食品文化的了解。

2. 实地调查法

实地调查法是对观察法、社会调查法等方法的一种综合运用，通过实地考察人类社会获得研究的第一手资料并验证各种假设。主要可以采取参与观察法、深入访谈法、实物收集等方法进行相关资料的收集工作。

3. 跨学科综合研究方法

参考学习其他相关学科知识，了解中国食品本身具有的传统文化价值意义与传播，还需要探讨其他学科的研究成果，如民俗学、文艺学、茶酒文化、旅游学、餐饮业、品牌价值、食品工业等方面的有关知识，尽可能地吸收其他学科的现有研究成果，将它们放在同一研究平台上，互相对照、互为补充、综合研究，最后找出比较实际性的答案。

思考题

1. 请简述我国食品文化的发展传播过程。
2. 中国食品文化的概念及其分类。
3. 研究学习中国食品文化与传播的具体方法有哪些？
4. 请你根据自身情况为日后本课程的学习制定一个可行的计划。

第二章 食品文化概论

食品文化是人类在饮食方面的创造行为及其成果，是关于饮食生产与消费的科学、技术、习俗和艺术等的文化综合体。凡涉及人类饮食方面的思想、意识、观念、哲学、宗教、艺术等都在饮食文化范围之内。具体而言，食品文化研究通过对食品原料的生产、加工和进食过程中的社会分工及其组织形式，以及所实行的分配制度等的研究，以揭示其所表现出来的价值观念、道德风貌、风俗习惯、审美情趣和心态、思维方式等。

第一节 食品文化的产生

人类的文明始于饮食。中国是人类文明的发祥地之一，当然也是世界食品文化的发祥地之一。中国食品文化历史悠久，博大精深，是世界食品文化宝库中一颗璀璨的明珠，对世界食品文化产生过重要影响。了解食品文化，需从其产生说起。

一、历史因素

在人类发展的历史长河中，原始社会最为漫长，人们的生活也最为艰辛。人们在艰难中慢慢进步，从被动的采集、渔猎到主动的种植、养殖（尽管是原始的）；餐饮方式从最初的茹毛饮血到用火熟食；从无炊具的火烹到借助石板的石烹再到使用陶器的陶烹；从原始的烹饪到调味品的使用；从单纯的满足口腹到祭祀、食礼的出现。原始社会时期，人们在饮食活动中开始萌生精神层面的追求，食品已经初步具有文化意味。所以我们把这一阶段称为食品文化的萌芽阶段。

先秦时期，中国产生了许多对后来文化发展方向具有重大影响的伟大人物，如孔子、孟子、老子、庄子、墨子、管仲、子产、邹衍，他们所建立的学派深刻地体现于社会形态和思想建构之中，他们的著作成为中华民族精神的基石。之所以说食品文化在中国文化中的特殊地位奠定于此时期，是因为以上伟大思想家都曾深刻地论述过食品文化，都曾深入地思考过食品文化与中国文化的关系，食品文化的基本概念如“中和”即发端于此，中国人社会生活中礼的设计由他们完成，而他们将礼灌输于人们的饮食生活之中。他们的论断深刻地影响着中国文化，也使中国人眼中的饮食由物质层次上升到了文化精神层次。

二、自然因素

食物对于动物和人是不同的，人在享用食物的时候，已经摆脱了对物欲的单纯追求，其追求的是饮食的美化、雅化，将饮食行为升华为一种精神享受所呈现出的文化形态，是通过人们吃什么、怎么吃、吃的目的、吃的效果、吃的观念、吃的情趣、吃的礼仪等表现出来。“饮食男女，人之大欲存焉（《礼记·礼运》）”，说明饮食是人类生存最基本的需要。食品文化就是以食品为物质基础所反映出来的人类精神文明，是人类文化发展的一种标志。因为饮食的重要性，食品文化往往居于文化的核心地位。

所有的生命都离不开营养。最初的食品，仅仅是维持生命所必需，而且来自于大自然，是原始形态的东西。后来，人类开始用火熟食，进入了文明时期，一个自觉的主动创造的时代产生了。于是，食品成为人类智慧和技艺的凝聚物，人类食物与动物食物便有了质的区别，食品具有了文化意义。

远古传说基本都与人们的生存或者饮食状况有关，如燧人氏、伏羲氏。这些神话从内容到社会根源都体现着人的中心地位。神话作为民族精神的基石，广泛体现了饮食作为人类生存的基本要义。

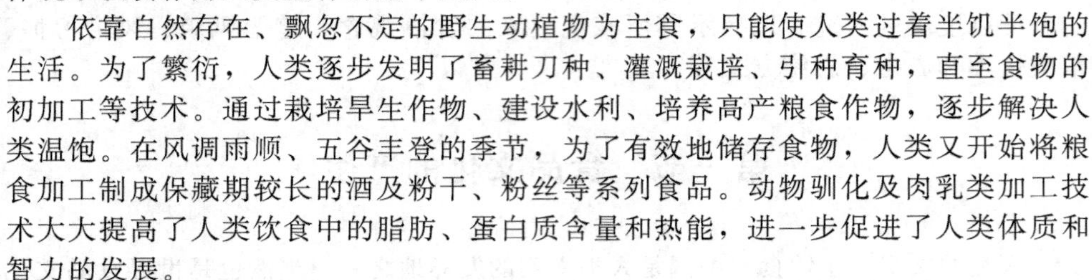

依靠自然存在、飘忽不定的野生动植物为主食，只能使人类过着半饥半饱的生活。为了繁衍，人类逐步发明了畜耕刀种、灌溉栽培、引种育种，直至食物的初加工等技术。通过栽培旱生作物、建设水利、培养高产粮食作物，逐步解决人类温饱。在风调雨顺、五谷丰登的季节，为了有效地储存食物，人类又开始将粮食加工制成保藏期较长的酒及粉干、粉丝等系列食品。动物驯化及肉乳类加工技术大大提高了人类饮食中的脂肪、蛋白质含量和热能，进一步促进了人类体质和智力的发展。

人们在食品上面附加了许多意义，通过食品来寄托自己的感情，表达自己的思想，说明人与自然、人与人的关系等，这就是食品文化的产生。

三、政治因素

“民以食为天”最早出自《管子》，即：“王者以民人为天，民人以食为天。”并将“食”与政治密切结合在一起，使食品文化带有极为浓重的政治色彩。在《史记·郦食其列传》中刘邦的谋士郦食其对其予以发挥：“臣闻知天之天者，王事可成；不知天之天者，王事不可成。王者以民为天，而民以食为天。”此时正

当楚汉相争最紧张的荥阳大战之时，郦食其献策应占据成皋粮仓，指出没有粮食，就不能取得天下。从此之后，历代的政治家重复地论证着：“民以食为天，若衣食不给，转于沟壑，逃于四方，教将焉施？”历代的重要政治家无不通过发挥“民以食为天”这一经典论断来探寻治国良策。“食”与中国政治有着不解之缘，它是中国社会稳定的基石。

四、其他因素

许多原典式的著作和伟大人物使中国文化的源头与饮食相接，使饮食的重要性空前提高，具有文化符号的作用。

《周易》不但反映了中国古代饮食烹饪名物制度，揭示其基本义理，而且其辨证思维方式对于饮食有着指导意义，阐述食是引子，揭示治理天下的大道理才是目的。“一阴一阳谓之道”的“中和观”后来成为饮食文化的核心思想。

孔子是对中国文化影响最大的人物，其所创立的儒学成为中国思想文化的主导，渗透到中华民族文化的方方面面。《论语》一书是其言行的记载，包括不少

饮食文化的内容，尤其以《乡党》一篇最为精辟。

而提倡“量腹而食，度身而衣”的墨子，主张因时应世，清心寡欲；老子辨证地看待饮食之美；孟子对后代的影响很大，指明大自然给人类提供了无穷无尽的食物资源，关键在于统治者不违背自然规律。这些伟大人物也从根本上将食品与中国文化进行链接，深深地影响了食品文化的发展。

第二节 食品文化史

“民以食为天”，对于人类而言，第一要务便是生存下来，保持自己的生命。因此，食品便成为人类生存的第一要务，没有哪一个人、哪一个民族、哪一个国家会逃脱这一法则。食品的意义和价值是任何其他满足人类需要的物质形态的东西（如衣、住、行等）所无法比拟的。开门七件事，“柴米油盐酱醋茶”，全是有关吃喝的。悠悠万事，唯此为大，不可须臾离也。费尔巴哈说：“心中有情，脑中有思，必先腹中有物。”同时，饮食往往影响一个民族的思维模式、思想感情，甚至命运。或者说，食品文化的不同是不同民族的显著区别，而且是最容易观察的表面层次的区别。中西食品文化各有不同，那么，中西方的食品文化又是如何发展的呢？

一、中华食品文化史

中国食品文化是以长江、黄河流域的以农业为主要食品生产方式的汉民族的食品文化为主体，兼及其他少数民族的食品文化。任何事物都有其发生、演变过程，食品文化也不例外。由于不同阶段食品原料和人们思想认识的不同，中国食品文化也表现出不同的阶段性特点。总体来说，中国食品文化沿着由萌芽到成熟、由简单到繁富、由粗放到精致、由物质到精神、由口腹欲到养生观的方向发展。

（一）萌芽时期：原始社会

原始社会时期，人们在饮食活动方面开始萌生精神层面的追求，食品已经初步具有文化意味。所以我们把这一阶段称为食品文化的萌芽阶段。

在原始社会，人们的绝大部分时间是在采集和渔猎中度过的，人们利用简便的工具，获取自然界现成的食物，而大自然却为人们提供了丰富的动植物食源。大约在1万年前，农业和畜牧饲养业开始出现。“刀耕火种”的农业随着耒耜、犁等的出现，农作物产量得到提高。中国农作物在史前时期就显示了南北的不同。在北方广大地区，其农作物主要为粟，其次是黍、麦和高粱。中国是世界公认的粟的起源地。在长江及其以南地区，主要种植水稻。大豆（古称菽）南北均有种植。对动物的饲养大致经历了驯养野生动物、繁殖家畜和人工选择三个阶段。在新石器时代，“五畜”即猪、牛、羊、狗、鸡都已被驯化。

在使用火以前，人类的进食方式主要是生食，火的发明使人类从生食过渡到熟食，并与动物区别开来。另外，熟食加速了身体对养料的吸收，减少了寄生虫的侵害，在不知不觉中使体质发生了良性变化，加速了从猿到人的进化过程。炊具也大有发展，并由无炊具的火烹到借助石板的石烹再到使用陶器的陶烹。

而且这时候人们已开始使用调味剂，到公元前3000年，人类又发明了“煮海为盐”的方法。盐的成功熬制使中国烹饪进入了烹调阶段。当然，当时的调味品不只限于咸味调味品——盐，还有来自于甘蔗汁和蜂蜜的甜味调味品，以及辣味调味品——野葱、野韭和野蒜。酒既可直接饮用，也可作为调味品。

不同的食物原料和烹饪方式影响人们的进食方式，进而产生相应的取食器和食器。世界上有三种进食方式：手、刀叉和箸。这三种进食方式在史前时期都曾存在过。箸的发明和使用具有非常重大的意义，一经使用，便表现出其特有的优越性，成为中华民族独有的取食器并一直沿用至今。而作为一种精神文明，箸则更有超越物质层面的复杂而深刻的含义，箸的使用对民族心理结构和思维方式产生了巨大而深远的影响，其基本心态是“忍为上”，“和为贵”。但我们应该清醒地认识到箸对民族心理产生的消极影响：求稳怕乱，得过且过。和使用刀叉的民族相比，缺乏进取和思想解放。

（二）成形时期：夏商周

夏商周时期的食品文化在很大程度上沿袭了原始社会食品文化的特点，又在发展过程中形成了自己的时代特点。在这一时期，食品源进一步扩大。农业的发展为烹饪提供了丰富的植物原料，畜牧业也很发达，调味品的进一步开发和利用使食品调味水平有了大大提高。陶制的炊器、饮食器依然占据重要地位，但在上流社会，青铜制品已成为主流。烹调技术更加多样化。烹饪名家的出现，烹饪理论体系的形成，奠定了烹饪理论发展的基础。许多政治家、思想家、哲学家以极大的热情关注和探究食品文化，并从不同的角度阐明自己的饮食观点。在这一阶段，其文化色彩越来越浓，人们普遍重视饮食给人际关系带来的亲合性，“以乐侑食”与“食以体政”，宴会、聚餐成为人们酬酢、交往的必要形式，食品的社会功能表现得越来越明显。商周时期，市镇已具有相当规模。频繁的交往和商品买卖交易的持续发展，推动和促进了饮食业的发展。南北菜系也开始萌芽。中国食品文化特征在这一阶段已基本具备。所以这一阶段被称为食品文化的成形期。

（三）初步发展时期：秦汉

在秦统治的15年中，中国的食品文化随着生产的发展水平逐步提高，并进入初步发展阶段。汉朝初年采取了恢复生产的措施，促进了农业的发展，为食品文化的发展提供了重要的食品原料。这一阶段中国农业直线上升，无论数量还是种类食品原料都大大超过了以前。首先是豆腐的发明。这一发明，进一步打开了利用大豆蛋白质的途径，不仅丰富了食品内容，在开发植物蛋白方面，也是对世界的一大贡献。其次是西域食品原料的引进，张骞出使西域，为东西方物质文化交流打开了大门，并引进了胡葱、胡蒜、苜蓿、葡萄、黄瓜、胡荽、石榴、胡桃、蚕豆等西域食品，大大丰富了烹饪原料。需要指出的是，这一时期人们已经知道利用温室栽培蔬菜。并且炼铁技术的进步带来了烹饪工具的改革，钢刃菜刀、铁釜和镬开始应用于烹饪活动中。钢质刀刃给烹饪业的切割提供了新的锋利工具，更便于精工细作。

这一阶段，牲畜拉磨、臼碓和箩筛的使用促进了面点的发展，使更多的人由粒食走向面食。茶是这一时期出现的重要饮品，中华民族培植出茶叶，给世界提供了一种提神、解渴、保健、方便、价廉的饮料。秦汉时期，酿酒业非常发达，已普遍使用含有大量菌和酵母菌的酒曲进行酿酒的“复式发酵法”。酿酒的曲已经成为市场上的商品。汉代已有葡萄酒，但可能主要来自西域，普通百姓难以享用。

厨房的起源至今尚无明确定论，但秦汉时期的厨房和炉灶格局，奠定了后世的格局形式，至今尚无大的变化。专门厨房的设置和炉灶地位的突出显示出人们对饮食的重视。但在这一阶段与重视饮食极不和谐的是对厨师和厨事的鄙视。

（四）全面发展时期：魏晋隋唐

魏晋时期的动荡，使北方世家大族南迁，劳动人口亦大量南移，同时也带去了北方的资金和旱地农业技术，北方传统的粮食作物在南方得到推广，加快了南方的开发。南方的水田作物在北方也有一定的推广。粟、麦、稻作为主粮其地位已基本确定。与此同时，我国南粮北运的历史开始了。这一时期大豆逐渐退出粮食行列，到隋唐时期已完全转化成副食。

魏晋南北朝时期，战乱所引起的人口迁徙客观上促进了农业民族与北方游牧民族之间的交流。隋唐时期尤其是唐朝带着帝国的自信，以博大的胸襟接纳吸收域外的食品文化，为中国的食品文化注入了新的血液。在这一时期葡萄开始在南北各地广泛种植，葡萄酒的制造方法也在这一时期传入。随着桌椅的广泛使用，杯、盘、碗、盏等可以直接放置在桌子上，小食案逐渐退出了饮食生活，人们围坐一桌进餐也是很自然的事。由分食制向合食制的转变，是人们饮食方式的划时代改变，从此合食制就成为中国固定的进餐方式。合食制之所以会取代分食制是因为合食制是以群体为本位，大家围在一起共吃一盆菜以表现亲情和友情，体现了中国伦理文化的群体精神。合食制替代分食制，从饮食的亲和作用来看是大大加强了，但这种“津液交流”的现象从卫生角度来看却差了许多。

此时期伴随着道教的形成和佛教的传入出现了素食，并随着佛、道两教的影响而壮大，日益显示其独特的风格。魏晋南北朝时有了食用植物油的记载。植物油的使用不仅为以后烹调技艺的发展开辟了无限广阔的天地，而且使食品可以完全脱离荤腥而完成，这也为素食的全面推行提供了必要的条件。

魏晋隋唐时期的饮料主要有酒、茶、浆三类。唐以前的饮料系列为浆、酒并重。到唐朝时，饮料界发生了重大革命，那就是茶的风行所导致的茶酒并重。从此中国的饮料系列开始进入了茶酒并重的阶段。

先秦是饮食思想和饮食理论萌芽和初步发展的时期，经过两汉时期的进一步发展，至魏晋隋唐时期已经形成了完善的体系。饮食学作为一门独立的学科在魏晋时已基本确立，隋唐时期饮食学的一些分支——食疗学、茶学等已经形成。魏晋时期财富在士族阶层的过分集中，以及隋唐时期经济的空前繁荣所积累下的雄厚的物质基础使一部分人不再仅仅局限于如何吃饱、吃好，而是从营养、卫生、保健、养生延年等方面研究饮食，在满足生理需求的同时，开始追求精神世界的完美和享受，从而将饮食研究提高到了一个崭新的阶段。

曹操的《四时食制》是我国历史上第一部独立的、专门的饮食学著作，开饮

食学著述之先河，在我国饮食发展史上具有开创意义。以后饮食著作大量涌现，种类亦多，几乎覆盖了饮食生活的所有方面。

这一时期，节日礼仪食俗，如元旦食俗、元宵节食俗、端午节食俗、重阳节食俗等蓬勃发展，并成为中国的一种民俗文化。

（五）成熟时期：宋元明清

从北宋建立到清朝灭亡，这一时期是中国传统饮食文化的成熟阶段。这一时期，中国传统食品文化的各个方面日臻完善，呈现前所未有的繁荣。

这一时期是古代社会中外食品文化交流最频繁、影响最大的时期，许多对后世影响巨大的粮蔬作物传入中国，如番薯、玉米、花生、土豆、辣椒、番茄等作物。食品原料的生产和加工也取得了巨大成就，食品加工和制作技术日趋成熟。商品经济的发展和繁荣、城市经济的发展促进了饮食业的空前繁荣，宋代城市集镇的兴盛，尤其是明清商业的发展，酒楼、茶肆、食店随处可见，饮食业发展迅速。最具盛名的苏菜、粤菜、川菜和鲁菜四大风味菜形成并具有全国性的影响。明清时期，在此基础上又发展成为鲁、川、扬、粤、湘、闽、徽、浙、京、沪“十大菜系”。菜点和食点的成品艺术化现象得到不断发展，使色、香、味、形、声、器六美具备，而且其名称也雅致得体，富有诗情画意。食品加工业的兴旺也已经成为中国饮食文化日趋成熟的重要因素，在全国大中小城市中，磨坊、油坊、酒坊、酱坊、糖坊及其他大小手工业作坊普遍存在。

茶文化和酒文化在这一时期也发展到一新的高峰，制曲方法和酿酒工艺都有显著提高，尤其是红曲酶的发明和使用，在世界酿酒史上占有重要地位。元代还从海外引进蒸馏技术，从此蒸馏酒成为重要酒种。茶文化经过宋代盛行的“斗茶”、“点茶”等活动，使饮茶成为一种高雅的文化活动。明清流行的“炒青”制茶法和沸水冲泡的瀹饮法，使茶道无论是加工方法还是品饮方法都焕然一新，“开千古饮茶之宗”。

同时，文化人的参与，使得这一时期的饮食思想总结和理论研究达到了新的高度，著作大量涌现，理论日趋成熟。

（六）繁富时期：民国至今

中国食品文化在辛亥革命的炮声中迈进了它的繁富时期。20 世纪以来，从国外进入中国的新食料有很多。这些新食料都是工业革命的产物，由机械加工生产，如味精、果酱、鱼露、蛇油、咖喱、芥末、可可、咖啡、啤酒、奶油、苏打粉、香精、人工合成色素等。随着民族工业的发展，中国开始自己生产这些食料。其在食品工业和餐饮业中的应用，改变了食品的原有风味，使其质量也有所提高。另外，除了充分利用现有原料增加产量、提高质量外，并继续引进新食料，如牛蛙、鸵鸟等。近年来，生物科技在食品中的应用越来越广泛，不仅改变了原有食品原料的品质，而且还合成了许多原料。20 世纪初，随着西方教会、使团、银行、商行的涌入，洋蛋糕、洋饮料、奶油、牛排、面包等西菜西点也进入中国，并对中国饮食文化产生了很大的影响。中国厨师吸收西餐的某些技法，由仿制外国菜进而创制“中式西菜”或“西式中菜”。

这一时期也是厨房的第二次革命。首先是烹饪工具的革命。烹饪工具的革命

在客观上与燃料（能源）的革命有关。煤气、天然气、液化气、汽油、柴油、酒精、太阳能、电能等越来越多地被用于烹饪。能源革命引起的是炉灶、炊具的革命，煤炉、气灶、酒精灶、微波炉、电磁炉、电炉、烤箱等广泛应用于烹饪活动。其次是卫生、机械化操作设备的使用。现在许多餐厅的厨房设备除了上述炊具外，还普遍使用冰柜、炒冰机、紫外线消毒柜、自动洗碗机、切肉机、刨片机、绞肉机、不锈钢工作台和其他饮食机械设备。

随着科技的进步，工业食品开始步入人们的生活。自从食品生产迈入工业化轨道，中国的食品工业逐渐走向成熟，开始出现集团化经营，每个食品集团都在打造自己的品牌。

随着社会经济的发展，人们对食品科学、食品营养知识有了更深的了解，中国人民已不再满足于食品的色香味形，不再满足于用嘴吃饭，开始用脑吃饭，即重视食品的营养卫生和安全。社会在进步，科技在发展，未来的食品原料、食品制作方式和食品种类也将发生意想不到的变化，但可以肯定的一点是，营养、安全、便捷、环保仍将是未来的食品理念和食品文化发展的主方向。

二、西方食品文化史

所谓西方，习惯上是指欧洲国家和地区，以及以这些国家和地区为主要移民的美洲和澳洲的广大区域。就西方各国而言，由于欧洲各国的地理位置比较近，历史上又曾出现过多次民族大迁移，其食品文化早已相互渗透融合，彼此有很多共同之处。南北美洲和大洋洲的文化与欧洲文化一脉相承。说到底，西方食品文化史是以欧洲食品文化史为主的。下面就以欧洲食品文化史来讲讲西方食品文化史。

众所周知，古希腊是西方文明的源头，理所当然古希腊烹饪是西方饮食文明之源。除了各种文明的传承外，更直接的原因是古希腊的主要食物、烹调方法尤其是正餐格局与品种都直接影响着许多西方国家的饮食烹饪。

公元前1世纪，古罗马帝国征服了希腊本土和希腊人活动地区，古希腊历史到此结束，然而其文化却一直流传，并征服了侵占它的古罗马。势力强大、疆域辽阔的古罗马也是在古希腊文化的基础上建立起来的。因此，古罗马的食品文化也直接受到古希腊的决定性影响，而罗马的烹饪又成了“西欧大多数国家烹饪的直接渊源”。

随着古罗马帝国的建立，西方的经济和文化中心也从东地中海向西移到意大利的罗马城。意大利由古罗马帝国演变而来，它的食品文化源于古希腊和古罗马，因此意大利菜素有“欧洲大陆烹调之母”之称，在世界上享有很高的声誉，成为当时西餐中当之无愧的领袖。

到十七八世纪，随着启蒙运动的兴起和法国大革命的成功，西方的经济、文化中心也逐渐从意大利迁移到法国。由于路易十四时期所创下的霸业和法国的繁荣，“使法国在整个十八世纪成为西方文化的中心”。因而，法国菜在这一时期快速发展壮大，逐渐形成了自己的特色，成为17～19世纪西餐的绝对统治者。

然而20世纪中叶时，法国菜的尊贵和权威地位遇到了挑战，那就是简约而大众化的烹饪流派——英国菜，并丧失了其绝对的统治地位。英国菜是西餐历史中相对短暂的重要风味流派。罗马帝国曾占领过英国，影响了英国的早期文化，但大多数烹饪知识均已失传。后来英国菜在其发展过程中受到意大利和法国菜的极大影响。16～17 世纪是英国食品文化发展的重要时期。一方面，英国王室和贵族的大部分成员热衷于法国菜，使上层社会的烹饪以法国菜的精美特色为主；与之相对的另一方面是，国王亨利八世拒绝罗马教皇的控制，并接受清教徒思想，斥责肉体享受，对烹饪既没有兴趣也不支持，这样中下层尤其是下层社会的烹饪更多地沿袭和推崇英国简单、实惠的古老传统，形成简约的特色，即简单而有效地使用优质原料，并尽力保持原有的品质和滋味。18～19 世纪，英国食品文化中的简约特色进一步发展，此时出现的食品工业就是简约特色与工业革命结合的产物。从此，工业化的食品在英国人的生活中占据了显著地位，以至于英国人自嘲："英国人只会开罐头。"当然也存在另一种"不会开罐头，只会吃"的继承法国豪华精美特色的上层食品文化。

随着欧洲向美洲、澳洲等地区的移民，欧洲食品文化传播开来并在美洲、澳洲各地区生根、发芽、开花、结果。

第三节　东方食品文化

基于各地区、各国度之间的文化差异、风俗习惯之不同，东方各国的饮食习惯也是千姿百态、各领风骚。中国素有"烹饪王国"、"美食王国"之称。中国的饮食文化历史源远流长，其烹饪技术精美绝伦、享誉世界。韩国的酱和泡菜延续了数千年的历史，蕴涵着久远的传统。韩国饮食以自然为本：有时是原汁原味，平平淡淡；有时又是华丽无比，令人不忍食用。从豪华的宫廷宴席到简单的四季小菜，韩国饮食又有着哪些独特的风味和风韵呢？日本菜是当前世界上一个重要的烹调流派，有它特有的烹调方式和格调，不少国家和地区都有日餐菜馆和日菜烹调技术，其影响仅次于中餐和西餐。日本菜有什么特色呢？四大文明古国之一的古印度，有着深厚神秘的文化，而流传至今的饮食现象也别具一格，独树一帜，其饮食文化有何特点呢？

一、中国食品文化

传统中餐是在中华大地上孕育发展起来的，受到阴阳五行哲学思想、儒家伦理道德观念、中医养营摄生学说，以及文化艺术成就、饮食审美风尚和民族性格特征等潜移默化的影响，形成了养助益充、五味调和、风格多变、畅神悦志的四大特点。

（一）中国传统饮食文化

中华饮食文化植根于中华文化思想和观念，建立在中华文化统一道德观、社会观、价值观的基础上，其意识核心与传统的儒家、道家主张一脉相承，表现为"求和"、"养生"、"变化"，即中华饮食文化的特性。在漫长的饮食文化成长过程中不断凝练的"医食同源的辩证观"、"奇正互变的创造思维"、"五味调和的境界说"、"孔子食道"成为中华饮食文化四大基础理论体系，是中华饮食能够成为独立文化体系的理论基石。就其深层内涵来说，可以概括为四个字：礼、情、精、

美。这四个字反映了饮食活动过程中食品本质、审美体验、情感活动、社会功能等所包含的独特文化韵味，也反映了饮食文化与中华优秀传统文化的密切联系。礼、情、精、美分别从不同的角度概括了中华饮食文化的基本内涵，有机地构成了中华饮食文化这个整体。但是，他们不是孤立存在的，而是相互依存、互为因果的。唯其精，才能有符和科学时代风尚的礼。四者环环相生，完美统一，便形成了中华饮食文化的最高境界。

医食同源、药膳同功是中华饮食文化的又一特点。在中国人的眼里，食物不但能果腹，而且合理的膳食更能养生、治愈疾病。食物与药物都有治疗疾病的作用。食物的治疗作用可以概括为三个方面，即“补”、“泻”、“调”。食物的性能概念来自长期的实践，是中医对食物保健和医疗作用的认识和经验总结。食物的性能概念主要有“性”、“味”、“归经”、“升降浮沉”、“补泻”等。食疗反映了食物与人体的关系，从整体的角度去把握食物对人体的不同作用。

（二）中国菜点的口味

中国烹饪调味艺术历史悠久，中国菜点口味众多，远传海外。中国菜点制作上的灵活性和品种的丰富性是其他国家所不能比拟的。中国菜肴以味型丰富著称，常见的有咸鲜、香咸、咸甜、咸辣、酸甜、酸辣、麻辣、五香、椒盐、酱香、香糟、怪味、椒麻、荔枝、甜香、鱼香、蒜泥、姜汁、芥末、烟香、红油、陈皮、家常等味型，多达20余种。

在表现饮食美的手段方面，中餐主张“调和”，其在热菜的味、触、香的表现方面尤为突出。呈味物质、呈香物质在热的作用下相互作用，使味觉和嗅觉更加丰富、微妙。发酵调味品与其他调味品“调和”使用，使得中国菜点产生丰富的味感，由此造就了色、香、味俱佳的中国菜点。

中国又是一个历史悠久、幅员辽阔的多民族国家，有“百里不同风、千里不同俗”的说法，形成了众多菜系，其中声望较高的有鲁、川、苏、浙、粤、湘、闽、皖八大菜系，其烹调技艺各具风韵，其菜肴特色也各有千秋。除八大菜系外，京菜、沪菜、鄂菜、辽菜、豫菜等也久负盛名。清真菜、素菜等更独具特色，富有魅力。

（三）中国酒文化

中国的酒已有8000多年的历史，作为文化的载体，其在政治、经济、军事、农业、商业、历史、文化、艺术等领域都留下了极其深刻的影响。

中国的酿酒，传说始于黄帝时代，在《黄帝内经·素问》中记载着黄帝与岐伯讨论酿酒的情况。另外，还有杜康造酒之说。《说文解字》：“杜康作秫酒。”“古者少康初作箕帚、秫酒。少康，杜康也”。几千年来，杜康被尊为酿酒鼻祖，在各地建庙立祠祭奉杜康神。人类学家认为，酒的发明可能是人类在采集活动中将剩下的果实保存起来，经日晒、发酵而积水为酒；或是妇女在哺乳婴儿时发现的。酒的发明与妇女的生活实践有密切联系[1]。这些材料与论断，都可以看到酒文化在最初阶段的第一层积淀。远古已发明用曲酿酒，后来也成了我国酿酒的主

---

[1] 宋兆麟等.《中国原始社会史》，北京：文物出版社，1983年.

要方式之一。“曲蘖”也成为酒文化中的重要部分。远古时期的主要酿酒方法是：用酒曲酿酒，用蘖酿制醴，或用曲蘖同时酿制。从已有的考古资料看，远古酿酒的基本过程是：谷物蒸煮——发酵——过滤——储酒。上古时，除曲法酿酒外，还有蘖法酿醴。《周礼·天官》记载“五齐”，被现代酿酒专家解读为一个完整的酿酒发酵过程。即①泛齐：酒刚熟，有酒滓浮于酒面，酒味淡薄。②醴齐：汁滓相混合的有甜味的浊酒。③盎齐：熟透的白色浊酒。④醍齐：赤黄色的浊酒。⑤沈齐：酒滓下沉后的清酒。

另外，现代专家重视《礼祀·月令》中的酿酒“六必”，即①秫稻必齐：原料必须精选，分量充足。②蘖必时：曲蘖的供应、制造必须适时。③炽必洁：浸曲、蘖、米及蒸煮工具必须清洁。④泉必香：水质必须清冽而无异味。⑤器必良：所用陶器必须不渗不漏。⑥齐必得：火候必须控制得当。

从这些方面可以看到先秦时期酿酒工艺文化的最初积淀。汉马王堆帛书中的《养生方》和《杂疗方》，让现代人看到了我国迄今为止发现的最早的酿酒工艺记载。《齐民要术》共载酿酒40多例，是一份珍贵的酿酒文化文献。唐宋时期，黄酒酿造技术进入辉煌的发展时期，出现了许多酿酒专著，如苏轼的《酒经》、朱肱的《北山酒经》、田锡的《曲本草》、窦苹的《酒谱》等。明清以来关于酿酒工艺的文献典籍更多，分布于医书、烹饪饮食书、笔记中，如《饮膳正要》、《轧赖机酒赋》、《居家必用事类全集》、《易牙遗意》、《墨娥小录》、《本草纲目》、《天工开物》、《调鼎集》等。这些都积淀为古代酒文化的重要部分。中国的现代酿酒业得到蓬勃发展，在生产技术上围绕提高出酒率、改善酒质、变高度酒为低度酒、提高生产水平、降低劳动强度等方面进行了不断改革，另外还在啤酒工业、葡萄酒工业等方面取得了巨大成就，于是新的酒文化又厚重地积淀下来。

酒本身有色，有气，有味，中国白酒中的名酒、优质酒就是以“香”作为类型风格的，专家将其分成若干类型[1]：清香型、酱香型、浓香型、米香型、凤香型等。评酒会上专家们品评酒香，已成为一种酒香文化的新内容。

中国酒史悠久，酒器文化也异常美富，从原始时期陶制酒器到夏商周与春秋战国时期的青铜酒器，再到秦汉漆制酒器文化，三国两晋南北朝的青瓷酒器文化，以及后来各朝各代的发展，也成了酒文化殿堂中极具魅力的长廊。

中国名酒有：太白酒、西凤酒、茅台酒、泸州老窖、汾酒、古井贡酒、绍兴佳酿等。

（四）中华茶文化

茶是当今世界三大饮料。茶树是多年生、木本、常绿植物，全世界山茶科植物共有23属380多种，我国有15属260多种，多分布在云南、贵州、四川一带。其主要有四个集中分布区：一是滇南、滇西南；二是滇、桂、黔毗邻地区；三是滇、川、黔毗邻地区；四是粤、赣、湘毗邻地区。少数散见于福建、台湾和海南。中国西南地区是茶树的原产地，茶的传播是以中国的四川、云南为中心，并向南推移，由缅甸到阿萨姆，向乔木化、大叶形发展；往北推移，则向灌木

[1] 朱宝镛等.《中国酒经》.上海：上海文化出版社，2000年.

化、小叶形发展。

在中国茶叶历史十分悠久，在新石器时代仰韶文化遗迹中，已发现野生茶树，并且先民已将其作为药物食用，“茶之为饮，发乎神农氏，闻于鲁周公”。“神农尝百草，日遇七十二毒，得茶而解之”。自茶被发现利用之后，并不是迅速发展成为像现在一样丰富多彩的茶类及茶饮料的这期间经过了一个漫长的过程。从茶叶的制法及外观性状来看，主要可以划分为七个历程：从生煮羹饮到晒干收藏；从蒸青造型到龙团凤饼；从团饼茶到散叶茶；从蒸青到炒青；从绿茶发展至其他茶，如黄茶、黑茶、白茶、红茶、乌龙茶等；从素茶到花香茶；茶叶饮料的发展等。从茶文化的传播来看，饮茶作为食品文化的重要组成部分，具有鲜明的时代烙印。公元前316年以前，茶是以四川为中心的地方性饮料，发展到魏晋南北朝时，茶则是立足于长江流域并向北方普及的中国饮料；到唐宋元明清时代，茶则是立足于长江、黄河流域并向周边少数民族地区及东亚普及的中华饮料；清代时候，茶已经是立足于中国并向全球普及的世界性饮料。茶最初是做食用和药用的，饮茶是发展到后来的事。人们何时开始饮茶，至今尚未有统一的看法。

中国茶叶在长期的自然选择和人工选择下，经历了漫长的演化，形成了许多种类，仅我国已知的栽培种类就有500多个，目前常用的国家级优良品种有77个。据不完全统计，目前，我国各地生产的名优茶逾千种，仅《中国茶叶大辞典》所载就达970多种，其中绿茶689品，红茶60品，乌龙茶87品，白茶15品，普洱茶6品，花茶46品，紧压茶55品。

茶叶的分类较为复杂。从商品学角度看，不同的划分方法其结果也不同。陈椽先生从其制法和品质角度把初制茶分为绿茶、黄茶、黑茶、青茶（乌龙茶）、白茶、红茶六大类；从制造加工角度，程启坤先生提出基本茶类和再加工茶类分类法；在国际贸易上，出口茶叶分为绿茶、红茶、乌龙茶、白茶、花茶、紧压茶和速溶茶七大类；刘勤晋先生从现代茶的使用功能角度有“三位一体”分类法。

我国茶具种类繁多，各类材质、各式造型的茶具驰名世界。古今中外，各国权贵富豪无不以拥有中国茶具为荣，而茶具中的宜兴紫砂壶、景德镇瓷茶具更为爱茶人士所追捧。

中华茶文化是一个原生的、自然生成的文化，其饮食与药用价值又与儒、释、道有密切的关系，具有极其深厚的强大的物质文化背景。它继承和发展了古人的自然观、宇宙观，强调身心协调，以“廉、美、和、敬”为茶人的茶德精神，其内涵十分广泛。我们所说的中华茶文化，一般是指饮茶、品茶、制茶中所蕴涵的某种观念、程式和理论形态的总和，涉及中国哲学、史学、文学、美学、艺术学、民俗学、商品学等诸多领域，体现了中国传统文化的积淀和民族特征，其内容博大精深、内涵丰富。

从茶叶商品文化在国内的传播来看，茶文化通过各种表现形式给社会带来各种有益的影响。茶馆是中国社会各阶层交流思想、传播友谊、解决民间争议的场所，茶庄也是弘扬茶叶商品重要的场所。遍布在中国各地的装修风格各异的售卖茶叶的茶庄，既提供了丰富的茶叶，又传播了茶文化。茶园经济对解决“三农问题”提供了一个良好思路。自新中国成立以来，我国茶园种植面积不断扩大，茶叶商品价格逐年递增。企业集团化运营及茶叶品牌的不断塑造，促使茶叶质量和茶叶品牌价值不断提升。农民增收和农村经济发展，茶叶生产功不可没。

（五）其他独成体系的食品与食品文化

汤羹是中国饮食中最为普通的食馔，有着极其久远的历史。汤羹是中国烹饪体系中的一种基本设置，不但以羹汁形态呈现菜肴特色，更以饮品、调味品、增鲜剂等多样功能升华饮食质量，最终通过液态烹饪的注入而使中华美食达到了最为玄妙的至上境界。

粥是中国人喜爱的主食形式之一，粥有两种类型：一是单纯用米煮的粥；另一种是用中药和米煮的粥。这两种都是营养粥，后者因加进中药，所以又叫药粥。粥有稠厚、稀薄之不同，人们长时期以粥代替饭食，其节约意义是不言而喻的。从另一角度而言，食粥与家贫有密切联系。我国的粥文化源远流长，粥与中国人的关系，正像粥本身一样，稠黏绵密，相濡以沫；粥作为一种传统食品，从不同的侧面反映出中国粥品与粥文化的丰富多彩，其在中国人心中的地位更是超过了世界上任何一个民族。

豆腐，既是可直接入口的食品，又是烹饪的主要原料。豆腐营养丰富，口感柔润，是人人喜爱的家常菜。豆腐为中国人发明，并通过数千年的衍化，融入包容万象的哲理，也演绎出源远流长的“豆腐文化”。

“民以食为天，食以味为先”，可见调味品在中国饮食文化中的重要地位，如葱、姜、蒜、花椒、醋等。这些调味品不仅鲜香味美、风味独特，而且具有不同的去腥除膻、矫味辟秽的作用，同时还有杀菌解毒、开胃健脾、促进消化的药理功能。

醋是中国人日常生活中不可缺少的调味品，它是以米、麦、高粱、玉米等为原料，经过多种微生物发酵酿造而成的一种酸性调味品。醋是我国人民深爱的一种调味佳品，在我国有着悠久的历史。食醋自出现以来，在日常生活中占有重要的位置，是劳动人民开门七件事之一。醋陪伴中华民族跨越千年历史，经久弥醇，已形成了自己的文化体系，它在中国整体文化的浸染下，焕发着更加幽醇、绵长的无穷回味。随时代变迁，制醋工艺不断发展演变，食醋品质愈发酸香郁冽。

中国是最早发现小麦粉中黏性蛋白质即面筋的国家，所以中国人广泛使用面粉，发明了饺子、馒头、面条等面类食品，丰富了人类的饮食生活，也创造了面食文化。

在中华民族饮食文化的银河里，小吃犹如一颗璀璨的明珠在历史悠久、地域广阔、民族众多的星空中闪烁。气候条件、饮食习惯的不同和历史文化背景的差异，使小吃在选料、口味、技艺上形成了各自不同的风格和流派。人们以长江为界限，将小吃分为南北两大风味，具体地又将它们分成京式小吃、苏式小吃、广式小吃。

此外，中国的其他饮食文化，如火锅、粽子等也相当发达。

现代社会大众饮食观念正在发生深刻的变化，由“吃饱求生存”向享受层次需求转变，即“好吃求口味”。现代人们不仅要求食品味道美，而且要求营养搭配合理。为适应饮食需求的转变，中国正努力发挥数千年形成的重视饮食之“味”的传统优势，不断吸取国内外最新的营养知识，发展有中国特色的生态农

业、餐饮业和现代化的食品工业。

（六）中国人的饮食礼仪、饮食结构及饮食审美

作为汉族传统的古代宴饮礼仪，一般的程序是，主人折柬相邀，到期迎客于门外；客至，至致问候，延入客厅小坐，敬以茶点；导客入席，以左为上，是为首席。席中座次，以左为首座，相对者为二座，首座之下为三座，二座之下为四座。客人坐定，由主人敬酒让菜，客人以礼相谢。宴毕，导客入客厅小坐，上茶，直至辞别。席间斟酒上菜，也有一定的规程。现代的标准规程是：斟酒由宾客右侧进行，先主宾，后主人；先女宾，后男宾。酒斟八分，不得过满。上菜先冷后热，热菜应从主宾对面席位的左侧上；上单份菜或配菜席点和小吃先宾后主；上全鸡、金鸭、全鱼等整形菜，不能把头尾朝向正主位。

在中国传统饮食习惯里，人们总是把食物区分为主食和副食两大类，前者主要指粮食，后者主要指鱼肉蛋奶等。这种以植物性食物为主动物性食物为辅的饮食结构不但有利于营养和健康，而且有利于节省能源、保护环境。前不久，世界卫生组织召开会议，号召人们采用“中国饮食结构”和“地中海饮食结构”等均衡饮食，建议多吃水果、蔬菜，多吃奶制品，多饮茶。由于地理、历史等原因，中国南北方的饮食结构有所不同，主要表现在以下几个方面。口味不同：如“南甜北咸”。做法不同：北炖，南煲，东蒸，西炒。食材性不同：南主温补，北主辛辣。热量高低不同：北高南低。

中国烹饪在饮食审美上形成了食品的质量、功用与饮食环境、宇宙观、人生观、社会观统一于一体的审美传统。一方面它要求吃得饱、吃得好，另一方面又要求运用必要的手段将菜肴美化，“附加”许多文化成分，使菜品的内涵增加，外延扩大，能够吃得开心，吃得有情味，成为物质与精神合一的产品。于是出现了“全家福”之类的祥和菜名，“全羊席”之类的高难筵席，“霸王别姬”之类的典故，“佛跳墙”之类的传闻，“虫草金龟”之类的补品，“人参鸡”之类的药膳。此外，中国人的餐具制作讲究，餐室清雅秀美。

二、韩国饮食文化

韩国人对饮食亦很讲究，有“食为五福之一”的说法。韩国菜的特点是“五味五色”，即由甜、酸、苦、辣、咸五味和红、白、黑、绿、黄五色调和而成。韩国人的日常饮食是米饭、泡菜、大酱、辣椒酱、咸菜、八珍菜和大酱汤。韩国人特别喜欢吃辣椒，辣椒面、辣椒酱是平时不可缺少的调味料，这与韩国气候寒冷湿润有关。

（一）饮食礼仪

自古以来，韩国极重礼仪，在语言方面，年幼者必须对长辈使用敬语，至于饮食方面，上菜或盛饭时，亦要先递给长辈，甚至要特设单人桌，由女儿或媳妇恭敬地端到他们面前，等待老人举箸后，家中其他成员方可就餐。至于席上斟酒，亦需要按年龄大小顺序，由长至幼，当长辈举杯之后，年幼者才可饮酒。韩国饭馆的内部结构分为两种：使用椅子和脱鞋上炕。在炕上吃饭时，男人盘腿而坐，女人右膝支立——这种坐法只限于穿韩服时使用。现在的韩国女性平时不穿韩服，所以只要把双腿收拢在一起坐下就可以了。

昔日的韩国家庭，是将盛着米饭的器皿放在台中央，而菜则在碗里，并放置于周围，每个人有一把长柄圆头平匙、一双筷子、一盘凉水，用餐时用匙把饭直接送到嘴里，筷子用来夹菜，凉水则是涮匙用的。现代韩国人的用餐习惯已有很大变化，大多使用食品盘，每人一份饭菜并装在盘中，有些更加摩登的家庭已不用食品盘，而是用碗盛饭。韩国人平时使用的是不锈钢制的平尖头儿的筷子。韩国人吃饭时不端碗，也不用嘴接触碗，圆底儿带盖儿的碗“坐”在桌子上，吃饭时左手老实地藏在桌子下面，不可在桌子上“露一手儿”。右手一定要先拿起勺子，从水泡菜中盛上一口汤喝完，再用勺子吃一口米饭，然后再喝一口汤、再吃一口饭后，便可以随意地吃任何东西了。这是韩国人吃饭的顺序。勺子在韩国人的饮食生活中比筷子更重要，它负责盛汤、捞汤里的菜、装饭，不用时要架在饭碗或其他食器上。而筷子只负责夹菜。汤碗中的豆芽儿菜用勺子怎么也捞不上来时，也不能用筷子。这首先是食礼问题，其次是汤水有可能顺着筷子流到桌子上。不夹菜时，传统的韩国式做法是将筷子放在右手方向的桌子上，两根筷子要拢齐，三分之二在桌上，三分之一在桌外，这样是为了便于拿起来再用。

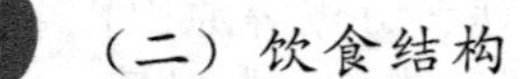

(二) 饮食结构

韩国是由南向北延伸的半岛国家，四季分明，因此各地出产的农产品种类繁杂。又因三面临海，海产品也极为丰富。谷物、肉食、菜食材料多样化，黄酱、酱油、辣椒酱、鱼贝酱类等发酵食品的制造技术不断发展，使韩餐的主料和辅料互相搭配，再加入辣椒、大蒜、生姜、香油等调味品，更使韩国风味进一步完善。韩国的饮食结构以谷类为主，以各种烹饪方式制作的菜肴为配菜。饮食起名的时候一般将主材料放在菜名的前面，后面加烹饪方式，如紫菜包饭、海带汤等。韩国饮食以其食用功能分为主食、副食和甜点。

主食：主要为饭、粥、米糕片、稀饭等。一般以米饭为主，其他根据需要进行适当调节。

副食：副食的第一作用是增进米饭的口味，第二是补充营养。副食的种类很多，主要以汤为主，有以汤汁为主可泡饭吃的汤类、汤汁与菜量相当的煲类、加一点汤汁煸炒的火锅类，还有在火上直接煎烤的烧烤和鱼肉串类，在平底锅中略加油煎的煎饼类，在蒸锅里反复炖成的清炖类、红烧类，以牛肉、海鲜为材料的生脍，生菜、熟菜等蔬菜类，牛肉和猪肉煮后切片的煮肉片，还有腌在辣椒酱、黄酱、酱油里的腌菜，发酵的鱼酱等。

甜点：吃完主食和副食后，食用甜点。主要有韩国传统的饼糕、油果、茶食、蜜饯，以及什锦水果汤等。

(三) 饮食习惯

韩国人自开始从事农业就开发发酵食品，形成了独特的饮食文化，调味食品如酱油、辣酱、大酱等尤为讲究。韩国人对传统的素食情有独钟，以素食为主的寺庙食品自不必说，泡菜、豆腐菜、山野菜等日常食品也很发达。如今随着经济条件的改善，肉类消费迅速增加，因此各种成人病（如高血压、糖尿病等）大为流行，在这种情况下，素食食品作为保健食品越来越受到人们的青睐。

韩国的饮食特色在于良好的饮食习惯。米饭，无论是白米饭还是和其他杂粮混合煮成的米饭，都是韩国人的主食。米饭通常佐以各式小菜。仅次于米饭的是“金齐”（泡菜）。其他的菜还有海鲜、肉或家禽、蔬菜、野菜和块根等。最受欢迎的菜是“布尔高基”（烤肉）。韩国人通常喜欢吃辛辣的食物，因此红辣椒一年四季少不了。

韩国人喜爱喝汤。汤是韩国人饮食中的重要组成部分，是就餐时所不可缺少的，种类很多，主要有大酱汤、狗肉汤等。韩国人常吃甜点、糕点和面食，主要有麦芽糖、油蜜果、打糕、蒸糕、发糕、冷面等。

其日常饮品包括酒类和软饮料两大类。韩国的传统酒是米酒，其酒精度低，清凉可口。此外，还有保存期长的清酒和适宜冬天酿制的甘酒。其软饮料主要有民间自制的花茶和柿饼汁，前者与中国的花茶同名但实质不相干，后者多在元旦时饮用。

韩国饮食包括每天重复的日常饮食，举行仪式时摆的食品，祈求丰年雨顺时摆的丰年祭与丰渔祭食品，祈祷部落平安而摆的部落祭食品，还有悼念过世的人而摆的祭祀食品等。同时也随季节的不同做季节美食。韩国的季节美食风俗是协调人与自然的智慧而形成的，营养科学。例如，正月十五吃核桃整年不会生疮，这必定以补充所缺脂肪酸，有效防止皮肤烂、癣、湿疹的科学说法为依据。

在韩国民俗中崇尚男性，所以许多家庭都会悬挂些辣椒以企盼男丁兴旺。此外，韩国人过中秋时赏月食饼。

（四）韩国美食及酒文化

韩国的美食种类繁多，其中较有名的有：泡菜，糯米糕，水原烤排骨，烤牛肉，烤牛排，烤牛里脊，包饭套餐，冷面，拌饭，水果茶和汤茶，韩果。其他美食还有面条火锅、参鸡汤、锅汤、火锅汤、风味灌肠等。

韩国的传统酒是米酒。据说韩国在三国时代就已经有了米酒，历史十分悠久。梨花酒是从高丽时代起就广为流传的最具代表性的米酒。由于米酒用的酒曲是梨花开时制作的，所以称为“梨花酒”。后来，由于什么时候都可以制作酒曲了，“梨花酒”的名称也就慢慢消失了。当把白浊发涩的浊酒滗出之后，就可以成为清澈透亮的清酒。用糯米酿制而不经过过滤的酒叫“咚咚酒”。米酒既是酒也是保健食品。目前人们越来越关心身体健康，米酒又重新受到人们的青睐。最近，人们很喜欢喝高丽时代从蒙古传过来的一种蒸馏酒——烧酒（最近是稀释过的烧酒）。此外，西方国家的啤酒也开始魅力四射。但浊酒才是真正的老百姓酒，并因此而源远流长。烧酒为25度的蒸馏酒，是时下韩国男人最喜欢喝的酒。

此外，深受人们欢迎的传统酒还有用人参酿制的人参酒、庆州的法酒和安东的安东烧酒等。可以说韩国是唯一讲究饮酒礼节文化的国家。过去，每年一到阴历十月，儒生们都会择吉日，守礼数，设宴款待大家。也就是说传统社会常通过“乡饮酒礼”来传授酒席上的礼节知识。到了喝酒的年龄，和成人仪式一样，长辈们也会教其“酒道”。现在有一种通用的“酒道”，比如，喝酒时，通常是年纪大的人、职位高的人先喝，要先给长辈摆上酒杯，当长辈递过酒杯给年轻人时，

年轻人一定要双手接。在长辈面前喝酒，要把脸稍向左转再喝。酒和工作要区别开来。就是再醉酒，在工作岗位也不能露出一点破绽，必须保持良好的精神状态，这是酒宴礼节中一个心照不宣的惯例。在韩国喝酒时“干杯”是表示心里高兴，愿意相互分享愉快，碰一碰杯烘托酒宴气氛，而不是像中国人那样非要把杯里的酒喝干不可。韩国人喝酒随时都可以说“干杯”。在韩国喝酒时，不习惯续酒，一定要一杯喝完之后再添酒。

三、日本食品文化

日本从诞生时起，就被称为“和之国”。日本的饮食即“和食”，起源于日本列岛，并逐渐发展成为独具日本特色的菜肴。其主食以米饭、面条为主，副食多为新鲜鱼虾等海产。而现在的人一般都将和食称为日本料理。

（一）日本菜的历史、特点及日本用餐礼仪

日本菜点的雏形形成于平安时代（794～1192 年），使用的餐具除青铜器、银器外，还有漆器。除一般的饭菜烹调外，已经学会了酿酒。但其发展主要经历了“室町”、“德川”、“江户”三个时代，大约有 500 年的历史。日本菜系中，最早最正统的烹调系统是“怀石料理”，距今已有 450 多年的历史。按日本人的习惯称日本菜为“日本料理”。按照字面含义来讲，就是把料配好的意思。日本菜总的可分为两大方菜，即关东料理和关西料理。其中以关西料理的影响为大，其历史比关东料理长。关东料理以东京料理为主，关西料理以京都料理、大阪料理（也称浪花料理）为主。它们的区别主要在于关东料理口味浓（重），以炸天妇罗、四喜饭著称。随着时间的推移，日本与世界各国加强往来，尤其是近几十年来逐步引进了部分外国菜的做法，并结合日本人的传统口味，形成了现代的日本菜。“和风料理”就是日本化了的西餐，锅类和天妇罗就是这类菜点的代表。近 30 年来，日本人民的生活水平有了很大提高，饮食方面也较以前讲究，日菜也越来越高级化。

生、冷、油脂少、种类多、注重卖相是日本料理的特色。日本料理又称“五味、五色、五法”料理。五味是甘、酸、辛、苦、咸；五色是白、黄、青、赤、黑；五法就是生、煮、烤、炸、蒸。日本菜的基本特点是：第一，季节性强；第二，味道鲜美，保持原味且清淡不腻，因此很多菜都是生吃的；第三，选料以海味和蔬菜为主；第四，加工精细，色彩鲜艳。

日餐菜点在中餐和西餐的影响下，结合日本人的传统口味，逐渐形成了一些著名菜点。这些菜点，有的作为主菜，摆到宴席上，有的自立门户，成为一种特殊的进餐形式，如铁板烧。

日餐宴会上有着严格的上菜程序和菜单编排，其上菜的顺序是：①先付；②前菜；③先碗；④生鱼片；⑤煮物；⑥烧物（烤的或炸的）；⑦合肴（间菜）；⑧酢物；⑨止碗（酱汤）；⑩御饭（米饭）；⑪渍物；⑫甜食。这样编排菜单的道理是：先付，先上一个小酒菜，以免客人久等。前菜，即冷菜拼盘，一般 3～5 种拼摆在一起。先付和前菜是专供客人喝酒用的酒菜。然后上先碗，意思是先喝一碗清汤以起清口作用，以免口内酒味浓吃不出味道。然后再上生鱼片、煮物、烧物。合肴根据菜量可有可无。然后上酢物以起爽口作用。最后上酱汤、米饭、咸

菜、甜食。本菜中最有代表性的是寿司、刺身、日式铁板烧、天妇罗、牛肉火锅和牛肉水锅等。

日本人用餐十分注重礼仪。首先，取筷子时要以左手托住，如果是卫生筷时，则应上下分开。拉开卫生筷时，横拿住筷子，再双手上下逐渐拉开。每次拿碗时，一定要先放下手中的筷子。用餐中途要将筷子放回筷枕，一样要横摆，筷子不能正对他人。如果筷子蘸有残余菜肴，可用餐巾纸将筷子擦干净，不可用口去舔筷子，这十分不雅观。如果没有筷枕，就将筷套轻轻打个结，当作筷枕使用。用餐完毕，要将筷子装入原来的纸套巾，摆回筷枕上。上酒后，男性持酒杯的方法是：用拇指和食指轻按杯缘，其余手指向内侧自然弯曲。女性持酒杯的方法是：右手拿住酒杯，左手以中指为中心，用指尖托住杯底。如果上司的酒快喝完了，女性职员或属下应适时帮对方斟酒，无论是啤酒还是清酒，斟酒时，都由右手拿起酒瓶，左手托住瓶底；接受斟酒时，要以右手持杯，左手端着酒杯底部。两人对饮时，必须先帮别人斟酒，然后再由对方帮自己斟，不能自己斟酒。用餐完毕主人会对客人说"谢谢你今天的赏光，很荣幸与你用餐"等礼貌用语。而客人如果是晚辈，也会回应："谢谢你的招待，用餐很愉快，餐点很美味。"隔天再打电话回礼一次，谢谢对方昨日的招待。

日本人吃生鱼片是有学问的，先食用油脂较少的白肉鱼片，而油脂较丰富或味道较重的，如鲑鱼、海胆、鱼卵等，则最后食用。同时，吃生鱼片必用芥末，芥末的使用方法有两种：其一是将生鱼片盘中的芥末放到酱油碟子内，与酱油搅拌均匀；其二是将芥末蘸到生鱼片上，再将生鱼片蘸酱油入食。蘸作料时应该蘸前三分之一，轻轻蘸取，不要贪多。

（二）日本茶道

提到日本饮食一定离不开茶，这已经成为日本饮食不可缺少的一部分。茶道，尤其是绿茶，是日本除了喝酒以外最具特色的消遣。8 世纪茶从中国传到了日本，而茶道却是在 12 世纪末才被少数人所接受，14 世纪茶道才频繁出现在只有上层人士出席的茶会上。

日本茶道的前身是"斗茶"。"斗茶"最早是以游艺的形式出现在文人雅士之间。15 世纪以后，中式茶亭遭到废除，"斗茶"的趣味也逐渐日本化，人们不再注重豪华，更讲究风雅品味。于是出现了贵族趣味的茶仪和大众化的品茶方法。村田珠光制定了第一部品茶法，因此被后世称为"品茶的开山祖"，珠光使品茶从游艺变成了茶道。珠光流茶道历经几代人，出现了一位茶道大师千利休，并创立了利休流草庵风茶法，一时风靡天下，将茶道推上顶峰，千利休被誉为"茶道天下第一人"，成了茶道界的绝对权威。千利休死后，其后人承其衣钵，出现了以"表千家"、"里千家"、"武者小路千家"为代表的数以千计的流派。

到了 16 世纪末，在日本文人学士中掀起了中国明代开创的煎茶法热潮。煎茶法是以一种固定的方式去享受一杯茶的味道。它讲究用一种简单的方式，使心灵得到大自然的净化。而这种茶道的主旨在于平静、优雅和简朴。煎茶法在日本民众的生活艺术中起到了非常重要的作用。从美学角度看，其与欣赏茶道的场所有关，花园与房间相呼应，房间的装饰衬托着茶具，犹如一卷悬挂的卷轴或一盆插花。日本的建筑、园艺、制陶、花道风格都归功于茶道，煎茶法的精髓是表现一种与大自然协调的美，简朴而诚实，这也是日本传统文化的基础。而且茶道的这种礼节深刻影响了日本人的日常礼仪。日本茶道讲究典雅、礼仪，使用之工具也是精挑细选的，品茶时更配以甜品。茶道已超脱了品茶的范围，日本人视之为一种培养情操的方式。

（三）日本酒文化

说到日本文化，自然离不开沁人心脾的日本清酒。清酒又称日本酒，是借鉴中国黄酒的酿造方法而发展起来的日本国酒，却有别于中国的黄酒。该酒呈淡黄色或无色，清亮透明，芳香宜人，口味醇正，绵柔爽口，其酸、甜、苦、涩、辣诸味谐调，酒精含量在15%以上，含多种氨基酸、维生素，是营养丰富的饮料酒。日本清酒是典型的日本文化，每年成人节（元月15日），日本年满20周岁的男男女女都穿上华丽庄重的服饰，即男着吴服、女穿和服，与三五同龄好友共赴神社祭拜，然后饮上一杯淡淡的清酒（据日本法律规定不到成年不能饮酒），在神社前合照一张饮酒的照片。此节日的程序一直延至今日，由此可见清酒在日本人心目中的地位。

日本清酒品牌众多，上善如水、赤磐雄町、久保田万寿、千寿等是成功人士的首选，因而价格也较高；玉乃光、醉心吟酿、朝香大吟酿、万寿纯米吟酿、菊源氏等价格适中，受中级白领的青睐；菊正宗、美少年、日本盛、朝香等走平民化路线，被一般家庭所推崇。日本法律规定酒的酒精度只能在15～16度，醇香入口，略饮有益身心、舒筋活络、美颜壮阳。清酒有档次之分，由低至高的顺序是清酒→上撰→特撰→吟酿→大吟酿酒，无论哪一样清酒，都是日本菜肴的最佳搭配，酒味可口甜美。

日本流行酒浴。经医学专家研究，酒对皮肤有良性刺激，能加速血液循环，对身体大有裨益。

日本人在正式宴会或酒会上没有中国人那么多的劝酒歌和劝酒方式。只有纯日本式宴请时，为表示对客人的尊敬，在榻榻米上饮酒时，主人有时来敬酒，是跪在你面前为你斟酒的，不好意思不喝，只要喝下一点，他再为你斟满就算主人尽到礼仪。一般情况下，日本人不强求对方饮酒，喜欢饮酒者可以自斟自饮。加之日本酒度数都不太高，即使是白酒也不过40度左右，这样不容易醉，但日本清酒比中国白酒容易上头，喝得太猛也一样致醉。日本没有酒令，但盛宴时有余兴节目，一般由陪酒妇女们弹三味线、唱歌或跳日本古典舞，也可擂当地日本大鼓或表演具有地方特色的歌舞技艺。

四、印度食品文化

印度饮食文化的特征是：食性杂，忌讳多，差异大，不同的食风并存而且互不干扰。北方以面食为主，南方以米食为主；中上层习用西餐，平民保持东方饮食风貌；印度教徒多吃素，少吃荤，爱吃羊肉；穆斯林恪守清规，忌血生，戒外荤，过斋月；基督教徒有小斋、大斋和封斋之举；拜火教徒的饮食戒律则更神秘；还有部分人不吃蘑菇、竹笋和木耳，回避带壳的动物和4条腿的生物；忌讳左手上菜和在同一盘中取食，饮食中回避1、3、7等数字；男女大多不同席，不吃他人接触过的食品等。但印度人都具有“一辣四多”的共通性。所谓一辣，就是普遍爱用咖喱和辣椒佐味，菜品重在生鲜、清火、香辣、柔糯或润滑。所谓四多：一是奶品多，印度人不吃牛肉但喝牛奶，并善于调制奶制品，这有利于营养平衡；二是豆品多，并以此充当主食，可弥补动物蛋白的不足；三是蔬菜多，能充分利用热带和亚热带的地理条件，广辟食源；四是香料多，喜食花卉，金色郁金香入馔是其一绝。一辣四多的实质便是以素食为主，嗜好香辣，俭朴务实，有着浓郁的南亚原住人民生活风情。

（一）印度菜的特征

（1）精致　印度菜非常注重选料。比如，羊肉里不能有肥肉，不吃下水，羊必须是阿訇宰杀的，否则不吃。

（2）纯天然　印度菜从不追求现代化的香料，如味精、化学色素等。一切入菜原料必须是纯天然的。

（3）注重营养　印度菜中的很大一部分相当于中国的药膳，是历代流传下来的，非常注重菜品本身的营养及对人体的调理。

（4）专一　印度人特别固守自己的菜系和味道。远离家乡的印度人几乎从不吃外乡的菜。他们宁可吃自己带来的干粮，如果连干粮都没有了，他们宁愿吃水果过活也不背叛自己的家乡菜。

（5）糊糊涂涂　代表名食和小吃。从表面上看，中国菜的特点是“清清白白”、色香味，色是摆在第一位的，因为好看可以激发食欲；印度菜的特点则是“糊糊涂涂”，各种主菜都放一大把咖喱粉，看起来都一个颜色。不亲口尝一尝，很难区分是什么肉类，而且蔬菜也捣成糊状，搁些咖喱。

（二）“咖喱”——印度菜系的主题

所谓“咖喱”，是“许多香料混在一起烹煮”的意思，这个名字源自印度高原的坦米尔语。咖喱由多种香料混合，熬制成无辣、小辣、中辣乃至劲辣的膏状。很多人认为咖喱是辣的，事实上，大部分咖喱是不辣的，其突出点是“香、鲜”。辣口而不辣胃，这是它与辣椒在味觉上的最大区别。咖喱是一种长青不老的食物，不时挑起人们吃的欲望，尤其是炎热的夏天，都喜欢用它来醒胃提神和增进食欲。咖喱的种类很多，以国家来分，其源地就有印度、斯里兰卡、泰国、新加坡、马来西亚等，印度可说是咖喱的鼻祖；以颜色来分，有红、青、黄、白之别。

印度人对咖喱的用法可谓是花尽了心思，几乎每道菜都用咖喱，如咖喱鸡、咖喱鱼、咖喱土豆、咖喱菜花、咖喱饭、咖喱汤……而最突出的代表就是咖喱饭，好处有二：第一，非常容易出效果，咖喱香味四溢；好处二，做法很简单且又不失美味。印度咖喱不但好吃，而且还有许多功效，如可以降低餐后胰岛素反应，还能促进能量代谢，使人消耗更多的热量，促进脂肪氧化，有利于预防肥胖。最近研究人员又发现咖喱的新用途——防癌。据印度亚洲通讯社报道，美国芝加哥洛约拉大学医学中心的研究人员发现，咖喱中含有一种姜黄色素的化学物质，可以阻止癌细胞的增殖，对预防癌症特别是白血病效果明显。另外，姜黄色素还可以消除吸烟和加工食品对身体产生的有害作用。研究还发现，咖喱中含有的孜然芹和胡荽等物质对心脏有益。

（三）印度人的饮食习惯及饮食礼节

印度人的主食是麦面饼和大米，每餐都是先吃饼，然后再吃米饭。印度的米饭是用叫做“巴斯马蒂”的米做成的，印度人只吃羊肉、鸡肉和一些海鲜。在印度很多人是素食主义者，为了补充蛋白质，豆类就成了他们每餐必吃的东西，并永远作为他们的一道主菜呈现给宾客。虽然目前在许多正式场合，印度人用刀叉吃饭，但私下里，他们还是习惯于用手抓饭。也正因为这一习惯，使得印度菜大部分为糊状，这样便于用手抓饼或米饭拌着吃。而且，印度菜的吃法也很特别，是中西合璧的，用刀叉，却是大家一起点菜一起吃的。印度人不怎么喝汤，且以各式饼类为主食。印度菜的烹饪方式南北是有区别的。北印度食物以烘烤、油炸为主，口味较南方清淡。印度人一般在晚 8 点以后吃晚饭，饭店晚上最早 7 点半才开门。印度人喜欢夜生活，每天开始工作的时间很晚，即使在印度首都——孟买，早上 10 点才上班。因此，他们不急于吃晚饭。

印度是一个很注重饮食礼节的国家。客人到家后要向主人问好，到印度人家做客，吃饭前要漱口和洗手。在传统的印度人家庭和农村，通常客人与男人、老人、小孩先吃，妇女则在客人用膳后再吃。不同性别的人同时进餐时，不能同异性谈话。印度人进餐时，传统方法一般是一只盘子、一杯凉水，把米饭或饼放在盘内，菜和汤浇在上面。多数印度人进食时不用刀叉或勺子，而是用右手把菜卷在饼内，或用手把米饭和菜混在一起，抓起来送进嘴里。留洋的知识分子或中产阶级家庭则使用刀、叉和勺子。印度人吃饭还有一个规矩，即无论大人还是孩子，一定要用右手吃饭，给别人递食物、餐具，更要用右手，这是因为人们认为右手干净，左手脏。

在印度的餐桌上，主人一般会殷勤地为客人布菜，客人不可以自行取菜。同时客人不能拒绝主人给你的食物和饮料，食品被认为是来自上帝的礼物，拒绝它就是对上帝的忘恩负义。吃不了的盘中食物，不要布给别人，一旦你接触到那种食品就表示它已是污染物了。许多印度人在就餐前还要弄清他们的食物是否被异教徒或非本社会等级的人碰过。作为客人，就餐后要向主人表示敬意，但应当赞扬食品很好吃，表示喜欢。一般不要说“谢谢”等致谢的话，以免被认为是见外。

（四）印度美食

印度特色美食，即中国人所谓的“印度飞饼”，在印度称之为“加巴地”。“加巴地”分为两层，外层浅黄松脆，内层绵软白皙，略带甜味，嚼起来层次丰富，一软一脆，口感对比强烈，嚼过之后，齿颊留香。

印度甜食可谓“名副其实”，甜得发腻。甜食种类很多，有煎的、炸的、烘的、烤的，一应俱全。

印度的其他美食还有印度奶茶、黄豆泥、素有“孟买蝴蝶”之称的咖喱脆饺、青辣椒丁和洋葱香、各式奶酪制品等。

第四节　西方食品文化

与注重“味”的中国饮食相比，西方是一种理性饮食观念，不论食物的色、香、味、形如何，而营养一定要得到保证，西方人讲究一天要摄取多少热量、维生素、蛋白质等，即便口味千篇一律，也一定要吃下去——因为有营养。这一饮食观念同西方整个哲学体系是相适应的。形而上学是西方哲学的主要特点。西方哲学所研究的对象为事物之理，事物之理常为形上学理，形上学理互相连贯，便结成形上哲学。这一哲学给西方文化带来生机，使之在自然科学、心理学、方法论上实现了突飞猛进的发展。但在另一些方面，这种哲学主张也起了阻碍作用，如饮食文化。在宴席上，可以讲究餐具，讲究用料，讲究服务，讲究菜之原料形、色方面的搭配；但不管怎么豪华高档，从洛杉矶到纽约，牛排都只有一种味道，无艺术可言。作为菜肴，鸡就是鸡，牛排就是牛排，纵然有搭配，那也是在盘中进行的，一盘“法式羊排”，一边放土豆泥，旁倚羊排，另一边配煮青豆，加几片番茄即成。色彩对比鲜明，但在滋味上各种原料互不相干、调和，各是各的味，简单明了。

一、美洲食品文化

在政治地理上，美洲分为北美洲和拉丁美洲，在食品文化上，北美洲与拉丁美洲也迥然不同。北美洲的食品文化以美国和加拿大的食品文化为主，受到欧洲文化的强烈影响，分秒必争，简单快捷；而代表拉丁美洲食品文化的墨西哥的饮食习惯却是优哉游哉，冗长舒缓。

（一）北美洲食品文化

北美洲是开发晚而发展快的大洲，不论是从国力还是从国土面积上讲，整个北美洲似乎就是美国和加拿大的，它们均为发达的资本主义移民国家，在人种、宗教及社会制度等方面都有着相似之处，食品文化也不例外，都在一定基础上呈现一种兼容并包、有容乃大的气势。下面就来讲讲美国和加拿大的食品文化。

有学者认为美国的食品文化是一种熔炉文化。美国的文化虽然主要是由欧洲带过去的，但最近一二百年，美国发明、消化、融合了各种文化内容，形成了大熔炉式的文化氛围，创造着世人前所未见、随心所欲的“嫁接”。也有人认为，美国的食品文化是一种沙拉文化，各种食品就像沙拉一样被生硬地搅拌在一起，结果蔬菜是蔬菜，水果是水果，并没有融合成新的东西。饮食习惯往往是人们最顽固的文化习俗，往往没有逻辑可言，受到很复杂的象征性的、经济的、社会的、生态的甚至是生理因素的影响，这使得不同文化背景下的不同食品文化形成了各自保守的风格，并暗示大部分人很难接受新的食物。所以说美国的食品文化是沙拉文化似乎更贴切。

饮食的多元化、多民族化是美国食品文化的一大特色，然而这也使得美国自己的烹饪美食在这多姿多彩的多元化饮食中难以辨认。什么是正宗的美国菜？不要说我们搞不懂，就连美国人自己也要想好一阵，然后冒出一句：汉堡包。但可惜这不是菜，其源头也不在美国，地道的美国人也不认为汉堡包是美国特色。此外，还有玉米这种土生土长的食物原料也没有变成“全国性的美食”，反而在邻国墨西哥得到了极大发展，成为墨西哥的标志性美食。所以说美国没有形成标志性的烹饪美食。

北美大陆是快餐行业最大的地区市场，多个著名的速食品行业国际品牌也都来自美国，也有人说美国的食品文化就是快餐文化。美国经过200多年的惨淡经营，虽然没能搞出一个能与法式和意式相提并论的烹饪体系，却形成了以简单、方便、快捷为特色的烹饪方式，最具代表性的就是工业化生产的各种饮料和快餐食品、速冻食品等。

由于历史原因，美国早期居民中的欧洲移民以英国人为主，英国是典型的欧洲国家，所以美国的饮食习惯具有欧洲风格，并与英国很相似。

在历史上加拿大曾是英法的殖民地，人口也以欧洲移民为主，因此它的食品文化也体现着欧洲特色。加拿大联邦成立后，移民日益增多。这些移民的到来使得加拿大文化成为一种多元文化，食品文化也向多元化发展。与美国不同的是，加拿大全国各地都有自己的名菜名吃和风味食品，尤其是加拿大北部的爱斯基摩人的北极鲑鱼及西部印第安人的鹿肉、野牛肉和野生大米等，都是其他国家所没有的。

（二）拉丁美洲食品文化

在政治地理上，拉丁美洲是指美国以南所有美洲各国和地区的通称，包括墨西哥、中美洲、西印度群岛和南美洲。由于历史原因，拉丁美洲的食品文化融合了伊比利亚的欧洲饮食特色，同时又呈现着印第安人的本土特色，还夹杂着非洲黑人文化，表现着与众不同的食品文化风貌。从人种上我们也可以看出其文化的多元性，在整个世界的食品文化中占据一角。以中美洲的文明古国，印第安人的文化中心，印加文化的发源地，同时也是人类文明史上著名的玛雅文化的发源地——墨西哥为例来说明这一特色。

墨西哥的用餐习惯很有特点，一般早餐时间为上午9点，午餐要到下午2点，晚餐则在晚上9点以后。一顿饭从宾主入座，到全宴吃完，少则两三个小时，多则四五个小时。进餐节奏冗长、舒缓。与同受欧洲文化强烈影响的北美洲相比，简直是天壤之别。一个分秒必争，简单快捷；一个优哉游哉，冗长舒缓。那么墨西哥的这种用餐习惯的背后又是一种什么样的文化支撑着呢？是宗教！在墨西哥或者整个拉丁美洲，欧洲殖民者带来的天主教文化占据主导地位。天主教教义轻视人们追求物质享受，对人们从事的世俗活动设置了种种规定，在一种宗教炫耀中以精神的安慰来弥补物质上的匮乏。接受这种教义的人特别强调精神层面的东西，陶醉于自我满足的欣赏，而对与人们实际生活联系更为密切的物质文化常常表现出不屑一顾的态度。在这样一种文化氛围或者思想观念下，人们对待饮食自然是能享受多久就享受多久，甚至饮食已经不再是饮食，而是人们聊天、休闲、打发时间的工具或方式。

墨西哥受西班牙殖民统治长达300多年，因此其饮食受西班牙食品文化的影响非常大，如正餐十分繁杂。但其本土的食品文化并没有因此而丧失，反而越来越鲜明，成为国家的一种标志，如玉米和辣椒在食品文化中的地位。玉米是墨西哥人食品文化的核心。人们对玉米的感情，近乎达到了崇拜的程度。在古代印第安人的宗教文化中，玉米已经超出了普通食物。墨西哥民间有许多关于玉米的神话和传说：古代印第安人信奉的诸神中，就有好几位玉米神，在玛雅人的神话中，人的身体就是造物主用玉米做成的；在乡土文化中，“玉米人”已经成为中美洲印第安土著人的一个代称。玉米业已升华为墨西哥的一种文化情结，象征着墨西哥先民印第安人的勤劳、智慧和伟大，所以即使是最普通的玉米面饼，在高级宴会乃至国宴都有它的一席之地，在人们的日常生活中也占有非常重要的地位。除了玉米，辣椒也是墨西哥菜的特色。辣椒的祖籍在南美洲圭亚那卡晏岛的热带雨林中，古称“卡晏辣椒”，是正宗的“辣椒之乡”。早在玛雅时期，墨西哥的古印第安人就特别嗜好辣椒。现在的墨西哥人更是把他们祖先爱吃辣椒的嗜好发展到登峰造极的地步。中国有句俗话叫“无酒不成席”，墨西哥是“无辣不成席”、“无辣不能活”。

就墨西哥的烹调方式而言，最著名的应该是烧烤，烧烤也是整个拉丁美洲饮食的一大特色。对于热情的拉丁美洲人来说，整只牛仔腿、羊腿、大块烤肉是日常不可或缺的美味。而且在用餐过程中还伴有欢快的音乐和舞蹈，融入了部分黑人文化。

现在，墨西哥菜已经成为与法国菜、中国菜并驾齐驱的菜系，并且还在不断发展壮大。

二、欧洲食品文化

欧洲饮食文化的特点用两个字便可准确概括——“实效”。面包、奶酪、果酱、黄油、生蔬菜是早餐必不可少的。方便的话，再来少量熟牛肉、水果或点心。这些食物是自助性的，各取所需。欧洲人的午餐是最简单、最匆忙的，晚餐是欧洲人最从容的一餐。晚餐的花样也比较多，或烧牛排、比萨饼，或做意大利面、通心粉，但鲜牛奶和水果不能少。欧洲人是很少吃猪肉的。在烹饪方法上欧洲人也是以实效为原则的，食品以嫩、鲜、清、淡为标准。烹调时，对火工和时间的把握相当严格，既保证食品内有效的营养物质不被破坏，又能保持食品原有的清香和纯正的原味。

欧洲各主要风味流派的饮食特色，可以说是花开几朵，各表一枝。当国家的整体文化发展壮大时，其所代表的食品文化也随之升温，成为世人瞩目的奇葩。但它们共同的根还是古希腊食品文化，并从中源源不断地汲取营养。

（一）希腊——西方饮食文明之源的饮食特色

古希腊人把饮食看做一种至高无上的、不容玷污的行为活动。在古希腊，男性的社会地位较高，而男性职业厨师的社会地位就更高了，因为他们的工作常常与宗教仪式联系在一起。在男性进餐和娱乐的过程中，所有服务工作都是由主人的男性奴隶或临时雇佣的男性仆人来完成。这一服务特色流传到法国，至今法国的正统餐厅里皆为清一色的男服务员，以示对饮食的重视，体现一种神圣的、不可动摇的价值观。

欧洲餐桌上的主要食物为面包，其原料为麦子。在古希腊一般人是吃不到畜肉的，最主要的食物还是以大麦和小麦为原料的面包，并为保命食粮。

在荷马史诗时代（公元前11～公元前9世纪），人们将食物作为一种恩赐和依赖的媒介，食物也成了联系各种关系的媒介。现在对希腊人而言，聚会而食仍

是最重要的社会活动。

由于整个国家对食物的重视，许多制作食物的烹调技术在希腊得到广泛运用，并得到高度发展。从烹调技术上讲，当时人们最喜欢用各种辛香料来调味。另一方面香料还有其药用价值，可以帮助消化，还具有防腐作用。在雅典的喜剧里，厨师们时常列出各种想要的调味料，不仅包括葡萄干、橄榄、刺山柑、洋葱、大蒜、孜然、芝麻、杏仁，以及橄榄油、醋、葡萄汁、蛋、盐和腌渍的鱼肉，也包括百里香、牛至、茴香、莳萝、芸香、洋苏草、欧芹、无花果叶子及其他香草等。而用这些香草进行调味的方法被后来的西方各国广泛使用，并延续至今。希腊最重要的调味品是橄榄油，在希腊人人都喜欢使用橄榄油。在希腊文字中，橄榄油与慈悲是相同的字眼，所以在希腊橄榄油不单单是一种好食材，更具有文化性内涵。橄榄油最迷人的地方还在于它神秘而动人的来源——希腊神话中的雅典娜。雅典是希腊的中心，橄榄是雅典的象征，橄榄油则是精华。人们对它的喜爱有着美丽而深厚的历史根源，并形成一个食品文化圈，散射开去，在地中海沿岸的许多国家乃至整个欧洲形成几千年的历史。因此，在西方它被誉为"液体黄金"、"植物油皇后"、"地中海甘露"。通过《圣经》，橄榄油进而影响到欧洲的大多数基督教国家。

在古希腊，聚会是一种重要的社交工具，食品的种类、顺序及格局都是精心设计的，都有特殊的含义，并且已经形成一种体系。这个格局几乎是所有西餐风味流派的正餐与宴会格局的蓝本，如今，西式正餐的基本格局大多仍为开胃菜、汤、主菜、甜点等顺序。

（二）欧洲食品文化的差异性

在西方，很少有国家始终保持统一大国的地位，大部分国家在历史发展过程中处于分裂、割据状态，大大小小的城邦国家和封建小王国林立其中，均都有着自己的相对独立性，受其影响，欧洲食品文化的发展必然存在较大的差异性，且发展极不平衡，此起彼伏。意大利、法国、英国三个风味流派，虽然皆为西餐模式，但它们形成和兴盛的时间各不相同，并具有各自的特色。

意大利菜为鼻祖，最具古朴特色。意大利的烹饪艺术家在烹饪中讲究选料清鲜、烹饪方法简洁，注重原汁原味，各种菜肴和面食不仅传统且家庭气息浓郁，使意大利烹饪具有古朴特色，并一直延续至今，具有"意大利妈妈的味道"。

法国菜就像贵族，极具华丽、精美特色。由于它出身宫廷贵族，所以无论是取材、烹调方式还是服务、用餐环境及餐具，无不体现着高雅的格调。从选料上看，内容极其广泛，常选用稀有的名贵原料，如蜗牛、干贝、鹅肝、黑蘑菇等。此外，还喜欢用各种野味。其烹调方法多种多样，几乎包括了西餐近 20 种烹调方法。服务和用餐环境更是首屈一指，无可挑剔。正统式的法国服务，是宫廷式侍卫服务。法国人已经将世界许多国家视为日常生活需要的吃喝提升到了艺术的高度，对其中的排场、格式、摆设的创新都达到了登峰造极的程度。甚至于每年的博若莱新酒上市和《米其林美食指南》的出版也成为全国人民的大事。

英国菜为新贵，颇具简约、快捷特色。和其他欧洲国家相比，英国向来被批评为没有食品文化的国家，烹调方式简单得不能再简单。简而言之，英国菜的制作方式只有两种；放入烤箱烤，或者放入锅里煮。做菜时什么调味品都不放，吃的时候再依个人爱好放些盐、胡椒或芥末、辣酱油之类。说起来是尊重各人的好恶，却也难免不谙烹调之嫌。虽然英国人不精于烹调、不善于准备正餐，但英国的早餐却闻名于世，成为英国“烹调”唯一的招牌。他们对早餐非常讲究，英国餐馆中所供应的餐点种类繁多。而时下所流行的下午茶也源自英国，其较知名的有维多利亚式，其内容可以说是包罗万象。

三、澳洲食品文化

澳大利亚是拥有澳洲大陆全部领土的唯一大陆国，故简称为澳洲，或称澳洲为澳大利亚。一洲一国，一国一洲，这是一个独特国度的地域范围，然而在这样一个独一无二的岛国上，却没有自己的食品文化，虽然澳洲中部也保留着土著人的饮食习惯，但随着欧洲和亚洲移民的涌入，也已经被欧洲和亚洲食品文化所同化。

（一）镶嵌着各种食品文化的瓷砖

澳洲人实际上与美国人一样，是英国人的后裔，其食品文化与英国渊源颇深，所以澳大利亚的食品文化或多或少地带有欧洲风味，主要以传统的英格兰、爱尔兰为主。19 世纪 50 年代的淘金热带来了大量欧洲移民，同时也带来了丰富多彩的食品文化。意大利、希腊、法国、西班牙、土耳其、阿拉伯等各地食品相继在澳洲各地落户生根，不仅满足了各地移民的需要，也给那里的英国后裔带来了新的口味。

20 世纪 70 年代后期越南难民涌入，一种价格低廉的越南菜悄悄流传开来，其中最脍炙人口的就是牛肉粉，这几乎成了越南食品的象征，没过多久越南风味就被咸、辣、甜的泰国菜所取代。泰国餐馆就像当年的法国餐馆一样迅速遍及各个城区，并风行了 10 年。然而现在最为流行的亚洲餐为中餐。从 19 世纪 50 年代淘金潮开始，华工就已经把中国的食品文化带进澳大利亚，当时的许多小城镇都可以找到中餐馆。20 世纪初，糖醋排骨、黑椒牛柳、咕老肉、杏仁鸡丁就已经成为风行一时的异国情调菜肴。现在可以在澳洲任何一个小城镇看到中式餐馆，大城市里的唐人街，中餐馆、酒楼更是鳞次栉比，不胜枚举。可以说，中餐在澳洲的地位相当高。现如今澳大利亚美食可以说是东西方食品文化的最佳结合，将欧洲和亚洲的美食共冶于一炉。

（二）澳大利亚食品文化特色

澳大利亚是一个富庶的国家，位于太平洋西南部和印度洋之间，周围广阔的海域为这个国家的人们提供了取之不尽用之不竭的海产资源，所以海鲜就成了这里非常著名的菜肴，其中龙虾名声显赫。他们的畜牧业也十分发达，号称“骑在羊背上的国家”，乳制品、牛羊肉的消费量较大。据统计，澳大利亚人对肉的消费量居世界第 3 位，人均年消费为 110 千克。所以在肉类市场上有大量野生动物肉，在饭店还能吃到鳄鱼肉、袋鼠肉和鸵鸟肉。澳大利亚人最偏爱的肉也是袋鼠肉，用袋鼠尾巴烹制而成的鼠尾汤成为许多食客的最爱。

澳大利亚较有特色的饮食是澳大利亚烧烤、邓皮饼和皮利茶。在澳洲烧烤是一种非常流行的餐饮形式，在家宴或各种联谊性质的宴会上经常被采用。皮利茶

和邓皮饼是19世纪流传下来的。以上三种饮食方式都比较原始，具有当地特色，而且有一定的历史纪念意义。然而它们没能进一步发展壮大，形成澳大利亚的代表性饮食。

第五节　食品文化的重要性

中华饮食文化的形成是建立在中国历代先人广泛的饮食实践基础上的，是中华民族悠久灿烂文化的重要组成部分，标志着各个历史时期中华文明的发展进程和进步过程，说明中华民族自古以来就是一个热爱生活、追求真善美的民族，从侧面体现了中华民族的创造精神和独特风采。

一、食品文化的功能

（一）养生功能

养生，又称摄生、道生、养性、卫生、保生、寿世等。所谓养生，即通过保养、调养、补养之道，达到延续生命之意。养生方法多种多样，如推拿养生、环境养生、情志养生、运动养生、药物养生、气功养生、针灸养生、饮食养生等，但饮食养生是最根本的养生方法。

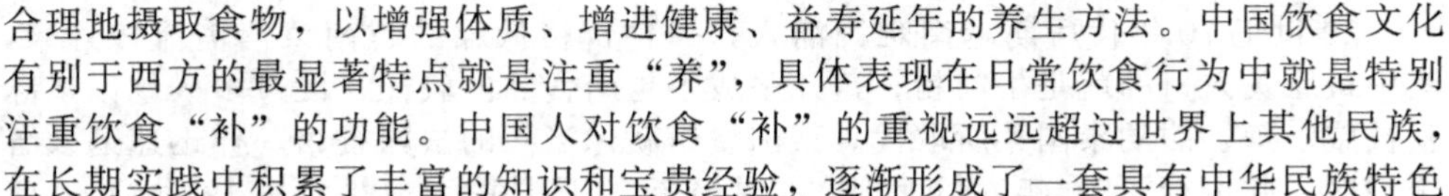

饮食养生，简称食养或食补，是指按照中医理论调整饮食，注意饮食宜忌，合理地摄取食物，以增强体质、增进健康、益寿延年的养生方法。中国饮食文化有别于西方的最显著特点就是注重“养”，具体表现在日常饮食行为中就是特别注重饮食“补”的功能。中国人对饮食“补”的重视远远超过世界上其他民族，在长期实践中积累了丰富的知识和宝贵经验，逐渐形成了一套具有中华民族特色的饮食养生理论。据《周礼·天官》记载，早在3000多年前的周代，中国就建立了世界上最早的医疗体系。当时将医生分为“食医”、“疾医”、“疡医”、“兽医”四类，并明确提出“食医”为先。“食医”是负责管理膳食营养的专职人员，负责调配周天子“六食”、“六饮”、“六膳”、“百馐”、“百酱”的滋味、温凉和分量，其从事的工作与现代临床营养医生类似，这是迄今已知人类历史上最早的“营养医学”实践。因此，中国饮食文化具有“医食同源”、“医食同用”甚至医食不分的特点。

按照中国人的养生观，人的生命体内充满着阴阳对立统一的辨证关系，“人生有形，不离阴阳”[1]，而“阴阳乖戾，则疾病生”[2]，因此，日常的饮食活动首先要做到阴阳相调相配。不仅人体有阴阳，世界上所有食物都有阴阳禀性，并且两者之间有一种互感作用，只有两者相配得当，才能维持生命平衡，保证人体健康，否则就会阴阳失调，疾病骤生。这就是说人之性只有配物之性，才会保持人体的阴阳平衡。其次，将人体脏腑组织与阴阳五行理论进行联系类比，形成“四时五脏阴阳”学说，即人所有的食物与天体的四时运行、人的脏腑器官都有一种

---

[1] 《素问·宝命全形论》。

[2] 《素问·宝命全形论》。

相生相补、相亲相和的一致性，所以应注意不同季节不同食物的不同性味变化，不要偏嗜而要适宜，五味适宜，才能五脏平衡。"天"与"人"体现出一种同德同生、和合相谐的关系，这种关系不仅对人的生命现象有一种新的认识，而且还形成了以"天"为主导的世界观，从"天人相应"到"天人合一"，表现了中国饮食文化中哲学、审美观念的发生、发展历程。而饮食文化中"天人合一"的思想观念，又是以重"养"尚"补"为其表现特征的。所以在中国饮食文化中，人们即使不生病，也常常吃补药，如用人参、茯苓、当归、枸杞子一类的药材泡茶、酒或煮汤。

（二）社会功能

自人类进入文明社会后，食品即成为人类社会活动的一个重要组成部分，在人们的社会交往中，以其独有的物质特性和文化内涵，成为一位几乎无时不有、无处不在的社会"角色"。"吃了没?"是中国人问候语中使用频率很高的一句话，日常生活中的祭祀禳灾、欢庆佳节、婚丧嫁娶、迎来送往、贺喜祝捷、遣忧解闷等，都与"吃"密切相关。这种"吃"，表面上看是一种生理满足，但实际上"醉翁之意不在酒"，它借吃的形式表达了一种丰富的心理内涵和社会含义。因此，饮食文化的社会功能体现在社会生活的方方面面，如人生礼俗、年节活动、日常生活中的送往迎来，以及酒肆茶馆中的交际应酬等。

饮食是人民生活中不可缺少的有机组成部分。随着社会生产力的发展、科学技术的进步、经济发展的提速、人们可支配收入的增加、社会交往的频繁，还将不断丰富食品文化的社会功能。

（三）娱乐功能

所谓食品文化的娱乐功能，就是人们在食品文化的活动过程中获得快乐的效用。它作为一种社会现象而存在，有益于社会的生存、发展和完善。尤其是现代人，因生活节奏加快、工作压力加大和饮食社会化程度提高，人们在注重"吃得营养、吃得健康"的同时，更追求食品文化娱乐，以获得享受。食品的娱乐功能主要表现在两个方面：审美乐趣和食俗乐趣。

（1）审美乐趣　饮食品尝过程渗透着艺术因子，美的欣赏贯穿于饮食活动的全过程。无论是饮食材料、饮食器具、饮食烹饪，还是饮食环境、饮食本身，人们均可从中去创造美、欣赏美、品尝美，既可通过品酒倾听酒中散发出的美丽动人的传说，又可通过宴请享受淳朴浓厚的亲情，也可以月饼寄寓一份团圆的美好情愫，当然也可在宴饮中抚琴歌舞，或吟诗作画，或观月赏花，或论经对弈，或独对山水，或潜心读《易》。在其中儒生可"怡情悦性"，羽士可"怡情养生"，僧人可"怡然自得"。人们就是在这种美好的饮食环境中畅神悦情，获得美的享受。

（2）食俗乐趣　中国食俗既被广大群众所创造，又被 13 亿人民所利用。食品食俗又常与社交、婚恋、欢聚、游乐、竞技、集市相结合，带有很强的娱乐性。尤其是欢腾的年节文化食俗、喜庆的人生礼仪食俗和情趣盎然的少数民族食俗，多以群体娱乐的形式出现，表现了本民族人民对自己优秀文化的热爱，洋溢出健康、向上的精神和情调，人们可以从中获取乐趣，调适个人的物质生活与精神生活，如汉族的春节、回族的开斋节。

二、食品文化与营销

营销活动中买卖双方所交易的并不仅仅是商品或服务，更注重的是存在于背后的文化。因此，文化的认同与交融，成为食品行业及食品消费可持续发展的具有活力的因素。

“营销”概念是在19世纪末20世纪初的美国提出的。在“营销”理论还未出现之前，商业活动中仍有营销行为的萌芽。在古代中国食品营销活动中，食品行业主要以饭店、商铺或者手工艺者的形式出现。食品文化常体现在店铺的装潢、所售卖食品的包装及简单的各种广告形式上（如店铺的招牌幌子，印刷的宣传单，各种材质的宣传物品等）。现代市场经济下经营情况良好的中国老字号食品企业，都是传承中国传统文化和创新的优秀实践者。如“全聚德”、“稻香村”、“功德林”、“吴裕泰”、“张一元”、“狗不理”、“三凤桥”等一大批的“中华老字号”食品企业，在市场经济的大潮中，迎接新的挑战，越发重视文化的塑造和品牌的构建。

餐饮营销，不仅指单纯的餐饮推销、广告、宣传、公关等，同时还包含餐饮经营者为使宾客满意并为实现餐饮经营目标而展开的一系列有计划、有组织的广泛的餐饮产品及服务活动。它不仅仅是一些零碎的餐饮推销活动，更是一个完整的过程。餐饮营销是在一个不断发展着的营销环境中进行的，所以，为适应营销环境的变化，抓住时机，营销人员应该制订相应的营销计划。首先，应确定餐饮企业的经营方向，进行市场调查以确定经营方向；然后进行市场细分，对竞争对手及形势进行分析，确定营销目标；随即研究决定产品服务、销售渠道、价格及市场营销策略，以及具体实施计划、财务预算，并通过一段时期的实施，再根据信息反馈的情况，及时调整经营方向和营销策略，最后达到宾客（people）、价格（price）、实绩（performance）、产品（product）、包装（package）、促销（promotion）等诸多因素的最佳组合。一般来说，餐饮企业可以从广告营销、宣传营销、菜单营销、人员营销、餐厅形象营销、电话营销、公关营销及特殊营销活动方面考虑，采取相应的营销手段。

随着市场营销理论在中国市场实践的深化，食品文化的作用被诸多企业所重视。纵观我国食品行业改革开放30年来各种媒体上的营销广告，不难看出，若想提升产品的附加值，唯有在高质量产品基础上的文化营销才可能在市场上取得消费者的长期信赖，消费者消费的不仅仅是食品，还有心理上文化需要的满足。不断追逐和挖掘顾客的终身价值将成为企业营销不变的追求。

三、食品文化与消费

（一）研究消费者的需求

从营销发展角度看，基本上经历了产品的生产制造、产品推销、市场营销、制造市场、市场个性等阶段。先后经历了商品时代、印象时代、定位时代和专爱时代。尤其是在当今消费者不断追求个性的市场环境下，如何能够不断满足消费者的需求，成为企业成功的关键。通过对消费者的分析和研究，发现其需求特征，以及不断变化的需求趋势，是食品企业所生产食品具有鲜活生命力的源泉。

（二）产品概念的形成与食品文化

在当今的食品市场，消费者对文化越来越重视，从产品确定名称开始，就必须考虑到其文化内涵，以及名称的好读、好写、好听、好记、好认，产品名称与企业文化的关联度，与所倡导的人类真、善、美的一致性等都需要企业予以重视。具体来说，主要包括：五好原则（即以上所说的好读、好写、好听、好记、好认）；能够从众多品牌中被人一眼发现；产品的用途、功能与独特性等使人一目了然；容易引起人的美好联想；创意富有特色，不与他人雷同；产品有格调，有文化品味；具有时尚感；产品有进一步深度开发的可能性；生产与广告一体化，产品与名称系统化；能够获得命名及商标注册权等。

（三）开发出具有一定文化力的品牌食品

品牌具有自然特质和文化特质两方面的内涵。自然特质是指个体品牌区别于竞争品牌的特殊风格，是吸引惠顾消费者忠诚购买的特质；文化特质是指消费者对产品差别化的心理体验，消费理性可以有效地识别品牌的文化特质。食品企业要开发出具有一定文化力的品牌食品，就要特别重视文化特质层面。从目前市场上品牌创建比较成功的食品企业来看，其产品所具有的文化内涵与商业文化、时尚文化等融合得比较成功，消费者在享受食品美味的同时，也有了更多心理上的文化满足。

四、食品文化与旅游

（一）食品文化是旅游业存在和发展的基础

在“食、住、行、游、购、娱”的旅游六大要素中，饮食居于首要位置。食品文化的形成发展与各种人文景观、文化现象、特殊的历史事件及其发生地等内容紧密联系在一起，使之成为多姿多彩的食品文化景观。这种景观是旅游业的重要资源，也刺激着旅游业的发展。

食品文化旅游兼具自然与人文属性特色。如茶文化旅游产品的消费，使得游客在品茶的同时又能览茶园秀色，得山水之乐，享茶肴美味。在旅游中，人们在欣赏自然美景与人文胜地时，优雅的饮食环境、丰富而具有地方特色的食品与饮料也是其重要的选择内容，假若没有了饮食业的发展和推动，旅游业是无法生存和发展的。

（二）食品文化是旅游业的重要组成部分

旅游实质上是一种物质和精神的综合性活动。一方面，它是物质的，没有饮食旅游就无法进行，饮食服务业是旅游业重要的构成部分；另一方面，它又是精神的（旅游从本质上说是一种以审美为突出特征的消闲活动，是综合性的审美实践），游赏、娱乐是旅游的目的，以食品为物质形态的饮食文化自然也是游客愉悦的对象。腹中有物，审美才能得以正常发挥，无论是物质角度还是精神角度，食品文化都是旅游文化不可或缺的重要组成部分。

旅游的六大要素中饮食文化要素已经受到旅游业人士的高度重视，把饮食文化融入旅游产品中去，采用多种表现方式，使其真正成为旅游活动中的重要组成部分。在中国旅游业迅速发展的今天，旅游部门结合国内外旅游市场的不同特点，进行针对性的合理开发。旅行社与具有悠久历史文化特色的酒文化、茶文化、餐馆美食文化企业联合打造观光和体验相结合的饮食文化专项游产品，游客既可了解体验饮食是如何生产加工制作出来的，又能够深入了解中华美食的特点，这对弘扬中华食文化大有裨益。从旅游线路的设计来看，可以是饮食文化专项游，也可以是观光、休闲、度假、民俗体验等综合旅游产品的组合游，这需要根据旅游地的实际特色和细分的旅游市场进行针对性的制定。

（三）饮食文化的丰富内容使得旅游目的地更具有吸引力

中国地域广泛，各区域民俗风情差异性较大，饮食文化特征差异性更为明显。各个地域的饮食文化内涵，如饮食思想、食制、食行为、食材等方面都是吸引游客的构成部分。

从地域上看，饮食文化圈和民俗文化圈（根据民俗旅游资源的区域特征，遵循民俗旅游区划的原则，可以把中国划分为东北、华北、西北、华东、中南、华南、西南、内蒙古和青藏高原9个民俗旅游区）相互交融，综合性的物态文化特色和心态文化内涵促使旅游目的地打造出了丰富多彩的旅游产品，游客在旅游目的地"吃喝玩乐"，得到了最大限度的旅游体验，精神愉悦，体验文化，多元化游客的游览又促使旅游目的地所打造的旅游产品更具有鲜明的文化特色，使旅游目的地更具有吸引力。

五、不同饮食文化对人的影响

（一）饮食观念对人性格的影响

饮食观念主要表现为两种：理性饮食观念和美性饮食观念，前者以西方人为代表，后者以中国人为代表。具有理性饮食观念的西方人摄取食物时，基本上是从营养的角度理解饮食的，不论食物的色、香、味、形如何，营养一定要得到保证，讲究一天要摄取多少热量、维生素、蛋白质等，即便口味千篇一律，但理智告诉他：一定要吃下去，因为有营养。正因为这个缘故，养成了西方人凡事都讲规范、科学、实用的性格。而具有美性饮食观念的中国人，吃饭主要是为了吃味，而不是获得营养。营养价值不高，但味道很好的东西，中国人仍乐此不疲。正是在这种口味讲究的动力下，烹调技术才得以持续发展，并达到相当高的水平。人们在品尝菜肴时，往往会说这盘菜"好吃"，那道菜"不好吃"；然而若要进一步问一下什么叫"好吃"，为什么"好吃"，"好吃"在哪里，恐怕就不容易说清楚了。这说明，中国人对饮食追求的是一种难以言传的"意境"，即使用人们通常所说的"色、香、味、形、器"来把这种"境界"具体化，恐怕仍然很难涵盖。正因为如此，中国人更多的是感性、随意性的性格。

（二）饮食类型对人性格的影响

以渔猎、养殖为主的西方人秉承游牧民族、航海民族的文化血统，以采集、种植为辅，荤食较多，吃、穿、用都取之于动物，连西药也是从动物身上摄取提炼而成的。因而西方人喜欢冒险、开拓、冲突，常称动物性格。相反，以谷类为主的农业民族需要的不是进攻和凶猛，而是耕作时的精心照料和耕作后的耐心等待，因而他们的性格倾向于平和闲静，这种性格常称为植物性格。

（三）饮食方式对人性格的影响

世界上最典型的饮食方式是聚餐制和分餐制。聚餐制饮食主要在中国，其具体表现就是不论什么宴席，也不管什么目的，大家都团团围坐，共享一席。这就从形式上造成了一种团结、礼貌、共趣的气氛。美味佳肴放在一桌的中心，人们相互敬酒，相互让菜、劝菜，在美好的事物面前，体现了人们之间相互尊重、礼让的美德。它符合我们民族“大团圆”的普遍心态。分餐制主要表现在西方，一般各吃各的，互不相扰，体现了对个性、对自我的尊重，将个人的独立、自主提到首位。

（四）营养成分对人性格的影响

随着科学研究的不断深入，心理学家和社会学家提出了新的见解：不同的食物营养可以影响人的性格。例如，情绪不稳定的人，往往是酸性食物摄入过量，维生素 B 和维生素 C 缺乏的缘故；优柔寡断者，可能是体内缺少维生素和氨基酸；性格固执者，常因喜吃肉类及高脂肪食物，血中尿素偏高所致。

（五）味道对人性格的影响

饮食味道多种多样，人各有嗜好。有人总结说：喜欢吃面食的人能说会道，夸夸其谈，不考虑后果及影响；意志不坚定，做事容易丧失信心。喜欢吃甜食的人热情开朗，平易近人，但平时有些软弱和胆小，缺乏冒险精神。喜欢吃酸的人有事业心，但性格孤僻，不善交际，遇事爱钻牛角尖，没有知心朋友。喜欢吃辣的人善于思考，有主见，吃软不吃硬，有时爱挑剔别人身上的小毛病。喜欢吃咸味食品的人待人接物稳重，有礼貌，做事有计划，埋头苦干，但比较轻视人与人之间的感情，有点虚伪。喜欢吃油炸食品的人勇于冒险，有干一番事业的愿望，但受到挫折即灰心丧气。

（六）传统节日食俗文化对人性格的影响

中国悠久灿烂的传统节日食俗文化对中国民族性格的产生有着深刻的影响，并不断促进中国民族良好性格的养成。

春节，是中国最重要的一个传统节日。春节的前一夜，就是旧历年的腊月三十夜，也叫除夕，又叫团圆夜，北方地区有吃饺子的习俗，南方有吃年糕的习惯。这是为什么呢？因为人们盼望在新的一年里合家欢聚，团团圆圆，甜甜蜜蜜，一年更比一年好。人们在这种对生活的美好追求中养成了乐观、向上的品格。

端午节，是中华民族古老的传统节日之一。端午节吃粽子，则是中国人民的又一传统食俗。而中国民众总是把端午节吃粽子与纪念屈原联系在一起，由吃粽子传承屈原的爱国主义精神，培养孩子的爱国主义热情。

七夕节，一个富有浪漫色彩的传统节日，中国民众始终把它与牛郎织女忠贞

爱情的传说相联系，一些地方的姑娘们在这一天也会用带有地方特色的饮食文化来表达她们对忠贞爱情的追求。如有些地方做巧芽汤祈拜神，祈求上天能让自己像织女那样心灵手巧，祈祷自己能有如意称心的美满婚姻。她们在这种美好的追求中逐渐变得勤劳、自信和坚强。

中秋节，是我国众多民族中的传统文化节日，中秋与吃月饼相联系，俗话有："八月十五月正圆，中秋月饼香又甜。"用月饼寄托思念故乡，思念亲人之情，祈盼丰收、幸福，期盼家人团聚。人们在这种良好期盼的民俗节日中培养出了亲情、友情。

重阳节，传统其是与赏菊、饮菊花酒相连的节日，被现代人赋予新含义，同时定为老人节，使传统与现代巧妙结合，让人在赏菊并饮菊花酒中想起老人，培养人们尊老、敬老、爱老、助老的好风尚。

所以，充分理解食品文化的内涵，有利于优化人的性格，促进人良好品格的形成，从而对人的生活、工作、健康、家庭、社会发生积极作用。

（七）日常食俗

人类最早采用的是早晚两餐制，农业进步后才渐渐采用一日三餐制，这是人们普遍认为的正常饮食制度。一日三餐的食俗又因国家、民族、地区、历史、习俗的不同而不同。中国南方以米饭、粥、糕为主食，北方以馒头、面条、烙饼为主食。少数民族如居住于青藏高原的藏族，则以"糌粑"和酥油茶为主食，西南边疆少数民族则多喜食糯米。副食主要为蔬菜、肉类、奶类和饮料等。我国各地的食品特产也很多，如北京烤鸭、天津包子、西安羊肉泡馍、广州"龙虎斗"、四川麻婆豆腐、云南汽锅鸡、无锡小笼包子等。菜肴制作也十分考究，仅菜谱就有上千种，并且不同地区形成了不同的菜系，如京菜、川菜、粤菜、苏菜、湘菜等。在其制作中十分讲究配料、刀法、火色、造型，做到色、香、味俱全。亚洲的一些国家其日常饮食为大米、大酱、泡菜和大酱汤。欧洲、美洲的许多国家则以面包、蛋糕、肉类为主，早餐、午餐很简单，常常食用"快餐"，而晚餐则很正式，也很丰盛，是一家人一天中最好的团聚时光。

第六节　食品文化的本质和特性

说到食品文化的特征，中西方饮食文化是不同的。西方的饮食，由于最初主要以畜牧为主，肉食在饮食中的比例一直很高，到了近代，种植业比重增加，但是肉食在饮食中的比例仍然比中国人高。由于肉食天然可口，所以西方人没有必要对饮食进行装点，限制了烹饪的发展。相比较之下，中国文化则可以称之为"吃的文化"。

一、食品文化的本质和特性

食品文化，是附着在食品上的文化的意义。它不但是饮食的味感美学，也与音乐之"听感"、绘画之"视感"、文学之"意感"一样，属精神文化范畴。食品文化是人类在饮食方面的创造行为及其成果，是关于饮食生产与消费的科学、技术、习俗和艺术等的文化综合体。凡涉及人类饮食方面的思想、意识、观念、哲学、宗教、艺术等都在饮食文化的范围之内。“饮食男女，人之大欲存焉（《礼记·礼运》）”，说明饮食是人类生存最基本的需要。食品文化就是以食品为物质基础所反映出来的人类精神文明，是人类文化发展的一种标志。因为饮食的重要性，食品文化往往居于文化的核心地位。品者，吃也，评也，鉴也。食品文化是人类在认识世界、改造世界中对烹饪理论、烹饪技术、食料食器、餐宴风俗及饮食文学等诸多方面的创造。

中国食品文化源远流长，包含深刻的哲学、诗文、科技、艺术乃至于安邦治国的道理。食品文化是中国文化的重要组成部分，有人甚至说中国食品文化是中国文化的代表，认为不了解中国食品文化就不能了解中国文化。讨论中国食品文化，不能不提到“民以食为天”，无论是中国学者还是外国学者，只要是研究中国食品文化，都会引用这一句话，这是证明中国食品文化独特性的一句名言。

二、食品文化的特征

（一）生存性

西方有一种观点：“世界上没有生命，便没有一切，而所有的生命都需要营养。”“一个民族的命运决定于他们的饮食方式”。中国则有相对应的话，叫做：“民以食为天。”“食色，性也”。可见对于食品文化的生存性这一特征是没有疑义的，只是对于中国人具有十分沉重的含义。

为什么“民以食为天”这一口号影响了中国几千年？为什么中国人把吃放在如此重要的地位？不少学者解释说，在中国历史上灾荒太多，从《尚书·尧典》所记的洪荒时代到明清之际的黄河水患，还有赤地千里的旱灾，中国的大部分地区饱受干旱、洪涝、地震和其他灾难的困扰，食品生产被破坏，经济遭瓦解。中国人饿怕了，能吃饱饭是一件最重要也是最幸福的事情。

（二）传承性

食品文化的发展是一个不断创新的过程，在创新过程中，时代在变迁，饮食习惯不断变化，但许多是不变的，这就是传承性。

食品文化的传承性首先保留在现实生活中原始饮食文化的遗存中。原始饮食文化主要表现在两个方面：一是吃喝的分配方式和仪式；二是获取饮食与加工饮食的方法。

分配食物的方式和吃的仪式的保留，以中国为例，比较典型的是定居前的鄂伦春人，新中国成立前他们仍处在原始狩猎经济阶段，猎获物属于公有，参加狩猎的人或全氏族平均分配食物。饮食器皿除装肉干的皮口袋及筷子外，盆、碗、篓、箱、盒、桶等都是用桦树皮制作的。就餐时，一般围篝火或火塘席地而坐。老人、氏族长、行猎长、佐领及贵宾坐正席（上席），其余人分坐两旁，年轻妇女负责侍候，待客人吃完后再进餐。食物摆放在桦树皮上。鄂伦春人过去普遍崇拜火神“透欧博如坎”和熊。每年阴历腊月二十三日送火神上天（与汉族送灶神相似）时，要供祭一次，大年初一早晨也要供祭一次。这种习俗虽是历史遗存，但反映了古老的对于群体的认同和对本民族历史的记忆。

餐馆名店老字号是传承性的标志。根据《“中华老字号”认定规范(试行)》的定义，中华老字号是指“历史悠久，拥有世代传承的产品、技艺或服务，具有鲜明的中华民族传统文化背景和深厚的文化底蕴，取得社会广泛认同，形成良好信誉的品牌”。我国拥有众多的老字号企业，如全聚德、楼外楼等，这些中华老字号往往都传承了独特的产品、技艺或服务，具有中华民族特色和鲜明的地域文化特征，具有历史价值和文化价值。同时经过长时间的历史检验，具有良好信誉，得到了广泛的社会认同和赞誉，在国内外享有盛誉。在众多的餐馆中，我们可以领略中华饮食文化的久远绵长，品味中国人尤其是北京人对吃喝的重视，对饮食文化的器重。

(三) 地域性

从某种程度上来说，地理环境是人类生存活动的基地。不同地域的人们获取生活资料的方式与难易不同，以及气候等条件不同，产生和累积了不同的饮食习俗，即所谓的“一方水土养一方人”，形成了千差万别的食品文化。有的学者提出了“饮食文化圈”的概念，依据中国饮食文化区位类型的不同，将中华饮食文化圈划分为以下 12 个小圈：①东北地区饮食文化圈；②京津地区饮食文化圈；③中北地区饮食文化圈；④西北地区饮食文化圈；⑤黄河中游地区饮食文化圈；⑥黄河下游地区饮食文化圈；⑦长江中游地区饮食文化圈；⑧长江下游地区饮食文化圈；⑨东南地区饮食文化圈；⑩西南地区饮食文化圈；⑪青藏高原地区饮食文化圈；⑫素食文化圈[1]。由于人群演变和生产开发等诸多因素的特定历史作用，各饮食文化区的形成先后和演变时空均有各自的特点，他们在相互补益促进、制约影响的系统结构中，始终处于生息整合的运动状态，一般说来，这种运动是惰性和渐进的。

例如，青藏高原海拔高，气候寒冷，机体所需热量大，所以人们多吃牛羊肉，而喝的是把牛奶、酥油和茶水混融于一体的酥油茶。东北地区冬季严寒，缺少新鲜蔬菜，民间多用白菜腌渍酸菜，用土豆做粉条，所以酸菜粉条炖猪肉很普遍。而且酸菜可去油腻。山东位于暖温带半湿润季风区，气候温和，雨量集中，四季分明，以面点为主。山东的煎饼，是用玉米面、豆面和小米面等杂粮调成面糊，在饼锅上摊薄以后烙成的。四川风味食品很多，价格又便宜，与“天府之国”的美誉相符，著名的小吃有麻婆豆腐、夫妻肺片、担担面等，尤其是各种各样的火锅，近年来几乎打遍天下。贵州的著名小吃是肠旺面、花江狗肉。

(四) 民族性

饮食文化的民族性主要体现在传统的食物摄取、食物原料的烹制技法、食品的风味特色，以及不同原因形成的不同的饮食习惯和饮食礼仪、饮食禁忌等几个方面。

由于不同的民族生活的自然环境不同，所以自然环境提供给人类生活的食物种类、数量也就不同。那么，食物原料就成了一个民族赖以生存的主要食物。这

---

[1] 赵荣光.《中国饮食文化概念》. 北京：高等教育出版社，2003 年.

是人类长期进行定向摄食的主要原因。如小麦，考古学家发现西亚是小麦最早出现的地区，距今9000年前亚洲西南部的人们就已培植出密穗小麦，稍后又培植出普通小麦（面包麦），这说明西亚人那时就以小麦为主要粮食作物，这也是当今西方国家以面包为主食的一个原因。而在我国，小麦的出现时间估计是距今5000年前后，可以说那时小麦还不是我们的主要粮食作物，其主要粮食作物是至今在我们生活中占有主要地位的粟，这也是形成我国以“五谷为养”饮食特点的原因之一。中国北方的主要粮食作物是小麦、玉米、高粱、土豆等，东北的朝鲜族、宁夏的回族和新疆南疆的维吾尔族也种植水稻，因而北方少数民族农民的主食是小麦、玉米、高粱（近20多年多用作饲料和酿酒的原料）。朝鲜族的主食为大米，维吾尔族在节日或待客时用大米做抓饭。青海的撒拉族、土族和部分藏族农民吃青稞面和土豆。南方的农业民族以大米为主食。藏族、凉山彝族、羌族、门巴族、珞巴族、纳西族、怒族、普米族等，以玉米、青稞、荞麦等为主食。我国各民族在历史上长期交往、互相学习，使各自的饮食习惯互相影响，交融相混。北方人的“粉食”习惯，南方人的“粒食”风尚，西、北民族的烘烤而食，都因文化交融而有所改变，添入了其他地方和民族的一些习惯，从而使各地区各兄弟民族的饮食更为丰富多彩。

三、食品的艺术审美性

审美意识就是我们通常所说的美感，即人对美的主观感受、体验与精神愉悦。美感在审美实践中产生和发展，是创造美的心理基础。中国食品的审美性，重点表现为对“味”的重视和对“和”的追求。

（1）对“味”的重视　中国文化的审美意识最初起源于人的味觉器官，这从“美”字的本义可以看出。《说文解字》中的“美”字从“羊”从“大”，其本义为“甘”，也就是说中国人最初的美意识源于“甘”这样的味觉感受性，而“甘”字主要是指适合人的口味。所谓“羊大”，是指肥大的羊肉对人们来说是“甘”的。所以“甘”给人以味觉上美的感受，可见中国人最原始的美意识，起源于“肥羊肉味甘”这种古代人们的味觉感受。由于中国文化中的美意识最初产生于人们的日常饮食活动，所以饮食中的“味”就成为中国美学的一个重要范畴。

“味”产生于饮食，本身就含有“美”的意思，由“味”所引起的美感，表现了中国古代人们对美和审美活动的理解，即始终从人最基本的日常生活中去探求和体悟美，并始终以为美就是能够引起人强烈生命感、唤醒人强烈生命意识的东西，因此，审美活动既是一种体验，又是一种享受，需要全身心的投入。正如马克思所说，人不仅通过思维，而且以全部感觉在对象世界中体验到自身的生命活动，使人的一切外在现实内在化、主体化，成为人内心生活的一部分，同时使人的一切内在现实外在化、客体化，成为对象性的存在和对象的“生命表现”。体验以感觉为基础，而感觉要通过感官的感受来实现，所以一切有助于体验活动的感官都应引起重视，应包含在审美体验之中。感官的感受，特别是人的味觉，由于是对人生最重要本能的自然欲求的满足，因而给人生命以巨大的充实感及人生无穷的愉悦和快乐，所以在人的审美体验中，味觉是不可缺少的。

（2）对“和”的追求　中国饮食文化审美观念中所蕴涵的思想还表现为

“和”。“和”是中国古代文化重要的审美范畴，最初亦源于中国的饮食文化，其基本特征是追求天人合一、人人和同。调和鼎鼐是饮食中的一个专门术语，后被用作治理国家的代称。《说文解字》：“鼎，调和五味之宝器也。”可见“和”最初源于饮食的调配，所以“和”表现在饮食中主要是“调”。所谓调，就是将其怪异之味去掉，使之更符合人们的口味。此外，还要调色、调形，但最重要的还是调味。“味”大多数情况下要通过“调”才能实现的，亦即通过人工调理，使饮食原料和作料的气味相互渗透，达到美味的至境。这种调和五味的习惯，实际上是阴阳谐和观念在饮食文化中的具体表现。古代人们从自然界中抽象出阴、阳这一对偶范畴，并进而专指男女两性，并将其扩展，上升为哲学、美学意义上事物两极的对立互补范畴，建立起了包括世界万事万物在内的抽象模式。这种模式表现在饮食上，便是每一种食物的阴阳之性，且分布不均，只有通过调和，才能阴阳平衡，既美味可口，又不会对人的身体造成伤害。这种观念后来与五行学说结合，认为所有食物都有一种相生相克的关系，这就更增加了调和的重要性。“天以五气养人，地以五味养人”，“夫天主阳，以五气食人；地主阴，以五味食人”。可见“和”乃是对人与天地自然关系的一种协调，而这种谐调又必须以时令的变化为根据：“凡和，春多酸，夏多苦，秋多辛，冬多咸，调以滑甘”。由此可见，“和”的第一层境界，是协调人与自然的关系，从天和推导出人和，然后努力追求天人相合，进而达到相互融和的目的。在宇宙自然和谐相生的大系统中，个人只有汇入群体之中，个人的饮食习惯只有与天道相符合，人的生命才得以保存，并融入自然，成为自然的有机部分。

饮食中的“和”，还表现在和合敦睦相互情感、整合社会人际关系。“饮食所以合欢也”，中国饮食除了要通过调味把菜食加工得精美好吃外，还要注意饮食的主体——人的主观能动性，也就是说要注意到人的生理、心理及饮食者之间的融洽，即讲究天时、地利、人和。所谓天时，不仅指随季节变化而饮食有所侧重，如炎热酷暑之时不宜吃肥鱼大肉，同时还要注意喜庆之日或年节之时也有同平常截然不同的饮食方式和内容。地利，除注意各地不同的饮食习惯外，还讲求环境幽雅，即要有适当的饮宴场所，如许多大饭馆房舍宽大，书画琳琅，置身其间，高雅情调骤生。人和，即不仅仅为了吃饭，而是席间要有高人雅士，才有情致。古人投壶行令、飞觞醉月，都是为了增情助兴。所以中国饮食文化中的“和”，源于最初的调味，经过对社会伦理秩序的调和，上升到了对人精神的审美境界。这种境界既注意以素朴无为的人性去契合天道，又重视人为规范之和，体现中国饮食一方面执著现世人生，花样百出、异彩纷呈，另一方面又超越了具象的形式和功用，体现较高的审美价值，实现实用与审美的统一。所以中国哲学观念体现于中国饮食文化的审美观念中，就表现为“味”与“和”，尤以“和”为核心。这种倾向，应验了“和也者，天下之达道也”的观念，成为中国饮食文化最重要的哲学内涵和审美特征。

作为中国食品文化，在维持生存本能获得个体生命的基础上，早已将食品升华到满足人精神需求的境地，成为人们积极充实人生、体验人生的途径。任何发达社会的成员不仅将自己的哲学思想、审美情趣、伦理观念等寄寓于艺术，而且还将其寄寓于日常生活，使之不仅成为维持个体生命的物质手段，而且让日常生活成为体现个体创造、发展和完善个体独立自主人格、寻求和认同个体生命价值的目的。中国的食品文化，正是在某种意义上寄寓了中国人的哲学思想、审美情趣、伦理观念和艺术理想。因此，中国食品文化的内涵，早已超越了维持个体生命物质手段这一表象，进展到一种超越生命哲学的艺术境界，成为科学、哲学和艺术相结合的一种文化现象。

食品作品的艺术性讨论的对象是食品的审美艺术活动，将涉及食品的艺术性质、艺术的价值方位、视觉活动体系和食品种类的艺术特点等有关食品艺术问题，目的在于展示食品活动的艺术规律。

四、食品文化与美学

最能体现食品文化艺术美学的是中国的烹饪艺术。自然界提供的食物，只有很少一部分具有天然美味。人类为了获得更多、更丰富的味觉美感，就必须按照一定的目的，遵循一定的规律，对食物原料进行加工和改造。这就形成了美食的创造活动。在美食的创造活动中，逐步产生了艺术因子，它的主要体现是原先用来充饥的食物变成了用来品味的美食，或者在充饥的同时兼有审美的功能。烹饪艺术激活了人们潜在的味觉审美意识，引导和深化了人们的味觉审美能力。“北京烤鸭”尚未创造出来时，人们当然无从欣赏“北京烤鸭”的美味。当菜肴的烹调还没有出现“麻辣”或“鱼香”的味型时，人们也就无法感受到“麻辣”或“鱼香”味引起的味觉快感。正是烹饪的创造活动，规范和指示着人们的味觉审美活动。

（一）烹饪艺术的追求

烹饪艺术追求的第一境界为求真，是以真味取胜，视故弄玄虚为敌，追求真情、真味。只有真的东西，才感人、悦人，才美。炒虾仁曾一度作为筵席中的领衔佳肴，但人们在欣赏虾仁美味的同时，更钟情于带壳的手抓虾，因为带壳的虾更能体现虾的本味，更有真味。同样的道理，鲜美绝伦的炒蟹粉始终不能代替煮螃蟹的地位，边剥边食的吃法不仅可得蟹的真味，而且有审美真趣。

烹饪艺术追求的第二境界为求变，是改变原料的原始状态：形态、颜色、质地、味道。丹纳在《艺术哲学》中强调，艺术不是再现和复制，而是一种改变。他说：“艺术家为此特别删节那些遮盖特征的东西，挑出那些表明特征的东西，对于特征变质的部分都加以修正，对于特征消失的部分都加以改造。”烹饪艺术，从根本上说，是一种组合的艺术、变异的艺术。

烹饪艺术追求的第三境界为求雅，是一种模糊的很难界定的境界，一种只能意会难以言传的感觉。艺术的极致是雅，美食的极致也应该是雅。雅而不俗，美而不艳，才是高层次的美境。那么，美食的雅究竟指的是什么呢？大体而言，雅者，即简单也。“简则可继，繁则难久”。简，是美食的起点，也是美食的终点。街头小吃，品种简单，用料不多，制作不繁，风味突出，这是一种雅。亲朋小酌，三两卤菜，寻常菜蔬，味简情浓，真趣盎然，也是一种雅。宴请贵宾，菜品精美，菜量不多，人各一份，恰到好处，又是一种雅。大鱼大肉不是雅，耳餐目食不是雅，一味动用贵重原料不是雅，绚丽夺目不是雅，锦上添花不是雅，暴殄天物更不是雅。雅，是对上述或平庸、或低俗、或粗陋、或浮华、或浅薄的审美意识的背离。

总之，烹饪艺术追求的求真是追求自然之美；求变是追求丰富之美；求雅则是追求丰富的简单，形式是简单的，内涵是丰富的，这是一种炉火纯青的美。求雅是烹饪艺术的终极追求，也是味觉审美的理想境界。美食的雅，是人的味觉审美意识和创造意识成熟的标志。随着时代的发展，人们对美食的要求处于不断变化之中，美食的标准更加多样和宽泛。烹饪艺术必须紧紧把握时代要求，不仅要满足其要求，而且要引导人们的饮食走向，使人们吃得更科学、更合理、更味美可口。

（二）烹饪艺术的风格和流派

烹饪艺术的风格是多元并存的，它们并行不悖，不分高下。流派也同样如此。京、川、粤、苏等烹饪流派在水平和品格上很难区分高下，而是各有千秋，各呈异彩，相互依存，相互映衬，这是各种流派长盛不衰的重要原因。用一种流派来取代或排斥其他流派，结果只能是流派的泯灭。要是全国各地都吃川菜，还存在川菜吗？多样化而不是程式化的饮食活动和饮食审美需求，是形成风格和流派的前提。创造是为了欣赏，而人们的饮食需求反过来又促进了烹饪的创造活动。风格和流派的形成与人们的饮食需求是互为因果的。

不同的烹饪风格和流派的存在，是产生味觉美感的重要条件。一般来说，风格独特、流派鲜明的菜肴，总是个性特色突出的菜肴，同时也是在实践中被反复证明受到人们欢迎的菜肴。百菜百味是对百菜一味的挑战，也符合味觉审美的客观规律。

说到底，烹饪风格就是在烹饪的过程中有自己的东西，包括自己的理解、处理、情趣和偏爱。有时候炉火纯青的厨师甚至有意无意地与烹饪操作中的常规有所偏离，这种反常规的做法一旦固定下来，即形成个人风格。

烹饪流派的形成，与风格的形成不完全相同。地区性的烹饪流派，既是烹饪个体风格的汇总，又是群体饮食习惯的综合，而且也是地域文化的反映。北方的质朴、强烈，南方的清丽、婉约，四川的重辣、喜麻，广东的淡而带生……无不与自然环境和地域文化有关。在流派的表达中，烹饪的文化内涵表现得尤其鲜明。在流派的背后，隐藏着一个地区的全部风俗史、文化史、文明史。就拿中国烹饪的主要四大菜系，即四大流派来看，以山东、北京为代表的京帮菜，是宫廷贵族文化与北方少数民族文化的结合；以四川为代表的川帮菜，是以质朴的民间文化为主体的产物，那些脍炙人口的四川小吃，虽然不能与大雅之堂上的宫廷小吃相比，但其丰富的民俗特征足以使人忘情；以广东为代表的粤帮菜，则表现出较多的商业文化和外来文化的影响，它的清丽和淡雅，同样体现出地区和时代的特征；以江苏为代表的苏帮菜，融汇了南方和北方各自的特点和长处，以优雅、适度的文人文化为主体，显示出一种闲适、中庸的饮食风格。

烹饪流派的产生，使中国烹饪呈现出多样和丰富的格局，也给人们的味觉审美提供了更多的机会和更加宽广的空间。如果缺少了不同流派的并存，中国烹饪就不会有今天这样的魅力。

（三）烹饪艺术的美食家

所谓的美食家，一般是指吃的行家，美食的鉴赏家。也许有人会说，吃，谁不会？难道还有内行和外行之分吗？是的。既然烹饪是一门艺术，菜肴可以看做艺术品，那么如何欣赏这门艺术，鉴别艺术水平的高低，就不是人人都能胜任的。美味的食品菜肴，自然是人人都能感觉的，但把这些食品菜肴的品味提高到审美高度，以审美的标准进行评价，却需要一定的甚至专门的修养。美食家高于一般人的地方，除了讲究吃外，还研究吃，因而更加懂得吃，甚至还能吃出味道之外的不少名堂来。

美食家对吃的挑剔并不是盲目的、随心所欲的。美食家的主要特点是具有更敏锐的品味感觉，同时能从审美的要求出发，对美食作出比较科学的鉴赏。要做到这一点，就必须具备一定的条件。

首先，有较多的品味美食的实践。古人说："操千曲而后知音。"有了大量的实践积累才能有比较，有比较才能有鉴别。从这一点看，可以说不少美食家是"吃"出来的。著名作家梁实秋在晚年写了大量有关吃的文字，汇集成《雅舍谈吃》，其中曾谈到："'饮食之人'无论到了什么地方总是不能忘情口腹之欲。"可见有了这个"不能忘情"，才能有美食的见多识广，谈起吃才会入木三分。

其次，对美食的鉴赏离不开一定的文化修养和审美能力。对于同样一席菜肴，有人得到的是食欲的满足，有人欣赏的是场面的豪华，有人赞叹的是厨师的刀工，有人感到的是主人的热情，即使同样是陶醉，也不可能是一样的，其中存在感受层次上的差异。美食家与常人不同的地方，就是有一定的知识、阅历，有一定的审美情趣，能领略美食的内涵。

再次，要深入菜肴艺术的深处，还要懂得烹饪技艺。事实上，不少美食家都是擅长烹饪的行家。苏东坡曾总结烹调猪肉的方法，制作出流传至今的"东坡肉"，在谪贬黄州时还亲手做鱼羹以招待客人。元代的大画家倪云林，不仅写出《云林堂饮食制度》，而且还以独特的烹饪方法制作了"云林鹅"。曹雪芹在《红楼梦》中创造了一个光彩夺目的美食世界，而且本人擅长烹调，能烹制"老蚌怀珠"等非同一般的菜肴。当代大画家张大千曾说："以艺事而论，我善烹调，更在画艺之上。"他独创的"大千菜"，风味独特，格调高雅，与他的画一样，颇有大家风度。

对美食的欣赏，除了上述个人条件之外，还受到整个民族文化观和价值观的支配。美食家的指向总是反映了一个民族的饮食追求和审美指向。作为一种审美活动，美食的审美总是以某种"前审美"为前提的，就是说，美食家在味觉审美之前就有一个标准。这种产生于味觉审美之前的参照系，不是美食家个人决定的，而是一定的民族传统文化造成的。从这一点来看，美食家的品味活动并不是单纯的个人行为，它体现了历史和时代的积淀。

此外，饮食的美学还表现在质地美、节奏美、情趣美等方面。质地美是指原料和成品的质地精粹、营养丰富，它贯穿于饮食活动的始终，是美食的前提、基础和目的。"质"，是肴馔食品，即食品之质，而非单指原料的质。饮食的根本和最终目的是为使进食者获得足够的营养，即达到养生需要。

饮食品尝过程渗透着艺术因子，美的欣赏贯穿于饮食活动的全过程。无论是饮食材料、饮食器具、饮食饪烹，还是饮食环境、饮食本身，人们均可从中去创造美、欣赏美、品尝美，既可通过品酒专注倾听酒中散发出的美丽动人的传说，又可通过宴请联络享受淳朴浓厚的亲情，也可以月饼寄寓一份团圆的美好情愫，当然也可在宴饮中抚琴歌舞，或吟诗作画，或观月赏花，或论经对弈，或独对山水，或潜心读《易》。在其中儒生可“怡情悦性”，羽士可“怡情养生”，僧人可“怡然自得”。人们就是在这种美好的饮食环境中畅神悦情，获得美的享受。

思考题

1. 食品文化是怎样产生的？
2. 讲讲你对旅游中食品文化的看法？
3. 食品文化有哪些特征？
4. 为什么说中国食品的审美性重点表现为对“味”的重视和对“和”的追求？
5. 试述中国烹饪艺术的风格和流派。
6. 中国食品文化的发展经历了几个阶段？每个阶段各有什么特点？
7. 欧洲食品文化有哪几个流派？各流派有什么特色？
8. 通过本章的学习，查找资料，分析中西方食品文化的异同。

第三章　中国食品文化与民俗学

第一节　食品文化与传统节日

一、春节与食俗

春节来临，背井离乡的游子纷纷赶回家与亲人团聚，这也是中华民族有别于世界其他民族的文化心理。这种心理根深蒂固，流传甚广。

（一）年夜饭（团年饭）

除夕对华人来说是极为重要的。这一天人们除旧迎新，吃团圆饭。在古代中国，一些监狱官员甚至放囚犯回家与家人团圆，由此可见“团年饭”对中国人是何等重要！

家庭是华人社会的基石，一年一度的团年饭充分表现出家庭成员的互敬互爱，使一家人的关系更为紧密。家人的团聚往往使一家之主在精神上得到安慰与满足，老人家眼看儿孙满堂，一家大小共叙天伦，过去的关怀与抚养子女所付出的心血总算没有白费，这是何等的幸福！而年轻一辈，也可以借此机会向父母的养育之恩表达感激之情。

孩子们玩耍、放爆竹的时候，正是主妇们在厨房里最忙碌的时刻。在北方，大年初一的饺子要在三十晚上包出来。此时，家家户户传出的砧板声，大街小巷传出的爆竹声，小店铺传出的“劈劈啪啪”的算盘声和抑扬顿挫的报账声，夹杂着说笑声，此起彼伏，洋洋盈耳，交织成除夕欢快的乐章。

说到除夕的刀砧声，邓云乡撰写的《燕京乡土记》却记载着一个十分凄凉的除夕故事：旧社会穷人生活困难，三十晚上是个关。有户人家，到三十晚上丈夫尚未拿钱归来，家中瓶粟早罄，年货毫无。女人在家哄睡了孩子，一筹莫展，听得邻家的砧板声，痛苦到了极点，不知丈夫能否拿点钱或东西回来，不知明天这个年如何过，又怕自己家中没有砧板声惹人笑，便拿刀斩空砧板，一边噔噔地斩，一边眼泪潸潸地落……这个故事让人听了确实心酸。

年夜饭是春节家家户户最热闹愉快的时候。丰盛的年菜摆满一桌，合家团聚，围坐桌旁，共吃团圆饭，心头的充实感难以言喻。人们既享受了满桌的佳肴盛馔，也享受了那份快乐的气氛，桌上大菜、冷盆、热炒、点心样样俱全，一般少不了两样东西，一是火锅，一是鱼。火锅沸煮，热汽腾腾，温馨撩人，说明红红火火；“鱼”和“余”谐音，象征“吉庆有余”，也喻示“年年有余”。萝卜俗称菜头，祝愿好彩头；龙虾等煎炸食物，预祝家运兴旺如“烈火烹油”。最后多为甜食，祝福往后的日子甜甜蜜蜜。古代，过年喝酒时非常注意酒的品质，有些酒现在已经没有了，只留下了许多动人的酒名，如“葡萄醅”、“宜春酒”、“梅花酒”、“桃花酒”、“屠苏酒”等。流传最久、最普遍的，还是屠苏酒。但是屠苏酒的名称是如何来的？是用什么制作的？传说不一。

屠苏是一种草名，也有人说，屠苏是古代的一种房尾，因为在这种房子里酿的酒，所以称为屠苏酒。据说屠苏酒是汉末名医华佗创制而成，其配方为大黄、白术、桂枝、防风、花椒、乌头、附子等中药入酒中浸制而成，具有益气温阳、祛风散寒、避除疫疠之邪的功效，后由唐代名医孙思邈流传开来。孙思邈每年腊月要分送给众邻乡亲一包药，告诉大家以药泡酒，除夕进饮，可预防瘟疫。孙思邈还将自己的屋子命名为“屠苏屋”。经过历代相传，饮屠苏酒便成为过年的风俗。古时饮屠苏酒，方法别致。一般人饮酒，总是从年长者饮起；但是饮屠苏酒却正好相反，是从最年少的饮起。也就是说合家欢聚饮屠苏酒时，先从年少的小儿开始，年纪较长的在后，逐人饮少许。宋朝文学家苏辙的《除日》道：“年年最后饮屠苏，不觉年来七十余。”有人不明白这种习惯的意义，董勋解释说：“少者得岁，故贺之；老者失岁，故罚之。”这种风俗在宋朝仍很盛行，如苏轼在《除夜野宿常州城外》诗中说：“但把穷愁博长健，不辞最后饮屠苏。”苏轼晚年虽然穷困潦倒，但精神乐观，他认为只要身体健康，年老也不在意，最后罚饮屠苏酒自然不必推辞。这种别开生面的饮酒次序，在古代每每令人产生种种感慨，所以给人以深刻印象。直至清代，这一习俗仍然不衰。今天人们虽已不再盛行此俗，但节日或平时饮用药酒的习俗仍然存在。

年夜饭名堂很多，南北不同，有饺子、馄饨、长面、元宵等，而且各有讲究。北方人过年习惯吃饺子，是取新旧交替“更岁交子”的意思。又因为白面饺子像银元宝，一盆盆端上桌象征着“新年大发财，元宝滚进来”。有人包饺子时，还把几枚沸水消毒后的硬币包进去，说是谁先吃着了，就能多挣钱。吃饺子的习俗，是从汉朝传下来的。相传，医圣张仲景在寒冬腊月看到穷人的耳朵被冻烂了，便制作了一种“祛寒娇耳汤”给穷人治疗冻伤。他用羊肉、辣椒和一些祛寒温热的药材，用面皮包成耳朵样子，下锅煮熟，分给穷人吃。人们吃后觉得浑身变暖，两耳发热，并流传至今。新年吃馄饨，是取其开初之意。传说世界生成以前为混沌状态，盘古开天辟地，才有了宇宙四方。长面，也叫长寿面，新年吃面，预祝寿长百年。

（二）糖瓜粘

“二十三祭灶王，一碗清茶一碟懈”。“二十三，糖瓜粘，灶君老爷要上天”。旧时，每当腊月二十日过后，孩子们就唱起了上面的歌谣，并且盼望着大人们快些买回糖瓜来。“糖瓜”是一种用黄米和麦芽熬制成的黏性很大的糖，将其抽为长条形的糖棍称为“关东糖”，拉制成扁圆形的就叫做“糖瓜”。冬天把它放在屋外，因为天气严寒，糖瓜凝固得很坚实，里边又有一些微小的气泡，吃起来脆甜香酥，别有风味。但其在屋子里遇热后就变成了又黏又硬的糖疙瘩。这种黏性很大的麦芽糖，晋代《荆楚岁时记》中就有记载，当时称为“胶牙饧”（音形）。唐代大诗人白居易写道：“岁盏后推兰尾酒，春盘先劝胶牙饧。”由此可见，在唐朝时它已与美酒一样，成了春节期间必备的佳品。到了明清时代，麦芽糖又被派上了新用场，成了祭祀灶王爷时粘糊其口的武器。

据民间传说，灶王爷本是天上的一颗星宿，因为犯了过错，被玉皇大帝贬谪到了人间，当上了“东厨司命”。他端坐在各家各户的厨灶中间，看着人们怎样生活，如何行事，把好事坏事都详细记录下来，到了腊月二十三日就回转天庭，向玉皇大帝禀报各家各户的善恶情况，到了腊月三十晚上再返回人间，根据玉帝的旨意惩恶扬善。所以人们在腊月二十三日祭灶，并把又黏又甜的糖瓜献给灶王，粘住灶王爷的嘴，让它“上天言好事，下地保平安”。儿童则把这一天当作春节的序幕和“彩排”。天一黑，就放起了鞭炮，在鞭炮声中家中的男主人把糖瓜一盘、清茶一碗供在灶王像前，点上蜡烛和线香，祈祷行礼后，把灶王像从墙上揭下来烧掉，再把茶水泼在纸灰上，糖瓜则由孩子们抢着分而食之。

腊月二十三糖瓜祭灶，形式热闹隆重而又风趣幽默，所以把这一天称为“过小年”。

（三）春节与酒

在中华民族绚丽多姿的节日中，春节是最悠久、最隆重、最富有民族特色的节日。在春节的众多习俗中，饮酒又是非常重要的。

早在西周时期，人们为庆祝一年的丰收和新一年的到来，捧上美酒，抬着羔羊，聚在一起，高举牛角杯，同声祝贺。从此，开了过年饮酒的先河。到了汉代，“年”作为一个重大节日逐渐定型。初一这一天，家人放过爆竹后欢聚一堂饮椒柏酒，而且让年龄最小的先饮。东汉时期，初一（又叫元旦）黎明时，各级官吏都要到朝廷给皇帝行贺年之礼，皇帝也兴致勃勃地接受群臣的朝贺，名曰“正朝”。汉制规定，群臣入宫朝拜需根据品位的高低带不同的礼品，皇帝也要设宴款待群臣，两千石以上的官员都可以参加御宴。经学家戴凭官任侍中时参加了一次御宴，皇帝为考察大臣们的学问，特令大家互以经史考辨诘难，释义不通者让坐给通者，戴凭连连获胜，连坐五十余席，一时传为佳话。这种朝贺之风愈演愈烈，曹植在描写曹魏时期的盛况时说：“初岁元祚，吉日惟良。乃为佳会，宴此高堂，尊卑列叙，典而有章。衣裳鲜活，敝敝玄黄，清酤盈爵，中坐腾光。珍膳杂沓，充溢圆方。笙碧既设，筝瑟俱张。悲歌厉响，咀爵清商。俯视文轩，仰瞻华梁。愿保慈喜，千载为常。欢笑为娱，乐哉未央！皇家荣贵，寿考无疆。”傅玄的《朝会赋》描写得更加生动形象，读之让人如临其境。元、清蒙、满两族入主中原后，也都积极汲取汉文化，极重视元旦朝贺之礼，把赐宴当作笼络人心的有效手段。元诗人萨都剌·《都门元日》一诗写道：“元日都门瑞气新，层层冠盖羽林陈。云边鹄立千官晓，天上龙飞万国春。宫殿日高腾‘紫’霭，萧韶风细入青雯。太平天子恩如海，亦遣椒觞到小臣。”

汉民族一向有“守岁”的风俗，“除夕达旦不眠，谓之守岁”。唐代宫中守岁时常常大摆宴席，让侍臣作诗，歌舞升平。初唐诗人杜审言·《守岁侍宴应制》写道：“季冬除夜迎新年，帝子王臣捧御筵。宫阙星河低拂树，殿庭灯烛上熏天。弹琴奏即梅风入，对局深钩柏雨传。欲向正元歌万寿，暂留欢赏寄春前。”

皇帝大臣如此，一般的骚人墨客是夜也往往饮酒赋诗，不过他们多是有感而

发，与御用诗人的一味歌舞升平大不相同。贾岛一生坎坷贫困，以“苦吟”闻名于世，除夕守岁时，常把一年所作之诗全部置于几案之上，以酒肉为祭，焚香祷告道：“此吾终年苦心也。”祭毕举杯痛饮，长歌度岁。韦庄则痛感韶华易逝：“我惜今宵促，君愁玉漏频。岂知新岁酒，犹作异乡身。雪向寅前冻，花从子后春。到明追此会，俱是隔乡人。”

宋时不仅“守岁”，还有“馈岁”、“别岁”等花样，但都离不开酒，“士庶不论贫富……如同白日，围炉团座，酌酒唱歌”，“守岁之事，虽近儿戏，然而父子团圆把酒，笑歌相与，竟夕不眠，正人家所乐也”。南宋民族英雄文天祥，兵败被俘之后，除夕夜想起昔日合家团圆饮屠苏酒的欢乐，再看看现在身陷囹圄、孤灯残照的凄凉，感慨油然而生：“乾坤空落落，岁月去堂堂。末路惊风雨，空边饱雪霜。命随年欲尽，身与世俱忘。无复屠苏梦，挑灯夜未央。”

王安石客居他乡，佳节思亲，也难免生“断肠人在天涯”的感伤：“一樽聊有天涯意，百感翻然醉里眠。酒醒灯前犹是客，梦回江北已经年。佳时流落真可得，胜事蹉跎只可怜。唯有到家寒食在，春风东泛溯溪船。”

词人杨无咎的除夕之作与文天祥的沉痛苍凉迥然有别，与王安石的淡淡哀伤也不相同，表达了新一年的美好愿望和欢度除夕的悠闲情调：“劝君今夕不须眠，目满，满泛觥船。大家沉醉对芒筵，愿新年胜旧年。”

（四）过年吃年糕

春节，我国很多地区都讲究吃年糕。年糕又称“年年糕”，与“年年高”谐音，比喻人们的工作和生活一年比一年高。

年糕作为一种食品，在我国具有悠久的历史。1974年，考古工作者在浙江余姚河姆渡母系氏族社会遗址中发现了稻种，这说明早在7000多年前我们的祖先就已经开始种植稻谷。汉朝人对米糕有“稻饼”、“饵”、“糍”等多种称呼。米糕的制作也有一个从米粒糕到粉糕的发展过程。公元6世纪的食谱《食次》就载有年糕“白茧糖”的制作方法：“熟炊秫稻米饭，及热于杵臼净者，舂之为米咨糍，须令极熟，勿令有米粒……”即将糯米蒸熟以后，趁热舂成米咨，然后切成桃核大小，晾干油炸，滚上糖即可食用。将米磨粉制糕的方法历史悠久。这一点可从北魏贾思勰的《齐民要术》中得到证明，其制作方法是：将糯米粉用绢罗筛过后，加水、蜜和成硬一点的面团，将枣和栗子等贴在粉团上，用箬叶裹起蒸熟即成。这种糯米糕点颇具中原特色。

年糕多用糯米粉制成，而糯米是江南特产。北方首推黏黍（俗称小黄米）。这种黍脱壳磨粉，加水蒸熟后，又黄又黏，而且还甜，是黄河流域人民庆丰收的美食。明崇祯年间刊刻的《帝京景物略》记载了当时北京人每于“正月元旦，啖黍糕，曰年年糕”。不难看出，“年年糕”是北方“粘粘糕”谐音而来。

年糕种类很多，具有代表性的为北方的白糕、塞北农家的黄米糕、江南水乡的水磨年糕、台湾的红龟糕等。年糕有南北风味之别。北方年糕有蒸、炸两种，均为甜味；南方年糕除蒸、炸外，尚有片炒和汤煮诸法，甜咸皆有。据说最早年糕是为年夜祭神、岁朝供祖先所用，后来才成为春节食品。年糕不仅是一种节日美食，而且为人们带来新的希望。正如清末的一首诗所云：“人心多好高，谐声制食品，义取年胜年，籍以祈岁稔。”

（五）新春三道茶

我国南方对饮茶极其讲究，春节尤是。正月走亲访友，有长辈的必定要上门拜年。客人进门先是互祝新春，问候老辈，然后入坐待茶。

第一道茶：甜茶，祝客人一年甜到头。甜茶是用糯米锅巴和糖泡成的。锅巴的制作方法：将糯米煮成饭，把饭放在热铁锅上贴，烧结成一片片锅巴。用其泡茶既香又糯，十分可口。

第二道茶：熏豆茶。熏豆茶共有六种作料，其配置十分得当。

① 熏青豆，含丰富的蛋白质。

② 胡萝卜丝，含胡萝卜素。

③ 腌制过的橘皮丝，能调中快膈、导滞化痰。

④ 苏子，能宽胸下气、润肺开郁。

⑤ 芝麻，能益胃渗湿、补肺清热。

⑥ 少量嫩芽茶，鲜美可口，富有营养。

第三道茶：一杯清茶。餐后饮用可清涤肠胃油腻。

所以这新春三道茶既合乎礼仪，又合乎保健原理。

二、元宵节与食俗

元宵节，农历正月十五日，是我国汉族人民的传统节日。正月为元月，古人称夜为“宵”，而十五日又是一年中第一个月圆之夜，所以称正月十五为元宵节，又称为“上元节”。按中国的民间传统，在一元复始、大地回春的节日夜晚，天上明月高悬，地上彩灯万盏，人们观灯、猜灯谜、吃元宵，合家团聚，其乐融融。

在我国传统的民间节日里，多有相应的节日食品相伴，如清明节吃清明团、端午吃粽子、中秋食月饼、重阳品糕等。元宵佳节除了观灯游艺之外，其食俗也令人神往。

（1）油锤　唐宋时的元宵节食品有油锤，宋代《岁时杂记》中说：“上元节食焦锤最盛且久。”说明油锤为宋代汴中（今河南开封）元宵节的节日食品。油锤是一种什么样的食品呢？据宋代《太平广记》的记载，油热后从银盒中取出锤子馅，用物在和好的软面中团之。将团得的锤子放到锅中煮熟，用银笊捞出，放到新打的井水中浸透，再将油锤子投入油锅中，炸三五沸取出，吃起来“其味脆美，不可言状”。原来唐宋时的油锤就是后世所言的炸元宵。油锤经过1000多年的发展，其制法与品种已颇具地方特色，仅广东一省，便有番禺的“通心煎堆”、东莞的“碌堆”、九江的“煎堆”等。

元宵节是中国的传统节日，大部分地区的习俗差不多，但各地亦有自己的特点。正月十五吃元宵，“元宵”作为食品由来已久。宋代民间即流行一种元宵节吃的新奇食品，最早叫“浮元子”，后称“元宵”，生意人还美其名曰“元宝”。元宵即“汤圆”，以白糖、玫瑰、芝麻、豆沙、黄桂、核桃仁、果仁、枣泥等为馅，用糯米粉包成圆形，可荤可素，风味各异。可汤煮、油炸、蒸食，有团圆美满之意。陕西汤圆不是包的，而是在糯米粉中“滚”成的，或煮或油炸，热热火火，团团圆圆。

（2）元宵　又名汤圆、汤团、圆子等。元宵节吃汤圆，最早见于南宋诗人宋

必大的《平园续稿》，书中有“元宵煮食浮圆子，前辈似未曾赋此”的记载。宋时的浮圆子，亦名汤团。到南宋，仅临安的上元节食品便有乳糖圆子、山药圆子、珍珠圆子、澄沙团子、金橘水团和汤团等。那么，这种以类似米粉为料的“圆子”为什么能成为上元的应节食品呢？原来元宵节必吃元宵，是取“团团如月”的吉祥意思。至明代，北京将元宵作为上元节食品，其制法是糯米细面，以核桃仁、白糖、玫瑰为馅，洒水滚成，如核桃大，即东南所称汤圆也。清代时，御膳房所制的宫廷风味“八宝元宵”，早在康熙年间就很有名。名剧《桃花扇》的作者孔尚任对八宝元宵曾有这样的记载：“紫云茶社斟甘露，八宝元宵效内做。”发展到今天，各地元宵风味各异，丰富多彩。在用料上，元宵皮除用江米面外，尚有黏高粱面、黄米面等。元宵馅心，北方有桂花白糖、豆沙、枣泥等甜味馅；南方则多见猪油、笋肉等荤素兼有的咸味馅。在形状上，既有大若核桃的元宵，又有小若黄豆的“百子汤圆”；既有通丸甜糯不见馅心的实心圆子，又有皮薄若纸精巧别致的绿皮“汤圆”。

（3）面灯　也叫面盏，是用面粉做的灯盏，多流行于北方地区。面灯形式多种多样，有的做灯盏 12 只（闰年 13 只），盏内放食油点燃，或将面灯放锅中蒸，视灯盏灭后盏内余油的多寡或蒸熟后盏中留水的多少，以卜来年 12 个月份的水、旱情况，这在科学不发达的年代是可以理解的。如清乾隆年间陕西《雒南县志》载：“正月十五，以荞麦面蒸盏燃灯，按十二个月，以卜雨降。”表达了人们祈求风调雨顺的愿望。在正月十六落灯之日将面灯煮或蒸而食之。清咸丰年间，山西《澄城县志》载：“正月十五日蒸荞麦面为灯盏，注油燃灯，次早食之。”目前农村仍有此俗。

（4）面条　为元宵灯节的晚餐。古有“上灯元宵，落灯面，吃了以后望明年”

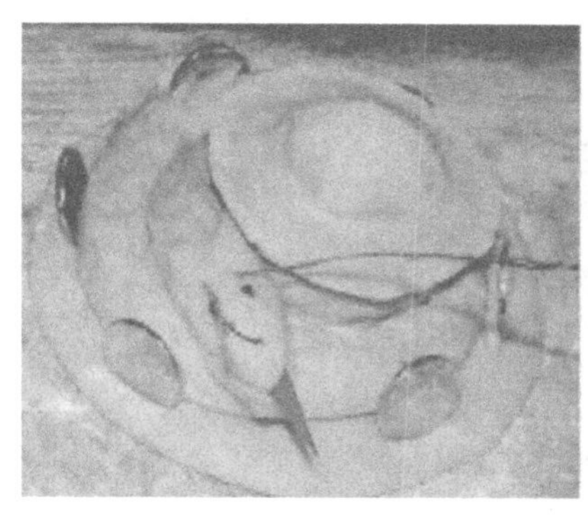

的民谚。这一食俗多流行于长江以北地区。落灯时吃面条寓意喜庆绵绵不断之意。

(5) 年糕　又名黏糕。元宵节还有吃年糕的习惯。唐代名医孙思邈的《备急千金要方·食治》载："白粱米，味甘、微寒、无毒、除热、益气。"元代也有元宵节食年糕的记载。

(6) 糟羹　浙江台州一带每年正月十四看过花灯之后即食糟羹，即将肉丝、冬笋丝、香菇、木耳、鲜蛸、豆干、油泡、川豆瓣、菠菜等炒熟，再加入少许米粉，煮成带咸味的糊状食品。正月十五喝的糟羹是甜的，即番薯粉或藕粉配上莲子、甜枣、桂圆等做成。

此外，浙江浦江一带元宵节吃馒头、麦饼。馒头为发面的，麦饼为圆形，取"发子发孙大团圆"之意。

总之，元宵节的食、饮大多以"团圆"为宗旨，各地风俗稍有差异，如东北人元宵节爱吃冻果、冻鱼肉，广东人元宵节喜欢"偷"摘生菜，拌以糕饼煮食以求吉祥。

三、上巳节与食俗

上巳的名称首见于汉代古籍，其名称大概定于汉代。《汉书·礼仪志》："三月上巳，官民皆洁于东流水上，曰洗濯祓除去宿垢疢为大洁。"

招魂续魄、解神还愿的内容大概是祓禊仪式的附属。韩诗注《诗经·郑风·溱洧》曰："谓今三月桃花水下，以招魂续魄，祓除岁秽……三月上巳之辰，此两水之上招魂续魄，拂除不祥。"人们在野外或水边召唤亲人亡魂，也召唤自己的魂魄苏醒。

上巳节还有在河边"解神"的习惯。解神，即还愿谢神。汉代王充在《论衡》中说："世间善治宅舍，凿地掘土，功成作解谢土神，名曰谢神。"束皙答晋武帝曲水之问提到的"周公卜筮定东都，建成后流水泛杯而饮"的故事，也是一种得福于天的欢欣与酬谢；北朝周人虞信《春赋》：“三日曲水向河津，日晚河边多解神。树下流杯客，沙头渡水人。”

四、寒食节与食俗

寒食节，又称熟食节、禁烟节、冷节，距冬至105日。这个节日的主要节俗就是禁火，不许生火煮食，只能吃备好的熟食、冷食，故而得名。传说这个节日是纪念春秋时期介子推的。

《左传·介子推不言禄》最早记载了介之推淡泊名利、功成身退并携母隐居的故事，而《庄子·盗跖篇》则最早记载了他被烧死的传说。介子推，春秋时晋国大夫，晋文公在外逃亡的19年中，他是一直跟随晋文公的随从之一，在晋文公几乎饿死时作出了割股奉君的壮举。晋文公登上王位后大赏群臣却唯独忘记了他，而此时他早已携母隐居绵山。晋文公听信谗言，为逼他出山受封而放火烧山，介子推宁死不下山，与母抱木而焚，成为历代孝子之典范。晋文公内疚不已，遂封此山为介山。为悼念他，晋文公下令在介子推忌日（后为冬至后105日）禁火，吞吃冷食以表达尊敬和怀念之意。

内宴冷餐

御赐冷食满宫楼，鱼龙彩旗四面稠。千官尽醉犹教坐，归来月上金殿头。

唐张籍《寒食内宴》：“朝光瑞气满宫楼，彩纛鱼龙四面稠。廊下御厨分冷食，殿前香骑逐飞球。千官尽醉犹教坐，百戏皆呈未放休。共喜拜恩侵夜出，金吾不敢问来由。”

所谓冷食，即已做成的熟食。据史料载，如干粥、醴酪、冬凌粥、子推饼、馓子等，因在寒食节用，又称寒具。唐宫内的寒食内宴，可谓最早的冷餐大会。

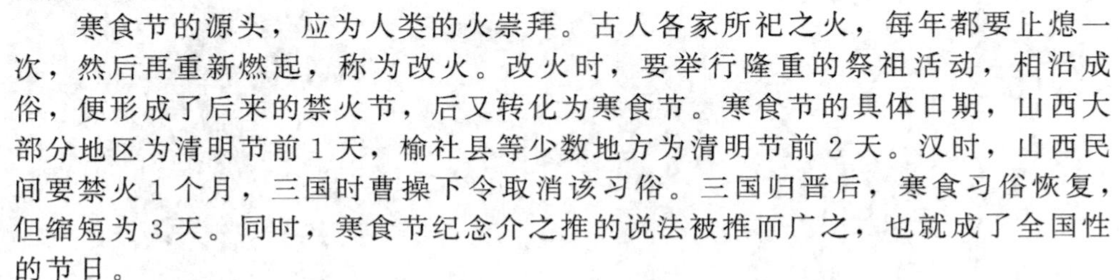

在南北朝到唐以前寒食节扫墓祭祖被视为“野祭”。唐代编入《开元礼》，成为官方认同并倡导的吉礼之一，后演变为皇家祭陵，官府祭孔庙、祭先贤，百姓上坟等。此时一家或一族人同到先祖坟地，致祭、添土、挂纸钱，然后将子推燕、蛇盘兔撒于坟顶滚下，用柳枝穿起，置于房中高处，意沾先祖德泽，后来也成了清明节的重要活动。

寒食节前后绵延 2000 余年，曾被称为民间第一大祭日。

因寒食节期间禁止生火，从而出现了一系列寒食饮食。寒食食品包括粥、面、浆、青粳饭及饧等；寒食供品有面燕、蛇盘兔、枣饼、细稞等；寒食饮料有春酒、新茶、清泉甘水等。每一样都流露出人们对忠臣孝子的纪念与渴望。晋南地区习惯吃凉粉、凉面、凉糕等，晋北地区则以炒奇（即将糕面或白面蒸熟后切成色子般大小的方块，晒干后用土炒黄）作为寒食食品。隋唐时期的寒食食品首推用麦芽糖调制的杏仁麦粥，在民间，最令人青睐的食品是桃花粥。此外，还有杨花粥、梅花粥等。另外，煮鸡蛋、嫩柳叶拌豆腐等特色食俗今天尚能见到。

寒食节的源头，应为人类的火崇拜。古人各家所祀之火，每年都要止熄一次，然后再重新燃起，称为改火。改火时，要举行隆重的祭祖活动，相沿成俗，便形成了后来的禁火节，后又转化为寒食节。寒食节的具体日期，山西大部分地区为清明节前 1 天，榆社县等少数地方为清明节前 2 天。汉时，山西民间要禁火 1 个月，三国时曹操下令取消该习俗。三国归晋后，寒食习俗恢复，但缩短为 3 天。同时，寒食节纪念介之推的说法被推而广之，也就成了全国性的节日。

由于寒食、清明两节相近，到了唐代，便合为一个节日。现在中国的春祭均在清明节，而韩国人仍然保留着寒食节进行春祭的传统。今天，寒食节早已像断线的风筝而消失，清明节虽然较为国人所重视，但这种重视完全出于风俗惯性，缺乏实质性内容。寒食清明的几大风俗中，只有扫墓之风残存，而踏青与春游几乎消失。

五、清明节与食俗

上巳、寒食、清明三个节日非常接近，其习俗又有相通之外，在历史的整合中，寒食与上巳逐渐萎缩，部分习俗残余被和并到了清明。例如，清明踏青正是上巳三大节俗之一。清明“插柳、戴柳圈”也源自上巳，并出现于唐代。据唐代段成式《酉阳杂俎》的记载：“唐中宗三月三日，赐侍臣细柳圈，带之可免虿毒。”《唐书·李适传》也有“细柳圈辟病”的记载。清代富察敦崇《燕京岁时记·清明》中说：“至清明戴柳青，乃唐高宗三月三日祓禊于渭水之隅，赐群臣柳圈各一，谓戴之可免虿毒。”

清明节是我国民间的重要传统节日，是“八节”（上元、清明、立夏、端午、中元、中秋、冬至、除夕）之一。一般为公历的 4 月 5 号，但其节期很长，有十日前八日后及十日前十日后两种说法。清明原是我国的二十四节气之一。

六、端午节与食俗

2005 年 11 月巴黎时间 24 日由韩国申报的江陵端午祭被联合国教科文组织正

式确定为“人类传说及无形遗产著作”。一度沸沸扬扬的中韩端午节“申遗”之争以韩国的胜利而告终。争了那么久，端午这个传统文化还是花落别家，对此，很多人都觉得伤感。说到端午就想起了屈原、粽子和龙舟。能够成为世界遗产，说明端午对世界文化有很深的影响。正是基于这个因素而被韩国申请成功。

七、中秋节与食俗

中秋节是我国的传统佳节，与春节、端午、清明并称为中国汉族的四大传统节日。据史籍记载，古代帝王有春天祭日、秋天祭月的礼制，节期为阴历八月十五，恰逢三秋之半，故名“中秋节”；又因其在秋季、八月，故又称“秋节”、“八月节”、“八月会”；又有祈求团圆的信仰和相关节俗活动，故亦称“团圆节”、“女儿节”。因中秋节的主要活动都是围绕“月”进行的，所以又俗称“月节”、“月夕”、“追月节”、“玩月节”、“拜月节”；在唐朝，中秋节还被称为“端正月”。关于中秋节的起源，大致有三种说法：古代人对月的崇拜；月下歌舞觅偶的习俗；古代秋报拜土地神的遗俗。

从 2008 年起中秋节被定为国家法定节假日。我国非常重视非物质文化遗产的保护，2006 年 5 月 20 日，该节日经国务院批准列入第一批国家级非物质文化遗产名录。

一年一度的中秋佳节，正是人们辛勤劳动收获丰硕果实的季节。怀着丰收的喜悦，家家都要置办美酒佳肴欢度佳节，从而形成我国丰富多彩的中秋传统饮食习俗。

（1）吃月饼　中秋节人们要吃月饼以示“团圆”。月饼，又叫胡饼、宫饼、月团、丰收饼、团圆饼等，是古代中秋祭拜月神的供品。

据史料记载，早在 3000 多年前的殷周时代，民间就已有为纪念太师闻仲的“边薄心厚太师饼”。汉代，张骞出使西域，引入胡桃、芝麻等，出现了以胡桃仁为馅的圆形“胡饼”，唐高宗时，李靖出征突厥，于中秋节凯旋而归，当时恰有一个吐蕃商人进献胡饼，李渊很高兴，手拿胡饼指着当空的皓月说：“应将胡饼邀蟾蜍（月亮）。”随后分给群臣食之。若此说确实，则可能是中秋节分食月饼的开始。但“月饼”一词，最早见于南宋吴自牧的红菱饼。

月饼是圆的，其被赋予团圆之意的时代是明朝。刘侗《帝京景物略》说：“八月十五日祭月，其祭果饼必圆。”田汝成《西湖游览志余》说：“八月十五谓之中秋，民间又以月饼相遗，取团圆之义。”沈榜在《宛署杂记》中还记述了明代北京中秋制作月饼的盛况，坊民皆“造月饼相遗，大小不等，呼为月饼。市肆至以果为馅，巧名异状，有一饼值数百钱者”。心灵手巧的制饼工人翻新出奇，做出各种花样。彭蕴章《幽州土风吟》说：“月宫符，画成玉兔窑台居；月宫饼，制就银蟾紫府影。一双蟾兔满人间，悔煞嫦娥窃药年；奔入广寒归不得，空劳玉杵驻丹颜。”

在清代，中秋节吃月饼已成为一种风俗，且制作技巧越来越高。清人袁枚《随园食单》：“酥皮月饼，以松仁、核桃仁、瓜子仁和冰糖、猪油作馅，食之不觉甜而香松柔腻，迥异寻常。”北京月饼则以前门致美斋所制者最优。遍观全国，已形成京、津、苏、广、潮五种风味，且围绕中秋拜月、赏月还产生了许多地方民俗，如江南的“卜状元”，即把月饼切成大中小三块，叠在一起，最大的放在下面，为“状元”；中等的放在中间，为“榜眼”；最小的在上面，为“探花”。而后全家人掷骰子，谁的数码最多，即为状元，吃大块；依次为榜眼、探花。

(2) 吃鸭子　吃鸭形成习俗的理由有三：一是卷饼吃鸭赏月的风俗使然；二是中秋时节鸭子丰腴肥美；三是鸭本为凉性食品，滋阴养津以防秋燥。此节可谓“食鸭日”，南京、北京、上海等地有中秋节吃烤鸭的习俗。中秋赏月时，片出鸭肉卷薄饼，与品尝凉月饼相比，自然别具风味。对于嗜鸭的南京人来说，桂花鸭为中秋节餐桌上一道不可缺少的赏月佳肴，与中秋吃月饼一样，南京人的“鸭”文化也一样源远流长。福建也有中秋吃鸭子的习俗，其槟榔芋烧鸭味道非常好。在云南，仫佬乡亲都要在八月十五买饼杀鸭，欢度佳节。

(3) 吃芋头　芋头是美味时令小吃，由于蝗虫不食，自古便有“平时菜蔬荒年粮”的美誉。广东有些地方过中秋节时，要吃芋头。相传东汉年间，刘秀和王莽大战，刘秀兵败，被王莽围困在山上，数日后，粮草用尽，军士们饥饿难忍，此时王莽火攻，满山燃起熊熊大火，正在危急之际，下起了大雨，山火被大雨浇灭了，雨过天晴，在刚燃烧过的泥土中飘出阵阵香味，军士们拨开刚刚燃烧过的泥土草灰发现了烧熟了的芋头，饥肠辘辘的士兵饱餐一顿，精神倍增，刘秀见状，抓住战机，下令突围杀下山去，取得了最后胜利。由于这天正是农历八月十五，汉光武帝刘秀为了纪念这次胜利，下令每逢中秋节全军都要设宴大吃芋头，以示纪念。随着岁月的推移，慢慢演变为民俗，芋头便成了江南某些地区中秋佳节的必食佳蔬。中秋食芋头，还有不信邪之意。清乾隆《潮州府志》曰：“中秋玩月，剥芋头食之，谓之剥鬼皮。”

(4) 吃田螺　中秋佳节食田螺，是广东独有的饮食风俗。清末民初有词写道：“中秋佳节近如何？饼饵家家馈送多。拜罢嫦娥斟月下，芋头啖遍又香螺。”啜螺与剥芋、吃月饼同为欢庆中秋节的三项食事，正如广东《顺德县志》所载：中秋“具团圆酒、团圆饼、剥芋啜螺赏月。”民间认为，中秋食田螺可以明目。据分析，螺肉营养丰富，所含维生素 A 又是形成视色素的重要物质。但为什么一定要在中秋节食田螺呢？有人认为，中秋前后正是田螺空怀之时，腹内无小螺，因此肉质特别肥美，是食田螺的最佳时节。如今，在广东、广西等地，月下吃田螺也是中秋节特有的习俗。

(5) 莼菜鲈鱼脍　莼菜是中秋家宴和八月时令菜羹。莼菜又名马蹄草、水菜，是水生宿根性叶草植物。莼菜的根、茎、叶碧绿清香，鲜嫩可口，营养美味，春、秋二季皆可摘取。莼菜、鲈鱼之所以成为中秋家宴上的菜肴，不仅仅是因这一时节的莼菜、鲈鱼好吃，更因为晋代张翰借“莼菜、鲈鱼”思乡、弃官返回故里的史实。莼菜一般用于做汤、羹菜；鲈鱼可煎、可炸、可蒸，因肉质细嫩鲜美，古人常用它做脍菜，即生鱼片。厨师们根据“秋思莼鲈”这个典故，以西湖莼菜与钱江鲈鱼入羹，做成了这款独具江南特色与风味的羹菜。

（6）饮桂花酒　每逢中秋之夜，人们仰望月中丹桂，闻着阵阵桂香，喝一杯桂花蜜酒，欢庆合家甜甜蜜蜜，欢聚一堂，已成为中秋佳节的一种享受。桂花，十里飘香，沁人肺腑，古人赞其：“虽无艳态惊群目，却有清香压九秋。”我国是桂花的故乡，有着约2500年的栽培历史。《山海经》中就有“招摇之山，其上多桂”的记载，爱国诗人屈原的《九歌》中也有“莫桂酒兮椒浆”的诗句。这说明早在秦汉时，桂花就已引起人们极大的兴趣，时至今日，人们对桂花的喜爱有增无减。

八、重阳节与食俗

相传东汉时期，汝河有个瘟魔，为害一方百姓。有个名叫恒景的青年，下决心为民除魔，于是遍访高山名士，拜了一位仙长为师，苦练降妖本领。这一天仙长对恒景说：你技艺已成，明天是九月初九，瘟魔又来作怪，你这就回家为民除害吧。初九早晨，恒景回到家乡，照仙长的吩咐将乡亲们领到附近山上，并把仙长赠予的茱萸叶和菊花酒分给众人。中午时分，瘟魔冲出汝河，被茱萸和菊花的香气摄住，恒景手执降妖剑，几个回合就杀死了瘟魔。从此，九月初九登高避疫的习俗便流传下来。

据史籍记载，重阳节始于汉初。据说汉高祖刘邦的爱妃戚夫人被吕后残害之后，凡侍候戚夫人的宫女也被逐出宫外，其宫女贾佩兰嫁给平民为妻，常谈起以往皇宫中每年九月九日饮菊花酒、吃重阳糕、插茱萸等以求长寿的故事，后来这一习俗便在民间广为流传。

在《易经》中，九是阳数，九月初九两九相重，故称重阳。据史料记载，魏晋时期就有了重阳日饮酒赏菊的做法，到了唐代，重阳被正式定为民间节日。明代有了官民登高并且食重阳糕的风俗。不过常因地区与时令的不同，而使民俗具有多元性意义，有出游登高、插茱萸、放风筝、赏菊、饮菊花酒、吃重阳糕等习俗。

在古代，民间有重阳登高的风俗，故重阳节又叫“登高节”，相传此风俗始于东汉。唐代杜甫《登高》就是写重阳登高的名篇。

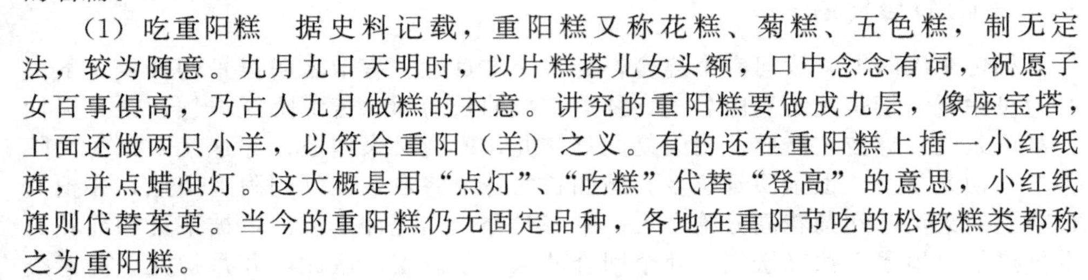

（1）吃重阳糕　据史料记载，重阳糕又称花糕、菊糕、五色糕，制无定法，较为随意。九月九日天明时，以片糕搭儿女头额，口中念念有词，祝愿子女百事俱高，乃古人九月做糕的本意。讲究的重阳糕要做成九层，像座宝塔，上面还做两只小羊，以符合重阳（羊）之义。有的还在重阳糕上插一小红纸旗，并点蜡烛灯。这大概是用“点灯”、“吃糕”代替“登高”的意思，小红纸旗则代替茱萸。当今的重阳糕仍无固定品种，各地在重阳节吃的松软糕类都称之为重阳糕。

古代中国以农立国，重阳节前后，秋收完毕，欢庆丰收，家家户户总要做些米糕、面饼、豆子馍之类馈赠亲朋好友。在重阳节的前两天，人们纷纷用面粉蒸糕，糕上插着彩色的小旗，点缀着石榴子、栗子黄、银杏、松子仁等果实；或者做成狮子蛮王之状，置于糕上，名为“狮蛮栗糕”。这都是南宋时期临安（今杭州）的风俗，这些栗糕恰是登高时携带的佳点。北方的重阳糕，以发面花果蒸糕最为著名（又名发糕）。发面蒸糕是将面粉发酵后扣入小碗中，每小碗底放上各种花果，如红枣、果仁、蜜饯、红丝、绿丝等，上笼蒸熟后将面糕倒出，正好各种花果均在顶糕上面，并呈馒头状，且松甜软糯。

在我国有些地方至今还留有这样的风俗，到了重阳时节，已出嫁的女儿要回娘家送重阳糕，一般是两个大的，九个小的，取其“二九”相缝之意。北方农村流传“中秋刚过了，又为重阳忙，巧巧花花糕，只为女想娘”的民谣，正反映了重阳节的风俗民情。

（2）菊花酒　民间将九月也叫“菊月”或“菊节”。故赏菊是重阳节不可缺少的活动。在古代重阳必饮菊花酒。我国早在汉魏时期就已盛行酿制菊花酒，据《西京杂记》载：“菊花舒时，并采茎叶，杂以黍米酿之，至来年九月九日始熟，就饮之，故谓菊花酒。”诗人们对菊花酒也情有所钟，颇多赞誉。晋代陶渊明曰：“往燕无遗影，来雁有余声，酒能祛百病，菊解制秀齿。”《荆楚岁时记》称：“九月九日，佩茱萸，食莲茸，饮菊花酒，可使人长寿。”

（3）吃糍粑　这是我国西南地区重阳佳节的又一食俗。滋粑分为软甜、硬咸两种。其做法是将洗净的糯米放到开水锅里，一沸即捞，上笼蒸熟再放臼里捣烂，揉搓成团即可。食用时，将芝麻炒熟，捣成细末，再把糍粑搓成条，揪成小块，拌上芝麻、白糖等，其味香甜适口，称为“软糍粑”（温食最佳）。硬糍粑又

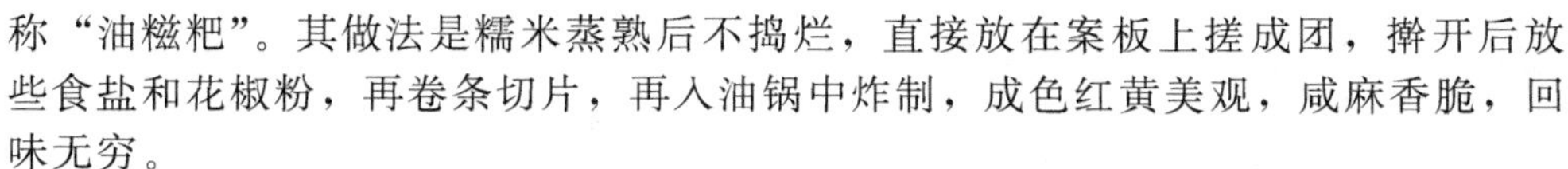

称“油糍粑”。其做法是糯米蒸熟后不捣烂，直接放在案板上搓成团，擀开后放些食盐和花椒粉，再卷条切片，再入油锅中炸制，成色红黄美观，咸麻香脆，回味无穷。

(4) 吃柿子　这也是重阳节的一大食俗。《奇园奇所奇》介绍：有一年，明太祖朱元璋微服出城私访，这一天正值重阳节，他已经一天未食，感到饥饿口渴，行至剩柴村时，只见家家墙倒树凋，均为兵火所烧，朱元璋暗自悲叹，举目环视，唯有东北隅有一柿子树，柿子正熟，遂采摘食之，约食了十枚，又惆怅而去。乙未夏，太祖攻采石（今安徽马鞍山市采石矶）取太平（今安徽太平县）时，道经于此，柿树犹存，便将以前微服私访食柿的事告于侍臣，并下旨封柿为凌霜候，令天下人在重阳节均食柿子，以示纪念。

(5) 吃蟹　重阳佳节正值九月，秋菊飘香，螃蟹膏黄美味，肉肥细嫩，正是食蟹的大好季节。古人有诗云：“不到庐山辜负目，不食螃蟹辜负腹。”宋代诗人梅尧臣有诗赞蟹：“樽前已夺螃蟹味，当日莼羹枉对人。”所以时至今日，阳澄湖的清蒸大闸蟹仍闻名中外，在中国港、澳、台各家大餐馆里，均被列为九月时令佳肴，享有盛誉，难怪著名学者章太炎和其夫人曾卜居吴中，啖蟹之余，夫人汤国梨女士曾吟诗曰：“不是阳澄湖蟹好，人生何必住苏州。”古往今来，许多文人

墨客啖蟹、品蟹、咏蟹、画蟹，为后人留下了许多轶闻雅事，为人们啖蟹平添了几分韵味。

（6）赏菊　古代文人墨客极爱菊花，往往以秋菊比喻清高、亮节之风，如诗人陶渊明有诗云："菊花知我心，九月九日开；客人知我意，重阳一同来。"不仅表露了诗人自命清高的风范，还洋溢着浓厚的生活趣味。在九月秋菊盛开之时，文人骚客都喜欢借花聚会、饮酒、食蟹、赋诗，表达对生活的热爱和对大自然的向往。

今天的重阳节又有了新的含义。1989 年，我国把重阳节定为老人节，取九月大数，寓意健康长久，将传统与现代结合，赋予重阳节敬老爱老的新内容。作为传统佳节，古往今来，人们也都在这一天开展敬老祝寿和登高望远活动。

九、浴佛会与食俗

浴佛是源于悉达多太子在兰毗尼园无忧树下降生时，九龙（亦说二龙）吐水洗浴圣身的传说。在古代，它已成为佛教故事中的一个重要题材。据《过去现在因果经》的记载，摩耶夫人临近产期时，一日出游兰毗尼园，行至无忧树下，诞生了悉达多太子。难陀和伏波难陀龙王吐清净水，灌太子身。

浴佛仪式开始于印度，是从求福灭罪的一种宗教要求传衍而来。除佛教外，婆罗门教也有一种浴像的风俗，起源于印度使人精神清洁的思想。《大宝积经》记述了这样一个故事：舍卫城波斯匿王的女儿无垢施，于二月八日和五百婆罗门一道持满瓶水，出至城外，欲洗浴天像。这时许多婆罗门见诸比丘在门外站立，认为不吉祥，其中一长者要求无垢施回到城内，但遭到她的拒绝。于是展开辩论，无垢施终于感化了五百婆罗门使其皈依了佛陀。

据佛教典籍记载，一年中最隆重的的节日为：四月初八——释迦牟尼佛的诞日，又称佛诞日。佛诞日要举行隆重的"俗佛法会"。在大殿内用一个盆并盛满用沉香之类的名贵香熬制的香汤，把释迦牟尼佛诞生像即太子供在水中。全寺僧侣及香客居士信众要用香汤沐浴太子像，以纪念释迦牟尼佛诞生。其中太子像约 33 厘米高，为青铜铸成的赤裸童子站像，表层贴以金箔。童子像右手指天，左手指地，意指天上天下唯我独尊。有关佛教典籍记载，释迦牟尼佛的诞生、出家、成道、涅槃同是四月八日。但是，中国佛教习惯以四月初八作为佛诞日，二月初八为佛的出家日，腊月初八为佛成道日，二月十五日为佛涅槃日。在隆重的太子诞生日，举行浴佛会，其他三日只在寺庵举行简单的纪念仪式。腊八日又是一个盛大日子，这天用腊八粥以供众生，以及七月十五的自恣日、盂兰盆会日等。

关于我国浴佛日期，古来有几种不同的记载。一是二月八日，二是四月八日，三是十二月八日。佛陀的诞生、出家、成道和涅槃，在印度南、北传的《佛传》里虽都明记七月日，但记载不一。《大唐西域记》曾述上座部和诸部所传的不同。据上座部传，佛降胎在嗢呾罗额沙荼月之三十日，相当于我国五月十五日；诞生、出家、成道都在吠舍佉月后半十五日，相当于我国三月十五日。诸部所传降胎同于额沙荼月的后半八日，相当于我国五月八日；其他诞生等同于吠舍佉月的后半八日，相当于我国三月八日。南传佛诞生于逝瑟吒月后半八日（南传《本生经》觉音序言），相当于我国四月八日。印度历法以黑月（从月既望到月晦）为前半月，白月（从月朔到既望）为后半月。所谓"月盈至满，谓之白分；

月亏至晦，谓之黑分。黑分或十四日、十五日，月有大小故也。黑前白后，合为一月（《西域记》卷二）”。七月之下弦（当下半月之八日）在我国阴历次月之上弦。我国汉译佛经记载二月或四月，大抵辰以印度的某月当我国之月，又随译经时代历法之差而传为二月或四月的。吠舍佉月后半八日，本相当于我国阴历三月初八，而译者则理解为二月上弦，因传为二月八日。后来多从南传的三月后半八日换算为四月八日，于是佛诞四月八日之说就较通用了。

从历史记载看来，后汉时笮融的浴佛日期未见明确记载；北朝多于四月八日浴佛。自梁经唐至辽初，大抵遵用二月八日；宋代，北方改为腊八，南方则为四月八日。后赵的石勒及刘宋孝武帝、刘敬宣等于四月八日浴佛。梁时《荆楚岁时记》以二月八日为佛诞。《续高僧传》说：“琬以二月八日大圣诞沐之辰，追惟旧绪，敬崇浴具。每年此日，开讲设斋，大会道俗。”《辽史》卷五十三《礼志》记载，辽时以二月八日为悉达多太子生辰。至宋代，浴佛仪式多在十二月八日举行。宋赞宁《僧史略》卷上《佛诞生年代》条说：“今东京（宋都开封）以腊月八日浴佛，言佛生日。”宋赞宁以为腊月八日是印度的节日，或者是《多论》（《萨婆多毗尼毗婆沙》）的二月八日，腊月即是周的二月。《翻译名义集》卷三引《北山录》云：“周之二月，今之十二月也。而大圣在乎周年，故得以十二月言正。”但也有明确指出腊八为释迦牟尼成道之日而浴佛的。如宋丹霞子淳禅师腊八上堂说：“屈指欣逢腊月八，释迦成道是斯辰，二千年后追先事，重把香汤浴佛身（《丹霞子淳禅师语录》）。”宋祝穆《事文类聚》说：“皇朝东京十二月初八日，都城诸大寺作浴佛会，并造七宝五味粥，谓之‘腊八粥’。”这是浴佛会和腊八粥相结合的记载，但江南一般多在四月八日浴佛。《岁时杂记》说：“诸经说佛生日不同，其指言四月八日生者为多……故用四月八日灌佛也。今但南方皆用此日，北人专用腊月八日，近岁因圆照禅师（1020—1099）来慧林（禅院），始用此日行《摩诃刹头经》法；自是稍稍遵（之）……其后宋都开封诸寺，多采用四月八日浴佛。”《东京梦华录》中说：“四月八日佛生日，十大禅院各有浴佛斋会，煎香药糖水相遗，名曰‘浴佛水’。”元代的《幻住庵清规》及《敕修百丈清规》均规定四月八日为释迦牟尼诞辰，其后南北浴佛的日期就完全一致了。

明代风俗大抵是继承宋代的。据田汝成《熙朝乐事》记载：“四月八日，俗传为释迦佛生辰。僧尼各建龙华会，以盆坐铜佛，浸以糖水，覆以花亭。”这种风俗到清代并无多大改变。按照《敕修百丈清规》，禅林在佛诞浴佛这一天，还有煎“香汤”和造“黑饭”供众的习惯。《清规》卷四《两序章》的《知殿》条：“佛诞日浴佛，煎汤供大众。”卷七《节腊章》的《月分须知》条：“四月初八日，佛诞浴佛，库司预造黑饭，方丈请大众夏前点心。”后来这种遗规虽已不通行了，而以四月八日为佛诞，举行浴佛仪式则至今不改。

约在南北朝时，我国民间受佛教寺院腊月初八吃“七宝五味粥”的影响，形成了吃“腊八粥”的风俗。

在古代，每逢农历十二月八日，寺院要取香谷和果实等煮成粥糜敬佛，民间也在腊月初八煮这样的粥吃，以消灾除病。宋代，杭州的民间腊八粥是用“胡桃、松子、乳蕈、柿、栗之类”和米煮成的（见《武林旧事》）。

明清各地盛行吃腊八粥。名义上腊八粥要凑满八样原料，但也不必拘泥，少则四五样，多则十几样均可。有些地方的腊八粥，是将糯米、红糖和十八种干

果、豆子掺在一起熬煮的，十分隆重。

（1）腊八豆腐　“腊八豆腐”是安徽黟县民间风味特产。在春节前，即农历十二月初八前后，黟县家家户户都要晒制豆腐，民间将这种自然晒制的豆腐称作“腊八豆腐”。

（2）翡翠碧玉腊八蒜　泡腊八蒜是北方尤其是华北地区的一个习俗。顾名思义，就是在阴历腊月初八的这天泡蒜。其实材料非常简单，就是醋和大蒜瓣儿。做法也极其简单，将剥了皮的蒜瓣儿放到一个可以密封的罐子里面，然后倒入醋，封上口后放到冷的地方。泡在醋中的蒜就会慢慢变绿，最后变得通体碧绿，如同翡翠碧玉。

（3）煮“五豆”　有些地方腊八煮粥，不称为“腊八粥”，而叫做煮“五豆”。有的在腊八当天煮，有的在腊月初五煮，还要用面捏些“雀儿头”，与米、豆（五种豆子）同煮。据说，腊八人们吃了“雀儿头”，麻雀会头痛，来年不危害庄稼。每天吃饭时弄热搭配食用，一直吃到腊月二十三，象征连年有余。

（4）腊八面　我国北方一些地区不产大米或少产大米，人们不吃腊八粥，而是吃腊八面。腊八的前一天用各种果蔬做成臊子，把面条擀好，到腊月初八早晨全家吃腊八面。

（5）腊八粥与各地腊八食俗　腊八除祭祖敬神外，人们还要驱逐疫邪。这项活动来源于古代的傩（古代驱鬼避疫的仪式）。史前时代的医疗方法之一为驱鬼治疾。作为巫术活动，腊月击鼓驱疫之俗今在湖南新化等地区仍有留存。

腊八这一天有吃腊八粥的习俗，腊八粥也叫七宝五味粥。我国喝腊八粥的历史，已有1000多年。最早开始于宋代。每逢腊八，不论是朝廷、官府、寺院还是黎民百姓都要做腊八粥。到了清朝，喝腊八粥的风俗更是盛行。在宫廷，皇帝、皇后、皇子等都要向文武大臣、侍从宫女赐腊八粥，并向各个寺院发放米、果等以供僧侣食用。在民间，家家户户也要做腊八粥，以祭祀祖先；同时，合家团聚在一起食用，并馈赠亲朋好友。

中国腊八粥争奇竞巧，品种繁多。其中以北京的最为讲究，有红枣、莲子、核桃、栗子、杏仁、松仁、桂圆、榛子、葡萄、白果、菱角、青丝、玫瑰、红豆、花生……不下二十种。人们在腊月初七的晚上就开始忙碌起来，洗米、泡果、剥皮、去核、精拣，半夜时分开始煮，再用微火炖，一直炖到第二天的清晨，腊八粥才算熬好。更为讲究的人家，还要先将果子雕刻成人形、动物、花样，再放在锅中煮。

比较有特色的腊八粥是在其中放上果狮。果狮是用几种果子做成的狮形物，用剔去枣核烤干的脆枣作为狮身，半个核桃仁作为狮头，桃仁作为狮脚，甜杏仁作为狮子尾巴。然后用糖粘在一起，放在粥碗里，活像头小狮子。如果碗较大，可以摆上双狮或四头小狮子。更讲究的是用枣泥、豆沙、山药、山楂糕等各种颜色的食物，捏成八仙人、老寿星、罗汉像。这种腊八粥只有在以前大寺庙的供桌上才可以见到。

腊八粥熬好之后，要先敬神祭祖，之后赠送亲友，但要在中午之前送出去，最后全家人食用。腊八粥吃了几天还有剩余，为好兆头，取其年年有余的意义。如果把粥送给穷苦人，那更是为自己积德。假如院子里种着花卉和果树，也要在枝干上涂抹一些腊八粥，盼望来年多结果实。腊八这一天，除了祭祖敬神外，还有悼念亡国、寄托哀思之意。

相传，在古印度北部，即今天的尼泊尔南部，迦毗罗卫国有个净饭王，他有个儿子叫乔答摩·悉达多，年轻时就痛感人世生、老、病、死的各种苦恼，发觉社会生活徒劳无益，并对婆罗门教的神权极为不满，于是，在他29岁那年放弃王族的豪华生活，出家修道，学练瑜伽，苦行6年，大约在公元前525年，他在佛陀伽耶一株无忧树下，彻悟成道，并创立了佛教。史传这一天正是中国的农历十二月初八，由于他是释迦族人，后来佛教徒们尊称他为释迦牟尼，也即释迦族圣人的意思。佛教传入我国后，各地兴建寺院、煮粥敬佛的活动也随之盛行，尤其是到了腊月初八，为祭祀释迦牟尼修行成道之日，各寺院都要诵经，并效仿牧女在佛成道前献一种“乳糜”之物的传说程式，这便是腊八粥的来历。

宋朝吴自牧撰《梦粱录》卷六载：“八日，寺院谓之‘腊八’。大刹寺等俱设五味粥，名曰‘腊八粥’。”此时，腊八煮粥已成为民间食俗，不过当时帝王还以此笼络众臣。元人孙国敕《燕都游览志》云：“十二月八日，赐百官粥，以米果杂成之。品多者为胜，此盖循宋时故事。”《永乐大典》记载：“是月八日，禅家谓之腊八日，煮经糟粥以供佛饭僧。”到了清代，雍正三年（公元1725年）世宗将北京安定门内国子监以东的府邸改为雍和宫，每逢腊八日，在宫内万福阁等处，用锅煮腊八粥并请喇嘛僧人诵经，然后将粥分给各王宫大臣，品尝食用以度节日。《光绪顺天府志》又云："每岁腊月八日，雍和宫熬粥，定制，派大臣监视，盖供上膳焉。"腊八粥又叫"七宝粥"、"五味粥"。最早的腊八粥是用红小豆煮的，后经演变，加之地方特色，变得丰富多彩。南宋文人周密的《武林旧事》："用胡桃、松子、乳覃、柿、栗之类作粥，谓之腊八粥。"清人富察敦崇在《燕京岁时记》里则称"腊八粥者，用黄米、白米、江米、小米、菱角米、栗子、去皮枣泥等，和水煮熟，外用染红桃仁、杏仁、瓜子、花生、榛穰、松子及白糖、红糖、琐琐葡萄以作点染"。颇有京城特色。

天津腊八粥，同北京近似，讲究些的还要加莲子、百合、珍珠米、薏苡仁、大麦仁、黏秫米、黏黄米、绿豆、桂圆肉、龙眼肉、白果、红枣及糖水桂花等，色、香、味俱佳。近年还有加入黑米的。这种腊八粥可供食疗，有健脾、开胃、补气、安神、清心、养血等功效。

山西腊八粥，别称八宝粥，以小米为主，加以豇豆、小豆、绿豆、小枣、黏黄米、大米、江米等。晋东南地区，腊月初五即用小豆、红豆、豇豆、红薯、花生、江米、柿饼与水煮粥，又叫甜饭，亦为食俗之一。

陕北高原腊八粥除了用多种米、豆之外，还加入各种干果、豆腐和肉。通常早晨开始煮，或甜或咸，依人口味自选酌定。倘是午间吃，还要在粥内煮上些面条，全家人共餐。吃完以后，还要将粥抹在门上、灶台上及门外的树上，以驱邪避灾，迎接来年的农业大丰收。民间相传，腊八这天忌吃菜，说吃了菜庄稼地里杂草多。陕南人腊八要吃杂合粥，分"五味"和"八味"两种。前者用大米、糯米、花生、白果、豆子煮成；后者除上述五种原料外还加大肉丁、豆腐、萝卜，另外还要加调味品。除了吃腊八粥，还要用粥供奉祖先和粮仓。

甘肃腊八粥以五谷、蔬菜为原料，煮熟后还分送给邻里，还要喂家畜。在兰州、白银地区，腊八粥很讲究，用大米、豆、红枣、白果、莲子、葡萄干、杏干、瓜干、核桃仁、青红丝、白糖、肉丁等煮成。煮熟后先用来敬门神、灶神、土神、财神，祈求来年风调雨顺、五谷丰登；再分给亲邻，最后一家人享用。甘肃武威地区讲究过"素腊八"，吃大米稠饭、扁豆饭或稠饭，煮熟后与炸馓子、麻花同吃。

宁夏腊八饭一般用扁豆、黄豆、红豆、蚕豆、黑豆、大米、土豆煮粥，再加上麦面或荞麦面切成菱形柳叶片的"麦穗子"，或者做成圆形的"雀儿头"，出锅之前再入葱花油。这天全家人只吃腊八饭，不吃菜。

青海西宁虽汉族人居多，可是腊八并不吃粥，而是吃麦仁饭，即将新碾的麦仁与牛羊肉同煮，加上青盐、姜皮、花椒、草果、苗香等作料，文火煮熬一夜，即成乳糜状，清晨则异香扑鼻，食之可口。

在山东"孔府食制"中规定"腊八粥"分为两种：一种是用薏苡仁、桂圆、莲子、百合、栗子、红枣、粳米等熬成的，盛入碗里还要加些雕刻成各种形状的水果。这种粥专供孔府主人及十二府主人食用。另一种是用大米、肉片、白菜、豆腐等煮成的，是给孔府当差的人喝的。

河南腊八饭是用小米、绿豆、豇豆、麦仁、花生、红枣、玉米等原料煮成，熟后加些红糖、核桃仁，粥稠味香，寓意来年五谷丰登。

江苏腊八粥分甜咸两种，煮法一样。咸粥则加青菜和油。苏州人煮腊八粥时要放入慈姑、荸荠、胡桃仁、松子仁、芡实、红枣、栗子、木耳、青菜、金针菇等。清代苏州文人李福曾有诗云：“腊月八日粥，传自梵王国，七宝美调和，五味香掺入。”

浙江腊八粥一般以胡桃仁、松子仁、芡实、莲子、红枣、桂圆肉、荔枝肉等为原料，香甜味美，食之以祈求长命百岁。据说这种煮粥方法是从南京流传而来的。

四川地大人多，腊八粥更是五花八门。农村人吃咸味腊八粥的较多，主要是用黄豆、花生、肉丁、白萝卜、胡萝卜熬成的。现如今城市人吃甜腊八粥的也不少，堪称风味各异。

国人如此钟情腊八粥，除食俗原因外，也确有科学道理。清代营养学家曹燕山撰《粥谱》，对腊八粥的健身营养功能讲得详尽、清楚，易于吸收，可调理营养，是“食疗”佳品，有和胃、补脾、养心、清肺、益肾、利肝、消渴、明目、通便、安神的作用，这已被现代医学所证实。对于老年人来说，腊八粥同样是有益于健康的美食，但不宜多喝。

十、冬至与食俗

冬至，北方多吃水饺或馄饨，南方多吃汤圆。

吕原明《岁时杂记》说：“京师人家，冬至多食馄饨，故有‘东馄饨，年发飥’之说。”南宋时，馄饨也用于祭祖，富贵人家讲究新奇，一碗馄饨里能做出10多种口味，称之为“百味馄饨”。为什么冬至要吃馄饨呢？据富察敦崇的《燕京岁时记》记载：“夫馄饨之形有如鸡卵，颇思天地混沌之象，故于冬至日食之。”

大约从宋朝开始，中国人在元宵节开始吃汤圆。明清以后，江南也有在冬至以汤圆祭祖、祭灶的习俗。顾禄在《清嘉录》（1830年）卷十一记载：“比户磨粉为团，以糖肉豇豆沙，芦菔丝为馅，为祀先祭灶之品，并以馈贻，名曰‘冬至团’。”其中汤圆还分大小，有馅而大的称为粉团，是晚上祭祖的供品；无馅较小的称为粉圆，是早上拜神的供品。

全国有许多具有地方特色的冬至食俗。例如，湖南人过冬至时会杀鸡宰猪，将肉阴干，称为冬至肉。俗话说：“吃过冬至肉，身体赛牛犊。”杭州人则把冬至那天吃剩的鱼头鱼尾放在米缸里过一夜，第二天再拿出来吃，称为“安乐菜”。常州人则吃一种隔夜的热豆腐，认为“若要富，冬至隔夜吃块热豆腐”。

中国人也有冬至进补的习惯。一般而言，冬至进补食品以肉类为主，再加上各种滋补药材。当然在随时都可进补的今天，这一习俗已不像以前那么讲究。

第二节　食品文化与地方风味

一、鲁菜与地方风味

鲁菜发端于春秋战国时的齐国和鲁国（今山东省），形成于秦汉。宋代后，鲁菜就成为“北食”的代表，是我国八大菜系之一。鲁菜是我国覆盖面最广的地方风味菜系，遍及京津唐及东北三省。

鲁菜是中国北方菜的代表，历史悠久，辐射面广，选料广泛。正宗的山东菜精于火候，善调和五味，菜形大方，不走偏锋。其清脆鲜嫩，格调高雅。汤品特别，海鲜宴席尤多，且重食礼。鲁菜属宫廷文化，所以具有雄壮风格，选料突出“广博”，烹调技法多运用爆、炒、烧、炸、溜、蒸、扒等，五味并举。成品菜肴讲究“规格”，体现吉祥、富贵、豪华、排场。长城内外，天山南北，白山黑水之间，都能发现鲁菜的痕迹。

传统观点认为，鲁菜菜系是由两个半的地方风味构成（济南、胶东和孔府）。但历史上，鲁菜影响之大之广，绝不是仅有济南、胶东和孔府风味所构成，必须同时具备历史、文化、政治、经济条件及特殊的物产、食俗、技法、味型、名菜、名厨、名店和被社会所公认。昨天是今天的历史，今天同样会成为明天的历史，应该用现实的眼光来看菜系。

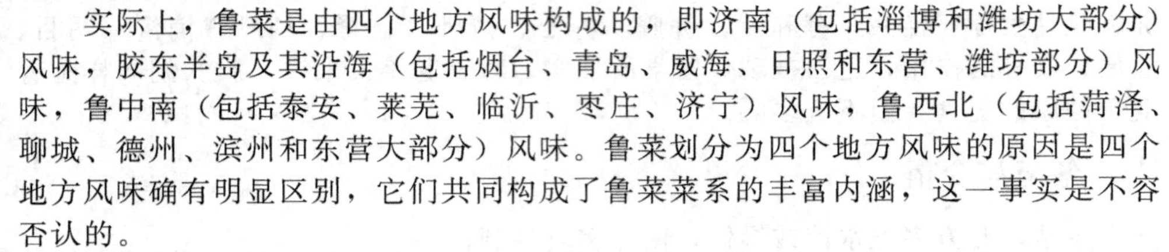

实际上，鲁菜是由四个地方风味构成的，即济南（包括淄博和潍坊大部分）风味，胶东半岛及其沿海（包括烟台、青岛、威海、日照和东营、潍坊部分）风味，鲁中南（包括泰安、莱芜、临沂、枣庄、济宁）风味，鲁西北（包括菏泽、聊城、德州、滨州和东营大部分）风味。鲁菜划分为四个地方风味的原因是四个地方风味确有明显区别，它们共同构成了鲁菜菜系的丰富内涵，这一事实是不容否认的。

济南风味则以汤著称，辅以爆、炒、烧、炸，菜肴以清、鲜、脆、嫩见长。其名肴有清汤什锦、奶汤蒲菜，清鲜淡雅，别具一格。而里嫩外焦的糖醋黄河鲤鱼、脆嫩爽口的油爆双脆、素菜之珍的砂锅豆腐，则显示了济南派的火候功力。清代光绪年间，济南九华林酒楼店主将猪大肠洗涮后，加香料，开水煮至软酥取出，切成段后，加酱油、糖、香料等制成又香又肥的红烧大肠，闻名于世。后来在制作上又有所改进，将洗净的大肠入开水煮熟后，入油锅炸，再加入调味香料烹制，味道更加鲜美。文人雅士根据其制作精细如道家“九炼金丹”一般，将其取名为“九转大肠”。

胶东半岛及其沿海风味得益于它的特殊物产，海鲜尤多，品质特优，无与伦比。烹调技法多运用蒸、煮、炸、溜、氽等，善用食盐、姜汁、食醋调味，小海鲜多佐配韭菜，口味清淡，质感鲜嫩，菜重精细，比较讲究花色造型，为著名的地方风味菜。选料则多为明虾、海螺、鲍鱼、蛎黄、海带等。其名菜有“扒原壳鲍鱼”，主料为长山列岛海珍鲍鱼，以鲁菜传统技法烹调，鲜美滑嫩，催人食欲。还有蟹黄鱼翅、芙蓉干贝、烧海参、烤大虾、炸蛎黄等名菜。

鲁中南地区向以历史文化悠久、独特的文物古迹风貌著称于世，其菜肴风味源于山、湖、陆等物产，重食礼，讲规格，以烹制湖鲜、河鲜和干鲜珍品见长。其菜肴的特点是用料精致，刀工细腻，调和得当，重于火候，工艺严格。烹调技法多运用爆、炒、焖、扒、炝等，善用黄酱、糟油、花椒、辣椒、姜蒜调味，口味清淡，香醇兼具，质感鲜嫩，软烂并蓄，各显不同。济宁菜酱、糟用量多；枣庄菜花椒、辣椒用量大，重视凉菜；泰安嗜酸味；莱芜嗜姜味；临沂嗜蒜香。鲁中南风味受孔府菜的影响颇深，在鲁菜中占有非常重要的一席。

鲁西北菜选料以畜禽肉和蛋品、瓜果为主，猪、牛、羊、驴、鸡肉菜各显特色，烹饪技法多运用扒、烧、酱、卤、拔丝、蜜汁等，突出五香，甜菜特别，汤菜较多，为鲁菜系中不可缺少的一员。

二、苏菜与地方风味

苏菜选料严谨丰富。江苏沃野千里，物产丰富，河鲜品种繁多，海味琳琅满目，肥嫩鸡鸭成群，时蔬丰富多彩。丰富的烹饪原料为苏菜的发展提供了坚实的基础。苏菜的选料和制作十分讲究季节的变化、质地的鲜嫩、用料的部位、烹制的方法变换，从而形成了独特的体系。

苏菜刀工精细典雅。苏菜烹饪时重视刀工的处理，要求“根根要短，丝丝不乱，厚薄均匀，排叠整齐”。各种花雕的应用既广泛又精湛，冷盘制作技艺超群，各种象形冷盘玲珑剔细，选用原料之考究均堪称一流。

苏菜注重火候，以炖、焖、蒸、煮见长。苏菜采取多种多样的烹调方法，其中多用炖、焖、蒸、煮方法。制作此类菜肴时，特别注重调汤，讲究原汁原味，以清汤制作菜肴已成为其传统方法。在烹调过程中，火候要恰到好处，则制成的菜品既酥烂脱骨，又鲜嫩爽口，不失其形。

苏菜讲究调味，注重本味，强调一物显一味。苏菜的总体口味为清鲜平和，咸甜适中，南北皆宜。但由于它在烹制过程中讲究调味、注重本味，故其在突出菜肴本质的清新鲜美滋味方面有独到之处。对此，江苏各地出产的著名调味品起到了一定的辅助作用。

苏菜集全省地方风味菜肴于一体，大大充实和丰富了它的内容，而这些地方风味又各具特色，可谓佳肴荟萃，异彩纷呈。苏菜的地方风味大致可分为四种类型，即淮扬风味、南京风味、苏锡风味和近期发展起来的徐海风味。

淮扬风味以扬州、两淮（淮安、淮阴）为中心，以大运河为主干，南起镇江，北至洪泽湖周围，东含里下河及沿海。这里水网交织，江湖所出甚丰，菜肴以清淡见长，味合南北。其中，扬州刀工为全国之冠，刀工精细，注重火工，善于运用炖、焖、煨等技法，注重菜肴的色泽鲜艳，造型生动，其味鲜嫩平和。淮扬风味小吃历史悠久，乡土气息浓郁，明清时期扬州就以各种面点而“美甲天下”。

金陵菜，即南京菜，兼取四面之美，适八方之味，故有“京苏大菜”之称。南京的“三炖”即炖生敲、炖菜核、炖鸡孚，以及“金陵三叉”即叉烤鸭、叉烤鱼、叉烤乳猪，刀工、火工特别讲究。南京菜以“松鼠色”、“蛋烧卖”、“美人肝”、“凤尾虾”四大名菜及“盐水鸭”、“卤鸭肫肝”、“鸭血肠”为代表。

苏锡菜是以苏州、无锡为中心，包括常熟、宜兴等地的风味菜。其善于烹制水产，以甜出头咸收口，讲究浓油、赤酱、重糖。苏锡菜也重刀工、火工，苏州“三鸡”即西瓜鸡、枣红橘络鸡、常熟叫花鸡为代表。苏州的碧螺虾仁、雪花蟹斗、莼菜塘鲤鱼片，无锡的脆鳝、香松银鱼、锅巴虾仁等都能让人品味到苏锡菜的色美、形美、味美。

徐海菜，源于徐州、连云港等地。徐州风味受鲁豫的影响很大，连云港风味则受淮扬菜的影响较大，总体上是口味平和，兼适四方，风味淳朴，注重实惠。

苏菜风味与该地区悠久的饮食文化积淀有密切关系。从上古时期名厨太和公、专渚、彭铿至今日，积累极其丰厚，并进一步开发利用，在老树上绽放出一朵朵饮食新花。

三、川菜与地方风味

元、明、清建都北京后，随着入川官吏的增多，大批北京厨师前往成都落户，经营饮食业，使川菜得到进一步发展，逐渐成为我国的主要地方菜系。明末清初，川菜就用辣椒调味，使巴蜀时期就形成的“尚滋味”、“好香辛”的调味传统进一步发展。清乾隆年间，四川罗江著名文人李调元在其《函海·醒园录》中就系统地搜集了川菜的38种烹调方法，如炒、滑、爆、煸、溜、炝、炸、煮、烫、糁、煎、蒙、贴、酿、卷、蒸、烧、焖、炖、摊、煨、烩、淖、烤、烘、粘、汆、糟、醉、冲等，以及冷菜类的拌、卤、熏、腌、腊、冻、酱等。清同治年间，成都北门外万福桥边有家小饭店，面带麻粒的陈姓女店主用嫩豆腐、牛肉末、辣椒、花椒、豆瓣酱等烹制的佳肴麻辣、鲜香，十分受人欢迎，这就是著名的“麻婆豆腐”，后来其饭店也改名为“陈麻婆豆腐店”。贵州籍的咸丰进士丁宝桢，曾任山东巡抚，后任四川总督，因镇守边关有功，被封为“太子少保”，人称“丁宫保”。他很喜欢吃用花生和嫩鸡丁肉做成的炒鸡丁，流传入市后成为“宫保鸡丁”。晚清以来，川菜逐步形成地方风味极其浓郁的菜系，具有取材广泛、调味多样、菜式适应性强的特征，由筵席菜、大众便餐菜、家常菜、三蒸九扣菜、风味小吃五类菜肴组成了完整的风味体系。其风味则是清、鲜、醇、浓并重，并以麻辣著称。对长江上游和滇、黔等地均有相当影响。现在川菜已遍及全国，并至海外，有“味在四川”之誉。

川菜以成都和重庆两地的菜肴为代表。所用的调味品既复杂多样，又富有特色，尤其是号称“三椒”的花椒、胡椒、辣椒及“三香”的葱、姜、蒜，醋、郫县豆瓣酱的频繁使用及其数量之多，远非其他菜系所能比。川菜有“七滋八味”之说，“七滋”指甜、酸、麻、辣、苦、香、咸，“八味”即鱼香、酸辣、椒麻、怪味、麻辣、红油、姜汁、家常。其烹调方法有38种之多。在口味上，川菜特别讲究“一菜一格”，且色、香、味、形俱佳，故国际烹饪界有“食在中国，味在四川”之说。川菜名菜有灯影牛肉、樟茶鸭子、毛肚火锅、夫妻肺片、东坡墨鱼、清蒸江团等300多种。其中“灯影牛肉”的制作方法与众不同，风味独特：将牛后腿上的腱子肉切成薄片，撒上炒干水分的盐，裹成圆筒形后晾干，平铺在钢丝架上，进烘炉烘干，再上蒸笼，蒸后取出，切成小片复蒸透，最后下炒锅炒透，加入调料，起锅晾凉，淋上麻油才成。此菜呈半透明状，薄如纸，红艳艳，油光滑，放在灯下可将牛肉片的红影子映在纸上或墙上，好似灯影戏。

“夫妻肺片”是成都地区人人皆知的一道风味菜。相传20世纪30年代有个叫郭朝华的小贩，和妻子制作凉拌牛肺片，串街走巷，提篮叫卖。人们谑称其为“夫妻肺片”，并沿用至今。“东坡墨鱼”是四川乐山一道与北宋大文豪苏东坡有关的风味佳肴。墨鱼并非海中的乌贼鱼，而是乐山市凌云山、乌龙山脚下岷江中的一种嘴小、身长、肉多的墨皮鱼，又叫“墨头鱼”。相传苏东坡去凌云寺读书时，常去凌云岩下洗砚，江中之鱼食其墨汁，皮色浓黑如墨，人们称之为“东坡墨鱼”；并将其与江团、肥沱称为川江三大名鱼，成为川菜的特色名菜。“清蒸江团”人称嘉陵美味，为上等佳肴。抗战期间，四川澄江镇上的韵流餐厅名厨张世界、郑祖华烹制的“叉烧江团”、“清蒸江团”等菜肴闻名遐迩。冯玉祥将军赴美考察水利之前也曾到韵流餐厅品尝江团，食后赞扬说“四川江团，果然名不虚传”。

四、粤菜与地方风味

粤菜即广东地方风味菜，主要由广州、潮州、东江、海南四种风味组成，以广州风味为代表。粤菜具有独特的南国风味，并以选料广博、菜肴新颖奇异而著称于世。

清屈大均《广东新语》：“天下所有之食货，粤东几尽有之，粤东所有之有食之货天下未必尽有也。”由此可以看出粤菜原料是非常丰富的，而且当地百姓又敢于吃、善于吃。早在唐朝韩愈被贬至潮州时，就看到当地居民吃鲎、蛇、蒲鱼、青蛙、章鱼、江瑶柱等异物。南京周去非《岭外代答》：“深广及溪峒人，不问鸟兽蛇虫，无不食之。其间异味，有好有丑。山有鳖名蛰，竹有鼠名鼬，鸧鹳之足，猎而煮之，鲟鱼之唇，活而脔之，谓之鱼魂，此其珍者也。至于遇蛇必捕，不问长短，遇鼠必执，不问大小。蝙蝠之可恶，蛤蚧之可畏，蝗虫之微生，悉取而燎食之。蜂房之毒，麻虫之秽，悉鲊而食之。”由唐而宋，由古而今，此种食俗得到传承与发展。

广州菜是粤菜的主体和代表，选料广博奇异，品种多样。鹧鸪、禾花雀、果子狸、鼠、猴、龟等亦在烹煮之列，而且一经厨师妙手都变成了美味佳肴，令食者击节赞赏，叹为“异品奇珍”。其注重清、鲜、嫩、爽、滑、香的食味，也是广州菜的一大特色。广州菜的烹调方法有 21 种之多，尤以炒、煎、焖、炸、煲、炖、扣等见长，讲究火候，尤重“镬（锅）气”和现炒现吃，注重色、香、味、形。口味上以清、鲜、嫩、爽为主，而且随季节时令的不同而变化，夏秋力求清淡，冬春偏重浓郁，并有“五滋”（香、酥、脆、肥、浓）、“六味”（酸、甜、苦、辣、咸、鲜）之别。广州菜有许多调料，如蚝油、鱼露、柱侯酱、沙茶酱、豉汁、西汁、糖醋、酸梅酱、咖喱粉、柠檬汁等，为广州菜的独特风味起到了举足轻重的作用。

广州菜的著名菜肴有烤乳猪、龙虎斗、太爷鸡、红烧大裙翅、菊花龙虎凤蛇羹等。广州的北园、大同、广州、大三元、泮溪、陶陶居、蛇餐馆等酒家，均以经营粤菜而闻名于世。

潮州菜是潮州、汕头地区的风味菜。潮汕地区的饮食习惯与闽南相近，同时又受广州地区的影响，渐渐地汇两家之长，自成一格。潮州菜以烹调海鲜见长，其汤菜最具特色，加工精巧，口味清醇，注重保持原料的鲜味。其烹调擅长焖、炖、烧、局、炸、蒸、炒、泡等技法。口味尚清鲜，郁而不腻。喜用鱼露、沙茶酱等调味品。其风味名菜有潮州烧雁鹅、潮州豆酱鸡、护国素菜汤、炊鸳鸯膏蟹等。广州的著名潮州食府有南园酒家、潮州大酒楼、潮江春、东方宾馆内的佳宁娜酒楼、江南大酒店的潮江轩等。

东江菜又称客家菜，是指东江流域一带“客家人”的家乡菜。东江菜的特点是主料突出，味道浓郁，造型古朴。菜肴多用肉类，很少以蔬菜和水产搭配，下油重，味偏咸，以砂锅菜见长。其风味名菜有盐焗鸡、酿豆腐、梅菜扣肉等。广州东江饭店是一家专门烹调东江风味菜肴的著名餐馆。

海南菜名产甚多，如文昌鸡、嘉积鸭，万宁东山的东山羊、和乐蟹、港北对虾、后安鲻鱼、大洲燕窝、陵水石斑、乐东淡鳗、东方豹狸等。其烹调风格为用料重新鲜，少浓口重味，有热带菜之特色。

粤菜发源于岭南。汉魏以来，广州一直是中国的南大门，是与海外通商的重要口岸，社会经济因此得以繁荣，同时也促进了饮食文化的发展，加快了烹调文化的交流。中外各种食法逐渐被吸收，使广东的烹调技艺得以不断充实和改善，其独具的风格日益鲜明。明、清时期大开海运，对外开放口岸，广州商市得到进一步繁荣，饮食业也因此蓬勃兴起。旅居海外的广东华侨众多，又把在欧美、东南亚学到的烹调技巧带回家乡，粤菜借此形势迅速发展，终于形成了集南北风味于一炉、融中西烹饪于一体的独特风格，并在各大菜系中脱颖而出，名扬海内外。

五、湘菜与地方风味

湘菜是我国历史悠久的地方风味菜。湖南地处我国中南地区，气候温暖，雨量充沛，自然条件优越。湘西多山，盛产笋、蕈和山珍野味；湘东南为丘陵和盆地，牧业与渔业发达；湘北是著名的洞庭湖平原，素称“鱼米之乡”。在《史记》中曾记载楚地“地势饶食，无饥馑之患”。

潇湘风味，以湖南菜为代表，简称“湘菜”，是我国八大菜系之一。据史书记载，两汉以前就有湘菜。到西汉时代，长沙已经是封建王朝政治、经济和文化较集中的主要城市，特产丰富，经济发达，烹饪技术已发展到一定的水平。1974年，在长沙马王堆出土的西汉古墓中，发现了许多与烹饪技术相关的资料。有迄今最早的一批竹简菜单，它记录了103种名贵菜品和炖、焖、煨、烧、炒、熘、煎、熏、腊九类烹调方法。唐朝时期长沙又是文人荟萃之地。到明清时期，湘菜又有了新的发展，并列为我国八大菜系之一。

湘菜是由湘江流域、洞庭湖区和湘西山区三种地方风味组成。湘江流域的菜以长沙、衡阳、湘潭为中心。它的特点是：用料广泛，制作精细，品种繁多；口味上注重香鲜、酸辣、软嫩，在制作上以煨、炖、腊、蒸、炒诸法见称。洞庭湖区的菜以烹制河鲜和家禽家畜见长，多用炖、烧、腊的制作方法，其特点是芡大油厚、咸辣香软。湘西菜擅长山珍野味、烟熏腊肉和各种腌肉，口味侧重于咸、香、酸、辣。由于湖南地处亚热带，气候多变，春季多雨，夏季炎热，冬季寒冷。因此湘菜特别讲究调味，尤重酸辣、咸香、清香、浓鲜。夏季炎热，其味重清淡、香鲜。冬季湿冷，味重热辣、浓鲜。湖南菜具有独特的风味，主要名菜有“东安子鸡”、“组庵鱼翅”、“腊味合蒸”、“面包全鸭”、“麻辣子鸡”、“龟羊汤”、“吉首酸肉”、“五元神仙鸡”、“冰糖湘莲”等数百种。

（1）湘菜的辣　辣是湘菜的基本味，具有强烈的刺激性，有增香、解腻、除异味、刺激食欲、促进消化、祛寒去湿作用。湖南人食用辣椒的地域广、人口多，湘菜厨师在长时期的烹调实践中，其方法之多，技法之精，用法之妙，都有独到功夫。辣椒如用得不当，不但不能起到调和滋味的作用，而且会降低菜肴质量，刺激肠胃，使人望而生畏。

酸辣味是湘菜的主要特色。辣和酸都有解腻、增香的作用，酸还能缓解辣。湘菜除用醋外，还用泡菜的酸。经腌制的泡菜，具有酸鲜香咸的特点，与辣味配合，可起到相互制约的作用，使菜品具有微辣微酸的特点，口感良好，使人胃口大开，食而不腻，辣而不烈，如酸辣海参、酸辣笔筒鱿鱼卷、酸辣墨鱼卷、酸辣蹄筋、酸辣双脆、酸辣狗肉等。近年来利用酱辣椒和剁辣椒本身的酸辣味烹制的“酱辣椒蒸鸡”、“剁辣椒煨、焖猪蹄花、猪肘肉”等菜肴，更受食客的青睐。

湘菜的麻辣味以辣为主，是调合花椒、胡椒的香麻味及酱油、姜、葱、味精等咸鲜味复合而成，使菜肴具有麻辣鲜香的特点。如湘菜的传统菜“麻辣子鸡”早在晚清时期就是玉楼东的名牌菜，当时就有“麻辣子鸡汤泡肚，令人常忆玉楼东”的赞美。麻辣子鸡、麻辣田螺和麻辣野兔丁、麻辣肉丁，以及麻辣肚丝、麻辣冬笋尖、麻辣豆腐等都具备以上风味特色。

（2）湘菜的家常口味　其来自民间，制作简单，常用豆瓣、辣酱调味，具有辣咸鲜嫩、醇香浓郁的特点。如家常羊肉、家常狗肉、家常豆腐、豆瓣鱼块等都具有独特的家常风味。

（3）湘菜的腊香味型　腊肉源于湘西山区，每年冬至以后，当地人民自宰自食自养的肥猪，选用后腿肉、咸五花肉，经腌制晾至半干，悬于楼上，使冷烟熏入腊肉中，肥膘色泽金黄，瘦肉色彩红亮，烟香味特别浓，每年初冬季节开始熏制。春节期间家人团聚或宴请客人，腊肉便成为桌上珍品。因此腊味菜肴成为湘菜的组成部分。腊肉的腌制，从选料到方法都非常讲究。其口味烟香咸鲜，独具特色，鸡、鸭、鹅、猪、牛、羊等家禽及其下脚料都可腌制成腊味，使湘菜的腊香味型慢慢由山乡走入城市。其传统菜有腊味合蒸、腊鱼腊肉合蒸、冬笋炒腊肉、豆瓣蒸辣鱼、蒜苗炒腊肉、炒腊野鸭条等。

腊制品除热吃外，也可冷吃。食用时将腊制品洗干净，上笼蒸熟晾凉，切成薄片，拼摆成图案，淋上麻油即成，更具特色。由重油重色到原汁原味、清淡鲜嫩是湘菜的发展趋势。湘菜油重色浓味厚的特点与湖南的地理位置、气候变化、民间风俗，以及政治、经济、文化等原因有关，但任何事物总是不断发展变化的，近几年来，由于科学的发展、时代的进步、人民生活的提高，在饮食方面提倡“三低一高”，高脂肪食品逐步减少。湘菜应该在保持传统风味特色的基础上坚持走“继承、发扬、开拓、创新”的道路才有发展前途。

（4）组庵菜与湘菜　湘菜发展到清末民初，出现过多种烹饪流派，其中著名的流派有戴明派、盛善斋派、肖麓松派和组庵派，组庵菜流传至今。组庵菜是因湖南督军谭延闿字组庵而得名，属湖南官府菜，谭组庵的家厨曹敬臣精于烹调，技艺高超，曾在坡子街开设健乐园，以组庵鱼翅、组庵豆腐、组庵鱼唇、组庵笋泥等招徕顾客，生意兴隆，名盛一时。

组庵菜的特点为讲究煨制功夫，这奠定了煨菜色正味浓的基调，对正宗湘菜的发展有着一定的影响，它在湘菜油重色浓味厚的基础上有所改进和提高，这就为组庵菜在湘菜中的地位赋予了生命力。

组庵菜选料讲究，做工精细，善于运用火候，煨制的菜讲究以肥母鸡、肘肉和五花肉伴煨入味，用大火烧沸后改小火慢慢煨。菜品特点：柔糯浓香、味极鲜美，大大丰富了湘菜的地方风味。

（5）湘菜的创新和发展　地方风味差异，古已有之，这种差异是全国各大菜系逐步发展演变的渊源。湘菜在漫长的历史长河中，由于环境、气候、物产、民俗、时代变迁、历史和政治等原因，使其日臻完善，逐渐发展并形成自己的特色，这是湘菜的骄傲，也是湘菜前辈名厨为后人留下的财富。十一届三中全会以后，随着改革开放，湘菜也得到空前发展，创新品种脱颖而出，在长沙市举办了第二届名师技术表演，参展品种 200 多个，琳琅满目，其中确有不少精品，令参观者赞叹不已。

近年来，全国各大菜系的交流活动越来越频繁，这对丰富和发展中国的烹饪事业起了积极的推动作用。地方风味特色总是要发展和变化的，要不断吸取兄弟菜系的风味特色，以丰富补充本菜系的内容。

六、闽菜与地方风味

福建位于我国东南部，地处亚热带，负山倚海，气候温和，雨量充沛，四季如春。这里有广博的海域，漫长的浅滩海湾，水域透光性好，海水压力不大；闽江、九龙江、晋江、木兰溪等又带来丰富的饵料，水质肥沃，加上又是台湾暖流和北部湾寒流等水系交汇处，成为鱼类集聚的好场所，鱼、虾、螺、蚌、蚝等海鲜佳品常年不断。清初周亮工《闽小记》认为“西施舌当列神品，江瑶柱为逸品”。辽阔的江河平原盛产稻米、蔬菜，以及柑橘、荔枝、龙眼、橄榄、香蕉和菠萝等并誉满中外。苍茫的山林溪涧，盛产茶叶、香菇、竹笋、莲子、薏苡仁、银耳、河鳗、甲鱼等山珍野味。《福建通志》早有“茶笋山木之饶遍天下”、“鱼盐蜃蛤匹富青齐”的记载。“两信潮生海接天，鱼虾入市不论钱”，“蛏蚶蚌蛤西施舌，入馔甘鲜海味多”等诗句都是古人对闽海富庶的高度赞美。福建不仅常用烹调原料丰富多彩，而且特产原料分布广泛：厦门的石斑鱼、长乐漳港的海蚌、连城地瓜干、上杭萝卜干、永定菜干、武平猪胆干、宁化老鼠干、明溪肉脯干、长汀豆腐干、清溪笋干等，品种繁多，风味迥异，享有盛名。这些富饶的特产，为福建人民提供了得天独厚的烹饪资源，为闽菜名菜名点的形成奠定了物质基础。

两晋、南北朝是我国历史上著名的动乱时期，整个华北，遍地狼烟，而福建地处东南沿海，局势比较稳定，因此北方人不断地向福建逃亡。这就是历史上所谓的“衣冠南渡、八姓入闽”。此后的数百年间，中原先进的科技文化随着移民者的脚步源源不断地进入福建，与闽地古越文化的混合和交流促进了当地的发展，也促进了福建饮食文化与方式的发展。例如，唐代以前中原地区已开始用红曲作为烹饪作料。唐朝徐坚的《初学记》云：“瓜州红曲，参糅相半，软滑膏润，入口流散。”这种红曲由中原移民带入福建后，被大量使用。有特殊香味的红色酒糟也成了烹饪时常用的作料，并成为闽菜的一大特色。唐宋以来，福建多处相继对外通商，明清两朝更是达到了封建历史的顶峰。明朝时的泉州，清朝时的福州、厦门都是对外贸易的重要城市。

福建菜又称“闽菜”，历史悠久，是中国八大菜系之一，在中华民族烹饪文化宝库中占有一席之地。它不仅继承了中国烹饪的优良传统，而且独具浓厚的南国地方风味。闽菜历来以擅制山珍海味著称，尤以巧烹琳琅满目的海鲜佳肴见长；并且在色、香、味、形、质兼顾的前提下，以“味”为纲，具有淡雅、鲜嫩、醇和、隽永的风味特色，在烹饪派系中独树一帜。

闽菜是以闽东、闽南、闽西、闽北、闽中、莆仙地方风味菜为主形成的菜系，以闽东风味和闽南风味为代表。

（1）闽东风味　以福州菜为代表，主要流行于闽东地区。

闽东菜有“福州菜飘香四海，食文化千古流传”之称。其选料精细，刀工严谨；讲究火候，注重调汤；喜用作料，口味多变，显示了四大鲜明特征。一为刀工巧妙，寓趣于味，素有切丝如发、片薄如纸的美誉，比较有名的菜肴有炒螺片。二为汤菜众多，变化无穷，素有“一汤十变”之说，最有名的汤菜有佛跳墙。三为调味奇特，别具一方。闽东菜的调味偏于甜、酸、淡，喜加糖醋，如比较有名的荔枝肉等。这种饮食习惯与烹调原料多取自山珍海味有关。其善用糖，用甜去腥腻；巧用醋，酸甜可口；味偏清淡，则可保持原汁原味，并且以甜而不腻、酸而不峻、淡而不薄而享有盛名。其五大代表菜：佛跳墙、鸡汤汆海蚌、淡糟香螺片、荔枝肉、醉糟鸡。其五碗代表：太极芋泥、锅边糊、肉丸、鱼丸、扁肉燕。

（2）闽南风味　以厦门菜为代表，主要流行于闽南、台湾地区，与广东菜系中的潮汕风味较近。

闽南菜具有清鲜爽淡的特色，擅长使用辣椒酱、沙菜酱、芥末酱等调料。闽南菜的代表为海鲜、药膳和南普陀素菜。闽南药膳最大的特色是以海鲜制作药膳，利用本地特殊的自然条件，根据时令变化烹制出色、香、味、形俱全的食补佳肴。南普陀素菜出自千年名刹——南普陀寺，是典型的传统寺庙素食，以米面、豆制品、蔬菜、蘑菇、木耳等为主料，每一道菜要么以色泽取名，如“彩花迎宾”，要么以主料取名，如“双菇争艳”，要么以形态取名，如“半月沉江”。闽南菜还包含了当地的风味小吃，无论是海鲜类的海蛎煎、鱼丸、葱花螺、汤血蛤等，还是肉食类的烧肉粽、酥鸽、牛腩、炸五香等，亦或是点心类的油葱果、韭菜盒、薄饼、面线糊等都令人垂涎欲滴。

（3）闽西风味　又称长汀风味，以龙岩菜为代表，主要流行于闽西地区，与广东菜系的客家风味较近。

闽西位于粤、闽、赣三省交界处，以客家菜为主体，多以山区特有的奇味异品为原料，具有多汤、清淡、滋补的特点。其代表菜，薯芋类的有绵软可口的芋子饺、芋子包、炸雪薯、煎薯饼、炸薯丸、芋子糕、酿芋子、蒸满圆、炸满圆等；野菜类的有白头翁饧、苎叶饧、苦斋汤、炒马齿苋、鸭爪草、鸡爪草、炒马兰草、香椿芽、野苋菜等；瓜豆类的有冬瓜煲、酿苦瓜、脆黄瓜、南瓜汤、南瓜饧、狗爪豆、罗汉豆、炒苦瓜等；饭食类的有红米饭、高粱粟、麦子饧等。

（4）闽北风味　以南平菜为代表，主要流行于闽北地区。

闽北特产丰富，历史悠久，文化发达，是个盛产美食的地方。丰富的山林资源，加上湿润的亚热带气候，为闽北盛产各种山珍提供了充足的条件。香菇、红菇、竹笋、建莲、薏苡仁等地方特产，以及野兔、野山羊、麂子、蛇等野味都是美食的上等原料。其主要代表菜有八卦宴、文公菜、蛇宴、茶宴、涮兔肉、熏鹅、鲤干、龙凤汤、食抓糍、冬笋炒底、菊花鱼、双钱蛋茹、茄汁鸡肉、建瓯板鸭、峡阳桂花糕等。

（5）闽中风味　以三明、沙县菜为代表，主要流行于闽中地区。

闽中菜以其风味独特、做工精细、品种繁多、经济实惠而著称，小吃居多。其中最有名的是沙县小吃，共有 162 个品种，常年上市的有 47 种，形成了馄饨系列、豆腐系列、烧卖系列、芋头系列、牛杂系列、米粉系列，其代表有烧卖、馄饨、夏茂芋饺、泥鳅粉干、鱼丸、真心豆腐丸、米冻皮与米冻糕。

（6）莆仙风味　以莆仙菜为代表，主要流行于莆仙地区。

莆仙菜以乡野气息为特色，主要代表有五花肉滑、炒泗粉、白切羊肉、焖豆腐、回力草炖猪脚。

闽菜之所以使人损益得法、变化无穷、常食常新、百尝不厌，主要是因为闽菜具有以下四个特征。

① 刀工巧妙，寓趣于味。闽菜刀工素以细腻、严谨著称。经过细致入微的片、切、剞等刀法的加工，使原料大小均匀、厚薄相等、长短无差、剞划一致。原料经过这样的加工，烹成的菜肴不仅给人“剞花如荔、切丝如发、片薄如纸”的美感，而且滋味沁深融透、成型自然大方、火候表里如一，食后齿颊留香，余味不尽。

② 汤菜考究，变化有方。闽菜重视汤菜由来已久，有“重汤”、“无汤不行”、“一汤十变”、“百汤百味”之说。这种烹饪特性，与福建丰富的海鲜资源及其传统食俗有关。闽人始终把烹调和质鲜、味纯、滋补紧密联系在一起，擅长烹制海鲜的闽菜，将这一传统法宝加以充分继承与发扬，通过精选的各种主辅料加以调制，使不同原料的腥、膻、苦、涩等异味得以消除，形成各具特色的汤。

③ 调味奇特，别具一格。闽菜的调味偏于甜、酸、淡。这一特征的形成，与烹调原料多取自山珍海味有关。善用糖，甜去腥膻；巧用醋，酸能爽口；味清淡，则可保存原料的本味。闽菜正是以甜而不腻、酸而不峻、淡而不薄而享有盛名。此外，闽菜还善用红糟、虾油、酒、沙茶、辣椒酱、芥末、橘汁及姜、蒜等作料，烹调技法灵活多变，仅红糟就有炝糟、拉糟、煎糟、火工糟等十多种。这些奇特的调味具有去腥、增香、调色、醒脾、开胃功能，构成了闽菜别具一格的风味。

④ 烹调细腻，雅致大方。闽菜的烹调技艺，不仅熘、爆、炸、焖、氽、焗等法独具特色，而尤以炒、蒸、煨等技术著称。烹调细腻主要反映在选料精细、泡发妥当、调味精确、制汤考究、火候适宜诸方面。闽菜雅致大方，表现在菜肴形态的自然美。珍馐美味多为天然本色，却显得更加绚丽多姿、灿烂夺目。同时，闽菜的食用器皿也别具一格，多采用小巧玲珑、古朴大方的大、中、小盖碗，愈加体现雅洁秀丽的格局和风貌。

七、徽菜与地方风味

徽皖风味指安徽菜，简称徽菜，是我国八大菜系之一。徽菜的影响遍及半个中国，近至江南各省，远至西安，徽菜馆四处林立，雅俗共赏，南北咸宜，独具一格，自成一体。

徽菜的形成与发展与安徽的地理环境、经济物产、风尚习俗密切相关。安徽位于祖国东南，华东腹地，简称“皖”。举世闻名的黄山和九华山蜿蜒于江南大地，雄奇的大别山和秀丽的天柱山绵亘于皖西边缘，成为安徽境内的两大天然屏障。长江、淮河自西向东横贯境内，把全省分为江南、淮北和江淮之间三大自然区域。江南山区，奇峰叠翠，山峦连接，盛产茶叶、竹笋、香菇、木耳、板栗、鹰龟、桃花鳜、果子狸等山珍野味。淮北平原，沃土千里，良田万顷，盛产粮食、油料、蔬果、禽畜，是著名的鱼米之乡，这里鸡鸭成群，猪羊满圈，蔬菜时鲜，果香迷人。特别是砀山酥梨，萧县葡萄，太和春芽，涡阳苔干，早已蜚声国内外。江淮之间，丘陵起伏，湖光山色，令人陶醉。沿江、沿淮和巢湖一带，是我国淡水鱼的重要产区之一，万顷碧波为徽菜提供了丰富的水产资源。其中名贵的长江鲥鱼、鄱阳湖银鱼、淮河回王鱼、泾县琴鱼、三河螃蟹等，都是久负盛名的席间珍品。这些都成为徽菜取之不尽、用之不竭的物产资源。

徽菜是由皖南、沿江和沿淮三种地方风味所构成的。皖南风味以徽州地方菜肴为代表，是徽菜的主流和渊源。其主要特点是：擅长烧、炖，讲究火功，并习以火腿佐味，冰糖提鲜，善于保持原汁原味。很多菜肴都用木炭火单炖，原锅上桌，不仅体现了安徽古朴典雅的风格，而且香气四溢，诱人食欲。其代表菜有：清炖马蹄、黄山炖鸽、腌鲜鳜鱼、红烧果子狸、徽州毛豆腐、徽州桃脂烧肉等。沿江菜以芜湖、安庆地区为代表，以烹调河鲜、家禽见长，讲究刀工，注重形、色，善于用糖调味，其烟熏技术别具一格。沿淮菜主要由蚌埠、宿县、阜阳等地方风味构成，一般咸中带辣，汤汁口重色浓。

八、浙菜与地方风味

浙江是江南的鱼米之乡，发展到现代，浙菜精品迭出，日臻完善，自成一统，有“佳肴美点三千种”之盛誉。浙菜有以下几大特征：一是用料广博，配伍严谨，主料注重时令和品种，配料、调料的选择旨在突出主料、增益鲜香、去除腥腻；二是刀工精细，形状别致；三是火候调味，最重适度；四是清鲜嫩爽，滋、味兼得；五是浙菜三支，风韵各具。

浙江菜主要由杭州、宁波、绍兴、温州四支地方风味菜组成，携手联袂，并驾齐驱。杭州素有“天堂”之称。杭州菜制作精细，清秀隽美，擅长爆、炒、烩、炸等烹调技法，具有清鲜、爽嫩、精致、醇和等特点。著名的有西湖醋鱼、东坡肉、龙井虾仁、油焖青笋、叫花鸡、西湖莼菜汤、蜜汁火方、虎跑素火腿、赛蟹黄等，均表现出用料精细、口味清鲜脆嫩等特点。宁波地方厨师尤善制海鲜，烹调技法以炖、烤、蒸著称，口味鲜咸适度，菜品讲究鲜嫩爽滑，注重本味，用鱼干制品烹调的菜肴更有独到之处。清蒸河鳗、冰糖甲鱼、葱烤鲫鱼、苔菜拖黄鱼等均注重原汁原味，咸鲜味突出。绍兴菜品香酥绵糯，汤浓味醇，富有水乡古城之淳朴风格。绍式虾球、清汤越鸡等均表现出江南水乡的浓厚风格。温州菜以海鲜为主，口味清鲜，淡而不薄，烹调讲究“二轻一重”（轻油，轻质，重刀工）。

第三节　食品文化与民族风俗

一、蒙古族食品文化与风俗

蒙古族，主要聚居在内蒙古自治区，其余多分布在新疆、辽宁、吉林、黑龙江、青海等省区，自古以畜牧和狩猎为主，被称为“马背民族”。蒙古族日食三餐，每餐都离不开奶与肉。以奶为原料制成的食品，蒙古语称“查干伊得”，意为圣洁、纯净的食品，即“白食”；以肉类为原料制成的食品，蒙古语称“乌兰伊得”，意为“红食”。奶制品一向被其视为上品。肉类主要是牛肉、绵羊肉，其次为山羊肉、骆驼肉和少量的马肉，在狩猎季节也捕猎黄羊。最具特色的是剥皮烤全羊、炉烤带皮整羊，最常见的是手扒羊肉。蒙古族吃羊肉时讲究清煮，煮熟后即食用，以保持羊肉的鲜嫩。喜食炒米、烙饼、面条、蒙古包子、蒙古馅饼等

食品。每天都离不开茶，除饮红茶外，几乎都有饮奶茶的习惯。

煮全羊、烤全羊是待客的上品，全羊席是宫廷菜肴的杰作。蒙古族的饮料有马奶酒，每年七八月份牛肥马壮，是酿制马奶酒的季节。马奶酒被看做一种高尚圣洁的饮料，用于招待贵客。另一饮料为奶茶。蒙族人习俗是，待客人时先敬茶后敬酒。敬茶时，客人一定要喝，敬酒时，主人先用手指蘸酒往客人头上抹一下，再为客人斟酒。蒙古族多以“满杯酒满杯茶”为敬，汉族则多以“满杯酒半杯茶”为敬。

多数蒙古族人能饮酒，多为白酒、啤酒、奶酒、马奶酒。蒙古族一年之中最大的节日为“年节”，也称“白节”或“白月”。腊月二十三过“小年”，全家吃团圆饭、喝团圆酒；腊月二十三至正月初五过春节，称为“大年”，三十晚上要守岁，除夕户户都要吃手扒肉，也要包饺子、制烙饼。初一早晨晚辈要向长辈敬“辞岁酒”。一些地区夏天要过“马奶节”，节前家家宰羊做手扒羊肉或全羊宴，还要挤马奶酿酒，节日里牧民要用最好的奶制品招待客人。

蒙古族的传统饮食离不开肉和奶。以牛肉、羊肉为主，喜将新鲜骨带肉一起煮熟后用手拿着吃，俗称“手扒肉”。或将新鲜肉切成条，风干后慢慢食用。在长期的游牧生活中，蒙古族创造了一套制作和保存奶食品的方法，如鲜牛奶经发酵、蒸、煮、晒等工序后，可以制成黄油、奶油、奶酒、奶干、奶皮等。蒙古族人还爱吃携带方便、耐饿的炒米。

1. 传统饮品

（1）奶茶　亦称蒙古茶，是蒙古人最喜好的不可缺少的饮料。俗话说，牧区“宁可一日无餐，不可一日无茶”。奶茶的熬法：通常是将青砖茶或黑砖茶捣碎，抓一把装在小布袋里（也可不装袋），用时放入开水锅里煮，翻滚时，不断用勺子搅拌，三四分钟后把新鲜牛奶徐徐加入。鲜奶与水的比例，可根据自己的条件和习惯而定。奶茶开锅后，又以勺频频翻搅，待茶乳交融、香气扑鼻时即成。一般为浅咖啡色。有的地方煮奶茶时加点盐，有的喝茶时随用随加。此外，有的地方把炒米或小米先用牛油或黄油炒一下，再放进茶里煮，这样既有茶香味，又有米香味。

（2）奶酒　蒙古人传统的酿酒原料是马奶，故称马奶酒。烈性奶酒的做法是：将新鲜生奶倒在木桶或瓮里，置向阳处，用木杆来回搅动，待发酵脱脂后，把剩余的奶浆倒入铁锅内蒸煮，在蒸锅上罩一个 80 厘米高的形如蒸笼的木桶，靠桶的上端放一个双耳瓦罐，瓦罐上方把装有冷水的铁锅坐在木桶上，桶的周围和上下用布或麻袋等物紧紧围住，猛火加热，水蒸气随桶散出，酒精凝在冷水锅里，滴在瓦罐里，即成奶酒。做工精细的酒，无色透明。其工艺流程为六蒸六酿，即头次酿的奶酒称“阿尔乞如”，酒力不大，度数不高，再将“阿尔乞如”倒入锅内，加上一定数量的酸奶子酿出来的酒，称为“阿尔占”（回锅酒）。三酿的称“和尔吉”（二次回锅酒），四酿的称“德善舒尔”。其一般不超过 30 度。马奶酒也为达斡尔族饮料，由高度发酵的酸奶分解出油后蒸馏而成，一般在夏天奶多时制作。头锅酒有少许白酒及酸奶味，度数不高。

2. 传统食品

（1）白食

① 奶豆腐。也称奶干。做法一：把熬奶皮子剩下的奶，或制黄油后余下的

奶渣，待其发酵后，用麻布滤去水分，放进锅里慢火煮，边煮边搅，待其稠厚时，装入布袋压榨，挤出黄水后，倒入木模，再切成长条或小方块，晒、晾干即成。做法二：鲜奶放置发酵后，撇取上层白油，再倒入锅里煮熬，等奶子呈老豆腐状时，装入刻有各种图案的木模，放通风处晾干即成。白色透明有油性的为上品，发黄较硬的次之。有的微酸，有的微甜。

② 奶皮子。将新鲜牛奶放入铁锅中，用文火熬，待牛奶稍微滚起后，用勺子不断翻扬，至泛起泡沫为止，停火后，冷却至第二天，一层奶脂凝结于表面，像蜂窝状麻面圆饼，用筷子挑放在案板上，折成半圆形，在通风处晾干。放入茶中或跟炒米拌在一起，香甜可口，营养价值极高。秋季是制作奶皮子的黄金季节，原奶质量越好，奶皮子凝结得越厚。

(2) 红食

① 蒙古族全羊席。全羊席是热情好客的蒙古族人民庆祝重大节日和婚娶等喜庆之日款待尊贵客人的传统食品。“全羊”必须是绵羊，以二三岁的羯羊为上品。“全羊”只用不带蹄子的四肢（两条前腿各带四条肋骨）、腰背部和尾巴、胸腔骨和去掉下颌的头。用文火烧煮，不放作料，出锅前只放少量盐。所以煮“全羊”，也叫“清水煮全羊”。煮时要掌握好火候。出锅时，把四肢按原来的部位放在大托盘里，背部向上，胸腔骨放左，最上面放羊头，头朝前尾向后，羊头上放奶酪，以示对客人的尊重。盘子边上放蒙古刀，以备使用。羊头朝向主宾，羊尾向外。放好后，开始敬酒，然后由主宾拉下羊背部两边的肉，表示客人先享用了，然后将连着的肉切开，但肉的位置不能动。这时宾主可以尽情地吃了。最后上用肉汤煮的大米粥。

② 蒙古族烤全羊。其为蒙古族宴席名菜，色香味形俱佳，有浓郁的民族风味和地方风味，是蒙古人的餐中之尊，多在隆重宴会或祭奠供奉时食用。吃时，通常要配几盘热菜、牛羊肉内脏做的冷盘和奶食品。当吃、喝到了一定的兴头时，由两位厨师把一只前腿趴下、后腿弯曲蹲卧在大木盘里的完整烤羊抬上来。羊呈棕红色，油亮并不断吱吱作响，香气扑鼻。在客人们的赞誉声中，主人向客人介绍“烤全羊”的由来和做法，之后厨师将全羊撤回厨房。先用片刀把皮层肉切成半寸宽、二寸长的长方块，放在大盘内；再把贴骨肉切好，一同上桌，请客人吃食。有的地区把刚从烤炉中抬出来的全羊，由厨师直接在客人面前切成若干块，放在大盘中供客人食用。一般“烤全羊”后，还要上蒙古包子和米饭、羊肉汤等。

③ 炒米。又称“蒙古米”，呈黄色，看似坚硬，吃时干脆，色黄而不焦，带有特殊的香味。做法：把干净糜子浸泡，温火煮到一定程度，停火焖。其炒法分为炒脆米与炒硬米两种。炒脆米时，待铁锅里的沙子烧红后放入适量的泡涨的糜子，用特制的搅拌棒快速搅拌，待米迸出花且水分蒸发完毕时，火速出锅并过筛。炒硬米时可以不放沙子，干炒到半生不熟即可，冷却后碾去糠皮。其吃法有：用肉汤或肉丁煮沙米粥；用奶茶泡着吃时，加入黄油、奶豆腐，味道更佳；还可用酸奶或鲜牛奶，加上奶油、白糖等泡食。由于炒米具有方便、快捷又特别耐饥的特点，因而成了蒙古族生活、生产、旅行中不可短缺的食品。

二、藏族食品文化与风俗

藏族，是一个性情快乐和轻松面对人生的愉快祥和的民族，主要聚居在西藏自治区，还分散居住在青海、甘肃、四川、云南等省，大部分从事畜牧业，少数从事农业。牲畜主要有藏系绵羊、山羊、牦牛和偏牛。农作物有青稞、豌豆、荞麦、蚕豆、小麦等。大部分藏族人民日食三餐，但在农忙或劳动强度较大时有日食四餐、五餐、六餐的习惯。藏族一般以糌粑为主食，食用时，要拌上浓茶，若再加上奶茶、酥油、“曲拉”（即奶渣，是打出酥油后的奶子熬好后晾干而成，若用酸奶或甜奶熬制则更为香美）、糖等则更香甜可口，糌粑被誉为藏族的“方便面”。四川一些地区的藏族还常食“足玛”（即藤麻，俗称人参果）、“炸裸子”，以及用小麦、青稞去麸和牛肉、牛骨入锅熬成的粥。青海、甘肃的藏族也食薄烙饼和用沸水加面搅成的“搅团”，还喜食用酥油、红糖和奶渣做成的“推”。藏族过去很少食用蔬菜，副食以牛肉、羊肉为主，猪肉次之，食用牛肉、羊肉时讲究新鲜。民间吃肉时不用筷子，而用刀子割食。藏族喜饮奶、酥油茶及青稞酒。

藏族民众普遍信奉藏传佛教，藏历年“洛萨节”（汉族新年）是最大的节日，届时，家家都要用酥油炸裸子，酿青稞酒。初一，年迈长者先起床从外边打回第一桶“吉祥水”；合家人按长幼排座，边吃食品边相互祝福；长辈先逐次祝大家“扎西德勒”（吉祥如意），晚辈回敬“扎西德勒彭松错”（吉祥如意，功德圆满）；之后，吃酥油熟人参果，并互敬青稞酒。云南藏族，除夕家家吃一种类似饺子的面团。在面团里分别包入石子、辣椒、木炭、羊毛，并各有说法。比如，吃到包石子的面团，说明他在新的一年里心肠硬；而吃到包羊毛的面团，则表示他心肠软。此外，藏族还要过“雪顿节”，意为向僧人奉献酸奶的节日，藏语酸奶称为“雪”，“顿”为宴意，其日期为藏历七月一日，持续三四天；“望果节”，目的是娱神酬神，祈愿丰收，向巫师敬酒，每个人都从自己田里采集三穗青稞供在家中的神龛上；“沐浴节”，时在藏历七月上旬，持续一周，届时整个西藏高原的藏族男女老少都到水域嬉戏、游泳、洗刷衣物，并备以酒、茶及各种食物，中午野餐。吃饭时讲究食不满口，嚼不出声，喝不作响，拣食不越盘。

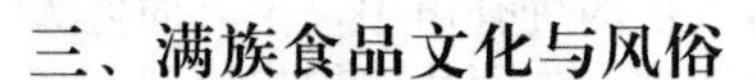

三、满族食品文化与风俗

满族主要分布在东北三省和北京。周秦时的肃慎及后来的挹娄、勿吉、靺鞨、女真族都是满族的先民。

满族喜吃粟米，如糜子、黏谷、稗子、谷子等，喜黏食，如大黄米干饭、大黄米小豆干饭、年糕、油炸糕、黏火勺、黏豆包、豆面卷子、洒糕、苏子叶饽饽等。小米面饽饽有牛舌饼、碗坨；玉米面饽饽有“菠萝”叶饼（以柞木阔叶做皮，在皮上抹面，内加菜馅）、玉米饽饽（即发糕）；高粱米面甜饽饽（加上许黄豆磨水面蒸制）。形成了春做豆面饽饽，夏做苏叶饽饽，秋冬做年糕饽饽的习俗。

炒面和炒米也是满族的传统食品。炒面：将玉米与沙子加入锅中炒，爆成玉米花后磨粉，可以干食，也可以加盐或糖用水调成糊再食，多为春季儿童的零食或成人的间食。炒米，也称糊米，是将小米炒熟，再用其煮水饭。其米散水清，多为夏季冷食或产妇主食。另外，以糊米泡水还可以当茶饮用。

最具有民族特色的是萨其马和酸汤子。

萨其马是满族的著名糕点。传说是一位满族将军留传下来的。因其好打猎，为携带方便，故制作这种糕点。其制法是以鸡蛋和白面做成的细条，过油煎炸，

再放蜂蜜、白糖、瓜子仁，糕面撒上青红丝，其味香甜可口。

酸汤子也叫汤子，是满族人民夏天喜吃的一种食品。其做法是：把玉米浸泡多日，待米质松软，磨成水面，发酵成酸味。然后用特制的汤子套挤压成细条，直接下入沸水中；也可不用汤子套，将面攥在手内使其从手指缝中挤出。分清汤和浑汤两种。清汤汤条捞出后，再拌以蔬菜或作料。浑汤则把汤条和汤混合盛出。酸汤子味酸甜，吃起来特别爽口。

满族以猪肉为主，其菜肴主要有白肉血肠、酸菜火锅，颇具特色。满族杀猪时最讲究的是吃血肠。猪肉的做法讲究白片，即白片肉，指将猪肉方块煮熟后趁热切成薄片，不做任何加工，不加调料。白片肉中五花肉为上乘。除猪肉外，满族还喜食牛肉、羊肉及狍、野鸡、鹿、河鱼、哈什蚂等。除日常食用的家种白菜、辣椒、葱、蒜、土豆外，尚按不同时节采集蕨菜、刺嫩芽、大叶芹、枪头菜、柳蒿、四叶菜等山野菜，以及木耳、蘑菇等，或炸或熬或炖，吃法不一，这也是满族的传统食俗。

火锅历史悠久，最早流行于东北寒冷地区，是满族的传统食俗。铜锅炭火，鸡汤沸腾，汤中杂以酸菜丝、粉丝，用来涮猪肉、羊肉、鸡肉、鱼肉，不时还有野鸡、狍子、鹿肉及飞龙肉。有的火锅用各种山蘑菇调汤，如榛菇、元蘑、草蘑、海拉尔蘑等。有诗云："比邻春酒喜相对，薄肉酸菜火一锅，海菌千茎龙五爪，何家风味比人多!"诗中的薄肉是指切如薄纸的各种肉类，海菌指产于海拉尔的鲜菇，龙指飞龙鸟。随着火锅食俗的发展，品种越来越多，已由原来的单一涮猪肉、羊肉、兔肉，发展到了"什锦火锅"，出现了将各种去骨肉切成薄片的"四生"、"八生"、"十二生"的"菊花火锅"。然而，满族最原始的火锅仍保持其传统大沿火锅，即锅有沿，沿上可放麻酱等各种小菜，众人围坐而食，四季皆宜。现东北特别是抚顺新宾周边满族火锅更具特色，即把白肉、血肠、酸菜、粉条做好后，将锅端上餐桌，桌案上有一自动开合的圆板，将其取下，坐上火锅，把燃着炭火的火盆放在锅下。有的人家备用宽沿大火锅，将其放在火盆上特制的支架上，每人一个酱碟，内放调料，就餐人盘膝而坐，别有一番风味。

满族的冬季菜肴主要是酸菜和小豆腐。东北冬季寒冷，时间较长，为备足越冬蔬菜，除储藏白菜、萝卜外，家家都腌酸菜。腌制方法是：将理好的白菜，用热水浸烫后置入缸中发酵。酸菜可做汤、填火锅、做馅等。小豆腐即将大豆磨碎，加入适量干菜煮熟，然后团成团放室外冷冻，用时拿一团放入锅内加热，拌酱而食。制作小豆腐的由来，据传是满族先祖居住地区食盐和卤水昂贵，做小豆腐则不用加卤水，久而久之，这种吃法便成为满族人的习惯并沿用至今。另外，满族酿制的大酱也是颇有历史传统的。

满族人的食用油首推猪油，又称大油。满族养猪历史悠久，据史料记载，满族的先人在汉代时就"好养豕，食其肉，衣其皮"。可见食猪肉久已成俗。过去满族常用香油、苏子油和麻油。由于当时满族生产力水平低下，虽盛产大豆，但炸制豆油的技术条件要求高，工艺复杂，不好炸制。而香油、苏子油则不然，因为从芝麻和苏子中的取油方法简单，只要将其炒熟、磨碎、加水、加热即可，俗称香油、苏油。虽然后来豆油已能大量生产，但在满族人的生活中，仍然以香油、苏子油为上乘，因香油量小、价贵，所以很多满族人家平时只食苏子油。

满族人好饮酒。据《大金国志·女真传》载，女真人"饮宴宾客，尽携亲友而来。及相近之家，不召皆至。客坐食，主人立而待之。至食罢，众宾方请主人就坐。酒行无算，醉倒及逃归则已”。又说：“饮酒无算，只用一木杓子，自上而下，循环酌之。”可见满族人的日常饮酒习俗已显示其鲜明的个性。满族所饮之酒，主要有烧酒和黄酒两种。所谓黄酒，即小黄米（黏米）煮粥，在冬季发酵酿成，家家均能自制。后又发展到果酒，即秋季水果成熟时，各户都习惯自制果酒，常见的果酒有山葡萄酒、元枣（猕猴桃）酒和山楂酒。另外，当时满族人多喜喝松罗茶，而今新宾满族则多喜喝花茶。

满族除喜食家植果品外，尚喜食野果，如山葡萄、山里红（山楂）、元枣、山核桃、桑葚、英额（稠李子）、松子、榛子等。除鲜食和干食外，尚喜用蜂蜜渍制而食，称作蜜饯。

针对满族的饮食习俗，清末民初时的乡谣概述得较有情趣：“南北大炕，高桌摆上。黄米干饭，大油熬汤。膀蹄肘子，切碎端上。四个盘子，先吃血肠。”又云：“粘面饼子小米粥，酸菜粉条炖猪肉。平常时节小豆腐，咸菜瓜子拌苏油。”

满族饮食之禁忌，最主要的是不杀、不食狗及乌鸦之肉。这是因为满族的先人在长期的渔猎生活中，狗对其经济生活起到过重要的作用，人们不忍心杀其食肉，逐渐形成了忌食狗肉的习俗。另外，忌食狗肉、乌鸦的习俗也不排除宗教礼祭的影响，与民间流传《罕王的传说》中黄犬救主的神话故事有关。这种禁忌在东北满族家庭中始终相传。

四、朝鲜族食品文化与风俗

我国的朝鲜族主要生活在东北三省和内地的一些大城市。居住最集中的地区是吉林省延边朝鲜族自治州和长白朝鲜族自治县。他们居住的地区是我国北方的“水稻之乡”。

（1）朝鲜族一般以大米、小米为主食，喜欢吃“辣泡菜”、打糕、冷面、大酱汤、辣椒和狗肉。其中最有名的是打糕、冷面、泡菜。打糕是用蒸熟的糯米舂打成团，切成块，然后撒上豆面，并加稀蜜、白糖制成。冷面是在荞麦面中加入淀粉、水，和匀后切成面条，煮熟后用凉水冷却，加香油、辣椒、泡菜、酱牛肉和牛肉汤制成，吃起来清凉爽口，味道鲜美。泡菜是将大白菜浸泡几天，漂净，用辣椒等作料拌好，放进大缸密封制成。腌制的时间越长，味道越好。

（2）耳明酒　喝“耳明酒”是朝鲜族的风俗。正月十五早晨，空腹喝耳明酒，以祝耳聪。此酒并非特制，凡是在正月十五早晨喝的酒，都叫“耳明酒”。

（3）三伏与狗肉酱汤　三伏是一年中最炎热的季节。可是朝鲜族在三伏天却有宰狗吃狗肉酱汤的习俗。这种酱汤别有风味，在三伏天吃狗肉酱汤可大补。大多数朝鲜族人爱吃狗肉，然而节日或办红白喜事时是绝对不准吃狗肉的，这是一种习俗，也是一种礼节。

（4）五谷饭　朝鲜族吃五谷饭由来已久。新罗国时，把正月十五叫做“乌忌之日”，用五谷饭祭扫乌鸦。《三国遗史》第一卷中记载的《射琴匣》一文，与民间流传的五谷祭内容相同。每逢正月十五，农民用江米、大黄米、小米、高粱米、小豆做成五谷饭吃，还将一些放到牛槽中，看牛先吃哪一种，便表示哪种粮食能获丰收。这种风俗，至今还在民间流传。

辣椒为朝鲜族人家中必备之品，喜吃味辣微酸的生拌菜、凉菜、咸菜等。每餐必喝汤，讲究喝汤浓味重的浓白汤。好饮米酒，但不爱饮茶，在过去是我国少有的不饮茶民族，平时连开水也不喜欢喝，专好喝凉水，而且越凉越好。

朝鲜族也有生食肉食品的，如生拌牛肉，是将鲜牛肉中的里脊切成丝，加酱油等八九种调料后制成。还有生拌牛百叶，以及辣拌鱼丝（将明太鱼干用木槌捶软，去皮，把肉撕成丝，放酱油等六七种调料拌制成）。

朝鲜族在结婚六十周年日举行“银婚”礼，也叫“归婚礼”，要比一般婚礼隆重得多。其特点是老夫老妻健在，所生子女在世，有孙儿和孙女者才能享此福分。届时，老夫妻穿着结婚时穿过的礼服，摆上盛大的婚席，子孙亲戚、邻居朋友都来祝福祝寿，翩跹起舞，纵情歌唱，气氛十分热烈。子孙们设宴，并一一跪着给老人敬酒，等老人喝过后，其余人再依次举杯而饮。

“抓周”是朝鲜族格外讲究的一周岁生日仪式。这一天，母亲会给小宝宝穿一身精心制作的民族服装，将其打扮得漂亮可爱。若是男孩儿，要穿用红、黄、绿、蓝、灰、粉红、白七种颜色的缎子缝制的七彩缎上衣，头戴福巾，腰系荷包。若是女孩，则要穿上色彩艳丽的彩色裙子。

周岁孩子穿七彩缎服饰习俗的由来，现有多种解释。一是说过去的朝鲜族妇女善于保存各种颜色的布块，留给孩子做衣服；二是说出于阴阳五行说，认为孩子穿上七色彩衣，可以避邪无忧；三是从美学角度看，七彩缎色彩清新、明快、温和协调，使小孩显得更加聪慧可爱，倍增喜庆气氛。

“抓周”，即在周岁生日席上摆放各种物品，让孩子任意抓自己的心中之物。生日席上摆的各种物品，因孩子性别差异而略有不同。男孩则摆米、打糕、面条、水果、钱、书、弓、箭、墨、笔、纸等；女孩除食品相同外，将弓、箭换上针、线、尺、剪子、熨斗等物品。孩子要在大人们期待的目光下任意抓取某件物品，接受人生第一回考试。如果先抓了线或面条之类，人们就会说孩子长寿；如果先抓了弓箭之类，就说他将来会成为武将；如果先抓了米线之类，就说他会成为富翁；如果先抓了笔、墨一类，就说他会成为文人；如果先抓取了打糕、水果，就说他将来会是个老实本分的人。这种预祝孩子未来的风俗，现今仍然存在。

朝鲜族自古以来就把尊重老人视为家庭乃至整个社会生活极为重要的礼节。在日常生活中，对老年人关怀备至，一到节日，先向家里的长辈恭喜问安，接着到村里其他老人家问好祝福。自 1982 年以来，延边朝鲜族自治州将每年的 8 月 15 日定为老人节，举行尊老敬老活动，为老人健康长寿创造各种条件，使尊老习俗进一步发扬光大，成为全社会的美德。

花甲宴是朝鲜族人民为 60 岁老人举行的生日宴席。按传统天干地支推算，60 年为一个循环单元，因此，将 60 周岁看成周甲或还甲。朝鲜族把 60 周岁看做人生道路上的分水岭，因此对花甲宴特别讲究。花甲宴那天，儿女们为老人大摆寿席，广邀亲朋邻里欢聚一堂，感谢父母养育之恩。献寿是基本仪式。儿女们为老人换一身特制的礼服，在大厅或庭院内摆上寿席，花甲老人坐在寿席中央，男左女右，同亲朋邻里中的同辈兄弟一起接受寿礼。寿桌上摆满糖果、鱼肉、糕点和酒类。寿礼开始，按儿女长幼之序，亲朋远近之别，依次敬酒献寿。或敬酒，或献祝寿诗，或载歌载舞。礼毕，子女们宴请前来祝寿的亲朋好友，人们边吃边喝，唱歌跳舞，祝福老人健康长寿。

五、回族食品文化与风俗

回族是回回民族的简称，散居全国各地，是我国分布最广的少数民族，主要聚居于宁夏回族自治区，甘肃、青海、河南、河北、山东、云南等省也有回族聚居区。

回族的形成与发展深受伊斯兰教的影响，大多信仰伊斯兰教。回族喜欢环清真寺而居，在农村往往自成村落。他们的生活习惯有较深的宗教烙印，婴儿出生要请阿訇（伊斯兰教教士）起名字，结婚要请阿訇证婚，去世后要请阿訇主持葬礼。回族忌食猪肉、动物的血和自死之物。男子喜欢戴白帽或黑帽。

回族人信仰伊斯兰的生活方式。在居住较集中的地方建有清真寺，由阿訇主持宗教活动，其经典主要是“古兰经”，称信徒为“穆斯林”。生活习俗固守回族传统，遵循教规，不吃猪肉。伊斯兰教在回族的形成过程中曾起过重要作用。清真寺是回族穆斯林举行礼拜和宗教活动的场所，有的还负有传播宗教知识、培养宗教职业者的使命。清真寺在回族穆斯林心目中有着重要位置。按伊斯兰教历，每年 12 月 10 日为古尔邦节，并形成了宰牲献祭的习俗并沿袭至今。另外，伊斯兰教规定，每年教历 9 月为斋月。在斋月里要封斋，要求每个穆斯林在黎明前至落日后的时间戒饮、戒食、戒房事……其目的是让人们在斋月里认真地反省自己的罪过，使经济条件充裕的富人亲自体验一下饥饿的痛苦心态。教历 10 月 1 日斋戒期满，举行庆祝斋功完成的盛会，即开斋节。开斋节这天，人们早早起床、沐浴、燃香，衣冠整齐地到清真寺做礼拜，聆听教长讲经布道，然后去墓地“走坟”，缅怀“亡人”，以示不忘祖先。

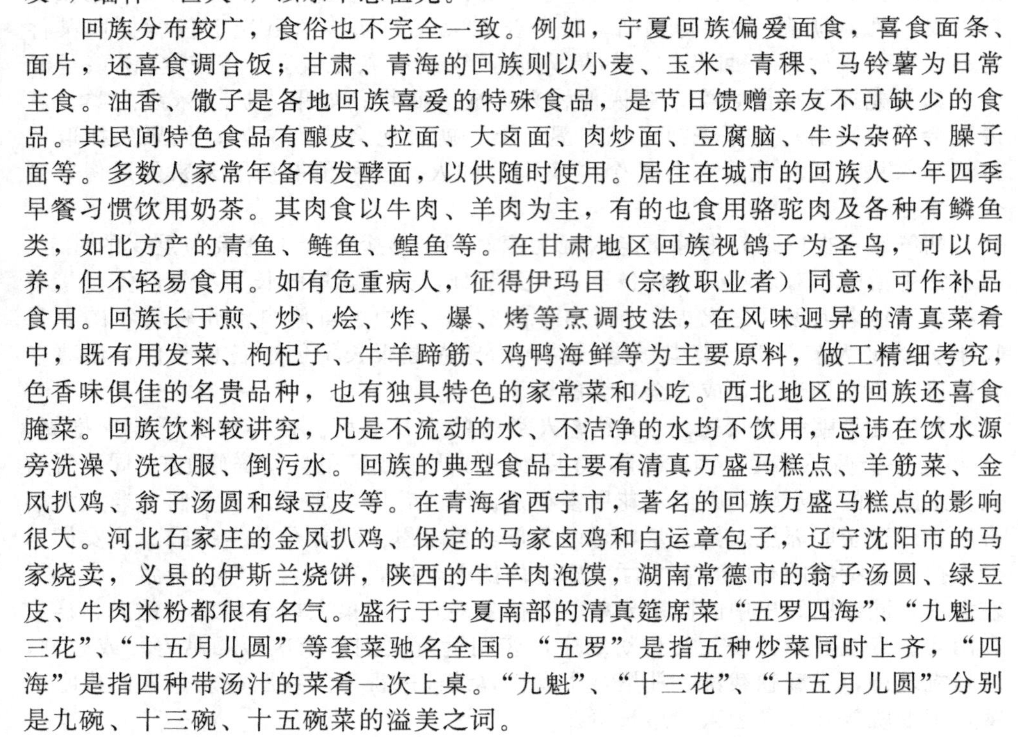

回族分布较广，食俗也不完全一致。例如，宁夏回族偏爱面食，喜食面条、面片，还喜食调合饭；甘肃、青海的回族则以小麦、玉米、青稞、马铃薯为日常主食。油香、馓子是各地回族喜爱的特殊食品，是节日馈赠亲友不可缺少的食品。其民间特色食品有酿皮、拉面、大卤面、肉炒面、豆腐脑、牛头杂碎、臊子面等。多数人家常年备有发酵面，以供随时使用。居住在城市的回族人一年四季早餐习惯饮用奶茶。其肉食以牛肉、羊肉为主，有的也食用骆驼肉及各种有鳞鱼类，如北方产的青鱼、鲢鱼、鳇鱼等。在甘肃地区回族视鸽子为圣鸟，可以饲养，但不轻易食用。如有危重病人，征得伊玛目（宗教职业者）同意，可作补品食用。回族长于煎、炒、烩、炸、爆、烤等烹调技法，在风味迥异的清真菜肴中，既有用发菜、枸杞子、牛羊蹄筋、鸡鸭海鲜等为主要原料，做工精细考究，色香味俱佳的名贵品种，也有独具特色的家常菜和小吃。西北地区的回族还喜食腌菜。回族饮料较讲究，凡是不流动的水、不洁净的水均不饮用，忌讳在饮水源旁洗澡、洗衣服、倒污水。回族的典型食品主要有清真万盛马糕点、羊筋菜、金凤扒鸡、翁子汤圆和绿豆皮等。在青海省西宁市，著名的回族万盛马糕点的影响很大。河北石家庄的金凤扒鸡、保定的马家卤鸡和白运章包子，辽宁沈阳市的马家烧卖，义县的伊斯兰烧饼，陕西的牛羊肉泡馍，湖南常德市的翁子汤圆、绿豆皮、牛肉米粉都很有名气。盛行于宁夏南部的清真筵席菜“五罗四海”、“九魁十三花”、“十五月儿圆”等套菜驰名全国。“五罗”是指五种炒菜同时上齐，“四海”是指四种带汤汁的菜肴一次上桌。“九魁”、“十三花”、“十五月儿圆”分别是九碗、十三碗、十五碗菜的溢美之词。

回族人民最喜爱的传统饮料是茶。茶既是回族的日常饮料，又是设席待客最珍贵的饮料，是回族人民饮食生活的重要组成部分。

只要到回族家做客，热情的主人会首先端上一碗热腾腾的酽茶。敬茶时还有许多礼节，当着客人的面将碗盖打开，放入茶料，冲水加盖，双手捧送。这样做表示这盅茶是专门为客人泡的，以示尊敬。如果家里来的客人较多，主人根据客人的年龄、辈分和身份分出主次，先把茶奉送给主客。回族很讲究茶具，不少回族家庭都备有成套的各式各样的茶具。过去煮茶或沏茶所用的壶，一般都是银制和铜制的，形式多样，别具一格，有长嘴铜茶壶、银鸭壶、铜火壶等。现在沏茶一般都用瓷壶、盖碗或带盖瓷杯，煮茶多用锡铁壶，夏天多用紫砂壶。

盖碗茶是西北回族一种独特的饮茶方式，相传始于唐代，并相传至今，颇受回族人民喜爱。盖碗茶由托盘、茶碗和茶盖三部分组成，故称“三炮台”。每到炎热的夏季，盖碗茶便成为回族最佳的消渴饮料；到了严寒的冬天，农闲的回族人早晨围坐在火炉旁，或烤上几片馍馍，或吃点馓子，总忘不了刮几盅盖碗茶。

喝盖碗茶时，不能拿掉上面的盖子，也不能用口吹漂在上面的茶叶，而是左手拿起茶碗托盘，右手抓起盖子，轻轻地“刮”几下，其作用是一则可滗去浮起的茶叶等物，二则可促使冰糖融解。刮盖子也很有讲究，一刮甜，二刮香，三刮茶露变清汤。每刮一次，使茶盖呈倾斜状，用口吸着喝，不能端起茶盅接连吞饮，也不能对着茶碗喘气饮吮，要一口一口地慢慢饮。主人敬茶时，客人一般不要客气，更不能一口不饮，那样会被认为是对主人不礼貌、不尊重的表现。

回族有三大节日，即开斋节、古尔邦节、圣纪节。这些节日和纪念日都是以伊斯兰教历计算的。伊斯兰教历，以月亮盈亏为准，全年为 12 个月，平年 354 天，闰年 355 天，30 年中共有 1 个闰年，不置闰月，与公历每年相差 11 天，平均每 32.6 年比公历多出 1 年。故回族上述三大节日一般每 3 年提前 1 个月。

1. 回族的开斋节

在我国陕西、甘肃、青海、云南等地回族人将开斋节亦称为“大尔德”，在全国 10 个信仰伊斯兰教的民族中流行，但信仰伊斯兰教的 10 个民族过节时又有许多本民族的特点和习俗。

回族的斋月，是伊斯兰教历九月（莱麦丹月）。回族为什么要封斋呢？据《古兰经》记载，伊斯兰教先知穆罕默德 40 岁那年（伊斯兰教历九月），安拉开始把《古兰经》的启示给他。因此，回族视斋月为最尊贵、最吉庆、最快乐的月份。为了表示纪念，就在每年伊斯兰教九月封斋 1 个月。斋月的起止日期主要以新月出现的日期而定。

斋月里，回族的生活安排比平时要丰盛得多，一般都备有牛羊肉、白米、白面、油茶、白糖、茶叶、水果等食品。

封斋的人，在东方发白前要吃饱饭。东方发晓后至太阳落山前，要禁止行房事，断绝一切饮食。封斋的目的就是让人们体验饥饿和干渴的痛苦，让有钱的人真心救济穷人。通过封斋，回族逐步养成了坚忍、刚强、廉洁的美德。

当人们封了一天斋，快到开斋时，斋戒的男子大多数都要到清真寺等候，听见清真寺开斋的梆子声后，就在寺里吃“开斋饭”。开斋时，若是夏天，有条件的先吃水果，没有条件的喝一碗清水或盖碗茶，然后再吃饭。这主要是因为斋戒的回民在夏天首先感到的是干渴，而不是饥饿。若在冬天，有的人吃几个枣子后再吃饭。相传穆罕默德开斋时爱吃红枣，所以回民现在也有这种习惯。斋戒期满，就是回族一年一度最隆重的节日——开斋节。

开斋节要过3天，第一天拂晓开始就热闹起来，家家户户早早起来，打扫院子巷道，给人以清洁、舒适、愉快的感觉。男女老少都换上自己喜爱的新衣服。回族群众聚会和活动的场所——清真寺也打扫得干干净净，悬挂起“庆祝开斋节”的巨幅标语和彩灯。

节日里，家家户户炸馓子、油香等富有民族风味的传统食品。同时，还宰鸡、羊，做凉粉、烩菜等，互送亲友邻居，互相拜节问候。

新疆地区的回族节前要扫尘，粉刷房屋。男人要理发，男女都要沐浴、换新衣，全家吃“粉汤”。这种习俗全国各地大体相同。许多回族青年在开斋节举行婚礼，使节日更加热闹，展示出绚丽迷人的色彩。

2. 回族的古尔邦节

“古尔邦”，阿拉伯语音译“尔德·古尔邦”，意为“牺牲”、“献身”，故亦称“宰牲节”、“忠孝节”。大部分地区回族称其为“小尔德”，是伊斯兰教三大节日之一，一般在开斋节过后70天举行。

回族为什么要宰牲过古尔邦节呢？人类的古代先知——易卜拉欣夜间受到安拉的启示，命他宰杀爱子伊斯玛仪献祭，考验他的信仰。易卜拉欣把刀磨得闪闪发光，非常锋利，并问他的儿子：“儿子啊，爸爸真的不忍心下手啊！你走吧。”但是他的儿子仪斯玛仪说：“万物非主，唯有真主！爸爸，我们是真主的仆人，来到这个世界只为拜万能至大的主。”当伊斯玛仪侧卧后，易卜拉欣把刀架在儿子的喉头上。这时他伤心痛哭，泪如溪流。这时，安拉派天仙吉卜热依勒背来一只黑头羚羊作为祭献，代替了伊斯玛仪。这时易卜拉欣拿起刀子，按住羊的喉头一宰，羊便倒了。这就是“古尔邦”的来历。其中那种对主的忠诚，以及孝敬父母的毅然决然是后世人要学习的，是全人类学习的楷模。

古尔邦节还要举行一个隆重的宰牲典礼，除了炸油香、馓子、会礼外，还要宰牛、羊、骆驼。一般经济条件较好的，每人要宰一只羊，七人合宰一头牛或一峰骆驼。宰牲时还有许多讲究，不允许宰不满两岁的小羊羔和不满三岁的小牛犊、骆驼，不宰眼瞎、腿瘸、缺耳、少尾的牲畜，要挑选体壮健美的宰。所宰的肉要分成三份：一份自食，一份送亲友邻居，一份济贫施舍。

宰牲典礼举行后，家家户户又开始热闹起来，老人们一边煮肉一边吩咐孩子：吃完肉，骨头不能扔给狗嚼，要用黄土覆盖。这在古尔邦节是一种讲究。肉煮熟后，要削成片子，搭成份子；羊下水要烩成菜。然后访亲问友，馈赠油香、菜，相互登门贺节。有的还要请阿訇到家念经，吃油香，同时，还要去游坟以缅怀先人。有些地方除了聚礼和访亲问友外，还组织各种文娱体育活动。新疆地区的回民在古尔邦节，无论男女，喜欢组织各种游艺活动，欢天喜地，格外热闹。

3. 回族的圣纪节

圣纪节，是纪念伊斯兰教先知穆罕默德诞辰和逝世的纪念日。由于穆罕默德的诞辰与逝世恰巧都在伊斯兰教历三月十二日，因此，回民一般合称为“圣纪”。节日这天，首先到清真寺诵经、赞圣、讲述穆罕默德的生平事迹，之后，穆斯林自愿捐赠粮、油、肉和钱物，并邀约若干人负责磨面、采购东西、炸油香、煮肉、做菜等。回民把圣纪节这一天的义务劳动视为行善，因此争先恐后，不亦乐乎。

仪式结束后，开始会餐。地方经济条件较好的，摆上十几桌乃至几十桌饭菜，大家欢欢喜喜一起进餐；有的地方吃份儿饭，回族群众叫“份碗子”，即每人一份。对于节前散了“乜贴”，捐献了东西，而没来进餐的，要托亲友、邻居给其带一份“油香”。

六、维吾尔族食品文化与风俗

维吾尔族，主要居住在新疆，史书上曾有袁纥、回纥、回鹘、畏兀尔等名称，其远祖曾是西突厥汗国的一部分。

每家维吾尔族人都筑有一个馕坑，可大可小，普通的高约 1 米，肚大口小，形似坛子。坑坯以羊毛和黏土做成。馕坑周围用土块垒成方形土台，以便烤馕者操作。烤馕之前，坑底先燃烧木炭或煤炭，待炭火烧透，坑壁烫热，即可把擀好的面坯贴在坑壁上，几分钟便能烤熟。

烤馕是维吾尔族最主要的面食，品种很多，主要有肉馕、油馕、窝窝馕、片馕和芝麻馕等。馕多以麦面为原料，放入鸡蛋、清油，烤好的馕外干内酥，水分少，久储不坏。最大的馕叫“艾曼克馕”，中间薄而脆，边缘厚而松软，直径足有四五十厘米，被称为馕中之王。最小的馕叫“托喀西馕”，只有普通茶杯口大，厚约 1 厘米。最厚的馕叫“吉尔德馕”，厚达五六厘米，直径约 10 厘米，中间有小窝洞，汉族人称为“窝窝馕”。以上这些馕都是用发酵面烤制的。另有用死面揉入清油或羊油擀薄后烤制的馕，通称油馕。有的在馕上抹一层冰糖水，烤熟的馕表面呈现出晶亮的冰糖结晶，称为甜馕。在制馕的面粉中，加入切碎的嫩羊肉、油、盐、洋葱等作料，烤熟后称为肉馕。

烤全羊是新疆最名贵的菜肴之一，以周岁以内的肥羊羔为原料。宰杀羊后，去蹄及内脏，将面粉、盐水、鸡蛋、姜黄、胡椒粉、孜然粉和辣椒粉调成糊状，均匀地抹在羊的全身。用干净的圆木棍将全羊从头至尾穿上，四腿可捆扎在棍上，然后置于热馕坑中烤，盖严坑口，约 1 小时左右，全羊呈金黄色时即可食用。烤全羊皮脆肉嫩，鲜香异常，是维吾尔族人民招待贵宾的佳品。

串烤肉，即把有肥有瘦的嫩羊肉切成小块，串在铁钎子上，将它们排放在燃着木炭的槽形铁皮烤肉炉上，一边扇风烘烤，一边撒上精盐、孜然和辣椒面，上下翻烤数分钟即可食用。串烤肉的另一种形式称为“米特尔喀瓦普”，这种串烤肉的钎子足有 80 厘米长，肉块儿也大，撒上精盐、孜然和辣椒面，立在馕坑里烘烤，一次可烤十几串，味道鲜嫩可口。

拉面已普及到维吾尔族的千家万户，其制作方法有两种：一种是像纺线一样把面条依次拉长放入锅中；另一种是用双手将一根面条反复重叠拉长。

抓饭，维吾尔语叫“朴劳”，也是新疆地区人民喜欢的一种饭食。抓饭的主要原料有大米、羊肉、胡萝卜、葡萄干、洋葱和清油。将其混合焖制出来的饭油亮生辉，香气四溢，食用时用右手的三个手指抓食。新疆抓饭种类较多，也有采用骨髓油、酥油、羊油或红花油做抓饭的。除了羊肉外，还可选用雪鸡、野鸡、鸡、鸭、鹅和牛肉，也可选用葡萄干、杏干等干果代替肉类，称为甜抓饭或素抓饭。最讲究的是“阿西曼吐”，即包子抓饭。其制作为：用温盐水和面，面皮擀得很薄，几乎透亮；将上好的羊肉切成丁，再将洋葱剁碎，加胡椒粉、盐水拌匀成馅；包子呈鸡冠形，入笼屉用旺火蒸 20 分钟即熟。在每碗抓饭里放上五六个薄皮的肉馅包子，再撒上适量的胡椒粉，香味各异，大都用来招待尊贵的客人和亲密的朋友。

维吾尔族也信仰伊斯兰教，饮食禁忌与回民基本相同，客人就餐前必须洗手，不可顺手甩水，用毛巾擦干后，行了谢主礼便可就餐，客人如吃不了饭菜，可双手捧还给主人，主人很高兴，因为这预示主人家富足有余。吃饭时不得随意拨弄盘中食品；共盘吃饭时，不可把自己抓起的饭团再放回盘里。其宗教节日与回民相同。

七、壮族食品文化与风俗

壮族有多种称呼，1949 年以后统称为僮族，1965 年改称为壮族。壮族是我国人口最多的少数民族，主要聚居在广西壮族自治区、云南文山壮族苗族自治州，少数分布在广东、湖南、贵州、四川等省。壮族聚居地区多山，大多从事农业生产。

烤香猪为壮族地区风俗食品，流行于壮族各地，其中以巴马七里香猪和从江秀塘香猪最为著名。其以 10 来斤的猪仔为原料，其中又以初次交尾的母猪所生的猪仔为最佳原料。制法：杀猪仔，刮毛，去头和内脏，洗净之后，将整猪架在铁架上，先在猪身涂抹油、盐及各种香料，再用糯稻秆烧着的文火，在猪的前后上下反复烧烤；火势要控制得当，既不能使猪肉焦糊，也不能使猪肉生熟不均，要经常转动；待肉皮烤成金黄色，猪肉熟透之时，即可将整猪上席，由入席者切割；也可切成小块后置于盘内上席。其肉酥软鲜嫩，皮香脆可口，不腥不腻。今已传播到广西等大小城市，亦为高级饭店的一道名菜。

壮族以大米为主食。壮族先民因生活环境差异，导致其主食结构不同，如唐宋时期居住在不同地区的壮族，条件各异，食物亦有区别。居住在洞内者以稻米为主食，兼食采集而来的各种野味。宋代时壮族有一套特别的稻米加工方法，称为舂堂，“民间获禾，取禾心——茎蒿连穗收之，谓之清冷禾。屋角为大木槽，将食时，取禾舂于槽中，其声如僧寺之木鱼，女伴以意运杵成音韵，名曰舂堂。每旦及日昃则舂堂之声四闻可听”。后来壮族艺人根据舂堂这一劳动方式，创造舂舂堂舞。居住在山区的壮族从事农业，辅之以狩猎采集，除五谷外，“以木弩射獐鹿充食”。

壮族主要按照稻米的物理特征，即黏与不黏对其分别加工。粳稻是人们日常食用的主粮，多做成饭、粥和米线，糯稻则多做成节日食用的五色饭、糍粑、粽子、米糕、汤圆和其他各类小吃。

在日常生活中，壮族做米饭的方法有煮、蒸、焖几种。最常见的是蒸，其制作方法是先将米淘净，放入锅内煮至半熟，滤干后放入木甑后直接用铜锅或铁锅

煮或焖。日食两餐，农忙时日食三餐，午餐一般带到田里吃。为了增加米饭的色、香、味，人们还添加了其他原料或香料，制成特殊风味的主食，如南瓜饭、竹筒饭、包生饭、黄花饭、豆饭、八宝饭等。南瓜饭的制作方法是：将一老南瓜切开顶部做盖，挖掉中间的瓜籽、瓜瓤，将泡涨洗净的糯米、腊肉等放入瓜中，加适量水拌匀，盖上瓜盖。将南瓜放于灶上，用文火将瓜皮烧至焦黄，再用炭烬火灰围在南瓜四周，使之熟透，便可将瓜剖开而食。竹筒饭的制作方法是：砍青竹一节，两头留住，在一头凿个口，将肉、油、水、盐和淘净的米装入竹筒，封好之后用文火烧熟，风味极佳。

米线是一种用大米制成的风味食品。其制作方法是：将米磨成浆后，蒸熟加工成细圆丝，再用油、番茄、葱、姜、鲜肉、卤肉、叉烧肉、黄豆、蔬菜、酸菜、螺蛳汤、肉汤等配料做成。

在历史上壮族有不食隔宿米之习，每日所食之米需当日舂，壮族妇女非常辛苦，“每日夜半鸡鸣时，农妇即起床舂米，不明而止，此户皆然。碓声隆隆，扰人清梦，而所舂者只足本日之食。次日复然，甚少间断”。壮族妇女鸡鸣起床舂米构成了壮族地区特有的生活劳动场景，古代文人墨客不惜笔墨，为之诗兴大发。清代管轮的《彝槽竹枝诗》写道：“三番淅米好分蒸，桶釜宽边见未曾；隔宿有粮无作饭，凌晨百碓响登登。”雍正七年（1729 年）夏治源至十三槽地区作《入槽杂咏》10 首，其中一首就是有关凌晨舂米之场景，诗曰：“铁谷唇宽肚最长，分蒸不用隔宵粮。五更鸡唱邻舂动，处处家家为口忙。”

壮族的节日食品种类繁多，风味独特，集中体现了壮族的饮食文化特点。糯米是重要的节日主粮和馈送亲友的礼品及祭祀用品，五色饭、粽子、糍粑、米糕、汤圆、油团等食品都是用糯米制成的。五色饭又称花糯饭、乌米饭，是将红兰草、黄花、枫叶、紫番藤的根茎或花叶捣烂，取汁分别浸泡糯米，然后蒸熟而成。每年农历六月用染花糯饭祭神由来已久。道光《广南府志》卷二记载：“六月初五、初九二日各村寨宰牛作小年，户染红糯米祀神，土司家亦然。”壮族染五色饭之俗亦被壮族地区的汉人所接受。《马关县志·风俗志》说：“六月初一染五色花饭，二十四日夜火把节皆从夷俗也。”壮族的粽子非常有特色，尤其是大年粽，远近闻名。富裕人家常于除夕前用米、猪肉和绿豆包成大年粽，除夕摆在供台上祭祖。正月初三（或初八或初十五）重煮后合家共食，以示团圆、吉利。

除大米外，玉米、麦、薯蓣等杂粮也是壮族主粮结构的重要组成部分。

壮族的饮食器具大体分为食品加工器具和餐具两大类。食品加工器具主要是粮食加工工具，如砻、臼、碓、碾、磨，大多靠人力操作，也有使用水的，如水碾。炊具包括灶、锅、甑、钵、釜之类。灶分饭锅和菜锅，菜锅铁制，饭锅有铁制、铜制、陶制几种。甑为木制工具。餐具包括碗、盘、碟、杯、筷之类，亦分陶瓷品和竹木品，视家庭经济能力而定。生活极度困难者无箸，手搏饭而食之。

壮族生活地动植物资源丰富，其副食品包罗万象。很早人们就将各类可食动植物加工制作成佐餐，主要分为肉和蔬菜两大类。肉类主要是牛、猪、鸡、鸭、鹅、龟鳖、鱼、虾、螺等，另外，壮族人还喜食狗、鼠及飞虫、蝉、蛇、蚌等。壮族人喜食狗肉，并且以狗祭祀。明景泰《云南图经志》卷三说：“（师宗州）夷民有曰土僚者以犬为珍味，不得犬不敢以祭。”康熙《师宗州志》说：“侬人好割

犬祭祀，好吃竹鼠。”景泰《云南图经志》卷三说：“（广西府）有曰沙蛮者……掘鼠而食之。”乾隆《开化府志》卷九亦曰：“侬人，甘犬嗜鼠。”沙人居住地区多竹，这里所说的鼠是指竹鼠。竹鼠是美味佳肴，今日之西双版纳有道菜叫烤竹鼠，颇有名气。古代官员们看到壮族人食竹鼠，不可思议，往往以轻蔑的眼光看待，且着于笔端。

壮族人多居住水边，喜捕鱼为食。雍正《临安府志》卷七说：“沙人，喜捕鱼，能投水中与波俱起，啮手捉皆巨鱼。”反映了壮族捕鱼技艺之娴熟。景泰《云南图经志》卷三载：“广南府，醢鼠捕鱼。侬人饮食无美味，尝醢鼷鼠捕飞虫而啖之。”光绪《云南通志》卷三十说：“沙人喜食诸虫，捕飞虫而食。”《马关县志·风俗志》载：“侬人之食品，好吃水牛、田螺……尤吃虾八早、蝌蚪。谓其味之美……每当春夏之间田水澄清，两种幼虫产生最多，侬妇三五成群，手网兜而腰篾篓，褰裙立水中，目住而手营，皆捞虫者也。”壮族人还吃一些高营养、高蛋白的飞虫，如飞蚂蚁。这种飞虫多长在热带、亚热带，雨季雨下透后即从洞内飞出，捕来去其双翼后用油炸，其味香嫩可口。

壮族人好饮酒，并且形成了一种颇具特色的饮酒方式。乾隆《开化府志》卷九载：“夷俗以杂粮酿酒，凡宴宾客，先设架置酒坛于上，贮以凉水，插干于内。客至主人先咂，以示先尝之意，客次之。咂时盛水候，咂毕而注于坛，视水之盈缩以验所饮之多寡，不及则请再行。寒月置火于坛下，取其热也。”

壮族佐餐的蔬菜有萝卜、青菜、白菜、葫芦、冬瓜、西瓜、丝瓜、茴香、芫荽、茭瓜、菠菜、生菜、苋菜、茼蒿菜、菌子、韭菜、蒜子、芹菜、竹笋、甘露子、芥菜、土瓜、山药、红薯、空心菜、芋头、莴苣、芥蓝、香椿、木耳、慈姑、茄子、姜、葱等。古代壮族地区人稀地广，野生植物繁多，野菜品种丰富，壮族人多以野菜佐餐，不重视蔬菜种植。《广南县志稿本》说：“按北乡沙人……不种菜蔬，宁食空饭，寻野菜以佐餐。汉人与之杂居者，虽欲栽种而不敢。盖其俗以乞讨菜苡为不耻。有栽种者，则人人向之乞取，乞取不得，则相率盗窃。一二日内，窃之罄尽。至是栽者亦愤而不栽。故其地之蔬菜，价格昂贵，概自他地运输而来，有时蔬价高于肉价。”由于人口增加，壮族地区的野菜品种越来越少，以致不善栽植蔬菜之壮人“无蔬食，每日佐餐之物，只辣椒乃盐二种。或佐以野菜，辅以酸汤”。

壮族人民还利用粮食、薯蓣和豆类加工制成粉丝、粉条、魔芋豆腐、豆腐等副食品。壮族加工制作副食品的方法主要有烧、煮、蒸、炖、炸、炒、烤和生拌等。

壮族地区果品种类十分丰富，主要有香橼、橄榄、樱桃、杨梅、桃、李、石榴、核桃、甘蔗、菱角、芭蕉、香蕉、枇杷、枣、柑、橙、柚、橘、梨、栗、柿、杏、荸荠、土瓜等。其中甘蔗的栽培与加工是壮族人民的重要经济来源之一。

壮族先民曾有鼻饮之俗。《魏书·僚传》载：“僚者，其口嚼食并鼻饮。”《太平御览》卷七百九十六记南中僚人“以口嚼食，并以鼻饮水”。

在壮族地区最能引起外族人注意的，当数嚼槟榔的习俗。槟榔果呈长椭圆形，橙红色，是待客和订婚的珍贵礼品。《岭外代答》记其食法为：“其法而瓜分之，水调蚬灰一铢许于蒌叶，上裹槟榔，咀嚼，先吐赤水一口，而后啖其余汁，少焉，面脸潮红，故诗人有醉槟榔之句。无蚬灰处只用石灰，无蒌叶处只有蒌藤。”

敬牛、爱牛是壮族人民的传统，每年农历四月初八都有过“牛魂节”的习俗。牛魂节来源于一个传说。很久以前，因人间大地光秃，寸草皆无，尘土飞扬，牛王奉天帝的旨意，到人间播种百草。牛王脑瓜笨，天帝命它三步撒一把草，它误记为一步撒三把草，结果杂草遍及大地。后来天帝罚它将功补过，不许再上天庭，在人间永远吃草。牛王为农家干重活，成了农家宝，但在壮族人心目中它毕竟是一位天神，所以在农历四月初八牛王生日的这一天，众人共同庆贺，为牛脱轭，让它休息，久而久之，就演化为敬牛节、牛魂节。

牛魂节一到，人放锄、牛脱轭，主家酿制甜酒，用枫叶、紫蕃藤、黄饭花、红兰草等植物的汁液蒸五色糯饭，并给牛吃甜酒和五色糯饭。这一天，人们将牛牵到绿草丰茂的地方，让牛自由自在地吃。主妇们清扫牛栏，放上新的干草。小孩子则轻轻为牛刷背，让牛舒舒服服地过一个节日。这一天绝对不能打牛。倘若打牛，会把牛魂惊走，影响农事。

一些地方在四月初八这天还将牛赶下水，为牛洗身子，河边还有人敲鼓，为牛儿沐浴助兴。午间家家举行敬牛仪式。

壮族人民正月初一不烹煮新肴，所食皆为除夕的剩饭菜，亦合“年年有余”的说法。天未亮，各家姑娘争先恐后奔到泉边挑“新水”，谁先喝到“新水”，谁就更聪明伶俐。壮族的春节娱乐活动很丰富。

正月三十为“送大脖子节”。桂西山区少盐缺碘，患大脖子病者较多。这天，村里的青壮年皆下河堵坝，引水灌田，随后打鱼捞虾，晚上吃黄糯米饭及鱼、肉、蛋等。青少年及小孩则边吃边将一些饭菜装进空蛋壳内，然后成群结队地来到河边，将装食物的蛋壳扔进河里，即送走了大脖子，迎来一年的吉利。

八、苗族食品文化与风俗

秦汉时代，苗族的先民聚居在“五溪”（今湖南省西部和贵州东部地区），后来不断迁徙，分散到南方各省。现在，苗族主要分布在贵州、湖南、云南、四川、广西、湖北、广东、海南等地。

苗族以农业为主，以狩猎为辅。距今6000多年前，便已懂得了“饭菜过煮，得肉便烧”的饮食方法。多以大米为主食，玉米、红薯、小麦等为辅，杂以荞麦、大麦、燕麦、高粱等。嗜酸辣咸，好烟酒茶。饲养家禽家畜，种植各种蔬菜。

云南地区苗人多吃菜饭，即将玉米面拌水反复蒸制，拌入青菜后再蒸，味香且软。多用荞麦面蒸粑粑、烤粑粑，做疙瘩面汤、凉粉。邱北苗人多吃米面饭，即将大米与荞麦面混合蒸饭，也吃燕麦（大麦）炒面、糯高粱粑粑。贵州苗民以大米为主食，杂粮比重不大，但黔西北地区多食玉米、荞麦、燕麦、马铃薯。湘、黔、桂一带喜吃乌米饭、粽子。黔东一带喜用野生植物的花、叶将糯米染成五颜六色的并蒸成饭，称“姐妹饭”，过“姐妹节”时吃。湘西苗家的早餐和午餐称为“吃茶”，平日以素食为主。

在副食方面，苗家喜爱用盐和茶油。贵州一带苗民多吃酸辣汤菜，烹调方法多为煮或烤。因在历史上受缺盐之苦，好腌酸菜。坛腌酸菜就有20多种，如盐酸、糟辣、酸辣等。以各种蔬菜、辣椒、糯米为主料腌制的酸菜，可生吃，也可熟食。酸汤煮鱼是苗家风味名菜，就是用酸汤煮制鲜鲤鱼。云南一带喜欢用嫩玉米或竹笋壳加米汤放坛中捂成酸汤，用其煮鱼肉，或与辣椒、盐一起泡饭吃，可开胃助消化。贵州人善将鱼或肉腊制或腌制，喜欢做酸鱼或酸肉。据说苗家常以腌酸的多少来衡量一个家庭的富足情况。腌鱼是将鲜鱼剖洗净，揉进盐、辣椒粉，烘烤至半干，密封于坛中发酵，食用时清蒸。香茅草烤鱼很有名，即将巴掌大的鲜鱼剖洗净，用葱、姜、蒜、辣椒、花椒、油、盐等调成酱状物，塞入鱼腹，外裹香茅草，文火烘烤而成，皮黄骨酥，别有风味。湖南苗家年节吃肉制食品时多分部位烹饪，如头、爪做一碗，肝、舌、肥肉、瘦肉各做一碗等。云南一带苗家吃狗肉时，先将狗用棒敲死，再用火烧掉毛。用狗胆拌狗肝吃，狗胃、肺、肠煮制后剁细与狗血一起炒，拌入薄荷吃。狗肉要先在土里埋1个小时以去掉腥味后再煮。羊的吃法与狗相似。鲜羊血往往拌入熟肝、肚、肠及作料生吃。苗族大多会制作辣椒骨，既可佐餐，也可做调料。其做法是以猪骨头、辣椒、姜、盐、米酒等发酵而成，鲜辣甜酥，香味浓郁。

苗家人还擅长制作豆豉、豆腐、灌肠、面酱等，好吃火锅。

野生植物也是苗族副食品的重要来源。例如，野辣椒、牛百头菜、马蹄菜、毕蛇菜、野三七、多根、野墓头、养菜、鸡窝菜等，或煮或炒。苗家好饮生水，据说是因嗜辣太甚，生水可解体内火毒；或饮酸菜汤泡井水；爱饮酒，一般能自制酒曲，可用糯米、玉米、高粱等酿出甜米酒、烧酒、窨酒。

茶是待客饮料，其种类也很多。湘西苗家多用油茶待客，其做法是把玉米、黄豆、蚕豆、红薯片、麦粉团、芝麻、糯米分别炒熟，用茶油炸一下，存放起来。客人到来时，将各种炸品及盐、蒜、胡椒粉放入碗中，用沸茶水冲开。还有另一种做法，即把油、盐、姜、菜同炒，再加水煮沸，滤出渣滓，然后在碗内放玉米、黄豆、花生、米花、糯米饭、豆角、红薯丁、葱、蒜、胡椒粉等，再冲入沸茶水。喝茶时，如果客人不想再喝了，把一根筷子架在碗上即可，否则主人会请你一直喝下去。湖南绥宁县一带苗家多请客人喝“万花茶”，即将冬瓜、橘子、南瓜一类的瓜果雕成花、鸟、禽、鱼等形状，经过数道工序制成香、脆、甜的食物。饮用时，取几块放入杯中，冲入沸水。待客时，男女客人分开吃。长者先开杯，佳肴必先敬客。吃鸡时，鸡翅敬客人，鸡头归长者，鸡爪归小孩。一家之客也是全寨之客，各家争相宴请。用牛角盛酒是隆重的待客方式。遇到盛大节日，主寨方家家户户都做迎客准备，将酒放到芦望场或铜鼓坪上，把客人拥到寨里，由两人举牛角劝饮，鼓乐齐鸣，客人要一饮而尽。客人进家门时要饮“进门酒”，入席时要饮“转转酒”、“劝杯酒”、“双杯酒”等，还要唱助酒歌。桂北地区苗家待客更加热情，若客人赶上田头烤鱼尝鲜时，分给你的食物必须吃完，不得求助他人，吃到肚胀后才开始喝酒，敬酒必敬肉，看着客人欲咽不下、欲吐不能的狼狈样，人们会“呜依、呜依”的喊（意思是“好啊”）。

贵州黔东南苗族敬酒，热情洋溢，妙趣横生。客人如果是事先约定的，主人则备好酒肉，在大门口“拦路敬酒”，多用牛角，叫“敬牛角酒”，也有用酒碗或羊角敬酒的。客人喝了酒，主人又夹肉给客人吃，然后迎客进屋。席间，酒过三巡，女主人则端起酒壶酒碗来到桌边向客人敬酒，表示欢迎。接着主客互相敬酒。主人右手端酒碗敬客人，客人左手接碗，右手则端酒碗敬主人，主人左手接

碗，主客同时饮酒，这叫“交杯（碗）酒”。如果人较多，那么敬酒时，每人都递酒碗给右边的人，大家同时敬酒，同时喝酒，这叫“团圆酒”。

酒兴正浓时，女主人敬客人一次酒，就在客人脸上盖个印，这叫“打酒印”。打一次酒印，大家笑一次，乐一次。主人总是想尽办法让客人喝酒。接着，主人又用另一种办法来敬酒，即“唱歌敬酒”，唱一首，喝一次。客人往往也是喝了酒马上唱酒歌回敬。当客人离去时，主人送客敬酒，虽然没有“十里长亭”，但也别有风味。

送客人数根据客人的多少来定。人多时，主人抬着酒缸，端起酒壶酒碗，每走几步，则停下来唱歌敬酒。那依依惜别的话语，那欢乐的歌声笑语，山应谷回，情深谊长。送了一两公里路，甚至更远。最终，主人依依不舍地停下脚步，目送客人离去，客人却是一步一回头。这时，主人和客人又对唱飞歌，那高亢的歌声“飞”向对方，相互祝福致意。

芦笙节是苗族传统节日，流行于融水苗族自治县，又称芦笙坡节，分村芦笙坡、域芦笙坡和县级芦笙坡三类。每个坡都有固定的坡主。坡节期间，坡主率男女老少带芦笙锣鼓一起到场，入坡仪式由芦笙坡的创立者或继承人主持。清晨，坡主带着酒、猪头和猪尾（表示全猪）、鸡、糯米饭、香、长毛草等到坡边祭祀。中午，又领着本村芦笙队率先进入坡场，芦笙队围芦笙柱转3圈后进行祭祀。仪式完毕，大家举杯同饮，大呼吉利，宣告开坡。芦笙节还有踩堂、赛芦笙、斗马、赛马、斗牛、斗鸟、对歌、摔跤、鸟枪射击、芒蒿表演及商品交流等活动，是集娱乐与商业为一体的盛会。少则几千人，多达几万人，参加节庆的还有侗族、壮族、瑶族、汉族等民族。节期一般为2天，如遇好天气则长达三五天。

九、达斡尔人食俗礼仪

达家很好客，客人一到，盛情的主人则要拿出“菜末”，配上四个小碟来款待客人。吃饭时老年人、客人先吃，以示尊敬。如有贵客，大多吃手把肉，并将血肠放在手把肉上，客人则用刀切块吃，再喝三盅酒，这是对客人最尊敬的礼节。

如果家人同客人一起吃，最先开刀切肉的则是家族中最年老的人，然后全家才能食用。第一等肉称“瓦琪”，是请客人吃的；第二等肉称“达勒”（是肩胛部的）；第三等肉称“搜济”（胯部的肉）。二等、三等肉配上其他部位的肉（如肋条、肘子）是用来招待一般客人的。达家男女订婚后，男方第二次认亲时要给女方送一种油饼，是将生稷子米烤干后磨成粉制成的。

十、侗族的三朝盛宴

婴儿出生的第三日，称为“三朝”，在这一天举行的礼仪，称“三朝礼”。许多民族在这一天都要给婴儿沐浴，并宴请宾客，接受亲友庆贺，故此俗又叫“洗三礼”。

侗族非常重视婴儿的诞生，并为其举行隆重的“三朝礼”仪式。在侗乡，“三朝礼”被称为“三朝酒”，以大宴宾客为特色，一般选在婴儿出生后的第3天或10天以内的某个单日举行。

届时，被邀前来庆贺的宾客多以女方亲戚为主，一般不邀请好友参加。所有宾客，除外祖父需在日落西山之后赶来外，其余都应在中午之前到齐。并且所有来宾都要送礼物，其中外祖母的礼物最为丰厚，主要有猪肉、糯米、鸡蛋、侗布、侗棉、酸草鱼、银项圈、银锁、银手镯、两床新被、一对木箱或梳妆台等。另外，外祖母还要承担“三朝酒”宴所用的一半粮食和肉。按侗族习惯，婴儿未出生，不可事先为其预备童衣，婴儿出生后，一般也只用柔软的旧衣裙包裹。只有经过“三朝礼”后，婴儿才能穿上临时赶制的新童装。所以“三朝礼”时，外婆家的亲戚（如姨妈、舅妈等）显得格外忙碌，她们一方面要为新生婴儿赶制背带、衣裳和裙片等衣物；另一方面还要轮流传抱婴儿，左右上下，细心端详，并说些吉利和赞许的话语。接着，男家青年以歌邀请姨妈给婴儿唱取名歌。姨妈以歌代答，经商讨后，由外祖母确定并宣布婴儿的名字。

到了中午，“三朝酒”宴开始。客人们要先吃甜酒鸡蛋，然后吃油茶，再吃午饭。午饭一般比较丰盛，也很隆重，晚饭规模则相对较小，不少食物是女家提供的，俗称“吃忍受家饭”。晚饭后，人们要为婴儿弹唱琵琶歌，表示祝福。酒席散后，女客回家时，都要带上用竹片串起来的一块或三块重约四两的肥肉，表示主人家为庆贺小孩出生而办的“三朝酒”宴肉菜太多，一时吃不完。串肉带回家后，可用来打油茶，请左邻右舍的子女们吃，以转告喜讯，分享快乐，此举俗称“串肉礼”。

思考题

1. 试举例说明我国的礼仪和礼俗。
2. 请列举出至少三种我国的地方风味及其所组成的主要菜系。
3. 根据你的知识列举出三个我国传统节日并说明其食俗。

第四章　中国食品文化的种类

第一节　汤文化

一、汤的历史

人类食事活动有几次重大变革，其中一次就是利用火变生食为熟食，不仅使原始人类享受到熟食的美味，更重要的是获得了更多、更高级的营养成分，促进了大脑的发育，从而使人类与一般动物区别开来，成为万物之灵。熟食制品种类繁多，其中应用最广泛的为汤类食品。法国著名厨师路易斯·古伊说："汤是餐桌上的第一佳肴。"

汤，是各种食物中最富营养、最易消化的品种之一。汤一般是指以水为传热介质，各种烹饪原料经过各种加工工艺烹调而成的有滋有味的饮品，味道鲜美可口。

汤在烹调中起着举足轻重的作用，"唱戏的腔，厨师的汤"正说明了这一点。在此，将从汤的发展历史、汤的分类与作用、汤的烹制、汤的养生保健作用、各国名汤、实例分析等方面对汤作个系统、详细的介绍，使更多的人了解它，使用它。

烹饪属于文化范畴，是中华民族的宝贵文化遗产。汤作为这一文化遗产的重要组成部分，与中华民族的古老文化有着密切的关系。关于"汤"（soup）的来源有两种说法：一种说法是喝汤时发出"丝丝"的声音，与"soup"的发音很相似；另一种说法是"soup"这个词可能起源于德文"sop"，即一种浇有肉汤或浓汤的面包。在美国，喊一声"汤来了"（soup is coming），表示家人可坐下来用餐了。在英语中，"晚餐（supper）"这个词来自"啜饮（sup）"，意思是请坐下喝一碗汤。

汤历史悠久，据考古学家所发掘的文物，在公元前8000年到公元前7000年间，近东地区的人就已学会了"煮汤"。由于当时还没有陶器，人们煮食物时，在地上挖一个坑，铺上兽皮，使之凹下一个坑，放入水和食物，然后在坑的附近燃起火，将两块石头烧烫后投入坑内，将食物煮烂成汤。同时，国外历史学家在考古研究中发现，人类曾制作了一种浓汤，装在皮水袋中，喝前投入烫石子加热。这种奇特的喝法在美洲印第安人中也曾长期存在。据记载，在古希腊奥林匹克运动会上，每个参赛者都带着一头山羊或小牛到宙斯祭坛上祭告一番，然后按照传统的仪式宰杀，并放在一口大锅中煮。这表明在那个时候，人们已知道汤的营养最为丰富。

中国人喝汤最为精致，是伟大的喝汤民族，具有源久的历史。当我们的祖先学会用器皿做饭的时候，首先掌握了水煮食物的技能，如今考古发现的古老器具大部分都是煮食用具，如陶鬲、陶釜、陶甑、陶鼎、陶罐等都是通过水的加热来完成烹饪过程的。

“汤”古人称之为“羹”。随着烹饪能力的提高，“汤”已从单纯的水煮载体逐渐演变成液态食品，这就出现了烹饪意义上的“汤”。李渔《闲情偶寄·谷食第二》：“汤即羹之别名也。羹之为名，雅而近古；不曰羹而曰汤者，虑人古雅其名，而即郑重其实，似专为宴客而设者。”羹的烹制体现了烹饪手段的进步与升华，人们把催熟的汤液载体改造成五味调和的菜肴，从而给予饮食者更多的享受。

历史学家考证世界上最古老的一本食谱是在中国发现的。这本食谱上记载了十几道汤菜，其中一道一直沿用至今，那就是“鸽蛋汤”，食谱中称之为“银海挂金月”。

商周时代，汤羹发展成为中华饮食的主体肴馔，并体现着当时烹饪所能达到的最高层面。《礼记·内则》说：“羹食自诸侯以下至于庶人无等。”孔颖达疏：“羹之与饭是食之主，故诸侯以下无等差也，此谓每日常食。”汤和饭构成了先民饮食的基本框架。李渔《闲情偶寄·谷食第二》说：“有饭即应有羹，无羹则饭不能下……饭犹舟也，羹犹水也；舟之在滩非水不下，与饭之在喉非汤不下，其势一也。”在菜肴并不丰盛、烹饪技能并不完美的上古时代，汤羹成了佐饭的最佳选择。进餐仪式也明确规定了汤羹的摆放位置，如《礼记·曲礼》记载：“凡进食之礼，左肴右馔，食居人之左，羹居人之右。”《论语·乡党》在阐述孔子饮食态度时说：“食不厌精，脍不厌细……虽蔬食菜羹瓜祭，必齐如也。”如此可见，汤羹在上古已成为餐案上的“权威”。

随着人类历史的发展和烹饪技艺的演变，汤羹种类不断增多，并以原料为标识分出高下。周代已有肉羹、菜羹的区别，从《礼记·内则》中可以找到鸡羹、雉羹、犬羹、兔羹、脯羹等肉羹名称，这些都属于士大夫阶层的汤羹；而《庄子·让王篇》言：“孔子厄于陈蔡之间，七日不火，食藜羹不糁。”其中“藜羹”又属于最低档的菜羹。《战国策·韩策》记载：“韩地险恶，山居五谷所生，非麦而豆。民之所食，大抵豆饭藿羹。”这里的“藿羹”是指用豆叶作成的羹。《韩非子·喻老篇》说：“象箸玉杯必不羹菽藿。”意思是说商纣王的精美食器从不盛粗劣的羹。

汉朝时，普通百姓一般都要烹制汤羹，富裕者吃肉羹，贫贱者吃菜羹。《后汉书·刘宽传》点出了“侍婢奉肉羹”的场面。《后汉书·崔瑗传》又记载了食用菜羹的情况：“瑗爱士，好宾客，盛修肴膳，单极滋味，不问余产。居常蔬食菜羹而已。”另据《史记·楚元王世家》记载，汉高祖刘邦年轻时很贫穷，常到兄长家吃饭，兄嫂十分厌烦。有一次，“叔与客来，嫂详为羹尽，栎釜，宾客以故去。已而视釜中尚有羹，高祖由此怨其嫂”。后来刘邦做了皇帝，还有意封兄嫂之子为“羹颉侯”，以示奚落。这些史料反映了汉朝人日常羹食的普遍性。马王堆汉墓出土了一批竹简菜单和随葬汤羹，通过文字与实物向我们展示了2000多年前的汤羹文化。如马王堆一号墓出土的“遣册”中载“羹”5种24款，包括米屑和肉做成的白羹，芹菜和肉做成的堇羹，芜菁和肉做成的葑羹，茶和肉做成的苦羹。仅苦羹就有狗苦羹、牛苦羹等多样汤羹，可见汉代汤羹品类已很丰富。

魏晋以后，汤羹品种与日俱增，不但入汤原料增多，烹调技艺升华，而且还渗透了很强的人文色彩。除传统的肉羹和菜羹之外，食界又相继推出鱼羹、甜羹和各种花样的汤羹。汤羹品种已趋丰富。北魏贾思勰撰著《齐民要术》，在菜肴制作方法中专设了“羹臛法”，记载了北方流行的各种汤羹，并对前代的汤羹食馔做了扼要的记录和总结，内容十分丰富，说明当时的汤羹烹调技术已经非常到位。

唐宋以后，汤羹在烹饪园地中仍然散发着无穷活力，并且向高档和低档两个方向发展。《独异志》记载：“武宗朝宰相李德裕，奢侈极，每食一杯羹，费钱约三万。”这是高档汤羹的典型代表。但就大多数人而言，菜羹仍然为其主要食馔。如林洪《山家清供》记载了自己的清雅饮食：“一日，山妻煮油菜羹，自以为佳品。偶郑渭滨（师吕）至，供之，乃曰：‘予有方为献：只用莳萝、茴香、姜、椒为末，贮以葫芦，候煮菜少沸，乃与熟油、酱同下，急覆之，而满山已香矣。’试之，果然，名‘满山香’。”可见，纵然生活清贫，古人也能够把最普通的菜羹烹制成精美的食馔，从而显示自己的生活情趣。明清之际，由于饮食水平的提高，肴馔种类已趋丰富，汤羹已不再作为餐案主菜，有时还会成为其他菜肴的陪衬，但汤羹所用之高档原料却达到了极限，如燕窝汤、鱼翅羹，使普通人望尘莫及。而百姓大众则继续烹制家常汤羹，同时形成了一定的区域风格，中原地带烹制的汤羹大多带有传统色彩，以肉羹和菜羹为主要形式，肉羹一般以羊肉为原料，菜羹多以瓜瓠园蔬为配料；而江南地区流行鱼羹，并且常以特产蔬菜为羹，特色十分明显。

总之，自从汤羹生成之日起，中华饮食园地中就始终散发着汤羹的芳香，直到今天，尽管烹饪美食层出不穷，但那一碗原汁原味的“汤”仍然会勾起人们的食欲，引发强烈的追求。人们对“汤”依旧那么情有独钟。

二、汤羹的基本知识

汤作为我国菜肴的一个重要组成部分，具有非常重要的作用：①中医认为汤能健脾开胃、利咽润喉、温中散寒、补益强身；②饭前喝汤，可湿润口腔和食管，刺激口味以增进食欲；③饭后喝汤，可爽口润喉，有助于消化；④汤还在预防疾病、养生、保健、治疗疾病、美容等方面对人体健康起到了非常重要的作用。对于汤的分类，可从以下四方面进行：①一般原则上可分为奶汤、清汤和素汤三种；②以口味分类，有咸鲜汤类、酸辣汤类和甜汤类；③以原料分类，可分为肉类、禽蛋类、水产类、蔬菜类、水果类、粮食类、食用菌类；④以形态分类，有工艺造型和普通制作两种。还有用淀粉勾芡的汤和不勾芡的汤。另外，还有一种在烹饪原料中加入具有滋补效用中药制作的食疗汤。汤的用途非常广泛，几乎所有炒菜都要用汤。在爆炒、清炒、熘、烩等烹调过程中都要加入清汤。凉菜的炝汁调味，热菜中的鲜咸、五香、酸辣、咸香、咸麻等都要用清汤提鲜。无论是高级宴席还是家常便餐都离不开它。除少数菜外（如烤制类），几乎无菜不用汤。汤不仅味美可口，刺激食欲，而且营养丰富，含大量蛋白质、脂肪、矿物质等成分。

汤自身的独特特点可从以下几方面来表现。

（1）用料广泛　绝大多数食物，如鱼、肉、家畜、家禽、骨骼、蔬菜、水果都能作为汤的原料和配料，甚至将吃剩下的食物放在一起烩一烩，也可成为一道味美可口的汤菜。

（2）鲜味之源　汤的主要特点是“鲜”。我们的祖先在创造这个“鲜”字时，可能就是基于“鱼”、“羊”合在一起煮后产生的“鲜”味！我国在烹调过程中十分讲究制汤调味，味精产生以前，主要的鲜味都来自于汤。即使现在，许多菜肴也是用汤来调鲜味的。由此可以得出这样的结论：汤是鲜之源。

（3）制作精细　“菜好烧，汤难吊”，这是历代厨师的经验之谈。汤的制作技艺精湛，每一操作过程都十分精细，决不是一煮而就的。有一种汤叫“双吊双绍汤”，皇宫御厨称之为“金汤”，其意有三：一为此汤用料精，价格昂贵，故称“金汤”；二为此汤每一斤原料只能出成品汤一斤，有暗含金（斤）汤之意；三为此汤制作的成败有时甚至关系到厨师的性命。可见汤的制作确实是一项精细复杂的工作。汤类食品的进食形式海内外大同小异。按不同国家、民族的进餐习惯，有先进食后喝汤的，也有先喝汤后进食的，也有边进食边喝汤的。不论何种喝汤形式都是以有益于强身健体为特长的。

在饮食行业里汤又称为吊汤或汤锅。吊汤技术是每个厨师必须掌握的技术之一，也是我国烹调技术的一朵瑰丽之花。鲜汤，特别是高级鲜汤，对菜肴质量影响很大，尤其是鱼翅、燕窝、银耳、海参、熊掌等贵重而本身又无滋味的原料，必须依靠鲜汤烹调增加其滋味，使之成为名肴。所谓鲜汤，是指煮熬新鲜味美、营养丰富的动物性原料，取其精华而形成的香浓味鲜的汤汁。

提取鲜汤（即吊汤）的技术要领主要有以下几个方面。

（1）选料要严　应选用鲜味浓厚的动物性原料，多以雌性动物为主料。因为母鸡肌肉组织所含的浓厚鲜味及丰富的蛋白质、脂肪、糖类、维生素及无机盐等是其他原料所不能及的。但是，用作煮汤的母鸡必须是宰杀后体重在1.5千克以上的老母鸡，越老越好。以鸡为主，再配以瘦猪肉、火腿、鸭子、肘子、脚爪、骨头、骨架等肉类原料。

（2）冷水下锅　吊汤的原料以大块整只为宜，与冷水同时下锅，一次加足水量，中途不能加水。如下入沸水锅中，原料表面骤遇高温，蛋白质容易凝固，而不能溶于汤中，汤汁不易达到鲜醇的程度。同样，也不能先加盐，因为盐具有渗透作用，能渗入原料的内部，排出原料内的水分，蛋白质也容易凝固，汤汁不浓，鲜味不足。所以原料要与冷水同时下锅，加热烧沸，撇去浮沫，加葱、姜、料酒即可熬制，最后加盐。

（3）火候要准　与烹制菜肴一样，吊汤也要掌握好火候。清汤和奶汤要用两种不同的火候。奶汤的火候为先旺后中，汤面始终保持沸腾状态，直至汤汁呈乳白色，并以较高浓度为准，但要防止原料粘锅底，以免产生不良味道，破坏汤汁；同时，火力不能变微，火力不足，汤汁不浓，黏性较差，滋味不美，失掉奶汤特色。在适当的火候下，开锅熬制2个小时左右。这种鲜汤，大多用于煨、焖、煮等技法烹制的白汤菜肴，还可用于烧、扒等菜肴的调味，用途比较广泛。清汤的火候，则是先旺后小，汤汁煮沸后，立即改用小火，保持汤面微沸，呈小泡状态，行话叫做冒“菊花心”泡。但火力又不能过小，过小则不冒泡，原料内含有的蛋白质等物质也不易溢出，影响汤汁鲜味和质量。相反，火力也不能过大，大了汤面沸腾，汤色就会变得浓白，失掉清汤澄清的特色。清汤熬制时间较奶汤长得多，一般要盖锅熬 4 个小时以上。熬制以后，再用细白纱布过滤，除去渣滓，即成鲜醇、澄清的汤汁。

以上三条就是制汤所要掌握的要领，但还需掌握吊汤的一般程序：清汤过滤后，放入锅内；另用鸡肉剁成泥，适当加入葱末、姜末、料酒和少许清水拌匀，渗出血水后，倒入清汤内；锅架火上，用旺火加热，边加热，边用手勺推动搅转，待汤将沸时，立即改为小火，继续熬制，这样汤内的细微渣滓被鸡蓉吸附，黏结一起，浮出汤面；离火后，用勺撇净浮末，晾凉，即为清澈如水、鲜味异常、营养丰富的汤。

三、汤羹文化

汤羹作为一种美味载体，在我国烹饪园地中显示出耀眼的光泽，但它本身所具有的魅力还不仅仅限于烹饪圈。由于历代食客的喜爱和厨界的努力，我国的汤羹已扩展为一种文化现象进入了社交礼俗、人伦交往和文学宣扬的广阔领域。

古人解读远古烹饪，总要把汤羹摆在一个显著的位置，并以“调鼎”的方式来展示“羹”的魅力，“鼎”是加工汤羹的炊具，“调”是烹饪汤羹的手法，二者合一，则可以产生特殊效应。《神仙传》曾记载：“彭祖善养性，能调鼎，进雉羹于尧。”《史记》卷三《殷本纪》记载商汤初期，名士伊尹“负鼎俎，以滋味说汤，致于王道”。伊尹将调鼎的道理比拟于国事，其意义已超越烹饪的狭小范畴。经过历史的培育，“调鼎”最终成为我国烹饪的代名词，而“汤羹”则以食馔缩影的形态活跃于饮食生活的各种场合。后人为了表示对来客的尊敬，往往亲自动手调鼎，并将调好五味的羹送到客人面前，就连天子帝王赏赐大臣，也以这种方式来表达心愿。

《白孔六贴》卷十六记载：“李白召见金銮殿，论当世事，帝赐食，亲为调羹。”在我国古代，“调羹”逐渐发展成为一种敬重来宾的礼仪文化。汤羹从肴馔进入文化领地，具有了巨大的名人效应。美味汤羹曾让许多名人高士为之留恋，而名人食羹又使得一些传统汤羹闻名天下，流芳千古。比如，《庄子·让王篇》曾经提到：“孔子厄于陈蔡之间，七日不火，食藜羹不糁。”后代学子为了表示自己的生活清贫与品格清雅，常以“藜羹”为标识而自立，意在承袭先哲，这一传统历经千年而不移。

唐代陆龟蒙写给友人的书简中有这样一段名言：“读古圣人书，每涵咀义，独坐自足，案上一杯藜羹，如五鼎七牢馈于左右。”唐人写诗时喜欢引入藜羹典故，如陆龟蒙《水国诗》云：“我到荒村无食啖，对案双非梁谢览。况是干苗结子疏，归时袛得藜羹糁。”皇甫冉《闲居作》云：“图书唯药篆，饮食止藜羹。”表达的是同一种含义。宋代陆游也常以藜羹自勉，他在《剑南诗稿》卷三十八《午饭》诗中说：“破裘负日茅檐底，一碗藜羹似蜜甜。”又在《剑南诗稿》卷六十一《自咏绝句》中说：“一条纸被平生足，半碗藜羹百味全。”应该说，藜羹本身不仅仅是一种普通的汤食，更代表了一种气节和文化。

自古以来，江东地区的人民喜欢吃莼羹，但经过晋人张翰“秋风思归”的典故熏染，则演变成一种怀恋家乡、不图功利的文化表象。《晋书》卷九十二《张翰传》记载：“翰因见秋风起，乃思吴中菰菜、莼羹、鲈鱼脍，曰：‘人生贵得适志，何能羁宦数千里以要名爵乎！’遂命驾而归。”后人每食莼羹，必以张翰为榜样，抒发内心情怀。为此，历代文人写诗作赋者络绎不绝，如宋人徐似道《莼羹》诗云：“千里莼丝未下盐，北游谁复话江南。可怜一箸秋风味，错被旁人苦未参。”又韩滮《喜见莼丝》诗云：“一杯浊酒下莼丝，不负东吴薄宦期。安得林逋同隐约，尚凭张翰写心思。人间美恶吾能会，物外清闲世莫知。更待西风小摇落，鲈羹盐豉转相宜。”清初诗人汪琬《莼羹》诗云：“人世从来为口忙，惟须一食疗肌肠。莼羹菰饭原无价，莫与微官共较量。”从中可以看出，并不起眼的莼菜一旦与名人结缘，展现出的则是另一种人格精神。明人李流芳写过一首《莼羹歌》，用大段诗描绘汤羹的美妙，《檀园集》卷二云：“琉璃碗成碧玉光，五味纷纷生馨香。出盘四座已叹息，举箸不敢争先尝。浅斟细嚼意未足，指点杯盘恋余馥。但知脆滑利齿牙，不觉清虚累口腹。血肉腥臊草木苦，此味超然离品目……季鹰之后有吾徒，此物千年免沉涸。君为我饮我作歌，得此十斗不足多。”直到今天，江浙一带食及莼羹，仍然保留着一种古老的情结。

许多名人还自制汤羹，留给后人的不仅仅是一碗汤品，同时遗传着千年风流。如著名的“东坡羹”就由苏轼创作，并在食界引起强烈震撼。《东坡全集》卷九十八《东坡羹颂并引》曾予以详细记载：“东坡羹，盖东坡居士所煮菜羹也，不用鱼肉，五味有自然之甘。其法：以菘，若蔓菁，若芦菔，若荠，皆揉洗数过，去辛苦汁，先以生油少许涂釜缘及瓷碗，下菜汤中，入生米为糁及少生姜，以油碗覆之，不得触，触则生油气，至熟不除。其上置甑，炊饭如常法，既不可遽覆，须生菜气出尽，乃覆之。羹每沸涌，遇油辄下，又为碗所压，故终不得上……饭熟羹亦烂，可食。”其实，所谓东坡羹只不过是一种很普通的菜羹，但经过苏轼之手来烹调，则展现一种特殊的韵味。此羹面世以后，文人雅士响应共赏，模仿制作此羹，动笔诗咏者接踵而至。北宋时释德洪品尝到了东坡羹，禁不住写诗志意，其《石门文字禅》卷十六《东坡羹》：“分外浓甘黄竹笋，自然微苦紫藤心。东坡铛内相容摄，乞与馋僧掉舌寻。”南宋初年，朱弁学烹东坡羹，顺便写下《龙福寺煮东坡羹戏作》一诗：“手摘诸葛菜，自煮东坡羹。虽无锦绣肠，亦饱风露清。”在古人心目中，只要是名人烹制的汤羹，总会沾染一股脱俗的灵气。

古时流行一种甜羹，其特色是汤羹中不添加盐、酱，其口味区别于咸羹，故名甜羹。通常情况下，甜羹要以山药、芋头这些含淀粉质较多的物料为主体，借以增强羹汁的甜度。南宋诗人陆游曾手烹甜羹，并写诗讴颂，因而使得这款汤羹注入了名家印迹，所以人称“陆游甜羹”。《剑南诗稿》卷二十三载有陆游《甜羹》诗题，题中这样提示：“以菘菜、山药、芋、莱菔杂为之，不施醯酱，山庖珍烹也。”其诗有云：“老住湖边一把芽，时沽村酒具山肴。年来传得甜羹法，更为吴酸作解嘲。”同书卷二十二载有陆游另一首《甜羹》诗：“山厨薪桂软炊粳，旋洗香蔬手自烹。从此八珍俱避舍，天苏陀味属甜羹。”由此可以看出，凡是名人手烹的汤羹，总是笼罩着一种耀眼的文化光环。

由于汤羹是一种覆盖面很广的大众食馔，可荤可素，可浓可淡，因而在食界博得了最为广泛的喝彩。尤其是用普通蔬菜调制的菜羹，在很长时期内成为百姓人家的佐食肴馔，可谓深入生活又深入人心。围绕着这一款款淡薄的菜羹，许多文人都曾敞开诗怀。为此，我国诗坛园地中涌现出数量可观的咏羹诗篇，警句佳篇飞如雪片，尤其是宋代诗人，更把菜羹食馔当作文学创作的题材，通过诗律词韵来捕捉饮食生活中的精彩镜头，为我们展现了汤羹世界的绚丽风貌。如苏轼《东坡后集》卷七《狄韶州煮蔓菁芦菔羹》诗云："我昔在田间，寒庖有珍烹。常支折脚鼎，自煮花蔓菁。中年失此味，想象如隔生。谁知南岳老，解作东坡羹。中有芦菔根，尚含晓露清。勿语贵公子，从渠醉膻腥。"《石门文字禅》卷五《食菜羹示何道士》诗云："獠奴拾堕薪，发爨羹蒿米。饱霜阔叶菘，近水繁花荠。都卢深注汤，米烂菜自美。椎门醉道士，一笑欲染指。戒勿加酸咸，云恐坏至味。分尝果超绝，玉糁那可比。鲜服增恶欲，腥膻耗道气。毕生啜自羹，自可老儋耳。"《后村诗话》续集卷四引朱敦儒《种芜菁作羹》诗云："且喜芜菁种得成，苔心散出碧纵横。脆甜肭子无反恶，肥嫩羔儿不杀生。乐羊岂断儿孙念，刘季宁无父子情。争似野人茅屋下，日高淡煮一杯羹。"

总而言之，汤羹是一种最普通的食馔，但它所包含的烹饪技艺、调味功能和食疗作用远非其他食馔所能及，尤其是那种灌注于汁液之间又迸释于载体之外的文化冲击，使汤羹获得食界垂青。几千年来，汤羹文化虽然从未张扬过自己的朴素外表，但它那般无声无息而又沁润肺腑的魅力却一直渗透在每一个人的生活之中。

第二节　粥文化

中国是世界文明古国，也是世界美食大国。在中国4000年文字记载的历史中，粥伴随始终。粥最早见于周书：黄帝始烹谷为粥。接下来的几千年，粥文化一直绵延不绝，中国古人认为医药同源，因此粥可药食两用，具有很高的养生价值。《礼记》、《史记》、《伤寒论》、《千金要方》、《本草纲目》等都记载了粥的药用价值。《史记·扁鹊仓公列传》载有西汉名医淳于意（仓公）用"火齐粥"治齐王病。汉代医圣张仲景在《伤寒论》中说："桂枝汤，服已须臾，啜热稀粥一升余，以助药力。"

中国的粥在4000年前主要是食用，2500年前始作药用，进入中古时期，其功能更是将"食用"、"药用"高度融合，进入了带有人文色彩的"养生"层次。宋代苏东坡有书帖曰："夜饥甚，吴子野劝食白粥，云能推陈致新，利膈益胃。粥既快美，粥后一觉，妙不可言。"南宋著名诗人陆游曾作《粥食》诗一首："世人个个学长年，不悟长年在目前。我得宛丘平易法，只将食粥致神仙。"从而将世人对粥的认识提高到了一个新的境界。

粥，是中国社会一种极为普遍的现象，曾是权势的代表，也曾是贫穷的象征。帝王将相、达官贵人食粥以调剂胃口、延年养生。唐穆宗时，白居易因才华出众，得到皇帝御赐的"防风粥"，食七日后仍觉口齿留香，这在当时是一种难得的荣耀。宋元时每年的十二月八日，宫中照例会赐粥与百官，粥的花色越多，代表其所受的恩宠越浩大。清朝时，雍和宫中仍有定点熬制腊八粥的

惯例。

粥的品种、类别有很多，全国可能有近千种。在我国北方许多地区，面粉也可做成各种各样的粥。同时中国地域广阔，各地饮食风俗千姿百态，粥类的食用方法丰富多彩。在古代，粥的品种已有不少，秦汉时代的常见粥为麦粥和豆粥。麦粥（有时也称作麦饭）不仅是当时人们的主要食品，而且也是招待宾客的必备佳物，犹如设茶待客一般。豆粥品种较多，在粥类中堪称为大族，历来是汉族人偏爱之食。麦粥和豆粥，也是秦汉农民家庭最常见的主食。近人徐珂在其《清稗类抄》一书中记述了清代人的习俗，称“俗有一日二餐之谚，谓早中晚三次，大抵早粥而中晚饭也”。这与今日的饮食习俗十分相似。然而在先秦以前，我国的医学家已提出较为科学的膳食配制原则，并十分重视饮食在养生与防治疾病中的作用。中医认为，粥甘温无毒，有利小便、止烦渴、养脾胃、益气调中等功效。故历代富户与王公贵族将粥视为“养生之宝”。早在3000年前的西周，粥就被列为王公大臣的“六饮”之一。相传三国时曹操喜爱喝粥，还以辽东特产的红粱做御粥，赏赐群臣。粥作为御品恩赐臣属之风，延续至唐代。可见人类进入文明社会之后，食粥仍是普通百姓解决粮食不足的重要手段，而统治阶级已将食粥变成养生之举。于是在整个古代社会，粥便在果腹与养生两条道路上发展并融进了中国的历史与文化。

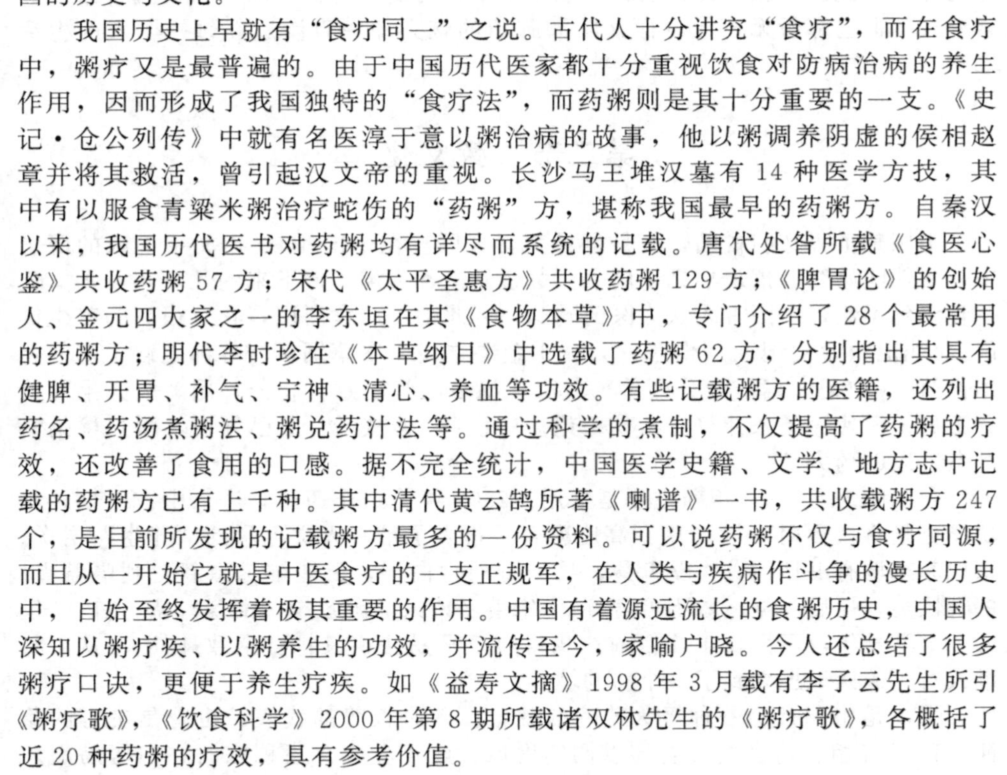

我国历史上早就有“食疗同一”之说。古代人十分讲究“食疗”，而在食疗中，粥疗又是最普遍的。由于中国历代医家都十分重视饮食对防病治病的养生作用，因而形成了我国独特的“食疗法”，而药粥则是其十分重要的一支。《史记·仓公列传》中就有名医淳于意以粥治病的故事，他以粥调养阴虚的侯相赵章并将其救活，曾引起汉文帝的重视。长沙马王堆汉墓有14种医学方技，其中有以服食青粱米粥治疗蛇伤的“药粥”方，堪称我国最早的药粥方。自秦汉以来，我国历代医书对药粥均有详尽而系统的记载。唐代处昝所载《食医心鉴》共收药粥57方；宋代《太平圣惠方》共收药粥129方；《脾胃论》的创始人、金元四大家之一的李东垣在其《食物本草》中，专门介绍了28个最常用的药粥方；明代李时珍在《本草纲目》中选载了药粥62方，分别指出其具有健脾、开胃、补气、宁神、清心、养血等功效。有些记载粥方的医籍，还列出药名、药汤煮粥法、粥兑药汁法等。通过科学的煮制，不仅提高了药粥的疗效，还改善了食用的口感。据不完全统计，中国医学史籍、文学、地方志中记载的药粥方已有上千种。其中清代黄云鹄所著《喇谱》一书，共收载粥方247个，是目前所发现的记载粥方最多的一份资料。可以说药粥不仅与食疗同源，而且从一开始它就是中医食疗的一支正规军，在人类与疾病作斗争的漫长历史中，自始至终发挥着极其重要的作用。中国有着源远流长的食粥历史，中国人深知以粥疗疾、以粥养生的功效，并流传至今，家喻户晓。今人还总结了很多粥疗口诀，更便于养生疗疾。如《益寿文摘》1998年3月载有李子云先生所引《粥疗歌》，《饮食科学》2000年第8期所载诸双林先生的《粥疗歌》，各概括了近20种药粥的疗效，具有参考价值。

在我国古代，食粥还与许多传统节日紧密相连，如每年正月十五有以膏粥（以油膏加于豆粥之上）祭祀门神和蚕神之俗；在寒食节，有食冷粥以纪念介之推之俗；每年腊月二十五，有合家吃“口数粥”以驱疫鬼、祈求万福（其意义相当于今天的团年饭）之俗。而对今世影响最大的恐怕要数腊八粥了。

如果说在古代，粥的意义和价值主要针对人们的健康，那么现代社会美食范畴已大大拓宽，餐饮概念日新月异，人们对粥为什么还那样依恋、那般痴迷呢？

请看一位作家对喝粥的描述：我惊奇地注意到碗里的粥，米粒烂开了，成为絮状，粥与水几乎不分。我先尝了一口，奇异更甚。淡淡的清甜，初始感觉不到粥粒的存在，未等下咽，粥突然自己滑了进去，然后就一下子没了。于是连吃几口，果然不一般。我把粥里的配料翻出来看看——只见有猪肝、粉肠、猪肚、猪腰、肉丸、葱花、姜丝。从表面看是看不出什么奇怪之处的，当我喝下去的时候，便觉得直透七窍，再细嚼几口，满嘴暗香萦绕……

如果说文人喜欢夸张，对于粥的描述免不了多一些溢美之词，那么再读一读这首《南粤粥疗歌》，就知道平民对粥的朴实诠释了。

要想皮肤好，粥里加红枣。

若要不失眠，煮粥添白莲。

心虚气不足，粥加桂圃肉。

消暑解热毒，常食绿豆粥。

乌发又补肾，粥加核桃仁。

梦多又健忘，粥里加蛋黄。

联合国规定的长寿地区标准是每百万人口中有百岁老人75位，而在江苏如皋市的145万人口中，百岁老人已达172位，90岁以上的老人更超过4000位！专家认为，这与如皋地区“二粥一饭”的独特饮食习惯有关，如皋百岁老人中74%的人每天早晚吃粥，因为吃粥可以减少热量的摄入，防止肥胖，可有效抑制高血压、心脏病、糖尿病的发生。

饮食习惯差异是由文化内涵决定的，而文化内涵的特色归根结底是性情的不同造成的，如同南北方的粥。南方的粥绵软细腻，花色繁多，凡是能做菜的物品都可以入粥，小火慢慢熬制，香气四溢，用青花小瓷碗盛，配以清淡的小菜，再一点点细啜下去，是一种婉约到了极致的风情。在广州、潮州、福州等沿海地区，粥堪为主食。在广东，粥是南粤极具特色的传统美食，因海鲜之利，其丰富和鲜美是他处难以比拟的。北方的粥则略显粗放，多用五谷杂粮，熬煮过程也稍嫌简单。盛粥的器具常为厚重结实的海碗，而粥本身多有清汤。粥如其人，其总是让我们想到南方女子的温婉细致，想到北方汉子的豪放大气，简洁明快。而今，粥又有了新吃法——粥底火锅，始于南方，在北方也逐渐盛行。以粥为锅底，包容众多食物，既有涮锅的乐趣，也不乏喝粥的畅快；又因为是一次性锅底，也没有喝火锅汤那么多的忌讳，确实别有滋味。在广东佛山，还有一种砂锅粥，多用新鲜蔬果和山珍海味入粥，兼取砂锅的本味，鲜美之致；中山特有的蟾蜍粥，虽听来吓人，却也是营养丰富的人间美味。

然而，在中国文化千百年的不断融合与同化中，粥文化及其口味也在不断交

融并彼此影响，最终形成了南北粥各有特色却又不乏统一的现状——营养和美观开始成为粥最为重要的元素。据北京宏状元的高先生介绍，现在熬粥多用糯米，南方糯米甜软熟烂，特别适合煮粥，别有一番风味；熬煮的时间也越来越长，至少需要小半日的火候，用小火将菜料里的滋味一点点地煮进粥里，将米和菜的香味各自发散开来。菜与粥的滋味相辅相成，水与米难分彼此，浑然一体。如清代袁枚《随园食单》："见水不见米，非粥也；见米不见水，非粥也。必使米水融合，柔腻如一，而后谓之粥。"如此方是煮粥的最高境界。而南方下粥的小菜也渐渐丰盛，有荤有素，如四川的全粥店，融合了川菜和地方小吃，菜品竟有上百种之多。各式各样的粥和菜搭配，互为衬托。

随着信息的流通，市场的开放，中国的粥文化已被全世界广泛接纳和认可。韩国首尔的松竹粥铺无人不晓、无人不知，店面虽旧，却总是门庭若市，蘑菇牡蛎粥一碗 6000 韩元，菜粥一碗 5000 韩元，鲍鱼粥一碗竟售价 1.2 万韩元，光是蛋粥所需的鸡蛋一天就要用 300 多个！

近年来，粥在日本也广受欢迎。过去日本人只有生病时喝粥，如今粥已成了他们最理想的健康食品，许多女性把粥当成了理想的夜宵和早餐主食，超市还出现了十分畅销的真空包装粥。

今天，即使是麦当劳这样的快餐巨头，也不得不放下架子，在美式的铺子里卖起了中国粥。尽管如此，粥仍是中国人的最爱，粥只有立足中国才能拥有更深厚的土壤和更广阔的空间。

第三节　豆腐文化

豆腐是我国的传统食品。《清异录》称其小宰羊；苏轼诗称其软玉；陆游诗称其藜祁、犁祁；《稗史》称其豆脯；《天禄识余》称来其；《庶物异名录》称其菽乳。并有没骨肉、鬼食等异称。在一些古籍中，如明代李时珍的《本草纲目》、叶子奇的《草目子》、罗颀的《物原》等箸作中，都有豆腐之法始于汉淮南王刘安的记载。中国人首开食用豆腐之先河，在人类饮食史上树立了嘉惠世人的丰功伟绩。

一、豆腐简史

豆腐是中国人发明的，最早的记载见于五代陶谷（903～970 年）所撰的《清异录》"小宰羊"条。另有一说为公元前 2 世纪淮南王刘安所创制，此说源于明代李时珍的《本草纲目》等书。此外，还有周代说、战国说、汉代说等不同说法。考古学界有人认为在河南富县打虎山汉墓发现的画像石，有制豆腐的全过程图，推断汉代已有豆腐，最迟当系汉代创制。宋代，豆腐已逐渐普及，并见于食谱。如司膳内人《玉食批》"生豆腐百宜羹"，《山家清供》"东坡豆腐"，《渑水燕谈录》"厚朴烧豆腐"，《老学庵笔记》"蜜渍豆腐"等。自宋代起，历代均有赞颂豆腐的诗文。清代袁枚说"豆腐得味胜燕窝"。元明间豆腐传往日本、印度尼西亚等地，清代传至欧洲。现在，豆腐在日本、美国等地深受重视，并被视为健康食品。在中国，豆腐生产遍及全国各地，已由作坊手工操作发展到工厂机械化流水线生产。

豆腐营养丰富，口感柔润，是人人喜爱的家常菜。豆腐为中国人所发明，并通过数千年的衍化，融入包容万象的哲理，也演绎出源远流长的“豆腐文化”。

古往今来，古今诗人文豪曾留下了许多题咏豆腐的诗文。唐诗中有“旋乾磨上流琼液，煮月锅中滚雪花”的诗句，南宋爱国诗人陆游曾咏道“拭磨推碾转，洗釜煮黎祁”。宋朝著名学者朱熹诗云：“种豆豆苗稀，力竭心已苦，早知情有术，安坐获帛布。”描述了豆农的辛苦劳累，希望他们“早知情有术”而把大豆加工成豆腐，以便获得更多的经济效益。元代有一首咏豆腐的长诗，其中一段是写豆腐的制作过程：“戎菽来南山，清漪浣浮埃。转身一旋磨，流膏入盆来。大釜气浮浮，小眼汤洄洄。倾待晴浪翻，坐见雪华皑。青盐化液卤，绛蜡窜烟煤。霍霍磨昆吾，白玉大片裁。烹前适我口，不畏老齿摧。”明代诗人苏秉衡曾赞美道“使得淮南术最佳，皮肤褪尽见精华，一轮磨上流琼液，百沸汤中滚雪花……”清代诗人李调元《童山诗选》对豆腐及其制品的动人描述，更给人以美的享受，诗云：“家用为宜客非用，舍家高会命相依。石膏化后浓如酪，水沫挑成皱成衣……近来腐价高于肉，只恐贫人不救饥。不须玉豆与金笾，味比佳肴尽可损……”

在当代文学史上，豆腐成为许多小说、散文中的得意之笔。作家老舍在《骆驼祥子》中有很多祥子吃豆腐的描绘，如“歇了老大半天，他（祥子）到桥头吃了碗老豆腐，醋、酱油、花椒油、韭菜末，被热的雪白的豆腐一烫，发出香美之味，香得祥子要闭住气”。浩然在长篇小说《艳阳天》中写下的饭馆场面也非常生动，如“有的结伴，在一起吃着炒鲜豆角或者熘粉皮烩豆腐，一边‘吱儿咂’地喝着酒”。鲁迅在小说《故乡》中对“豆腐西施”那个女人出神入化的描写，特别感人。作家茅盾在散文《卖豆腐的哨子》中这样描绘：“早上醒来的时候，听得卖豆腐的哨子在窗外呜呜地吹。”梁实秋在散文《忆张自忠将军》中写道“他招待我们一餐永远不能忘的饭食……四碗菜是以青菜豆腐为主，一只火锅是以豆腐青菜为主”。朱自清的散文《冬天》：“说到冬天，忽然想到豆腐。是‘小洋锅’（铝锅）白煮豆腐，热腾腾的水滚着，像好些鱼眼睛，一小块，一小块豆腐养在里面，嫩而滑，仿佛反穿的白狐大衣。”豆腐已俨然成为环境与人物描写必不可少的凭借物。歌咏豆腐的诗篇也很多，如木斧的《豆腐颂》和谢辉煌的《献豆腐的老乡》等，都是值得一读的好诗。

熟语“是伴随着语言史发展的脚步和语用跳动的脉搏，由使用该语言的整个社会力量对语言财富进行创造性劳动的成果，是汉民族语言的精华”，“蕴含着汉民族人民对客观事物的认识和文化观念”。除了饮食领域外，在中国的传说和民俗中也流传了不少与“豆腐”有关的佳话，与“豆腐”有关的熟语广为流传，形成了别具特色的文化熟语。人们常用“刀子嘴，豆腐心”形容那些说话强硬尖刻，但心肠和善慈软的人。“刀子嘴，豆腐心”用对比的手法鲜明地突出了豆腐“软”的特性。“软”是豆腐的最大特性，所以自然而然地将“软”与豆腐等同起来，甚至用它指代具有软性的一切事物，如豆腐补锅——不牢靠，豆腐垫鞋底——一踏就软，豆腐做匕首——软刀子等。“小葱拌豆腐——一清二白”含义丰富，既可以用来表示清楚明白、毫不含混，也可表示清楚不出差错，或指人与人的关系明白等。然而，“小葱拌豆腐——一清二白”在中国还有着其他熟语所没有的深刻内涵，不仅被不同文化层次的人使用，而且所强调的语义内容几乎成了整个中华民族人格的象征。正如《中国娃》中所唱的：“最爱吃的菜是那小葱拌豆腐，一清二白，清清白白，做人也像它。”“豆腐”熟语是劳动人民在长期的语言活动中反复加工锤炼而成的，触及人们生活的每一个角落，是人民群众社会生活经验的总结，表现出了非常强烈的民族特性；涵盖了中华民族的人格精神，对中国文化起到了传承和保存作用，有着极其突出的效用。

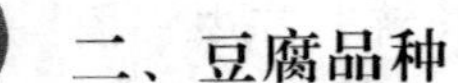

二、豆腐品种

豆腐是中国人民食用最广、最大众化的烹饪原料之一，全国各地广有制作，名产、特产亦多，如安徽寿县“八公山豆腐”、山东“泰安豆腐”、湖北“房县豆腐”、广东英德“九龙豆腐”、湖南“富田桥豆腐”、陕西“榆林豆腐”、江苏淮安“平桥豆腐”、浙江丽水“处州豆腐”等，不胜枚举。有人将它分为北豆腐、南豆腐两大类群，其区别大致为：北豆腐又称老豆腐，以盐卤（氯化镁）点制，水分较少，色乳白，味微甜略苦，烹调时宜用厚味久炖，包括煎、塌、贴、炸及做馅等；南豆腐又称嫩豆腐，以石膏（硫酸钙）点制，水分达90%，色雪白，质细嫩，味甘而鲜，烹调时宜拌、炒、烩、汆、烧及做羹等。

豆腐质地细腻洁白，具有多种软嫩度，自身无显味，可与荤素各种原料配用，适于多种工艺加工（包括瓤式菜、丸式菜、糕式菜等）和烹调法，宜于各种调味（包括甜菜），烹调应用十分广泛。可用于制作主食、菜肴、小吃及馅料。制作菜肴时，可将其做成冷菜、热炒、大菜、汤羹、火锅等菜式，也可用作馅。以豆腐制作的菜肴达数千种，既可做“小葱拌豆腐”、“白菜熬豆腐”等家常低档菜；又可做宴席菜。有些菜品已形成地方名菜或世界名菜，如四川“麻婆豆腐”；江苏“镜箱豆腐”、“三虾豆腐”；山东“锅塌豆腐”、“三美豆腐”、“黄龟豆腐羹”；北京“朱砂豆腐”；湖北“葵花豆腐”；上海“炒百腐松”；浙江“砂锅鱼头豆腐”；安徽“徽州毛豆腐”；湖南湘潭“包子豆腐”；江西“金镶玉”；福建“发菜豆腐”、“玉盏豆腐”；广东“蚝油豆腐”；山西“清素糖醋豆腐饺子”；吉林“砂锅老豆腐”；河南“兰花豆腐”；广西“清蒸豆腐圆”及素菜“口袋豆腐”；孔府“菜品豆腐”，等等。有些烹调师专门研究豆腐菜，甚至创制了“豆腐宴”，用豆腐制作的小吃也很多，如长沙“火宫殿臭豆腐”、贵州“苗家豆腐丸子”、天津“虾子豆腐脑”、山东泰安“泰山豆腐面”、陕西汉中“菜豆腐”、杭州“菜卤豆腐”等。豆腐有豆腥味，烹调前用汁水汆一下或蒸一下即可。此外，还可制成冻豆腐食用，别有风味。

随着豆腐制作工艺的日益现代化，海内外不断出现豆腐新品种，如豆腐粉、豆腐冻、球形豆腐、海绵豆腐、液体豆腐和蔬菜豆腐、鸡蛋豆腐、咖啡豆腐、海藻豆腐、牛奶豆腐、维生素强化豆腐等。

豆腐已有2000多年的历史，制作工艺不断发展，品种日益繁多，豆腐菜肴日益丰富。在我国有南豆腐、北豆腐、老豆腐、嫩豆腐、板豆腐、圆豆腐、水豆腐、冻豆腐、包子豆腐等不同，但都为豆腐的鲜货制品（包括豆腐干、豆腐皮、豆腐脑等）；豆腐的发酵制品有臭豆腐、腐乳、长毛豆腐等，这都是我国人民的传统副食品。豆腐蕴涵着丰富的文化内涵，豆腐品尝的方法和感受，豆腐的精神和品质，构成了独特的“豆腐文化”，在我国文学艺术的历史长河中，是渊远流长的彩色溪流，为后人留下了许多璀璨夺目的美好诗篇和脍炙人口的上乘之作。豆腐文化，是以豆腐为载体，以豆腐的独特品味、丰富营养、风格品质、蕴涵哲理、历史渊源等为基础，由饮食渗透到人类精神领域的一种文化，是美食文化中一朵瑰丽的奇葩。

当今，豆腐及其制品不仅是国人的常用食品，并已远出国门，风靡世界。当美国炸鸡、牛排吸引着别国居民的时候，中国的传统食品——豆腐则以其独具的魅力进入美国市场，以其高蛋白、低脂肪、低热量、低胆固醇的突出优点而成为公认的理想食品，受到美国人的青睐。在过去10年中，美国豆腐销量每年递增15%。1990年其豆制品销售额已突破10亿美元。1987年美国有300多家以生产豆制品为主的工厂，其中生产豆腐的就有200多家。

美国人喜欢在豆腐上加一些作料，或凉拌，或热煎，或做馅，制成色香味俱佳的快餐食品。一些专营豆腐食品的快餐店，甚至有“豆腐烤鸭”和“豆腐结婚蛋糕”，以及一应俱全的豆腐婚宴。《华盛顿明星报》称豆腐将像奶酪一样，成为美国人最喜欢的食品之一。美国《经济展望》杂志还预言，未来的10年，最成功而又最有市场潜力的并非汽车、电视机或电子产品，而是中国的豆腐。在这股豆腐热中，美国旧金山一位豆制品专家撰写的《豆腐》一书，销量已突破45万册。美国农业部生科教局出版的《用简便方法生产的豆制品》一书中，首篇就介绍了中国的豆浆和豆腐。而“TOFU”（豆腐）一词已作为新的外来语被收入英语词典。

日本在第二次世界大战后，豆腐业发展迅速，豆腐品种五花八门，令人目不暇接，有普通豆腐、绢滤豆腐、合豆腐、鲜红色的草莓豆腐、米黄色的芝麻豆腐、碧绿色的菜汁豆腐，以及加有花生仁或米仁成分的营养豆腐，使各种营养成分得到更好组合。在销售上便利居民，无论是在超级市场，还是在夫妻小店，都能买到豆腐，尤其值得称道的是其包装材料不断更新，技术越来越先进，如无菌包装的豆腐在常温下可保存1周以上；用长效无菌纸容器包装的豆腐在常温下可保存2个月至半年，在10℃下可保存1年。这样，便可以将豆腐做长途运输，远销欧美。

第四节　调味料文化

古人云“民以食为天，食以味为先”。可见调味品在中国饮食文化中的重要地位。“味”是能引起特殊感觉客观存在的某种呈味物质。在日常生活中，人们习惯将菜肴之味称为“滋味”、“口味”、“味道”。它是食物中的呈味物质溶于唾液或食品汁入口后，经过舌表面味蕾的味孔进入味管，刺激细胞，并经味神经传至大脑中枢神经而产生的一种生理感觉。

从古籍文献看，中国人的饮食调味文化史有5000多年。中国人使用调味品的最早史料记载见于《尚书》、《周礼》等。《周礼·天官》中有“凡和，春多酸，夏多苦，秋多辛，冬多咸，调以滑甘”的记载，说明当时的人已经知道调味品与季节的关系。

中国人的调味之道是“五味调和”。人们不仅认识到五味可饱享口福，而且还意识到调味品对健康的重要作用。在古代称调味为调和，并对此极重视。如《黄帝内经》:“谨和五味，骨正筋柔，气血以流，腠理以密……谨道如法，长有天命。”为了达到这个目的，在长期的饮食活动中，发现和选择出大量的调味品，如葱、姜、蒜、花椒、醋等。这些调味品不仅鲜香味美、风味独特，而且具有不同的去腥除膻、矫味辟秽的作用，同时还有杀菌解毒、开胃健脾、促进消化的药理功能，在中国饮食文化史上占有一定的位置，丰富和发展了调味品。

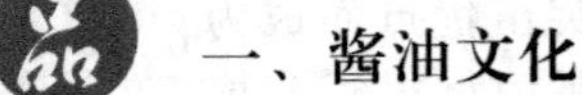

一、酱油文化

酱油是把豆、麦煮熟使其发酵，然后加盐酿制而成的液体调味品。呈红褐色，有独特酱香，滋味鲜美，有助于促进食欲，是中国的传统调味品。

酱油最早是由中国发明的。在距今2000多年前的西汉，中国就已普遍酿制和食用酱油了，此时其他国家还没有酱油。但考虑到酱油和酱的制造工艺是极其相近的，而中国在周朝时就已发明了酱，所以酱油的发明应远在汉代之前。酱存放时间久了，其表面会出现一层汁，人们品尝这种酱汁后，发现它的味道不错，于是便改进了制酱工艺，特意酿制酱汁，这大概就是最早的酱油诞生过程。

古代酱油

酱油是从豆酱演变发展而成的。中国历史上最早使用“酱油”名称的是宋朝，林洪著《山家清供》中有“韭叶嫩者，用姜丝、酱油、滴醋拌食”的记载。此外，古代酱油还有其他名称，如清酱、豆酱清、酱汁、酱料、豉油、豉汁、淋油、柚油、晒油、伏油、秋油、母油、套油、双套油等。制作酱油时，黄豆的蛋白质经发酵分解为氨基酸，其中的谷氨酸又与盐作用生成谷氨酸钠。谷氨酸钠实际就是今天的味精，所以酱油具有一种特殊的鲜美味道。公元755年后，由于对外交流的增多，中国的酱油酿制技术随鉴真大师传至日本。后又相继传入朝鲜、越南、泰国、马来西亚、菲律宾等国，并在这些地方形成了富有民族风味的酱油。

大约在1835年前后，在英国驻印度孟加拉殖民地政府任职的桑兹勋爵返回英国时，他把一张从孟加拉带回的印度酱油配方交给了伍斯特郡的化学技师里德和佩林斯。工人按方配好后尝了一点，觉得味道并不好，于是便装入罐中藏入地窖。过了一段时间，桑兹勋爵问及此事，两位化学技术师才从地窖中找出酱油罐，意外发现其味甚佳，有甜、咸、辣、鲜之味。后来，里德和佩林斯申请将这种具有原英国酱油所没有的独特风味的调味品制成商品出售，并命名为“伍斯特郡味汁”，这便是后来流行于欧美的辣酱油。

二、盐文化

西汉时期，东台先民“煮海生盐”，开始撰写“盐文化”的灿烂历史。东台如今尚存“安、灶、撇”等地名，皆与煮盐历史有关。先后在此任盐官的北宋三名相晏殊、吕夷简、范仲淹艰苦创业，千载流芳。其中范仲淹重修的捍海堰——范公堤，工程浩大，名标青史。沿堤而建的富安、安丰、梁垛、东台等集镇，如今已发展成为重要的历史文化名镇。

因为有了盐及其丰厚的盐文化底蕴，乾隆年间，东台由一个普通小镇升格为一县治所。“天下财富之巨，首推两淮，两淮之富，又数扬州，扬州之根，又在东台”，说明盐文化孕育下的东台在历史上有过极其辉煌的一页，时有“小扬州”之称。

在中国文学史上，明末清初曾出现一位著名的盐民诗人，他就是号称布衣诗人的吴嘉纪。吴嘉纪，安丰场（今东台市安丰镇）人，字宾贤，号野人，生于明万历四十六年（1618 年），卒于清康熙二十三年（1684 年）。他出身清贫，年轻时烧过盐，家无余粮，虽丰年常断炊，但不以为苦，喜读书做诗，好学不倦，曾应府试，但因亲见明王朝覆灭，清兵南下，居民惨遭屠杀，遂绝意仕途，隐居家乡，以布衣终身。由于长期生活在贫民中间，亲身体验了官吏、盐商对灶民的剥削和频繁的水灾、军输对灶民的侵害，对此，他终日把卷苦吟，从而写出了大量反映社会黑暗、民不聊生的诗篇。他的诗以其真实而深刻的内容和高度概括的手法，反映了当时劳苦大众苦不堪言的生活困境和自己的思想感情。例如，他在描写盐民生活的《绝句》诗中写道：“白头灶户低草房，六月煎盐烈火旁。走出门前炎日里，偷闲一刻是乘凉。”吴嘉纪的夫人王睿，是个甘守贫困、志趣高洁的女词人。她是明代著名“泰州学派”创始人王艮的后裔。王睿自幼聪明好学，继承了王艮质朴的唯物论和平民思想，勤于作词。与吴嘉纪结为夫妇后，志趣相投，吴嘉纪将自己的诗集题名为《陋轩诗》，王睿也将自己的词集题名为《陋轩词》，一诗一词，珠联璧合，为时人所推崇。

三、醋文化

醋是我国传统的调味品，产地多，品种丰富。贾思勰《齐民要术》中所载醋名就有 20 余种。早在清代，山西老陈醋、阆中保宁醋、镇江香醋、福建水春香醋就被称为“中国四大名醋”。现在醋已作为一种文化现象深深地融入中华民族的文化之中，形成了独具风格的醋文化。

中国是醋的故乡，在我国有着悠久的历史。我国是世界上最早用谷物酿醋的国家。前人有句话叫做“开门七件事，柴米油盐酱醋茶”，说明自古以来醋就在我国人民生活中占有重要的地位。

据传说，在古代的中兴国（今山西省运城县）有个叫杜康的人发明了酒，他儿子黑塔也跟他学会了酿酒技术。后来，黑塔率族移居现在的江苏省镇江。在那里他觉得酒糟扔掉可惜，就浸泡在缸里存放起来。放到了二十一日的酉时一开缸，一股未曾遇到的香气扑鼻而来，在浓郁香味的诱惑下，黑塔禁不住尝了一口，酸甜兼备，味道很美，便储藏起来做调味酸浆，这种调味浆叫什么名字呢？他想正值第二十一日的酉时，就用二十一日加酉字来命名这种调味酸水，即为“醋”字。据说直到今天镇江恒顺酱醋厂酿制一批醋的期限还是21天。

国人酿醋约有3000多年的历史，公元前1058年的《周礼》中就有记载。周朝时朝廷设有管理醋政之官——“醯人”。南北朝时醋被视为奢侈品，用醋调味成为宴请档次的一条标准。唐宋时制醋业有了较大发展，醋进入了百姓之家。公元前479年晋阳（太原）城建立时就有一定规模的醋作坊（郝树侯考证）。公元5世纪的著名农学家贾思勰在《齐民要术》中对醋等发酵制品的工艺方法作了详细记述。明清时，酿醋技术出现高峰，洪武初年（1377年）朱元璋的孙子宁化王朱济焕创建了著名醋坊“益源庆”，专门酿制宫廷食醋。清初顺治年间（1644～1661年），山西王来福创办了“美居和”作坊，不断创新，采用夏伏晒、冬捞冰的方法增加醋的酸味和风味，将隔年陈酿醋定名为“老陈醋”。之后在“淋醋”工序之前增加“熏制”工艺，改白醋为熏醋，其风味发生了质的变化，香气倍增，色泽浓郁。王来福还参照汾酒酿造技术，选用当地最好的高粱做原料，总结出一套高粱酿醋的工艺方法，至今仍被老陈醋生产企业所保留。

我国地域辽阔、物产丰富、南北气候不同，各地按照其历史、地理、物产和习惯，在长期的生产实践中创造出多种富有特色的制醋工艺和品牌食醋，如山西老陈醋、镇江香醋、福建红曲老醋、四川保宁麸醋、江浙玫瑰醋、喀左陈醋、北京熏醋、上海米醋、丹东白醋、四门贡醋等著名食醋。我国传统食醋的酿造工艺在选料和操作方面各具特色，但与国外制醋工艺相比有如下共同特点：以谷物类农副产品为主料（如高粱、糯米、麸皮等），以大曲或药曲为发酵剂，大多采用边糖化边发酵的（“双边发酵”）固态自然发酵工艺，发酵周期长，酸味浓厚，酯香浓郁，并采用陈酿或熏醅方法强化了食醋的色香味体。晋代著名博物家张华与陆机交情深厚，一日陆机曾以人馈白鱼美鲊宴请张华，张华建议应当“以苦酒濯之”后食。“苦酒”，即为醋，有解腥生香的作用，故海鲜一类生腥味重食品宜用醋佐食。“晒苔菜：以春分后，摘苔菜花，不拘多少，沸汤焯过，控干；少用盐，拌匀良久，晒干，以纸袋收贮。临用汤浸，油、盐、姜、醋拌食”。这是醋作为调味品最简捷也最普遍的用法。此外，醋很早就被中国人作为饮料而用。隋朝初年，长安有一首民谣：“宁饮三斗醋，不见崔弘度；宁炙三斗艾，不逢屈突盖。”崔弘度，史载其为人素“性严酷”，隋文帝开皇年间（581～600年）任襄州总管，“御下极严，动则捶罚，吏人聋气，闻其声，莫不战栗。所在之处，令行禁止，盗贼屏迹”。以醋为饮料，可以说是中国的一个传统。当代各种“饮料醋”、“保健醋”、“美容醋”、“健胃醋”等非调料饮品醋相继进入市场，并越来越得到人们的青睐。

醋的疗疾药用，应当是中国醋文化的一大历史特征。李时珍《本草纲目》一书所录的用醋药方就有30多种。李时珍关于在室内蒸发醋气以消毒的记载，至今用以防止流感等传染性疾病。据说，战国名医扁鹊认为醋有协助诸药消毒疗疾的功用。东汉·张仲景《金匮要略》记载其：“散瘀血，治黄疸、黄汗。”东汉·刘熙《释名》：“醋，措也，能措置食毒也。”晋·葛洪《肘后备急方》：“痈疽不

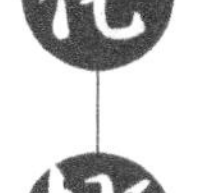

溃，苦酒和雀屎如小豆大，傅疮头上，即穿也。”“牙齿疼痛，米醋一升，煮枸杞白皮一升，取半升，含漱即瘥”。“面黯雀卵，苦酒渍术，常常拭之”。南朝梁·陶弘景《名医别录》：“醋酒为用，无所不入，愈久愈良……”“醋，消痈肿，散水气，杀邪毒”。唐·孙思邈《备急千金要方》：“身体卒肿，醋和蚯蚓屎傅之。”“霍乱烦胀，未得吐下，以好苦酒三升饮之”。“舌肿不消，以酢和釜底墨，厚傅舌之上下，脱则更傅，须臾即消”。“鼻中出血，酢和胡粉半枣许服。又法：用醋和土，涂阴囊，干即易之”。“塞耳治聋，以醇酢微火炙附子，削尖塞之”。“服硫发痈，酢和豉研膏傅之，燥则易”。“蠼螋尿疮，以醋和胡粉傅之”。“鬼击卒死，吹醋少许人鼻中”。“乳痈坚硬，以罐盛醋，烧热石投之二次，温渍之。冷则更烧石投之，不过三次即愈”。唐·孟诜《食疗本草》：“醋磨青木香，止卒心痛、血气痛。浸黄檗含之，治口疮。调大黄末，涂肿毒。煎生大黄服，治痃癖甚良。”唐·昝殷《食医心境》：“蝎刺螫人，酢磨附子汁傅之。”唐·许孝宗《箧中方》：“蜈蚣咬毒，蜘蛛咬毒，醋磨生铁傅之。”唐·王焘《外台秘要方》：“白虎风毒，以三年酽醋五升，煎五沸，切葱白三升，煎一沸漉出，以布染乘热裹之，痛止乃已。”“足上转筋，以故绵浸醋中，甑蒸热裹之，冷即易，勿停，取瘥止”。“腋下胡（狐）臭，三年酽酢和石灰傅之”。“疬疡风病，酢和硫黄末傅之”。“汤火伤灼，即以酸醋淋洗，并以醋泥涂之甚妙，亦无斑痕也。狼咽入口，以醋少许饮之”。唐·陈藏器《本草拾遗》：“治产后血运，除症块坚积，消食，杀恶毒，破结气、心中酸水痰饮。”五代宋·田日华《大明日华本草》：“下气除烦，治妇人心痛血气，并产后及伤损金疮出血昏运，杀一切鱼、肉、菜毒。”北宋·唐慎微、曹孝忠《证类本草》云醋“能理诸药毒热”。北宋·陈元靓《事林广记》：“中砒石毒，饮酽醋，得吐即愈，不可饮水。”“食鸡子毒，饮醋少许即消”。宋·张杰《子母秘录》：“足上冻疮，以醋洗足，研藕傅之。胎死不下（月未足者），大豆煮醋三升，立便分解。未下再服。”元·艾元英《如宜方》：“霍乱吐痢，盐、醋煎服甚良。”元明间赵宜真《济急仙方》：“浑身虱出，毒蜂伤螫，清醋急饮一二碗，令毒气不散，然后用药。”

除了调味、疗疾、保健饮品之外，醋还被广泛用于以下几个方面：烹调时调味以外的某种效果，如煮海带时滴几滴醋可以使海带变得柔软可口；老腱的牛羊肉久煮难烂，滴入些许醋既解膻又易烂；炒马铃薯丝时放些醋，可以使薯丝酥爽惬意；用醋初加工畜类脏器，可以除其顽固异味；饮酒过量之后，喝上几口醋有助于醒酒解酒；许多生活用具可用醋擦洗以除污垢、去异味；洗衣、理发等也可用醋。由于人们对酸认识的不断深化，表示酸味不同程度的词义也就相应出现了，于是“酢”就有了表达“不适口”酸味的含义。“酢败”，用于酒变质有了酸味；“酸而不酢”，是指“可口的酸味”，等等。

作为文化的外张延伸，在现实生活中，人们还经常使用“吃醋”、“醋意”、“醋劲儿”、“吃干醋”等类词形象说明因妒忌心理而表现出来的情绪、行为，而且多数情况下是指男女感情之间的排他性。从历史文献上看，这种语意的出现大概可以追溯到唐代。史传唐太宗名相房玄龄妻卢氏妒忌甚重，“玄龄微时，病且死，诿曰：‘吾病革，君年少，不可寡居，善事后人。’卢泣入帷中，剔一目示玄龄，明无他。会玄龄良愈，礼之终身”。卢氏曾被稗史野记记载为有名的妒妇。传说，一次，太宗李世民赏了几个美女给房玄龄，但是房玄龄却惧内不敢接受。

于是这位皇帝就派人给卢氏送去一壶毒酒，同时宣布旨意：妒忌为妇德之大亏，念其为重臣结发之妻，且其夫又恩爱与她，故给其最后一次选择的机会：同意房玄龄接受皇帝的赏赐，否则饮鸩受死！没想到，刚烈的卢氏竟不假思索地夺过酒壶一饮而尽！在中国封建制时代，一个女人为了把“第三者”关在门外，连付出自己的生命都能够无所顾忌，其悍烈决绝的程度无以复加。然而，这位剔目明志的卢氏并没有死，因为唐太宗不愿做历史留瑕的恶人，壶中装的是苦酒——醋！于是，卢氏“吃醋”不怕丢命的故事便有了名。《红楼梦》中明恋暗想宝二爷的女丫头晴雯姑娘听说袭人和宝玉要好，心中“不觉又添了醋意”。因为妒忌属于中国传统文化中被排抑的人性弱点，一个人若是有了妒忌之心是不便于直接公开表露出来的，这是关乎“修养”的大问题。但是，“妒忌是人性的弱点”，“妒忌之心人皆有之”，有而不能露，内心不免酸溜溜的。正是由于妒忌和“吃醋”都是不便于明言的内心的不舒服感觉，因此开始在公宴场合忌讳“吃醋”、“我要醋”、“××吃醋”的直白用语，如同人们忌讳进餐时把“要饭”（乞丐俗称“要饭的”）说成“添饭”一样。于是，“忌讳”一词就成了餐桌上和日常生活中“醋”的代名词。

醋是日常生活中极常见、极易得的便宜货，人们买醋一般多以一斤为单位，一斤醋通常也就是一瓶，“买一瓶醋”已经成了生活中的习俗。于是，有了用“半瓶醋”一词喻说或讽刺对某种知识技能一知半解不足用的人或事，如元无名氏《司马相如题桥记》文：“如今那街市上常人，粗读几句书，咬文嚼字，人叫他做半瓶醋。”在中国历史上，尤其是唐宋以后，读书人“学而优则仕”，社会出路渐趋狭窄，所谓“百不及一”绝不为过，明清两代更甚。于是，未能入仕的读书人的社会地位逐渐下跌，久而久之读书人的人格价位甚至心理自尊也渐趋下落。因此，迂腐、酸腐逐渐成了封建制时代读死书、死读书学子们的族群性格作风特征。于是，“酸腐”成了读书人人格特征的“专利”，“酸子”成了为数众多的沉寂落魄读书人的代名词。

总之，醋历尽千年沧桑，早已超越了调味品的范畴，已成为一种文化现象深深融入中华民族文化之中。

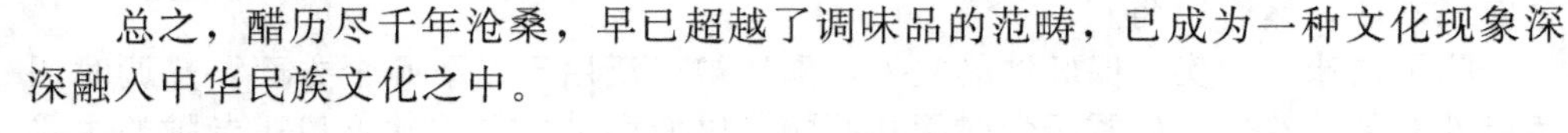

四、香辛料文化

（一）葱

我国是葱的故乡，栽培葱的历史已有3000多年了。早在《山海经》中就已有“北单玉山，多葱韭”的记载。北魏贾思勰《齐民要术》：“羊蹄七具，羊肉十五斤。葱三升，豉汁五升，米一升，口调其味，生姜十两，橘皮三叶也。”说明我国早在1000多年前已用大葱作为调味品。

葱，属百合科葱属，为多年生宿根草本植物。又称菜伯、和事草等。主要食用以叶鞘组成的假茎和嫩叶，是由野生种在中国驯化选育而成，后经朝鲜、日本传至欧洲。中国关于葱的记载始见于《尔雅》、《山海经》，此后《礼记》、《齐民要术》、《清异录》等古籍均有详细记载。葱主要分为大葱、分葱、细香葱、胡葱、楼葱、韭葱等。大葱，主产于秦岭淮河以北和黄河中下游地区，主要品种有山东章丘大葱、陕西华县谷葱、辽宁盖平大葱、北京高脚白大葱、河北隆尧大

葱、山东莱芜鸡腿葱、山东寿光八叶齐葱；分葱，又称四季葱、菜葱、冬葱，主产于长江以南地区，便于烹调，辛香味浓；细香葱、胡葱，主产于福建、两广地区；而楼葱、韭葱各地均有少量栽培。

葱

葱既是蔬菜又是调味佳品，荤菜、素菜的调制都少不了葱，家家必用，一日不可无葱。葱可增加菜肴的香味，又能去腥除膻，是烧制各种佳肴的必需之品。葱可生食，北方人喜食大葱蘸酱、大饼卷大葱。

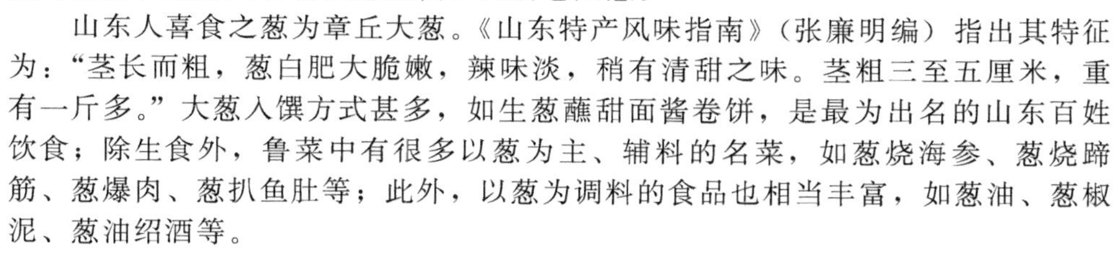

山东人喜食之葱为章丘大葱。《山东特产风味指南》（张廉明编）指出其特征为：“茎长而粗，葱白肥大脆嫩，辣味淡，稍有清甜之味。茎粗三至五厘米，重有一斤多。”大葱入馔方式甚多，如生葱蘸甜面酱卷饼，是最为出名的山东百姓饮食；除生食外，鲁菜中有很多以葱为主、辅料的名菜，如葱烧海参、葱烧蹄筋、葱爆肉、葱扒鱼肚等；此外，以葱为调料的食品也相当丰富，如葱油、葱椒泥、葱油绍酒等。

葱的营养价值较高，每 100 克鲜品含水分 92～95 克，碳水化合物 4.1～7 克，蛋白质 0.9～1.6 克，还含有维生素 C、胡萝卜素、磷和硫化丙烯。葱具有特殊的辛香辣味，是重要的解腥调味品。中医认为葱味辛、性温，能发表和里、通阴活血、驱虫解毒，对感冒、风寒、头痛、阴寒腹痛、虫积内阻、痢疾等有较好的治疗作用。

相传神农尝百草找出葱后，便作为日常膳食的调味品，各种菜肴必加香葱以调和，故葱又有“和事草”的雅号。广西合浦等地流行岁时“食葱聪明”的饮食风俗，说是每年农历六月十六日夜，人人取葱使小儿食，曰食后“聪明”。

（二）姜

生姜原产于中国及东南亚等热带地区，但至今未发现姜的野生类型。关于姜的具体起源地，目前仍说法不一：第一种意见认为，姜起源于印度与马来半岛。第二种意见认为，姜起源于中国。在我国南方山区有一种所谓的球姜，在西藏亚热带林区也分布有姜科的野生植物，似姜而辛辣味淡，全株均可食用，可能是姜的野生原始品种。因此，姜的原产地应为我国云贵高原和西部广大高原地区。第三种意见认为，姜的起源地可能是中国古代黄河流域和长江流域之间的地区。从历史资料看，有孔子“不撤姜食”的记载，意思是孔子常食用姜。从气候条件看，古代的黄河流域是森林茂密的温暖地区，有丰富的亚热带植物。姜传入欧洲的时间较早，16 世纪传到美洲，目前已广泛栽培于世界各热带、亚热带地区，但主要分布在亚洲和非洲。中国、印度和日本是种植姜的主要国家，欧美栽培极少。我国自古就种植生姜，如湖北江陵县出土的战国墓中就有姜，西汉司马迁所写《史记》中有“千畦姜韭其人与千户侯等”的记述，意思是某人如种一千畦姜，他就可以相当于一个具有千户农民为他交租的侯爵，这不仅说明我国种姜历史悠久，而且说明种姜有很高的经济效益，远在2000多年以前，生姜就已经成为一种重要的经济作物了。

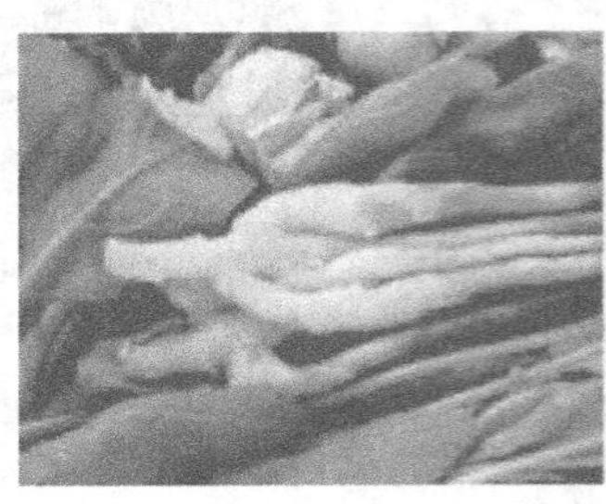

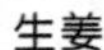

生姜

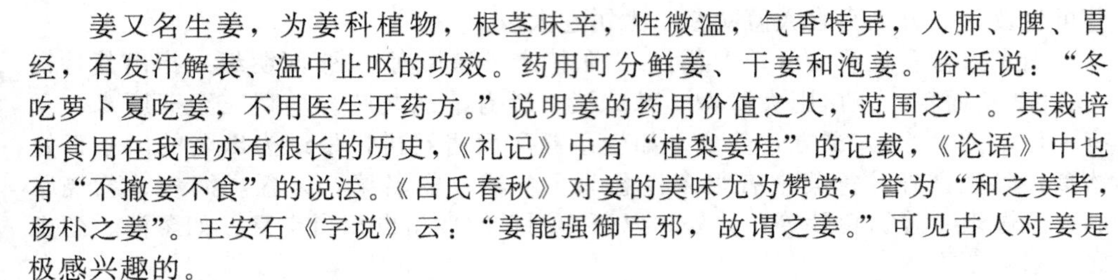

姜又名生姜，为姜科植物，根茎味辛，性微温，气香特异，入肺、脾、胃经，有发汗解表、温中止呕的功效。药用可分鲜姜、干姜和泡姜。俗话说：“冬吃萝卜夏吃姜，不用医生开药方。”说明姜的药用价值之大，范围之广。其栽培和食用在我国亦有很长的历史，《礼记》中有“植梨姜桂”的记载，《论语》中也有“不撤姜不食”的说法。《吕氏春秋》对姜的美味尤为赞赏，誉为“和之美者，杨朴之姜”。王安石《字说》云：“姜能强御百邪，故谓之姜。”可见古人对姜是极感兴趣的。

姜自古盛产于南方。北宋苏颂曰：“姜以汉温池州者为佳（汉州即四川成都，温州在浙江，池州指皖南贵池）。”直到明代，北方大多数州县尚未种姜或极少种姜。北方较普遍的引种姜的年代是在清代。山东名产莱芜姜迄今已有近百年的栽培历史。

作为调味品，姜是主要作料之一，辛辣芳香，溶解到菜肴中去，可使原料更加鲜美。李时珍在《本草纲目》中赞颂姜的美味：“辛而不荤，去邪辟恶，生啖熟食，醋、酱、糟、盐、蜜煎调和，无不宜之。可蔬可和，可果可药，其利博矣。”

作为调料，炖鸡、鸭、鱼、肉时放些姜，可使肉味醇厚。做糖醋鱼时用姜末调汁，可获得一种特殊的甜酸味。醋与姜末相兑，蘸食清蒸螃蟹，不仅可去腥尝鲜，而且可借助姜的热性减少螃蟹的腥味及寒性。故《红楼梦》中说道“性防积冷定须姜”。生姜，一年四季离不了，人们用之以开胃、消食，故俗语云“上床萝卜下床姜”。

姜不只是烹饪菜肴的调味佳品，其药用价值也早有记载，千百年来百姓常用其疗伤治病，价廉效著，显示出中国传统医药文化的宏大博深。《五十二病方》中就有“姜”、“干姜”、“枯姜”的记载。《神农本草经》列干姜为中品，并且称其“辛、温、无毒”，主治“胸满，咳逆上气，温中，止血”，“久服去臭气，通神明”，说明对其药性已经有了相当的认识。《名医别录》认为生姜有“归五脏，除风邪寒热，伤寒头痛鼻塞，咳逆上气，止呕吐，去痰下气”的功能。至于干姜炮制法，苏颂《图经本草》曰：“采（生姜）根于长流水洗过，日晒为干姜。”李时珍《本草纲目》也谓干姜“生用发散，熟用和中，解食野禽中毒”。使用生姜

的医家有很多，但深得生姜药理、药性真髓者还当首推医圣张仲景，其所著的《伤寒论》共载方 113 剂，其中使用生姜和干姜的方剂就有 57 剂之多，如温肺化饮、解表散寒的小青龙汤；发汗解表、清热除烦的大青龙汤；温肺清热、疏散水湿的越婢汤；温中祛寒、回阳救逆的四逆汤；温阳利水的真武汤；温中补虚、缓急止痛的小建中汤；温中祛寒、补益脾胃的理中汤；温肝暖肾、降逆止呕的吴茱萸汤；和解少阳的小柴胡汤；和胃降逆、开结除痞的半夏泻心汤，等等。这些处方均有生姜或干姜，都是至今临床仍在使用且非常有效的著名方剂。医圣张仲景的用姜经验，囊括了姜的温胃、散寒、降逆、止呕、行水、温肺止咳的药理作用，已成为中医药学临床用姜的法则。

生姜已有数千年的食用历史，在烹饪艺术和中医药学中具有一定的位置，同时它也是中国最古老的姓氏之一。

姜姓来源于远古的炎帝神农氏，许多文献如《元和姓氏》、《说文解字》、《新唐书》均有记载。《水经注》云："岐水，又东迳姜氏城南，为姜水。"作为"三皇"之一的神农氏，出生于陕西岐山西南方的姜水河畔，即以姜为姓，子孙世代相传。姜姓等 20 个古姓均起源于公元前 2000 多年前的母系氏族社会，是我国最古老的姓氏之一。与姜同为神农氏后裔的还有齐、甫申、吕、纪、许、向等姓氏。

传说中的炎帝，号烈山氏，亦即神农氏，因生于姜水（今陕西岐山县），便以姜作姓。姜姓在历史的演进中分布于华夏各地，在此过程中有的后裔改为别的姓氏。炎帝后裔伯夷被封于吕（今河南南阳县西），建立吕国。另外，姜氏后裔还建有申、许、齐等诸侯国。申国原居今陕西、山西间；许国在今河南昌东；齐国建都于今山东淄博市东北。根据《史记·周本纪》的记载，周族部落系古戎人的一支，为姜姓，也称姜戎，原在瓜州（今甘肃省敦煌西），逐渐东迁，公元前 638 年迁至晋南，属晋国。汉代居住在今山东、河南的姜氏在西汉以前已发展成为关东大族，至西汉迁至关中，此后居天水（今属甘肃）。唐代出现了九真（今越南清化省）姜氏。唐宋时期还分布于今河北、河南、江西、浙江、安徽、山东及广东，明清时期今山西、陕西、贵州、湖南、福建、湖北等省也有姜姓的聚居点。

（三）蒜

蒜又名荤菜，是一种味道鲜美的蔬菜和调味品。大蒜生吃香辣可口、开胃提神，不仅是人们常用的蔬菜之一，而且是常用的调味品。

蒜头

蒜苗

大蒜原产于亚洲西部高原，蔓延于中亚地区。张骞通西域，带回大量域外物种，大蒜就是其中之一。大蒜传入中国后，很快成为人们日常生活中的美蔬和佳料，作为蔬菜与葱、韭菜并重，作为调料与盐、豉齐名，食用方式多种多样。

西晋时，老百姓已常食大蒜。晋惠帝逃难时，曾从民间取大蒜佐饭。《太平御览》记："成都王颖奉惠帝还洛阳，道中于客舍作食，宫人持斗余粳米饭以供至尊，大蒜、盐、豉到，获嘉；市粗米饭，瓦盂盛之。天子啖两盂，燥蒜数枚，盐豉而已。"

南北朝时，食蒜趋于多见。《南齐书·张融传》载："豫章王大会宾僚，融食炙始毕，行炙人便去，融欲求盐、蒜，口终不言，方摇食指，半日乃息。"《齐民要术》记载了一种"八和齑"的制作方式，其中重要的一味原料就是大蒜。其云"蒜：净剥，掐去强根，不去则苦。尝经渡水者，蒜味甜美，剥即用；未尝渡水者，宜以鱼眼汤半许半生用。朝歌大蒜，辛辣异常，宜分破去心，全心用之，不然辣，则失其食味也"。制作中，"先捣白梅、姜、橘皮为末，贮出之。次捣粟、饭使熟，以渐下生蒜，蒜顿难熟，故宜以渐。生蒜难捣，故须先下"。由此可以看出蒜是八和齑的主味之一，为首选佳佐。

唐代食蒜之风大兴，好蒜者处处可见。《广五行记》载："唐咸亨四年，洛州司户唐望之冬集计至五品，进止未出间，有僧来觅……曰：'贫道出家人，得饮食亦少，以公名故相记，能设一鲙否？'司户欣然。既处置此鱼，此僧云：'看有蒜否？'家人云：'蒜尽，得买。'僧云：'蒜即尽，不可更往。'苦留不可。"这僧人本自讨鱼吃，却因为无蒜而不肯吃鱼，由此可见大蒜在当时人心目中的地位。

宋代人民食蒜烹制方法更多。浦江吴氏《中馈录·制蔬》就介绍了蒜瓜、蒜苗干、做蒜苗方、蒜冬瓜四种食蒜法。"蒜瓜"条云："秋间小黄瓜一斤，石灰、白矾汤焯过，控干。盐半两，腌一宿。又盐半两，剥大蒜瓣三两，捣为泥，与瓜拌匀，熬好酒、醋，浸着，凉处顿放。冬瓜、茄子同法。""蒜苗干"条云："蒜苗切寸段，一斤，盐一两。腌出臭水，略晾干，拌酱、糖少许，蒸熟，晒干，收藏。""做蒜苗方"条云："苗用些少盐，腌一宿，晾干。汤焯过，又晾干。上甘草汤拌过，上甑蒸之，晒干，入瓮。"宋人食蒜，或生食，或用于烹调。大蒜在食用方面的各种用途都已被宋人掌握。

元明时，人们烹蒜的手法较宋人更成熟，巧思出新，锦上添花。如明人高濂《饮馔服食笺》记载了"蒜梅"的做法："青硬梅子二斤，大蒜一斤，或囊剥净，炒盐三两，酌量水煎汤，停冷浸之。候五十日后卤水将变色，倾出再煎，其水停冷浸之，入瓶。至七月后食。梅无酸味，蒜无荤气也。"

清朝人食蒜，与现代几乎无差别，其烹制方式可分为南北两大派系。山东人丁宜曾《农圃便览》所记烹蒜法具有典型北方风味，如"水晶蒜"："拔苔后七八日刨蒜，去总皮，每斤用盐七钱拌匀，时常颠弄。腌四日，装磁罐内，按实令满。竹衣封口，上插数孔，倒控出臭水。四五日取起，泥封，数日可用。用时随开随闭，勿冒风。"无名氏《调鼎集》记载了江浙一带的烹蒜方式，如"腌蒜头"条云："新出蒜头，乘未甚干者，去干及根，用清水泡两三日，尝辛辣之味去有七八就好。如未，即将换清水再泡，洗净再泡，用盐加醋腌之。若用咸，每蒜一斤，用盐二两，醋三两，先腌二三日，添水至满封贮，可久存不坏。设需半咸半甜，一水中捞起时，先用薄盐腌一二日，后用糖醋煎滚，候冷

灌之。若太淡加盐，不甜加糖可也。”手法细腻，加工讲究。但总的来说，南方人的好蒜程度不及北方人，这大概是由于北方大蒜的种植面积和产量都远超过南方的原因。

蒜药食同源，备受医学界的重视。世界著名营养学家《维他命圣典》作者艾尔·敏德尔博士称：蒜制品将在未来百年成为全世界优选的长寿保健品，蒜制品对所有现代疾病几乎都具有保健和康复作用。近代研究发现大蒜具有很强的杀菌、抗真菌作用，可以治疗痢疾和急性肠炎，以及真菌感染性疾病。每天吃一些大蒜可以预防感冒。另外，大蒜还有防治高脂血症的功效。实验证明，大蒜还有一定的抗氧化和抗血小板聚集及降低血液黏稠度作用，可作为抗动脉粥样硬化的药物或食品。

大蒜虽对人体健康有益，但也不可过量使用，否则会损害人体健康，变利为弊，这是应该注意的。

（四）花椒

中国的饮食文化源远流长，丰富多彩；中国菜肴讲究色、香、味。用花椒做成的菜肴其最明显的味道当然是辣，但对嗜辣的国人来说，正是这辣味融入肺腑，使人难以忘怀，难以舍弃。花椒在中国已有2000多年的种植与使用历史。在《神农本草经》中，花椒被称之为秦椒。花椒资源的开发经历了一个漫长的时期，从最初的香料过渡到调味品，就经历了近千年的时间。

作为香料，花椒是一种敬神的香物，人们以之作为一种象征物，借以表达自己的思想情感。先秦时期，祭祀祖先、敬神迎神是人们日常生活中的重要活动。每逢祭祀，人们必“选其馨香，洁其酒醴”，以表达对祖先和神灵的尊敬。花椒不似五谷和百蔬可用来果腹充饥；花椒单独食用口味并不怡人，而且多食还会伤人，但是花椒果实红艳，气味芳烈，所以先秦时期花椒最早是作为香物出现在祭祀和敬神活动中，这是先民对花椒的最早使用。如《楚辞章句》中云：“椒，香物，所以降神。”这证明，花椒作为一种香料物质得到了广泛应用。梁吴均在《饼说》中罗列了当时一批有名的特产，其中调味品有“洞庭负霜之桔，仇池连蒂之椒，济北之盐”，以之制作的饼食“既闻香而口闷，亦见色而心迷”。南宋林洪的《山家清供》记载：“寻鸡洗涤，用麻油、盐、火煮、入椒。”元代忽思慧的《饮膳正要》、清代薛宝辰撰写的《素食说略》等都对花椒有所记载。

作为治疗疾病的药物，在先人心目中花椒是人与神灵沟通的灵性之物，封之为法力无边的“玉衡星精”。其之所以如此尊贵应追溯到花椒在古代中国的地位，还因为花椒为济世之药物。唐代孙思邈在《千金食治》中记载“蜀椒：味辛、大热、有毒，主邪气，温中下气，留饮宿”。《本草纲目》中记载：“治上气，咳嗽吐逆疝瘕，风湿寒痹。下气杀虫，利五脏，去老血。”我国最早的药学专著《神农本草经》记载花椒能“坚齿发”、“耐老”、“增年”。明代药圣李时珍说：“椒纯阳之物，乃手足太阴、右肾命门气分之药。其味辛而麻，其气温以热，禀南方之阳，受西方之阴，所以能入肺散寒，治咳嗽；入脾除湿，治风寒湿痹，水肿泻痢。”《中华人民共和国药典》规定：花椒是传统中药，具有“温中止痛，杀虫止痒”的药效，尤其是秦椒对驱除肠道内寄生虫有特殊功效，其中α-山椒素（α-sanshool）对蛔虫有致命毒性。花椒精油中的驱蛔脑是应用极为广泛的驱虫剂。花椒中的苯并菲啶类生物碱具有抗菌活性，对大肠杆菌、炭疽杆菌等具有抑制作用。

花椒的药用价值毋庸置疑，随着科技的进步，会得到更为有效的利用。目前花椒注射液已用于临床，可以完全抑制革兰阳性菌。

作为象征物，先民赋予了它许多含义，借以表达自己的美好情感和对幸福生活的美好希望。因为花椒香气浓郁，结果累累，故被看做多子多福的象征。如《唐风·椒聊》曰：“椒聊之实，繁衍盈升。”便很好地说明了这一点。同时，花椒还被人们视为高贵的象征，《荀子·议兵》云：“民之视我，欢若父母，其好我芳若椒兰。”表达了作者的清高和尊贵。两汉时期，花椒成为宫廷贵族的宠儿，也就在这一时期，皇后居所有了“椒房”、“椒宫”的称谓。《汉官仪》载：“皇后称椒房，取其实蔓延，外以椒涂，亦取其温。”由此看出，花椒不仅承载了中国人在开发利用自然资源方面的聪明才智、勇敢与勤劳，也从花椒的文化溯源上看到了中国人超脱的想象力及天人合一的哲学思想、药食同源的饮食文化观、兼容并蓄的发展观，这都是现代食品工业发展取之不尽的创造源泉。

（五）辣椒

辣椒原产于南美洲热带地区。15 世纪末，哥伦布发现美洲之后把辣椒带回欧洲，并由此传播到世界各地。明代传入中国。清代陈淏子的《花镜》中有番椒的记载。辣椒被四川人称为海椒，说明它是从海外传进来的。明代李时珍的《本草纲目》中没有辣椒的影子。最初吃辣椒的中国人均居住在长江下游，即所谓“下江人”。下江人尝试辣椒之时，四川人尚不知辣椒为何物。有趣的是，辣椒最先从江浙、两广传来，但是并没有在那些地方得到充分利用，却在长江上游、西南地区得到充分利用，这也是四川人在饮食上吸取天下之长，不断推陈出新的典型事例。到了清代嘉庆以后，黔、湘、川、赣几省已经“种以为蔬”，“无椒芥不下箸也，汤则多有之”，“择其极辣者，且每饭每菜，非辣不可”。说明川人吃海椒的历史也就约 400 年。

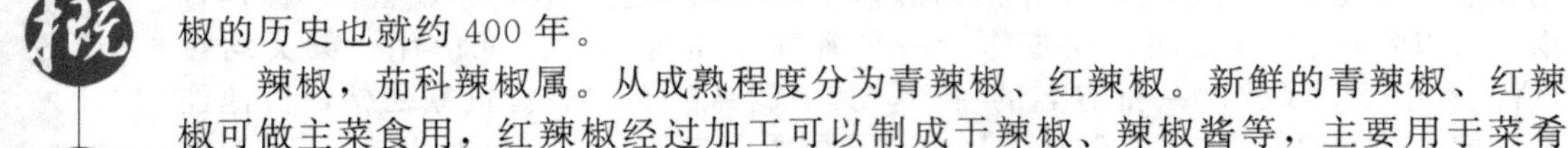

辣椒，茄科辣椒属。从成熟程度分为青辣椒、红辣椒。新鲜的青辣椒、红辣椒可做主菜食用，红辣椒经过加工可以制成干辣椒、辣椒酱等，主要用于菜肴调料。

辣椒

辣椒为一年生草本植物，大多开白色花卉，果实通常呈圆锥形或长圆形，未成熟时呈绿色，成熟后变为鲜红色、黄色或紫色，以红色最为常见。辣椒果实因含有辣椒素而有辣味，能增进食欲。辣椒中的维生素C含量在蔬菜中居第一位。

贵州绥阳盛产朝天椒，1999年被中国农学会特产经济专业委员会命名为“中国辣椒之乡”。

第五节　面食文化

面食，一般是小麦面粉制作的食品的泛称。分为面饭、面食、面点、面品四大类。小麦是禾科一年生植物，是世界上分布最广、栽培面积最大的粮食作物，加之历史久远，所以有关小麦的原产地众说纷纭。据考古发现，中国是最早种植小麦的国家。在河南省陕县东关庙底沟遗址的烧土中发现公元前7000年左右的小麦形迹，而在土耳其、伊拉克等地仅发现公元前5000年左右的小麦。在云南省剑川县海门口还发现公元前1000年左右的麦穗，当时正值殷王朝时期，甲骨文中有“麦”字，可以想象当时人类对小麦的依存性，也说明小麦在人类生活中的作用和悠久历史。不过，因为上古时代没有磨，用杵臼等工具捣面，吃面食也就比较困难。自汉代有了磨之后，吃面食就方便多了，并逐渐在北方普及，继而传到南方。中国古代的面食品种，通称为“饼”。据《名义考》，古代凡以麦面为食，皆谓之“饼”。以火炕，称“炉饼”，即今之“烧饼”；以水沦，称“汤饼”（或煮饼），即今之切面、面条；蒸而食者，称“蒸饼”（或笼饼），即今之馒头、包子；绳而食者，称“环饼”（或寒具），即今之馓子。中国是最早发现小麦粉中黏性蛋白质即面筋的国家，并发明了饺子、馒头、面条等面类食品，丰富了人类的饮食生活，也创造了面食文化。吃面也有文化。北方人重面之口感，南方人重面之汤料；中国人重面之蒸煮，西方人重面之烘烤。此外，面食文化更表现在其隐含的民族情结、节日风俗和人生礼仪方面。

一、山西的面食文化

山西面食文化是中国面食文化的突出代表。中国有一句俗话：“世界面食在中国，中国面食在山西。”山西人爱食面与山西的历史、地理、政治、文化及种植习惯是分不开的。从历史上讲，尧、舜、禹都曾经在山西建都立业。从平遥这个历史文化名城来看，山西的商业活动也非常多，这也给山西面食的形成与发展奠定了基础。再加上山西山多水少，南北温差大，也就形成了杂粮多的种植习惯，这对山西面食的形成奠定了物质基础。

（一）山西面食文化的先声

山西下川文化遗址是目前所知山西地区在旧石器时代晚期最后一处有代表性的文化遗址，距今2万年左右。下川文化的特点是既有细小石器，又有粗大石器，出土石器上万件。

最引人注目的与原始农业相关的几件生产工具：石盘磨、石磨锤，可能是用来研磨谷物籽粒的，进而研磨成粗糙的粟粉；锛形器，可能是用于开垦耕地时砍

伐树木的；还有带锯齿的石镰刀，以及有明显痕迹的磨制骨器的砾石等。如果这种可能性进一步得到证实，那就说明下川人对于植物籽粒的采集、储藏和加工都已经有了较为成熟的经验，甚至还可能尝试着开垦土地和播种、收割、研磨谷物籽粒、面粉。所以，有些考古学者认为，石磨盘的发现是“旧石器时代晚期采集天然谷物加工成粮食的信息，使我们看到由原始农业采集经济过渡的先兆”。因为石磨盘“中间由于多次研磨而下凹，显然是加工谷物的痕迹”。所以，石磨盘在下川文化中的出现，代表了我国黄河流域粟作文化的前兆，面食文化的先声。

（二）山西面食文化的渊源

山西面食的面，不单指小麦粉。中国北方的原始农业发端于种粟，也就是谷子，脱皮后称为小米。首先被栽培的野生禾本科植物还有稷，也就是黄米，被尊为五谷之长。稻在商代开始栽培，北方水少，不可种植太多。“月一正，日食麦”。大年初一吃麦子，说明商代已有了麦子，但因种植较少，为稀有之物，逢年过节才可以吃。

麦子是美食，是一年中收获最早的谷物。青黄不接时，收麦成为生活中的大事，每年要以新麦祭祀宗庙，国君要先品尝，这种仪式叫“告麦”。历史上，山西由于自然条件、经济条件差，大部分地区的百姓常年难以见到小麦，实属稀罕之物。因此，山西面食应主要指旧时的杂粮面和现今以小麦面为主的食品。

山西地处中华民族文明曙光最先出现的黄河怀抱之中。长期以来，山西人一日三餐，几乎是无面不食，无馍不饱。山西有“一样面，百样吃”的说法，其实何止百样？仅普通农家每日面食，亦可做到一月面食不重样。《古史考》载：“神农氏，民食谷，释米加烧石上而食之。”至今，山西人吃的“疤饼”、“石子饼”仍是在烧热的石子上烙制的，沿袭的还是古老的石烹法。从中国烹饪史看，周秦汉时期的主食基本上还是粥和饭。汉代是面制食品大发展的时代，面制食品的发展依赖石磨的出现。今日山西面食从其制法、食法、炊具仍能找到历史发展的印证。

山西地理环境复杂，气候差异大，造成了粮食生产及饮食习惯的差异，大致南部以小麦为主；中部和东南部以谷子、玉米、高粱等杂粮为主；北部以莜麦、荞麦、大豆、土豆为主。历史上山西便有“小杂粮王国”之称。《国礼》载：“正北曰并州……其谷宜五科（稷、麦、豆、麻、黍）。西汉时概言太原，禾稻之美甲于通省。”唐宋时，仅以河东道为例，储粟多达350万石，居全国谷道第二位。《山西通志》记载，山西生产谷属有黍、稷、粱、麦（冬小麦、春小麦、荞麦），豆属有黑豆、绿豆、黄豆、豌豆、豇豆、扁豆、小豆等。

特定的自然条件与传统农业为山西面食提供了物质基础。山西以谷类粮食制成的面食之多、用料之广、花样之繁、制法之巧、食法之殊，即使在以面食为主的北方，也是独树一帜。山西面食的制法有蒸、煮、烤、烙、炸、煎、炒、烩、焖等。以面条为例，以不同材料揉和成的普通面团，在农家妇女手里可擀、可削、可拨、可抿、可擦、可压、可搓、可漏、可拉，施之不同浇头，使之姿态各异，色香味美。

（三）山西独特的面食结构

新中国成立初期，山西农业状况仍较落后，尤其是北部地区和广大山区百姓

难见荤腥和白面。长期以来，山西面食无明显主副食区分，重数量，轻质量，地区经济基础是这一事实形成的原因之一。另一原因是山西多旱少雨，气温低，不适合种植蔬菜。除极少数几个品种外，吃菜成为一种奢侈。因此在普通人家的食俗中，如晋北的“谷垒”，晋中的“拨烂子”，晋东南的“和子饭”……已成为日常生活中的主食，这些食品无一不是菜饭合一或汤饭合一的食种。当今，百姓生活虽已有较大提高和改善，但因受传统食俗观念的影响，一些地区百姓仍然以传统食品为主。

中国饮食历来以粮为主，传统的食物结构主张五谷为养、五果为助、五畜为益、五菜为充。“养”，即果腹，生存是第一位的，作为生活最底层的人民大众，“养”尚不足，谈什么“助”、“益”、“充”？因此，在无菜可充的情况下，山西面食口味偏重，浓盐重醋。

盐为五味之首，山西食盐源于晋南运城池盐。山西面食（包括其他菜肴）盐为重，不仅是由于饭菜少滋味，还由于艰苦劳作后需补充身体所需。山西人食醋在全国是出了名的，连外地人也有“久在山西住，哪能不食醋”的认同。外省人戏称山西人为“老醯”。“醯”便是古时的醋。山西人嗜醋受传统影响，还与生存环境、自然条件亦有关。山西水硬，碱性强，需要酸来中和，嗜醋是适应环境的必需。山西人食醋与其饮食结构亦有关，如莜面、高粱面、豆面等不易消化，食醋则有助于食物消化。

（四）山西面食文化的瑰宝

山西面食是祖国饮食烹饪技术宝库中的一块瑰宝。品种之繁多，制作之精细，首屈一指，驰誉中外。其特点之一是花样繁多，有刀削面、刀拨面、掐疙瘩、剔尖、拉面、擦面、猫耳朵、抿圪蚪等。拉面可分为大拉面、小拉面、一条扯、龙须面、空心面等数百种之多。特点之二是用料广，有白面（小麦）、红面（高粱）、豆面、米面、荞麦面、莜面、玉米面等。或单一制作，或两三种面混合，各有千秋，风味各异。特点之三是吃法各异，可以煮着吃，炒着吃，也可以蒸、煮、炸、煎、焖、烩、煨，或浇卤，或凉拌，或蘸作料，吃法颇多。还有以面代菜、面菜同制的焙面、焖面等。后来还发展到“面食宴”，真是一面百样吃，独具地方风味。特别值得一提的是，山西面食有几大讲究；一讲浇头；二讲菜码；三讲小料。浇头有炸酱、打卤、蘸料、汤料等。菜码很多，山珍海味、土产小菜等随意而定。小料则因季节而异，酸甜苦辣咸五味俱全。除了特殊风味的山西醋，还有辣椒油、芝麻酱、绿豆芽、韭菜花等。正因为如此，山西面食受到中外游客的赞誉。

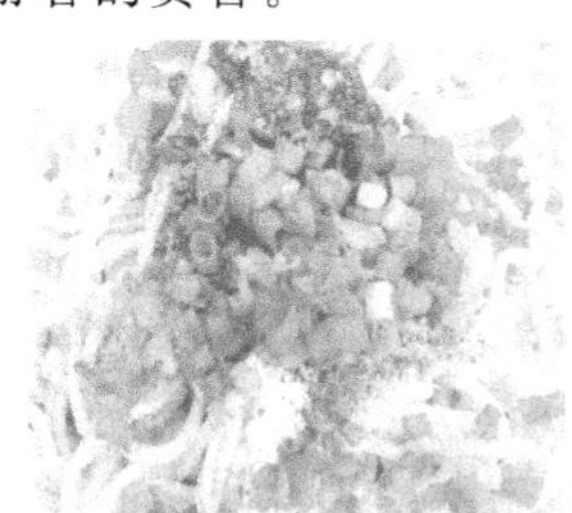
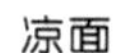

凉面

刀拨面

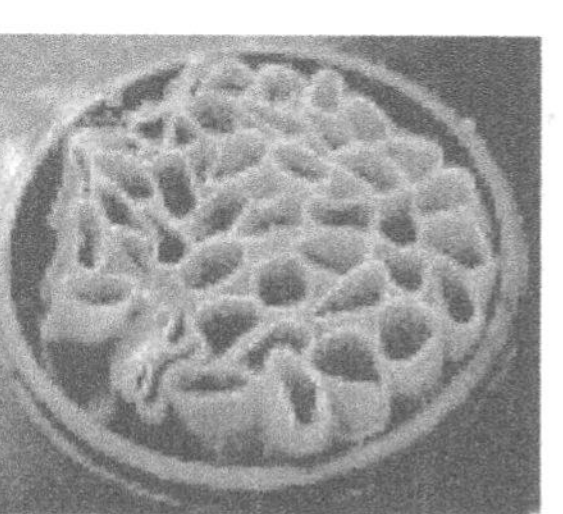

莜面栲栳

在诸多的风味面食中首推刀削面，它同北京的打卤面、山东的伊府面、河南的鱼焙面、四川的担担面一起被誉为中华五大面食之名品。刀削面因全凭刀削而得名，制作讲究。普通面粉500克加水200克，热天用冷水和面，冷天用温水和面。面团要揉到光滑柔筋，呈长圆形，托于左手掌至肘腕之间，右手持小菜刀的板片形钢皮刀，对着开水汤锅削面，一刀赶一刀，刀刀口落在前一刀削出的棱线上，面叶一叶追一叶，恰似流星赶月，又如风飘柳叶。山西的猫耳朵，又名蝴蝶面，因其形而得名。煮熟的猫耳朵玲珑晶莹、边缘微卷、中空而圆，蒸、煮、炒、焖均宜，入口绵而滑、软而筋，老舍先生给予“驼峰熊掌岂堪夸，猫耳拨鱼实且华”的高度评价。

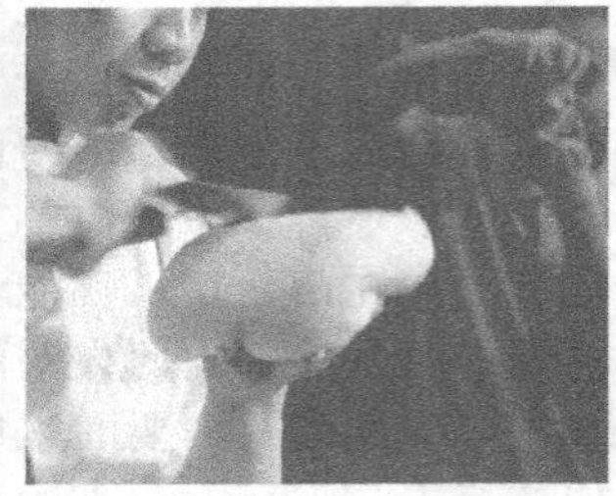

刀削面制作组图

山西面食种类极多，举不胜举。

当代烹饪专家聂风乔先生说：“天下面食，尽在三晋。”南菜专家宋宪章说：“天下面食数太原，山珍海味难比鲜，味压神州南北地，舌上泾渭天上天。”

二、馒头

馒头是中式面点知名的一类发酵点心，历史悠久，种类繁多，现代人常把它同西方的面包相媲美，被誉为古代中华面食文化的象征。

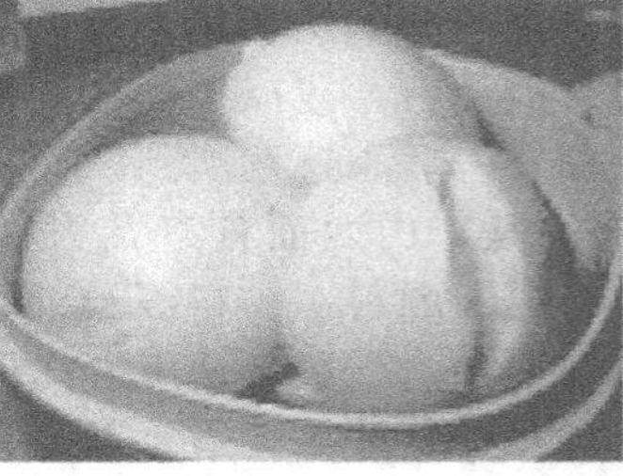

馒头

馒头，曾用名有“蛮头”、“蛮首”、“瞒头”；方言：“起面饼”、“笼饼”、“蒸饼”、“笼炊”、“馍馍”、“包子”、“实心包”、“巢馒头”；最后发展为今名“馒头”。馒头是一种用面粉发酵蒸成的食品，形圆而隆起。本有馅，后北方人称无馅的为馒头，有馅的为包子。据《墨子·耕柱篇》，我国大约从战国时开始吃面食。西汉年间随着磨的出现，面食种类逐渐增多，但当时人们还不懂得发酵。后来人们在长期实践中逐渐掌握酵母菌的生化原理，在适当温度下酵母菌、乳酸菌和醋酸菌等微生物在面团里发酵，这些菌有的使淀粉生成了酸，有的使淀粉生成了糖和酒精；放碱是为了中和酸，以消除酸味，并放出二氧化碳，使面团形成气

孔，有利于消化和吸收。据《事物绀珠》记载，相传“秦昭王作蒸饼”。萧子显在《齐书》中说，朝廷规定太庙祭祀时用“面起饼”，就是“入酵面中，令松松然也”。这里说的“面起饼”，就是最早出现的馒头。可见，中国人吃馒头的历史，至少可追溯到战国时期。三国时期，馒头就有了自己的正式名称。据《事物纪原》记载，诸葛亮南征孟获，渡泸水时，邪神作祟，按南方习惯，要以“蛮头”（即南方人的头）祭神，便下令改用麦面裹牛羊猪肉，像人头以祭，始称“馒头”。即馒头起源于野蛮时代的人头祭，随着历史的发展逐渐演变成禽肉馅。南宋时，猪肉馒头盛行。《燕翼贻谋录》记载，仁宗皇帝诞生之日，真宗皇帝甚喜，宰臣称贺，以“包子”赐群臣，里面包的尽是珠宝。元代出现了类似后世开花馒头的“煎花馒头”。忽思慧《饮膳正要》记载“煎花馒头：羊肉、羊脂、羊尾子、葱、陈皮各切细”，“依次入料盐酱拌陷包馒头，用胭脂染花”。由此可见，馒头最初是包陷的，后来经历了一个由包陷到实心的演变过程，至清代始有“实心馒头”的记载，后来北方人称无馅的为“馒头”，有馅的为“包子”。从此以后，以种植小麦为主的中国北方地区逐渐学会了做馒头，并以馒头为家常主食。馒头出现后，提高了人们的主食质量，并由此派生出花卷、包子等食品。

馒头基本上都是以面粉、酵母（纯酵母、酒酿或面种）及水为原料，和面后经过一段时间的发酵蒸制而成。近年来，随着生活水平的改善，人们的饮食习惯发生了很大改变，但馒头仍是我国北方小麦生产地区人们的主要食物，而且在南方也很受欢迎。据报道，北方有70％的面粉是用来制作馒头的。

三、包子

包子是一类带馅馒头，是将发酵面团擀成面皮后包入馅料捏制成型的一类带馅蒸制面食。包子的种类极多，一般分为大包、小包两类。从形状看，还可分为秋叶、钳华、佛手、道士帽等。从馅心口味上看，也有甜、咸之别。

中国的小笼包子、水晶包、水煎包、灌汤包、天津包子、山东包子、淮阳包子、常州包子、冬菜包……鲜香可口。从历史上看，包子的起源与馒头的历史密切相关，都以发酵面做成，故其出现时间应当很早。

据宋代高承《事物纪原》记载，就在诸葛亮辅佐刘备打天下的过程中，诸葛

包子

亮率军进军西南，征讨孟获，在横渡泸水（一名泸江水）时，正值农历五月，夏季炎热，泸水“瘴气太浓”，不仅如此，而且水中含有毒性物质，士兵们食用了泸水，有些人致死，患病者亦较多。在这种情况下，诸葛亮苦思苦想，下令士兵杀猪宰牛，将牛肉和猪肉混合在一起，剁成肉泥，和入面里，做成人头形状蒸熟，士兵们食用后很快就恢复了健康。这样，泸水周围的百姓们就传开了，说诸葛亮下令做的人头形“馒头”可避瘟邪。

由此开始，生活中人们渐渐做起了“馒头”。随着社会的不断发展，密切结合生活饮食需要，逐渐演变成带馅的“包子”了。

这种面食制品大约在魏、晋时便已出现，但包子的原名却叫“馒头”。晋代束皙在《饼赋》中说，初春时的宴会上宜设“曼头”。这里所说的“曼头”其实就是包子。“包子”这个名称始于宋代。《爱竹淡谈薮》记载：“宋朝有个叫孙琳的大夫，为宋宁宗治淋病，就是用馒头包大蒜、淡豆豉，每日服三次，三日便病除，被人们视为神医。”宋代著名的大诗人陆游《笼饼》诗云：“昏昏雾雨暗衡茅，儿女随宜治酒肴。便觉此身如在蜀，一盘笼饼是豌巢。”陆游的注释为：“蜀中杂彘（即猪）肉作巢（即馅）的馒头，佳甚，唐人止谓馒头为笼饼。”由此可见，当时四川用猪肉和面做的馒头，已经很有名。南宋耐得翁在《都城纪胜》中说，临安的酒店分茶饭酒店、包子酒店、花园酒店三种，而包子酒店则专卖鹅鸭肉馅包子。可见这一时期包子已经很普遍。

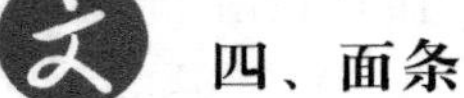

四、面条

面条起源于中国，古时叫汤饼、煮饼、水溲饼、水引、汤面，简称“面”，原来也是节令食品——伏日吃面。东汉刘熙《释名·释饮食》说：“饼，并也，溲面使合并也……蒸饼、汤饼……之属，皆随形而名之也。”“汤饼”并不是“饼”，实际是一种“片儿汤”，制作时将饧好的面擀成片状，一手托面片“团’，一手往汤锅里撕片。现在北方有的地方把这种面条称作“揪面片”。北魏时，不再用手托面片“团”，而是用案板、杖、刀等工具，将面团擀薄后再切成细条，这就是最早的面条。但面食的大量出现和推广则在唐代。由于当时经济繁荣，扩大了小麦的种植面积，而且对小麦制粉技术进行了革新，先用人力或畜力推动石臼加工面粉，后用水车转动碾磨，从而降低了面粉的价格，使一般人也有条件食用面食，促进了面食的发展。

面条

宋代，各种面条问世，如鸡丝面、三鲜面、鳝鱼面、羊肉面等，并普及整个中国。孟元老《东京梦华录》“食店”条目有“面”字的面食类，有生软面、桐皮面、插肉面等。又据吴自牧《梦粱录》卷十六“面食店”条目，按调味的浇头等，南宋初的杭州共有笋洗圆面、盐煎面、素骨头面等不下百余种。南宋出现拉面，使面食趋于完善成熟。面条遍及全国，南北各异。

（一）北方面条讲究“酱”

面条，长期以来就是北方人饮食结构的一部分。这主要是因为冬日天气寒冷，一碗热面既暖胃又方便快捷。北方面食以京津两地的炸酱面、打卤面等为代表。

据一家面馆的老师傅介绍，京津两地炸酱面，其面以手擀著称，和面的过程中加入盐和鸡蛋，使擀出的面条筋道有力。煮后过一遍凉水，更是爽滑适口。面的制作讲究，但更大的绝活在酱里。北京地区用六必居的干黄酱，配以上好的香油蒸 2 个多小时，再撒上五花肉，口味咸甜适度，风味独特。天津炸酱面，以本地特产甜面酱为主料，再加上鸡蛋、肉丁，偏于甜淡。

打卤面，也是京津地区的特色面种，并且营养丰富，制作简便，四季适宜。不同口味的打卤面卤子的区别很大。以三鲜打卤面为代表，主要放虾仁、黄花菜、瘦肉丝、香菇、木耳等卤料，加上高汤和少许面粉及各种调味品，慢火精心熬制。出锅后淋在事先煮好的面条上，味道鲜美，口感丰富。依照各家喜好之不同，还有家常猪肉卤面、雪菜肉丝卤面等众多品种。随着人们口味的不断变化，一些新口味的卤面也开始盛行。

（二）南方面条讲究“汤”

不要主观地以为北方人爱吃面食，南方人喜吃大米，其实南方也有许多面食和拥护者。北方面条以宽面为主，而南方江浙一带大多爱吃细面。那又细又长的面起锅后，放在碗里，再配以自己喜欢的浇头（指加工好的菜，盖放在面上，也称盖交面），那种鲜美爽口的滋味可想而知了。

苏州、无锡水网交叉，盛产虾蟹，因此虾仁腰花面、虾爆鳝面、虾仁蟹粉面为其精品。而苏北扬州为正宗淮扬菜产地，以糟溜鱼片面、三丝干丝面、鳝糊面为其亮点。

浙江由于东临大海，海鲜品种特别丰富，南部多山，盛产竹笋，金华的猪是猪中极品，因此黄鱼面、片儿川面、葱烤大排面别具一格。片儿川面传说是南宋建都杭州时，由北方带来，再配以南方的汤底，是南北融合的面食。现在以机制细面代替了手撕面片，已失“片儿川”原意，但味道绝对正宗。

上海是个移民城市，较易接受新鲜事物，不仅有江浙两省典型的面种，还有兰州大碗拉面。上海面基本上是江浙二省面的结合与提高。

江浙沪的面有一个共同点，就是特别注意面汤的加工。其用猪骨加其他作料熬成，味鲜美无比。

（三）各地的代表面种

面条由于制条、成熟、调味的不同，出现了数以百计的品种，并遍及各地。较为著名的有京北的炸酱面、打卤面；北京的龙须面；山东的福山拉面；济南的余子面；蓬莱的小面；上海的阳春面；西安的臊子面；山西的刀削面；兰州的清汤牛肉面；武汉的热干面；四川的担担面；广州的云吞面；台湾的度小月担仔面等。

随着饮食文化的不断提高，尤其是近十几年来面食大有南北融合之势。地域划分日渐模糊，而中国面食的创新及发展却越来越快，在继承传统技艺的基础上又有很多新的突破。随着“方便面”、“营养保健面”等新品种的问世，中国面条已进入新的发展阶段。

论其风味独特者，有起源于宋代具有800年历史的四川中江的银丝面，有始于清朝道光年间湖北云梦县的鱼面，还有福州的线面、山西的刀削面、上海的阳春面、扬州的裙带面、山东的百合面、湖南怀化向矮子的原汤面、河北的杂面、北京的炸酱面、东北的驳面、百林延边的狗肉冷面等，不计其数。按风俗礼仪，过生日贺诞辰吃长寿面，拜天地入洞房吃鸳鸯面，佛门寺院僧侣尼姑吃素斋面，农历九月九重阳节吃茱萸面等。

“引箸举汤饼，祝词无麒麟。永怀同年友，追想出谷晨”。箸即筷，麒麟原指四灵之一，这里当杰出讲。在诗中，诗人用面条送别亲友故旧，恐怕不是由于贫寒或吝啬，或许是沿袭于“接风饺子，送行面”的传统食风，面条洁白纯净，韧若柳丝（留思），寓意留怀丝丝，情绵谊长！

面条历久不衰，而且其势方兴未艾，其道理就在于面条的制法随意、吃法多样、省工便捷、老少咸宜、经济实惠，是可口开胃的理想快餐，而且人们在其身上寄托了无限情思。

五、饺子

在饮食文化漫长的历史发展过程中，中华民族以其无与伦比的聪明才智，创造了独特的食品——中国饺子。

饺子在我国经历了漫长的发展岁月。由于历史、地理、习俗的不同，对饺子有许多不同的称呼。在古代曾经称其为“馄饨”、“扁食”、“角子”和“饽饽”等。如今，南方一些地区仍有称饺子为馄饨的。但目前，饺子和馄饨这两种名称已代表了两种截然不同的面食制品。

饺子

饺子源远流长，起源于南北朝时期（公元420～589年），至今至少已有1400多年的历史。北齐颜之推曾说：“今馄饨，菜如偃月，天下通食也。”这种偃月形的馄饨很像今日的饺子。由此可见，北齐已有类似今日的饺子，并已成为天下通食。在我国新疆吐鲁番阿斯塔那村出土的一座唐代墓葬里，葬品中的木碗里遗有5厘米长的小麦面制作的半月形饺子，这一发现充分说明唐代已有吃饺子的习俗。

相传东汉末年，“医圣”张仲景曾任长沙太守，后辞官回乡时正好赶上冬至这一天，他看见南洋的老百姓饥寒交迫，两只耳朵冻伤，当时伤寒流行，病死的人很多。张仲景总结了汉代300多年的临床实践，便在当地搭了一个医棚，支起一面大锅，煎熬羊肉、辣椒和祛寒提热的药材，用面皮包成耳朵形状，煮熟之后连汤带食赠送给穷人。老百姓从冬至吃到除夕，抵御了伤寒，治好了冻耳。从此乡里人及后人皆模仿制作，称之为“饺耳”或“饺子”，也有一些地方称“扁食”或“烫面饺”。以后渐渐形成习俗，逢年过节没有饺子吃是万万不行的。1400多年的历史让饺子在老百姓心目中扎下了根，渐渐成为中国饮食的代言词。

宋、元时代，饺子称为“角子”。据《东京梦华录》记载，汴京市食有水晶角子、煎角子和官府食用的双下驼峰角子，等等。据《武林旧事》记载，临安市食中有诸色角儿。元代忽思慧的《饮膳正要》记载，有撇列角儿、莳萝角儿等。所有这些“角子”、“角儿”都是今日饺子的前身。在清平山堂话本《快嘴李翠莲记》中有“烧卖、扁食有何难，三汤两割我也会”的记载。其中“扁食”一词指饺子。目前山东济南市的饺子仍沿用“扁食”之称，这就是众所周知的山东名小吃——“济南扁食”。据明、清史料所载，“元旦子时，盛馔周享，各食扁食，名角子，取更岁交子之意”。由此可知，当时饺子已由一般食品上升为节日食品，人们吃饺子已有辞旧迎新、富贵吉祥之意。尤其在北方，饺子作为贺年食品，历来受到人们的普遍重视和喜爱，并相沿成俗，经久不衰。

饺子品种从明、清时代开始与日俱增，现已分布在长城内外，大江南北。目前，粗略估算，其主要品种有600多种，其加工技法已有煮、蒸、煎、炸等多种。馅料繁多，更是难以详述。

第六节　点心文化

点心之名，始于唐朝，但最早的文字记载见于南宋文学家吴曾撰著的《能改斋漫录·事始》，曰：“世俗例，以早晨小食为点心，自唐时已有此语。按唐郑参为江淮留守，家人备夫人晨馔。夫人顾其弟曰：‘治妆未毕，我未及餐，尔且可点心。’”意思是，唐代统辖江苏安徽的官宦郑家，早饭还未开，正在梳妆打扮的郑夫人怕弟弟饿，便叫他吃点“点心”。那时候已称点心为“世俗例”，可见当时较为普遍，而且已具雏形。

点心，有着悠久的历史。远在3000多年前的奴隶社会，劳动人民就学会了种植谷麦，相传在春秋战国时期，由于生产发展，谷麦种植面积不断扩大，面食制作处于萌芽阶段。

汉代，面食技术有了进一步的发展，有关的面食文字记载中，出现了“饼”的名称。西汉史游所著《急就篇》载有“饼饵麦饭甘豆羹”。饼饵即饼食，一般指扁圆形的食品。汉刘熙《释名》对其也已有所记载，这说明当时已能利用发酵技术，这对面点制作技术的发展起到了重大影响。

点心已成为中国人饮食生活中不可缺少的一部分。点心虽然不是广东人的发明，但把点心发扬光大的却是广东人，更将其传及世界各地。从词义上看，“点心”的“点”字是选用少量东西的意思，而“心”则是指位于身体中心部位的心

胸。所谓“点心”就是在心胸之间“点”入少量的食物。从历史上看，“小食”一词的使用要早于“点心”。“点心”似乎是从“小食”一词发展演变而来的。两者都是稍许吃些食物的意思。即使在今天，一般人也认为点心与小食为同义词。

京八件点心

龙凤饼

今日的点心，大部分是古时的小吃渐渐演变并不断改进而来，原本并不是一种充当正餐的小吃。久而久之，“点心”二字的词义发生了变化，成了某些食物的代名词。如现在把糕饼之类的小食品称为“点心”。在考察中国点心从古至今的发展过程时，不难发现，构成这一发展核心的是小麦等谷类的粉碎和加工技术。能说明这一事实的最典型的事例，是早在5000年前的仰韶文化时期，中国人就已有了用于粉碎谷物的石臼和杆。到唐代，制糖技术也从波斯传入中国。甘蔗的广泛栽培和砂糖的大量生产，才促进了甜点心的开发和普及。到清代，汉民族的饮食习惯融进了满族的饮食习惯，饮食习惯范畴进一步充实和扩大，从而促进了点心的蓬勃发展。还有一种说法：据传宋代女英雄梁红玉击鼓退金兵时，见将士们日夜浴血奋战，英勇杀敌，屡建功勋，很受感动。于是，命令部属烘制各种民间喜爱的糕饼，送往前线，慰劳将士，以表“点点心意”。从此，“点心”一词便出现了，并沿袭至今。

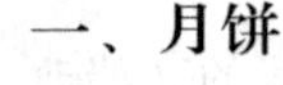

一、月饼

月饼名曰饼，本质为点心，是中国点心文化的典型代表。古往今来，人们把月饼当作吉祥、团圆的象征。每逢中秋，皓月当空，合家团聚，品饼赏月，谈天说地，尽享天伦之乐。

月饼，又称胡饼、宫饼、小饼、月团、团圆饼等，是古代中秋祭拜月神的供品，沿传下来，便形成了中秋吃月饼的习俗。月饼在我国有着悠久的历史。关于月饼来源有两种说法：一种是来自元末农民起义。元末蒙古贵族的反动统治，引起广大人民的憎恶，到处都在酝酿反抗和起义。农民起义领袖张士诚（1321～1367年）于至正十三年（1353年）在江苏高邮起义，他利用中秋向亲友赠送月饼的机会，在月饼中夹着起义的通知，约各地义兵在中秋节举事。从此，中秋节制作月饼并馈赠亲友，成为民间习俗。另一种传说是起源于唐朝军队的祝捷食品。唐高祖年间，大将军李靖征讨匈奴得胜，八月十五凯旋而归。当时有经商的吐鲁番人向唐朝皇帝献饼祝捷。高祖李渊接过华丽的饼盒，拿出圆饼，笑指空中明月说：“应将胡饼邀蟾蜍。”说完把饼分给群臣一起吃。南宋吴自牧的《梦粱录》一书中已有“月饼”一词，但对中秋赏月吃月饼的描述，至明代《西湖游览志会》才有所记载：“八月十五日谓之中秋，民间以月饼相遗，取团圆之义。”到

了清代，关于月饼的记载较多，而且制作越来越精细。

中秋吃月饼，最早见于苏东坡的“小饼如嚼月，中有酥与饴”之句。月饼作为一种食品名称并与中秋赏月联系在一起。唐代，民间已有从事月饼生产的饼师，京城长安也开始出现糕饼铺。据说，有一年中秋之夜，唐高宗和杨贵妃赏月吃胡饼时，唐高宗嫌“胡饼”名字不好听，杨贵妃仰望皎洁的明月，心潮澎湃，随口说出“月饼”，从此“月饼”的名称便在民间逐渐流传开来。到明代，每逢中秋，百姓们制作面饼互相赠送，大小不等，呼为“月饼”。市场店铺里卖的月饼，多用果类做馅，巧名异状，有的月饼一个值数百钱。

月饼有各种口味，也各有自己的特色，但其有一个共同的特点，即为正圆形。这是因为中秋节是传统的团圆节，人们取团圆的吉兆，故月饼又称为团圆饼。

月饼的制作，最初以家庭为单位，但后来其发展成为中秋传统食品，并且成为必备的节日礼品，便向精制、美味、定型方向发展，这就是专业生产的开始。这种专业化的生产，明朝时已存在。

清朝《燕京岁时记》说：“中秋月饼，以前门致美斋者为京都第一，他处不足食也。至供月饼，到处皆有，大者尺余，上绘月宫蟾兔之形，有祭毕而食者，有留至除夕而食者，谓之团圆饼。”可见清朝时的月饼已发展成为传统的糕点形式。

近现代的月饼继承了明清时代的传统形式，并向更加精美的方向发展。不同地区的月饼各有不同的特色，较为著名的有京式月饼、广式月饼、苏式月饼和滇式月饼。就其表皮来说，苏式月饼和滇式月饼为酥皮月饼，广式月饼和京式月饼则为糖浆面皮月饼。就其饼馅而言，通常有五仁、百果、豆沙、枣泥、莲蓉、蛋黄、冰糖、火腿等。就月饼的形制而言，越来越精巧，饼面上常印有各种美丽的图案，如嫦娥奔月、月宫蟾兔、银河、夜月、三潭印月、西施醉月等。

二、糕点

糕点是点心的重要组成部分，下面对糕点做一些介绍。

1. 糕点的起源

在中国，人们历来称用大米粉做的或主要用大米粉做的块状或片状食物为“糕”。这种称呼的原因可能是因为“糕”字是以“米”字为偏旁的缘故。但是中华民族语言丰富，所以这种称呼并非全国通用。

在中国古籍中，“糕”字出现得很晚。宋朝王茂在《野客丛语》中说：“刘梦得尝作九日诗欲用糕字，思‘六经’中无此字遂止。”刘梦得就是唐朝名医刘禹锡的别名。这就是说，唐朝时人们还不常用“糕”字，宋朝时才常用此字。由此可知，如果用“糕”字来讨论糕点的起源，显然是不符合中国客观情况的。

例如，《周礼》中虽然没有“糕”字，但有“糗饵粉糍”的记载。郑玄注：“此二物（糗饵、粉糍）皆粉稻米，黍米所为也。合蒸日饵，饼之日糍。”可知糗饵和粉糍都是米糕类食品。《周礼》中所记录的食物都是以周朝社会为时代背景的，所以商周时期已有米糕。其实，用于说明商周时期已有米糕的史料尚有不少，如《诗·大雅》载：“乃积乃仓，乃裹糇粮。”所谓“糇粮”就是米糕或干粮。到了唐朝，糕点的造型已十分精美。

现在，中国著名的传统米糕食品有很多，如松糕、糍糕、重阳糕、雪片糕、橘红糕、定胜糕、芙蓉糕、碗糕……它们都是以糯米、粳米、杂粮或豆粉等为原料，杂用糖、蜜、果料等做成的。

2. 糕点的分类

（1）中式糕点

① 京式糕点。所谓“京八件”，原是以北京地区为代表的北式糕点中的一个系列品种。“京八件”是外地人的称呼，北京人只直呼为大八件、小八件或细八件。何为八件？从字面上就能看出，这原本不是一种糕点的名称。在传统市场上，大八件是指八块糕点配搭一组为一斤，小八件是以八块糕点配搭一组为半斤，最早是为上供预备的。供桌上八个盘子，每盘一样，每样二两，按 16 两一斤的旧制，恰好一斤。

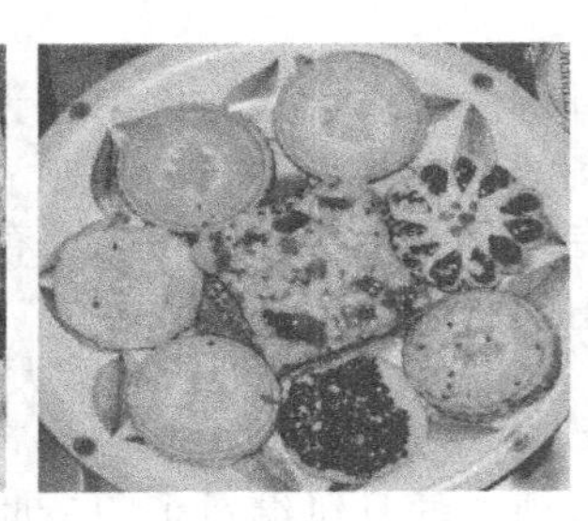

京八件

传统的京八件因面皮制法不同，又有酥皮大八件、奶皮小八件、酒皮细八件之分，外皮又有翻毛、提浆、起酥、糟发面之分。包上山楂、玫瑰、青梅、白糖、豆沙、枣泥、椒盐、葡萄干等馅心，放在各种精致的印模里，制成腰子形、圆鼓形、佛手形、蝙蝠形、桃形、石榴形等多种样式，再精心烤制。特别是细八件，造型小巧，制作精细，层多均匀，馅料柔软起沙，果料香味醇厚，有福、禄、寿、喜、三仙、银锭、桂花、蟠桃八种花式，是京式糕点中的上品。

作为 800 多年的古都，北京的京式糕点久负盛名，尤其是宫廷糕点，自辽、金在北京建都以来，各个朝代皆有佳品。御膳房里精制的糕点，不仅是宫廷宴席不可或缺的组成部分，而且是皇帝赏赐文武百官的一种节日礼物。

糕点受到重视，还与唐代以后饮茶之风盛行有关，因而最初将佐茶的糕点饼饵称为“茶食”。至今，位于北京市核心部分的宣武区和崇文区还各有一条茶食胡同。《海陵集》载，女真人“俗重茶食，阿古达开国之初，尤尚此品。若中州饼饵之类，多至数十种，用大盘累高数尺，所至供客，赐宴亦用焉”。元代太医忽思慧在《饮膳正要》中也记述了大量的元代饼饵茶食。明朝迁都北京后，带来了各式南味糕点，市井中多了“南果铺”一行。满人入主北京，又带来了满蒙糕点。清代文献中称糕点为“饽饽”，满洲的饽饽桌又称“桌张”，是满族特有的宴席糕点，以各种满洲饽饽叠落而成，“其形如宝塔，然有高至十二层者（《光绪顺天府志》）”。

“饽饽”一词，可能起源于元代的蒙古语，因为现代蒙古语中仍然为糕点、饼饵为“baob”，而明代亦有“波波”之称，词源传承有序。当年“饽饽”一词在北京应用得非常广，举凡一切糕点、饼饵等块状面食通称为饽饽，连水饺都称作“煮饽饽”。那种以满、汉、蒙、藏风格为主的北方糕点铺也就叫做饽饽铺，以区别于后来出现的新式糕点铺、西式糕点铺和清真糕点铺。这一称呼，一直延续到 20 世纪中叶以后。

北京饽饽铺多以斋为名，如金兰斋、桂兴斋、异馥斋、聚庆斋、芙蓉斋、瑞芳斋、桂英斋、正明斋、毓美斋、兰英斋、桂茂斋等。斋名烫金刻写在匾额上，温文尔雅，含蓄隽永，能让人感受到一种古老而浪漫的生活氛围。

饽饽铺精制满汉细点，名目繁多，具有独特的民族风格。除京八件等传统品种外，萨其马、芙蓉糕也是饽饽铺的极佳品种。萨其马本是满洲点心，但早年已自京中传至各地，首先是广式糕点仿制，称为“杀其马”或“蛋黄酥”。芙蓉糕与萨其马制法相同，不过面上铺了一层红糖，取其鲜艳之色而已。

这种老式的饽饽铺，在旧时北京人的生活中占有极为重要的地位。当年北京人买饽饽，并不单纯为了吃，而是一种民俗和礼节。老百姓供佛祭祖、探亲访友、婚嫁生育所用的糕点几乎完全来自饽饽铺，饽饽铺也就有了做不完的生意。道光二十八年所立《马神庙糖饼行行规碑》载，满洲饽饽为“国家供享神祇、祭祀宗庙及内廷殿试、外藩筵宴，又如佛前供素，乃旗民僧道所必用。喜筵桌张，凡冠婚丧祭而不可无，其用亦大矣”。

老北京人对京八件情有独钟。除了 20 世纪 50 年代末至 60 年代初最艰难的那几年外，街上到处都可看到拎着点心匣子的人。尤其是年节，糕点铺门口总要排起长龙。

20 世纪 80 年代以后，市场上的物质越来越丰富，社会交往中的礼品样式越来越多，即便是糕点市场，也变成了广式糕点的半壁江山。家庭里、市场上、大街上的京式点心匣子越来越少，京八件慢慢淡出了市场。

近年来，人们在追求物质享受的同时，也日愈追求精神文化的回归，这大概就是稻香村推出京八件糕点的动力所在。

② 苏式糕点。苏式糕点在我国糕点发展史上占有重要的地位，是我国糕点主要帮式之一。据有关史料，苏式糕点萌芽于春秋，起源于隋唐，形成于两宋，发展于明清，继承、发扬、创新于现代。

秦代，苏州是嵇郡的首邑，称吴县，至隋文帝开皇九年（公元 589 年），废吴郡，改称苏州。由隋至唐 300 多年间，苏州土地肥沃，物产丰富，交通方便，市井繁荣，商贾云集，成为江南一大繁华都会。正是在这样的条件下，苏州糕点行业蓬勃兴起。隋唐是苏式糕点的起源时期，也是苏式糕点开始兴旺、发达的时期。

到了宋代，苏式糕点已经形成一个独特的糕点帮式，品种甚多，已有炙、烙、炸、蒸制法，并已形成商品生产，又有茶食（糕点）店铺供应。历代骚人墨客在赞美姑苏旖旎风光的同时，也对精巧可口的苏式糕点赞美不已。白居易、杜甫、苏东坡、陆游等著名文学家和诗人都对苏式糕点怀有特别的感情。两宋（北宋、南宋）时期苏式糕点已逐步成为我国的主要帮式之一。

明、清时期，苏州工商业的发展居于全国前列，其中一个重要的原因就是五谷丰登，农业生产全国领先。随着农业生产的发展和农副产品的商品化，亦为城市手工业生产提供了源源不断的原料，为工商业繁荣提供了条件。据当时记载，其著名品种有麻饼、月饼、巧果、松花饼、盘香饼、棋子饼、香脆饼、薄脆饼、油酥饺、粉糕、马蹄糕、雪糕、花糕、蜂糕、百果蜜糕、脂油糕、云片糕、火炙

糕、定胜（定榫）糕、年糕、乌米糕、三层玉带糕等。著名茶食店有王仁和、野荸荠、稻香村、桂香村等。据不完全统计，明、清时期的苏式糕点传统品种已达130余种。

新中国成立后，在国民经济恢复时期，苏式糕点有了明显的恢复和发展，其生产范围扩大到苏南、苏北广大地区，部分品种的制作方法传到外省市，乃至国外，著名的松子枣泥麻饼、芝麻酥糖等产品远销中国港澳地区，出口东南亚诸国。特别是党的十一届三中全会以来，党中央、国务院作出了发展食品工业的一系列决策，使苏式糕点得到了进一步的恢复、发扬和发展，并已经恢复了许多名特品种，如清水玫瑰月饼、精致百果月饼、白麻椒盐月饼、猪油夹沙月饼、文饺(鲜肉饺)、松子枣泥麻饼、三色大麻饼、猪油芙蓉酥、猪油年糕、大方糕、松子黄千糕、松子米枫糕、玫瑰白麻酥糖、椒盐黑麻酥糖、四色片糕、八珍糕等；还恢复了许多传统品种，如猪油火腿月饼、甘菜猪油饺（干菜饺）、千层酥、葱油桃酥、猪油松子酥、三色夹糕、小鸡蛋糕、蒸蛋糕、巧果、炸食、枇杷羹、荤油米花糖、糖年糕、百果蜜糕、定胜糕、松仁云片糕、桃仁云片糕、玉带糕、椒盐桃片、五香麻糕、火炙糕、印糕等。近年来不少苏式糕点获得了部、省优质食品称号，如杏仁酥、松子枣泥麻饼、精制云片糕、惠山油酥（金刚脐）、芝麻酥糖、八珍糕等。此外，并对酥皮月饼、老幼喜片糕、咖喱饺、圆形夹心蛋糕、椒盐花酥、蜂乳资生糕、苔菜巧果、蜜枣酥等品种进行了改革和创新。

苏式糕点的产销具有明显的季节性，四时八节均有应时糕点上市，形成了春饼、夏糕、秋酥、冬糖的产销规律，历史上的传统时令制品有74种，占整个名特传统品种的半数以上。春饼有酒酿饼、雪饼等18种，夏糕有薄荷糕、绿豆糕等13种，秋酥有如意酥、菊花酥等28种，冬糖有芝麻酥糖、荤油米花糖等15种。以前大部分节令食品都有上市、落令的严格规定。例如，酒酿饼正月初五上市，三月二十日落令；薄荷糕三月半上市，六月底落令，等等。目前已不再有历史上那样上市、落令时间的严格要求。

苏式糕点在选料、用料、工艺制作、风味、时令品种、生产经营上均有独特之处，别具一格，具有“南点”美称。不少品种富有滋补作用，食后有益健康。随着生产力水平的提高和人民收入的增加，苏式糕点已成为美化生活不可缺少的食品之一。

③ 广式面点。广式面点是指珠江流域及南部沿海地区所制作的面点，以广东为代表，故称广式面点。富有代表性的品种有叉烧包、虾饺、莲蓉甘露酥、马蹄糕、娥姐粉果、沙河粉等。

广式面点富有南国风味，自成一格。近百年来，又吸取了部分西点制作技术，品种更为丰富多彩，以讲究形态、花色著称，食用油、糖、蛋使用较多，陷心多样、晶莹，制作工艺精细，味道清淡鲜滑，特别善于使用荸荠、土豆、芋头、山药、薯类及鱼虾等做坯料。

广式糕点的独到之处有以下几点。

① 在选料上，广式糕点的主要辅料多为当地著名特产，如椰丝、榄仁、糖橘饼、广式腊肠、叉烧肉等。所有辅料可归纳为以下几种。

蜜栈：糖冬瓜、糖橘饼、糖椰丝、糖椰蓉、玫瑰糖、果酱、糖莲子等。

籽仁：南杏仁、榄仁、核桃仁、芝麻仁、花生仁、瓜籽仁等。

肉和肉制品：牛肉、腊肠、叉烧肉、烧鸡、烧鸭等。

蛋品：鲜蛋、咸蛋、皮蛋、蛋白等。

乳品：鲜牛奶、奶粉、奶油等。

② 在工艺上，主要表现在饼皮和馅料的制作。带馅糕点要求皮薄馅厚，故对饼皮制作和包馅技术要求很高，要求皮薄而不露馅，馅大以突出馅心风味。

③ 在风味上，利用各种呈味物质的相互作用以构成特有的风味。如蔗糖与食盐共用可互减甜咸，香辛料（葱、姜、蒜等）。可去除肉类腥味。广式糕点的代表产品之一加头凤凰烧鸡月饼，其馅料中有糖腌肥肉、烧鸡（净肉）、咸蛋黄及各种籽仁、橘饼、芝麻、胡椒粉等，形成了具有籽仁甘香味和调味料辛香味的以肉味为主的鲜味食品。还有和味酥、鸡仔饼、烧鸡粒等甜咸适度的和味食品。甜味糕点中又有椰丝莲子月饼、蛋白椰挞、牛奶饼等香味浓重的品种，以及纯正的莲蓉月饼、豆蓉月饼等香味清淡的品种。

（2）西式糕点

① 面包。面包是一种将面粉、水及其他辅助原料等调匀发酵后烤制而成的食品。早在1万多年前，西亚一带的古代民族就已种植小麦和大麦，那时利用石板将谷物碾压成粉，与水调和后在烧热的石板上烘烤，这就是面包的起源，但它还是未发酵的“死面”，也许叫做“烤饼”更为合适。与此同时，北美的古代印第安人也用橡实和某些植物的籽实磨粉制作“烤饼”。

大约在公元前3000年前后，古埃及人最先掌握了制作发酵面包的技术。最初的发酵方法可能是偶然发现的：和好的面团在温暖处放久了，受到空气中酵母菌的侵入，导致发酵、膨胀、变酸，再经烤制便得到了远比“烤饼”松软的一种新面食，这便是世界上最早的面包。古埃及的面包师最初是用酸面团发酵，后来则使用培养的酵母。

现今发现的世界上最早的面包坊诞生于公元前2500多年前的古埃及。大约在公元前13世纪，摩西带领希伯来人大迁徙，将面包制作技术带出了埃及。至今，在犹太人的“逾越节”，仍制作一种叫做“马佐（matzo）”的膨胀饼状面包，以纪念犹太人的埃及出走。公元2世纪末，罗马的面包师行会统一了面包的制作技术和酵母菌种。经过实践比较，以酿酒的酵母液作为标准酵母。

在古代的漫长岁月里，白面包是上层权贵的奢侈品，普通大众只能食用以裸麦制作的黑面包。直到19世纪，面粉加工机械得到很大发展，小麦品种也得到改良，面包才变得软滑洁白。

今天的面包大多数是由工厂的自动化生产线生产的。由于在面粉的精加工研磨过程中维生素损失较多，所以美国等国家在生产面包时经常添加维生素、矿物质等。另外，近年来不少人认为保留麸皮和麦芽对健康更有好处，因此粗面包又再度流行。

② 蛋糕。蛋糕一词出自英语，其原意是扁圆的面包，同时也意味着“快乐幸福”。

自马利·安东尼·卡汉姆（Marie-Antonin Careme，1783～1833年）开始，法国的糕点面包就以其独特的“建筑蛋糕”形式受到世人的喜爱；而象征幸福的婚礼蛋糕据说最早出现在古罗马时代。

婚礼蛋糕要由新郎和新娘共同切分，这代表新婚夫妇共同完成的第一件

蛋糕

事。同时，还要将切下的第一片蛋糕拿给对方品尝，象征着给予对方的承诺及未来共同承担的责任。为来宾分发蛋糕，则表示来宾与他们共同分享生活的甜蜜。

最早的蛋糕是用几样简单的材料做出来的，是古老宗教神话与迷信的象征。早期的经贸路线是：异国香料由远东向北输入，坚果、花露水、柑橘类水果与无花果从中东引进，甘蔗则从东方国家与南方国家进口。在过去，只有贵族才能拥有这些珍奇的原料，而他们的糕点创作则是蜂蜜甜饼及扁平硬饼干之类的东西。随着贸易往来的频繁，西方国家的饮食习惯发生彻底改变。从十字军东征返家的士兵和阿拉伯商人，把香料的运用和中东食谱散播开来。在中欧主要的商业重镇，烘培师傅的同业公会也组织起来。而在中世纪末，香料已被欧洲各地的富有人家广为使用，更促进了想象力丰富的糕点烘培技术的进一步发展。等到坚果和糖大肆流行时，杏仁糖泥也趋向大众化。

第七节　小吃文化

小吃原本是深蕴于历史文化背景下的一项重要文化成果。它的每一个品种的制作方式和食用方式等，都蕴涵着深刻的哲理和人类特有的审美意趣，既是物化的一块“活化石”，又是美学意识的象征。在中华民族饮食文化的银河里，小吃犹如一颗璀璨的明珠在历史悠久、地域广阔、民族众多的星空中闪烁。气候条件、饮食习惯的不同和历史文化背景的差异，使小吃在选料、口味、技艺上形成了各自不同的风格和流派。

人们以长江为界限，将小吃分为南北两大风味，具体地又将其分成京式、苏式、广式 3 大特色小吃。京式小吃泛指黄河以北大部分地区制作的小吃，包括华北、东北等地，以北京为代表；苏式小吃是指长江中下游江、浙一带制作的小吃，源于扬州、苏州，发展于江苏、上海，因以江苏省为代表，所以称苏式小吃；广式小吃是指我国珠江流域及南部沿海一带制作的小吃，以广东省为代表。

（1）京式小吃历史久远，它的形成与北京悠久的历史条件和古老的文化分不开。早在公元前 4 世纪的战国时代，北京就是燕国的都城，还曾是辽国的陪都和金国的中都，又是元、明、清三个封建王朝的都城。在五方杂处的都城，过往的商人和文人是民间小吃的主要食客，皇宫贵族是御膳名点的享用者。据明万历年内监刘若愚在《明宫史·饮食好尚》中的记载，明代人正月吃年糕、元宵、枣泥卷，二月吃黍面枣糕、煎饼，三月吃江米面凉饼，五月吃粽子，十月吃奶皮、酥糕，十一月吃羊肉泡馍、扁食、馄饨，腊月吃灌肠。许多民间小吃还成了御膳名品，如芸豆卷、豌豆黄。同时京式小吃在继承和发展本地民间小吃的同时，兼收各地、各民族风味及宫廷小吃的优秀品种。北京的正南面是平坦广阔的华北平原，西北为蒙古高原，东北为松辽平原，沿燕山南麓向东过山海关可抵辽河下游平原，东面是渤海海湾。这独特的地理位置，使北京很早便成为汉族、匈奴、女真、回族、满族等多个民族杂居的地方，使各民族小吃的制作方法相互交融，如京式小吃"栗子糕"原本是元明之际高丽和女真食品。辽、金、元代的统治者建都北京时，都曾将北宋汴梁、南宋临安的能工巧匠掠至京城。明永乐皇帝迁都北京时，又将河北、山西和江南的匠人招至京城。这些迁居北京的糕点师将汴梁、临安和江南的小吃传至北京，使其后来成为京式小吃的重要组成部分。

（2）苏式小吃的形成也有几个原因。悠久的历史是形成苏式小吃的首要条件。素有"人间天堂"之称的苏州，是我国的"古今繁华地"，其风味小吃和精细雅洁的刺绣及古色古香的园林被称为苏州三绝。负有盛名的苏州糖年糕，相传起源于吴越，至今民间还流传着伍子胥受命筑城时以糯米粉制作城砖，解救百姓脱危的传奇故事。

扬州是我国的历史文化名城，商业繁荣、经济富庶，是商贾大臣、文人墨客、官僚政客会聚的地方。所以古人有"腰缠十万贯，骑鹤下扬州"的诗句。在我国历史上，扬州曾以"十里长街市井连"而闻名全国。清代乾隆、嘉庆年间，扬州已有数十家著名的点心店铺，且创出大批名点，如油炸茄饼、菊花饼、琥珀糕、葡萄糕、东坡酥、八珍面等，各具特色，别有风味。

优越的地理位置和丰富的物产资源是苏式小吃形成的物质基础。如常熟的"莲子血糯饭"与其他地区的白糖八宝饭迥然不同，其所用血糯产于虞山脚下，用泉水灌溉。此米殷红如血，有补血功效，故名血糯。

苏式小吃还继承和发扬了本地的传统特色。江苏小吃源自民间，具有浓厚的乡土风味。南京夫子庙、苏州玄妙观、无锡崇安寺、常州双桂坊、南通南大街和盐城鱼市口等都是历史悠久、闻名遐迩的小吃群集地，这里名店鳞次栉比，名师荟萃，集当地传统小吃之大成。如闻名全国的黄桥烧饼最早来自苏北民间。1940年，新四军东进苏北地区，进行了著名的黄桥战役，并取得辉煌的胜利。当时，黄桥人民就是用自己做的美味芝麻烧饼拥军支前、慰问子弟兵的。"黄桥烧饼黄又黄，黄桥烧饼慰劳忙。烧饼要用热火烤，军队要靠百姓帮。同志们呀吃个饱，多打胜仗多缴枪"。这首优美的苏北民歌，从苏北唱到苏南，响彻解放区，黄桥烧饼也随之名扬大江南北。

苏州小吃丰富不仅仅在于其品种繁盛、制作多样，还在于一大批文人学士给其增加了几分文化意蕴。朱自清先生十分喜欢扬州小吃，认为扬州的面"汤味醇厚""和啖熊掌一般"；扬州烫干丝、小笼点心、翡翠烧卖都是"最可口的"，干菜包子"细细地咬嚼，可以嚼出一点橄榄般的回味来"。著名翻译家戈宝权先生在《回忆家乡味》一文中说“对江苏的家乡味和土特产有自己的偏爱，对扬州名小吃蟹壳黄烧饼和三丁包子、蟹黄包子、生肉包子、翡翠烧卖尤为喜欢”。改革开放以后，苏州作家陆文夫在《美食家》说美食家朱自富，既有实践经验，又有文化修养，使得苏州菜名扬四海。

(3) 广式小吃的形成首先源于民间食品。广东地处亚热带，气候温和，雨量充沛，物产丰富，粮食作物以大米为主，因而民间小吃米制品较多。如100年前成名的民间食品娥姐粉果就是用米粉制作的。据说20世纪初，有一水上人家的姑娘名叫娥姐，她的粉果做得别有风味，被当时的“杀香宝”黄老板请去做粉果，远近闻名，被人称为娥姐粉果。后来其他名茶楼也争相仿制，最终成为广州的传统小吃之一。沙河粉也是米粉制品，肠粉最初只是一些肩挑小贩经营的米粉食品。

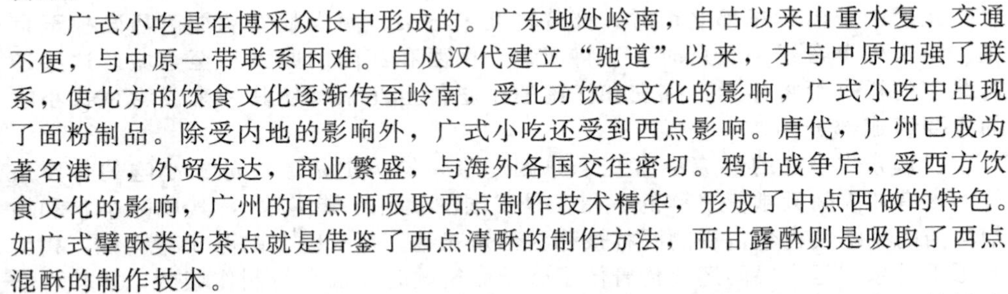

广式小吃是在博采众长中形成的。广东地处岭南，自古以来山重水复、交通不便，与中原一带联系困难。自从汉代建立“驰道”以来，才与中原加强了联系，使北方的饮食文化逐渐传至岭南，受北方饮食文化的影响，广式小吃中出现了面粉制品。除受内地的影响外，广式小吃还受到西点影响。唐代，广州已成为著名港口，外贸发达，商业繁盛，与海外各国交往密切。鸦片战争后，受西方饮食文化的影响，广州的面点师吸取西点制作技术精华，形成了中点西做的特色。如广式擘酥类的茶点就是借鉴了西点清酥的制作方法，而甘露酥则是吸取了西点混酥的制作技术。

广式小吃是在创新和发展中形成的。鸦片战争后各国的传教士和商人纷纷来到广州，当地人逐渐接受外来思想，使其思维开放，富于创新精神。南部沿海的面点师们根据本地人的口味、嗜好、习惯，在民间食品的基础上，创新了许多新的小吃，最典型的当属及第粥了。

事实上，除京式小吃、苏式小吃、广式小吃外，有些饮食专家认为西北的秦式小吃、西南的川式小吃也可算是两大特色风味。如西安羊肉泡馍、云南过桥米线、新疆金丝油塔、山东福山拉面……数不胜数，也体现了我国小吃文化的博大精深。

第八节　宫廷食品文化

中国宫廷饮食自成体系，起源很早，而且历代都有许多互不沿袭的丰富内容。同时中国宫廷饮食文化层也是中国饮食史上的最高文化层次，是以御膳为重心和代表的一个饮食文化层面，包括整个皇家禁苑中数以万计的庞大食者群的饮食生活，以及以国家膳食机构或国家名义进行的饮食生活。

《诗经》：“普天之下，莫非王土。率土之滨，莫非王臣。”在阶级社会中，国家就是帝王的家天下。在长达2000余年的中国封建社会，身居巍峨皇宫和瑰丽皇家花园之中的帝王，不仅在政治上拥有至高无上的权力，在饮食的占有上也凌驾于万人之上。因此，帝王拥有最大的物质享受，他们可以在全国范围内役使天下名厨，集聚天下美味。宫廷饮膳凭借御内最精美珍奇的上乘原料，运用当时最好的烹调条件，在悦目、福口、怡神、示尊、健身、益寿原则的指导下，创造了无与伦比的精美肴馔，充分显示了中国饮食文化的科技水准和文化色彩，体现了帝王饮食的富丽典雅而含蓄凝重、华贵尊荣而精细真实、程仪庄严而气势恢弘、外形美与内在美高度统一的风格，使饮食活动成了物质与精神、科学与艺术高度统一的结晶。

从殷代到秦朝时期，是中国奴隶制社会由兴盛到衰亡的时期，奴隶主吃喝玩乐，而奴隶们只能劳动。在这种不平等的社会里，宫廷饮食生活的特殊化体系加速形成，国王奴役着很多人为他们服务。据《周礼·天官》记载，"膳夫：上士二人，中士四人，下士八人，府二人，史四人，胥十二人，徒一百二十人（膳夫是专门掌管宫廷膳食费收支情况的长官，对王命必须无条件服从）。庖人中士四人，下士八人，府二人，史四人，贾八人，胥四人，徒四十人（庖人是古代的宫廷厨师，是为皇帝及其家人服务的）。烹人：下士四人，府一人，史二人，胥五人。徒五十人（烹人与庖人略有不同，烹人只掌管烹煮食物）。酒人：腌十人，女酒三十人，奚三百人（酒人是为宫廷酿酒的劳动者）"。除了上述人员外，宫廷中还设有腊人、盐人等，共有几千人为皇帝的饮食服务。

这一时期国君的饮食特点是，以奇巧和好吃最为突出。《吕氏春秋·本味篇》虽然写的是国君商汤与当时烹调师伊尹的对话，但是秦相吕不韦是当时王宫中的要人，所以那些记载实际上是当时宫廷饮食的真实写照。

汉朝以来，有关饮食礼节的史料有很多。这些饮食礼节的出现，以及新的制定补充和传播等是非常重要的，它是社会精神文明体系中不可缺少的一种表达形式。

在历代宫廷饮食生活中，国君及贵族王侯们追求的是山珍海味。他们为了享受人间美味，不惜劳役大量民众，挥霍浪费特别严重。杜牧《过华清宫》："长安回望绣成堆，山顶千门次第开，一骑红尘妃子笑，无人知是荔枝来。"杜甫《自京赴奉先县咏怀》有"朱门酒肉臭，路有冻死骨"的名句。

到了元朝，有了第一部宫廷饮食营养学专著《饮膳正要》，作者为宫廷太医忽思慧。他将历代"奇珍异馔、汤膏煎造、诸家本草、名医方术及日用所必备的谷、肉、菜，取其性味补益者集成一书"。其主要章节内容有三皇圣纪、养生避忌、妊娠食忌、乳母食忌、饮酒避忌、聚珍异馔、诸般汤煎、诸水、神仙服食饵、四时所宜、五味偏走、食疗诸病、食物利害、食物相反、食物中毒、禽兽变异、食疗本草等。《饮膳正要》不仅是一部宫廷饮食营养参考书，而且也是一部食品科技史上重要的参考书。

清朝是中国历史上最后一个封建王朝，它继承并推进了中国古代高度发展的封建经济，总结并汲取了中国饮食文化的光辉成就，宫廷筵宴规模不断扩大，烹调技艺水平不断提高，把中国古代皇室宫廷饮食发展到了登峰造极、叹为观止的地步。说到清宫中的筵宴，真可谓名目繁多，美食纷呈，仪式繁缛，耗费惊人，但却带有明显的政治目的，直接服务于清代的封建统治，也是清王朝最高统治者致力于维护多民族封建国家巩固统一而采用的一个十分奏效的手段。值得一提的是千叟宴。据清代文献记载，千叟宴共举办过 4 次，分别为康熙五十二年（1713 年）三月、康熙六十一年（1722 年）正月、乾隆五十年（1785 年）正月和嘉庆元年（1796 年）正月。这 4 次千叟宴，都是在国家政权稳固、经济殷实富足的大好形势下举办的。首开千叟宴的是康熙皇帝。康熙五十二年正月，正值康熙皇帝六旬万寿庆典紧张筹备之时，此时的康熙皇帝踌躇满志，好不得意，他非常自

豪地说道："屈指春秋，年届六旬矣！览自秦汉以下，称帝者一百九十有三，享祚绵长，无如朕之久者。"此刻的大清帝国"四海奠安、民生富庶"，于是在万寿庆典（三月十九日）的前一日特发谕旨，决定在北京西郊的畅春园宴赏众叟，宴后送归乡里。康熙六十一年，已统治天下整整一个花甲（60年）的康熙皇帝再次举行大规模的千叟宴。这年正月初二日，康熙皇帝在乾清宫赐宴60岁以上的满、蒙、汉三军中的文武大臣、官员及致仕退黜人员。3天后，又在乾清宫赐宴65岁以上的汉族文武大臣、官员。在这次盛筵上，他诗兴大发，亲赋七言律诗一首，名为《千叟宴诗》，与宴诸臣也按律恭和，以纪其盛，"千叟宴"之称因而得名。康熙皇帝还敕令宫廷画师作画，描绘这次千叟宴的盛况，以示后世。

在宫廷饮食生活中，年节饮食、各种祭祀和宗教活动饮食等也是重要的文化活动，这类活动的最初文字记载见于宋代《东京梦华录》等书中，可惜无系统性介绍。到了明朝，刘若愚在《明宫史》中有了系统记录，其主要内容如下：正月元旦，食水果盒儿（柿饼、荔枝干等）、驴肉、春饼、元宵、饺子。二月熏虫节，食枣粒、饮芦芽汤。三月清明节，食年糕、烧笋鸡。四月立夏，食白煮猪肉、包糯饭、饮白酒。五月端午节，食粽子、吃长命菜。六月过三伏，吃过水面、莲子汤、西瓜。七月七夕节，食菠萝蜜、鲥鱼、焖菜饭。八月中秋节，食月饼、螃蟹、醋蒜、饮苏叶汤。九月重阳节，食重阳糕、饮菊花酒。十月颁印新年历，食奶窝、酥糕、羊肉。十一月冬至，食糟猪蹄、鹅掌馄饨。十二月年终守岁，吃年糕、喝腊八粥。

第九节　其他食品文化

一、火锅

火锅是中国的传统饮食方式，起源于民间，历史悠久。今日火锅的容器、制法和调味等，虽然已经历了上千年的演变，但其共同点未变，即用火烧锅，以水（汤）导热，煮（涮）食物。这种烹调方法早在商周时期就已出现。《韩诗外传》记载，古代举行祭祀或庆典时要"击钟列鼎"而食，即众人围在鼎四周，将牛、羊肉等放入鼎中煮熟分食，这就是火锅的萌芽。

在我国的烹饪史上，火锅也叫暖锅。最早的人类过着"茹毛饮血"的生活，火的发现与使用使生食变为熟食成为可能，而真正意义上的烹饪是在"鼎"出现后开始的。鼎是灶和锅的结合，是我国古代最早烹制菜的器具。鼎广泛使用的时期也就是烹熟时期。商周时期鼎已广泛使用，故我国烹饪商周时已日渐成熟，到了汉、三国时期，由于"五熟釜"等器具的出现，火锅开始成熟，到唐、宋时期，由于经济发展、人类饮食活动的增加，烹饪也随之有了快步发展，"火锅"也得到了丰富和改良，流行地域不断扩大。大诗人白居易喜欢邀友至家吟诗赋词，他的那首"绿蚁新醅酒，红泥小火炉，晚来天欲雪，能饮一杯无"中的"红泥小火炉"，即唐代流行的一种陶制火锅。明清时期，火锅开始盛行，不但重视内容，也注重形式。到了清代，火锅已成为上流社会的普遍爱好。据说乾隆皇帝几次巡视江南，所到之处必有火锅，使得火锅盛极一时。嘉庆皇帝也是个"火锅

迷”，在他登基那天，皇宫里摆了“千叟宴”，宴请位高权重的文武老臣，宴席上除了山珍海味外，还特制1550多只火锅，开了个宴中之宴——火锅宴。发展到当代，火锅花样不断翻新。

对于火锅真正有记载的是在宋代。宋人林洪在《山家清供》中提到火锅，即其所称的“拨霞供”，“师云：山间只用薄批、酒酱、椒料活之。以风炉安桌上，用水半铫，候汤响一杯后，各分以箸，令自夹入汤摆熟，啖之，乃随意各以汁供”。从吃法上看，它类似于现在的“涮兔肉火锅”。直到明清，火锅才真正兴盛起来。

重庆火锅出现较晚，大约出现在清代道光年间。四川作家李颉人在其所著的《风土什志》中说，四川火锅发源于重庆，经过饮食界的不断改进，色、香、味独具特色，因此重庆火锅或山城火锅最负盛名。

火锅，是中国饮食文化的一块瑰宝，有深厚的历史和文化底蕴，独具特色。其一表现了中国烹饪的包容性。“火锅”一词既是炊具、盛具的名称，还是技法、“吃”法与炊具、盛具的统一。其二表现了中国饮食之道蕴涵的和谐性。从原料、汤料的采用到烹调技法的配合，同中求异，异中求和，使荤与素、生与熟、麻辣与鲜甜、嫩脆与绵烂、清香与浓醇等美妙地结合在一起。在民俗风情上，火锅呈现出一派和谐与酣畅淋漓之场景和心理感受，营造出一种“同心、同聚、同享、同乐”的文化氛围。其三为普及性。火锅来源于民间，升华于庙堂，无论是贩夫走卒、达官显宦、文人骚客、商贾农工，还是红男绿女、白发垂髫，其消费群体涵盖之广泛、人均消费次数之大，是其他食品望尘莫及的。

二、粽子

《本草纲目》有“古人以菰叶裹黍米煮成尖角，如棕榈叶之形，故曰粽”的记载。在古代又称“角黍”，其深深根植于中国先民农事思想礼俗土壤之中，是中国历史上的第一美食。经过漫长的历史变迁，我国各地粽子的原料、品种和制作工艺不断走向成熟。中华食文化可谓博大精深，但没有哪一个食品如同粽子般有着如此深厚的历史与文化内蕴。据专家考证，粽子的定型至少已有3000年以上的历史。

粽子

据《史记·屈原贾生列传》记载，屈原是春秋时期楚怀王的大臣。他倡导举贤授能，富国强兵，力主联齐抗秦，遭到贵族子兰等人的强烈反对。屈原遭谗去职，被赶出都城，流放到沅、湘流域。在流放中，他写下了忧国忧民的《离骚》、《天问》、《九歌》等不朽诗篇，独具风貌，影响深远（因此端午节也称诗人节）。公元前278年，秦军攻破楚国京都。屈原眼看自己的祖国被侵略，心如刀割，但是始终不忍舍弃自己的祖国，于五月五日写下绝笔作《怀沙》之后，抱石投汨罗江身死，以自己的生命谱写了一曲壮丽的爱国主义乐章。老百姓看到忠心爱国的屈原投江殉国，感到无比悲愤，纷纷驾着舟船到江里打捞屈原，将饭团、鸡蛋等投入江中让鱼虾蟹鳖吃饱，不使其伤害屈原的尸身。一位老医生拿来一坛雄黄酒倒进江里，想醉晕蛟龙水兽，防止它们咬坏屈原的躯体。由于投向江里的米饭太零散，老百姓就用竹筒储米做成筒粽，有的用箬叶包上糯米再用五彩线缠扎成菱形角粽，扔进江里，使其迅速下沉。这种风气很快传向各地，并历代相沿，将夏至尝黍祭祖先变为端午节食粽祭屈原。因为屈原是五月五日投江的，人们便把五月初五定为端午节，并在这一天裹粽子吃粽子。因而粽子在某种意义上已经成为人们对爱国主义、精英思想、人格崇尚等中华民族美好精神的一种物化寄托。

端午节的第二个传说在江浙一带流传很广，是用来纪念春秋时期（公元前770～前476年）伍子胥的。伍子胥名员，楚国人，父兄均为楚王所杀，后来伍子胥弃暗投明，奔向吴国，助吴伐楚，五战而入楚都郢城。当时楚平王已死，子胥掘墓鞭尸三百，以报杀父兄之仇。吴王阖庐死后，其子夫差继位，吴军士气高昂，百战百胜，越国大败，越王勾践请和，夫差许之。伍子胥建议，应彻底消灭越国，夫差不听，文仲越国贿赂，谗言陷害伍子胥，夫差信之，赐伍子胥宝剑，伍子胥以此死。伍子胥本为忠良，视死如归，死前说“我死后，将我眼睛挖出悬挂在吴京之东门上，我会看到越国军队入城灭吴”，便自刎而死。夫差闻言大怒，令取伍子胥之尸体装在皮革内于五月五日投入大江。

关于粽子的起源说法很多，最让人信服的是“包烹”之说。我们的祖先在50万年前用火制作熟食时，为了适口，用树叶包裹食物放在火中煨熟后剥叶而食，这虽不叫粽子，却已有粽子的雏形。经过40万年的春秋更迭，进入石烹时代，先民在地上挖坑，坑中垫兽皮，再注水，投入烧烫的石子使水沸腾，煨煮用植物叶子包裹的原料，直至成熟，这更像现在的粽子。

粽叶可用香蕉叶或干荷叶，如广东粽子；还用干竹叶或新鲜青竹叶，如台湾粽子；亦可用青竹叶，如碱粽；北京粽子多用苇叶（一种芦草，叶形狭长，状似船）。粽子有荤粽、素粽、咸粽、甜粽之分。

（1）北京粽子　多为甜粽。主要分为两种：其一纯用糯米包成的白粽子，吃时蘸白糖，并加上一点玫瑰汁木樨卤，味道香气怡人；其二为在糯米中包入两三颗红枣，称小枣儿粽子，吃前需冷藏，吃时会有冰凉的快感。

（2）广东粽子　是所有粽子中用料最丰富的，体积特大，做法费时。咸粽内馅有火腿、咸肉、蛋黄、烧鸡、叉烧、烧鸭、栗子、香菇、虾子等。甜馅有莲蓉、绿豆沙、红豆沙、栗蓉、枣泥、核桃等。

（3）台湾粽子　台湾肉粽有南北之分。北部粽是先将糯米用红葱头、酱油、盐、胡椒等炒至八分熟，再包以炒过的内馅如猪肉、豆干、竹笋、卤蛋、香菇、虾米、萝卜干等，置蒸笼蒸熟，具有咀嚼感，不会太黏腻。南部粽则将糯米与花生略为炒过，不加酱色，所包内馅内有猪肉、红葱头、栗子、豆干、芋头等，再将包好的粽子以水蒸煮至糯米熟透，吃时蘸调味料，南部粽香糯性黏，较无嚼感。

（4）湖州粽子　属江浙口味，可在江浙点心馆中尝到，也分甜咸两种。甜者是以油脂红豆沙为内馅，咸者是以酱油腌过的猪肉为内馅，且每个粽子只包一块肥肉及一块瘦肉，并无其他材料，而粽子的包法也很特别，是一头凸出一头扁平的铲子头形状。

粽子的造型因各地民俗风情及添加原料的不同而不同，如正三角形、斜三角形、螺角形、铲头形、三角形、四角锥形、枕头形、小宝塔形、圆棒形。

端午食粽作为全国性风俗最早始见于西晋周处撰写的《风土记》：“仲夏端午，烹鹜角黍。”这时粽子原料除米外，还添加了中药材益智仁，煮熟的粽子称益智粽。南北朝时出现杂粽，品种增多，米中掺杂禽兽肉、板栗、红枣、赤豆。到了唐代，粽子成为常见食品，品种日益繁多。唐人姚合在诗中记载了当时的民俗民风：“渚闹渔歌响，风和角粽香。”《开元天宝遗事》记载：“宫中每到端午节，造粉团角黍，贮于金盘中，以小角造弓子，纤妙可爱，架箭射盘中粉团，中者得食，盖粉团滑腻而难射也。都中盛于此戏。”说明在古代，宫廷和民间均在端午之时食用粽子。宋代粽子品种更加丰富，苏东坡在《端午帖子词》中咏道：“不独盘中见芦橘，时于粽里得杨梅。”“冰团水浸砂糖裹，透明解黍菘儿和”。这说明在宋代吃粽子已很流行。到了元代，粽子包裹料已从菰叶变革为箬叶，突破了菰叶的季节局限。明朝弘治年间，出现了用芦苇叶包的粽子，附加料已采用豆沙、猪肉、松子仁、枣、胡桃，品种更加丰富多彩。清乾隆年间，林兰痴在《邗上三百吟》中讲到“火腿粽子”。著名学者袁枚曾在《随园食单》中记载：“扬州洪府粽子——洪府制粽，取项高糯米，捡其完善长白者，去其半颗散碎者，淘之极熟，用大箬叶裹之，中放好火腿一大块，封锅焖煨一日一夜，柴薪不断。食之滑腻温柔，肉与米化。”那时的粽子与现在的粽子更接近了。到了现代，粽子更是璀璨纷呈。

纵观中华粽子文化，从3000年前一路走来，人们用其表达爱国主义的伟大情操和对美好生活的向往，毫不夸张地说，粽子是中国历史上迄今为止文化积淀最深厚的食品，是中华民族饮食史与饮食文化的结晶。

三、牛羊肉泡馍

牛羊肉泡馍是独具西安方邦特色的著名小吃。据有关人士考证，牛羊肉泡馍是在公元前11世纪古代“牛羊羹”的基础上演化而来的。

牛羊肉泡馍的特点是料重味重，肉烂汤浓，香气诱人，食后余味无穷，又有暖胃之功能。牛羊肉泡馍是西安最有特色、最有影响的食品。古称“羊羹”，宋代苏轼有“陇馔有熊腊，秦烹唯羊羹”的诗句。羊肉泡馍对烹饪技术要求很严格，煮肉工艺也特别讲究。其制作方法是：先将优质的牛羊肉洗切干净，煮时加葱、姜、花椒、八角、茴香、桂皮等作料煮烂，汤汁备用。馍，是一种白面烤饼，吃时将其掰成黄豆般大小放入碗内，然后在碗里放一定量的熟肉、原汤，并配以葱末、白菜丝、料酒、粉丝、盐、味精等调料，单勺制作而成。牛羊肉泡馍

的吃法也很独特，有羊肉烩汤，即自吃自泡：也有干泡的，即将汤汁完全渗入馍内，吃完馍、肉，碗里的汤也喝完了。还有一种吃法叫“水围城”，即宽汤大煮，把煮熟的馍、肉放在碗中心，四周围以汤汁，清汤味鲜，肉烂且香，馍韧入味。如果再佐以辣酱、糖蒜，别有一番风味，是一种难得的高级滋补佳品。

关于牛羊肉泡馍还有一段风趣的传说。传说，大宋皇帝赵匡胤称帝前受困于长安，终日过着忍饥挨饿的生活，一日来到一家正在煮制牛羊肉的店铺前，掌柜见其可怜，遂让其把自带干馍掰碎，然后给他浇了一勺滚热肉汤并放在火上煮透。赵匡胤狼吞虎咽地吃起来，感到这是天下最好吃的美食。后来，赵匡胤黄袍加身，做了皇帝。一日，他路过长安，仍不忘当年在这里吃过的牛羊肉煮馍，同文武大臣专门找到这家饭铺，吃了牛羊肉煮馍，仍感鲜美无比，胜过山珍海味，并重赏了这家店铺的掌柜。皇上吃泡馍的故事一经传开，牛羊肉泡馍成了长安街上的著名小吃。北宋大文学家苏东坡曾有“陇馔有熊腊，秦烹唯羊羹”的赞美诗名。

四、光饼

光饼是福州的传统特色风味小吃之一。据说它是中华糕饼之中唯一与爱国事迹直接有关的食品。光饼其名与戚继光入闽抗倭的传说有关。据传，在明嘉靖年间，倭寇侵扰福建沿海，戚继光奉旨率戚家军入闽抗倭。当时倭患猖獗，战事不断，沿途百姓争相犒劳三军，但戚家军军纪严明，不收礼品。闽清县的老百姓就特制了一种中间带孔的饼，用卤咸草串起来，挂在戚家军将士的脖子上，戚继光深感百姓爱军心切，又看军队也需要便于携带的干粮，就命将士接受了百姓的一片心意。消息传到福州后，当地百姓制作了一种体积比闽清饼小一圈更便于携带的饼，用细绳穿起来赠予戚家军。戚继光在作战中见这种饼非常实用，就令伙头军如法制作。后来人们为纪念戚继光，就称小饼为“光饼”，称大饼为“征东饼”。光饼深受福州人的喜爱。古代文人亦喜吃光饼，那些进京赶考的举子路过福州时，都要买许多光饼用作途中干粮，久而久之，吃了多少光饼就成了衡量举子们用功程度的代名词。

在福州，人们通常把饼面没有芝麻的叫“光饼”，有芝麻的叫“福清饼”。但在距福州 60 千米的福清市，人们则把饼面有芝麻的叫“光饼”。福清人做的光饼较其他地方略胜一筹。福州人做光饼，从前一直用木炭烘炉，现在多半改用电烘箱烘烤。而福清人至今还保留着自己的一套制饼方法，不但新鲜，而且有趣，简直可称之为融音乐与舞蹈为一体的劳动艺术。他们烤光饼时用一口高近 2 米、直径约 1 米的外裹黄泥的大缸，先用成捆的松枝在缸内点起冲天大火直至将缸壁烧“白”，缸底只剩余烬，然后把做好的饼胚，由两人合作，伸手入缸，飞快准确地贴在缸壁之上。由于烤光饼时面对的是一只大火缸，所以不分冬夏，两人都打着赤膊，一个递坯，一个接坯往缸里贴，身子一伸一欠，一俯一仰，动作敏捷，配合默契，再加噼噼啪啪的贴饼声，仿佛音乐伴奏，节奏感十分强烈。

从前，光饼登不得大雅之堂。如今福州的大酒楼、大酒店把光饼切个口，夹上糟肉、粉蒸肉、雪里红、苔菜，浇点醋蒜汁，当作酒席上的一道特色点心待客。

福清光饼就具有 F-食品特点（新鲜 fresh，快速 fast，健康 fitness，名气 famous，低脂肪 fat free)，能够满足肥胖病、高血脂、糖尿病患者的需要。福清光饼成了福清华侨的精神食粮。

五、太极芋泥

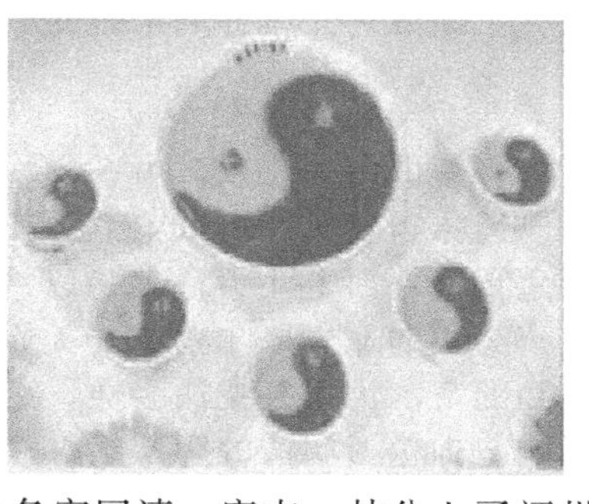

福州先贤林则徐被誉为“近代中国开眼看世界的第一人”，虎门销烟的壮举为世人所熟知。福州名小吃“太极芋泥”就因他而增色不少。据传，1839 年，林则徐被命为钦差大臣，赴广州禁烟。美、英、俄、德等国的领事为了奚落中国官员，特备冰淇淋作为冷餐宴请林则徐，企图让他出丑。在宴席上，初见冰淇淋的林公见其冒着丝丝白气，以为是一道热菜，放在嘴边吹了又吹才送入口中——谁知那冰淇淋却是冰冷的。在座的列强领事们哈哈大笑。不久，林则徐备宴回请。席末，林公上了福州名菜“太极芋泥”，即槟榔芋蒸熟后除去皮和筋，压成细泥状，拌上红枣肉、冬瓜条等果料再蒸透取出，加白糖、猪油等拌成芋泥，然后再用瓜籽仁、樱桃在芋泥上面装饰成太极图案的小吃。刚出锅的热芋泥滚烫之至却并不冒热气。外国领事们一见这道菜颜色暗红发亮，油润光滑，犹如双鱼卧伏盘中，色香俱全，却不识其名，便问翻译。来自北方的翻译也不识这道福州街头巷尾的小吃，灵机一动说，这是林公招待的“福州冰淇淋”。领事们迫不及待地想先尝为快，结果可想而知。这则小故事传到民间，更增添了人们对这道美味“福州冰淇淋”的喜爱。

第十节　八大菜系

烹饪是指加热做熟食物。广义的烹饪是人类为满足生理需求和心理需求，把可食原料用适当方法加工成可直接食用的工艺活动。包括对烹饪原料的认识、选择和组合设计，烹饪法的应用与菜肴、食品的制作，饮食生活的组织，筵席的摆设，以及饮食消费和与之相关的各种文化。烹饪因由来已久的地域性与民俗性不同，形成了不同派别。

我国的菜系，是指在一定区域内，由于气候、地理、历史、物产及饮食风俗的不同，经过漫长历史演变而形成的一整套自成体系的烹饪技艺和风味，并被全国各地所承认的地方菜肴。清代，中国饮食分为京式、苏式和广式。民国时期，中国各地文化有了相当大的发展，分为华北、江浙、华南和西南四大流派。后来从华北流派中分出鲁菜，成为八大菜系之首，江浙流派分为苏菜、浙菜和徽菜，华南流派分为粤菜、闽菜，西南流派分为川菜和湘菜。鲁、川、苏、粤四大菜系的形成历史较早，后来浙、闽、湘、徽等地方菜也逐渐出名，就形成了我国的“八大菜系”。经过竞争，其排次发生变化，首先川菜上升到第二，苏菜退居第三。后来形成的最有影响和代表性的也为社会所公认的有鲁、川、苏、粤、闽、浙、湘、徽菜系，即人们常说的“八大菜系”。

一个菜系的形成与其悠久的历史及独到的烹饪特色是分不开的，同时也受该地区自然地理、气候条件、资源特产、饮食习惯等的影响。有人把“八大菜系”用拟人化的手法描绘为：苏、浙菜好比清秀素丽的江南美女；鲁、皖菜犹如古拙朴实的北方健汉；粤、闽菜宛如风流典雅的公子；川、湘菜就像内涵丰富充实、才艺满身的名士。

下面分别介绍各大菜系的形成与发展。

一、鲁菜

鲁菜即山东菜系，由齐鲁、胶辽、孔府三种风味组成，是宫廷最大菜系，以孔府风味为龙头。山东菜系对其他菜系的产生有重要的影响，因此鲁菜为八大菜系之首。习惯上认为鲁菜是以济南、胶东（又称福山风味）、济宁（包括孔府大菜）为主的地方风味构成，其原料以山东半岛的海鲜、黄河和微山湖等的水产、内陆的畜禽为主；技法多样，尤以爆、炒见长，味型以咸鲜取胜，口味适中。其影响范围包括明清的宫廷菜，以及京津、黄河中下游及其以北广大地区。

鲁菜的形成与发展经历了数千年的积累才得以完成。一般认为，它滥觞于北方史前的历史时期，孕育于三代，经过汉魏南北朝的蕴蓄与丰富发展，至唐宋年间初步显现雏形，又经过元、明等朝代的丰富完善，最终于清朝年间形成了富有齐鲁饮食文化特征的完整体系。

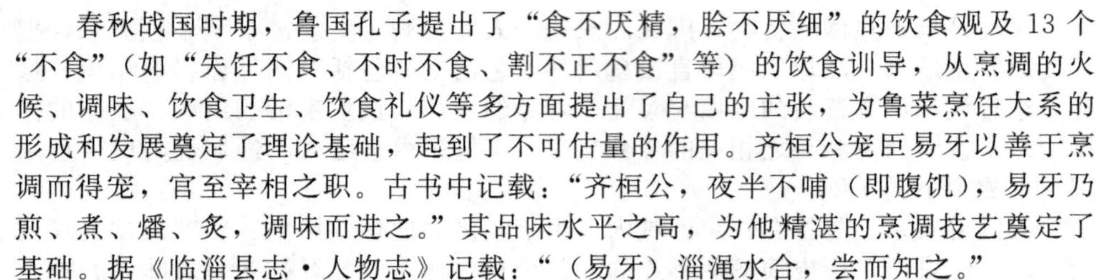

春秋战国时期，鲁国孔子提出了“食不厌精，脍不厌细”的饮食观及 13 个“不食”（如“失饪不食、不时不食、割不正不食”等）的饮食训导，从烹调的火候、调味、饮食卫生、饮食礼仪等多方面提出了自己的主张，为鲁菜烹饪大系的形成和发展奠定了理论基础，起到了不可估量的作用。齐桓公宠臣易牙以善于烹调而得宠，官至宰相之职。古书中记载：“齐桓公，夜半不哺（即腹饥），易牙乃煎、煮、燔、炙，调味而进之。”其品味水平之高，为他精湛的烹调技艺奠定了基础。据《临淄县志·人物志》记载：“（易牙）淄渑水合，尝而知之。”

通过许多先秦典籍的记载可以发现，这一时期齐鲁大地的烹调水平已经相当发达，以至于出现了实践与理论的共同发展。《左传·昭公二十年》记载“公曰：和与同异乎？（晏子）对曰：异！和如羹焉，水、火、醯、醢、盐、梅，以烹鱼肉，殚之以薪，宰夫和之，齐之以味，济其不及，以泄其国。君子食之，以平其心……故《诗》曰：亦有和羹，既戒既平。宗嘏无言，时靡有争……若以水济之，谁能食之？若琴瑟之专一，谁能听之？同之不可也如是”。晏子是齐国时期著名的贤相，有三朝元老的美称。当齐景公问晏子“相和与相同不一样吗?”晏子便借用了烹饪调味的道理对齐景公作了生动形象的解释。他说不一样。相和好比是做汤羹，用水、火、醋、酱、盐、梅子烹调鱼肉，就好像要用柴烧煮，厨师调和味道，在于使之适中，味道太淡要使之变浓，味道过于浓厚，要使之变淡。君子吃了这种羹汤，就会心平气和。晏子的这段话虽然是在论述君臣之间的关系，但却从反面揭示了烹饪调味的最高境界——“和”。不过，这种“和”在烹饪中除了调味以外，还表现在很多方面，如配菜要讲究原料的“和”，用火要讲究轻重缓急与所烹制的原料相适“和”，宴席中则要讲究菜肴与菜肴之间的配“和”，等等。

齐国大夫管仲经营胶东地区，大力提倡发展海洋渔业，故齐地富鱼盐之利。今天广为齐鲁民众所喜爱的胶东海鲜美食，早在2000多年前就是山东人的美味食品了。而内陆人对淡水鱼则情有独钟。《齐风·敝笱》记载：“敝笱在梁，其鱼鲂鳏。齐子归止，其从如云。敝笱在梁，其鱼鲂鱮。齐子归止，其从如雨。敝笱在梁，其鱼唯唯。其鱼归止，其从如水。”虽然注释者认为这首诗是用来讽刺齐国国君的软弱无能，但却从侧面反映了齐人捕鱼的情况。所捕的鱼有鲂（鳊鱼）、鳏（鲶鱼）及鲢鱼等种类，这些都是内陆所产的淡水鱼，说明齐人在春秋时期所食用的鱼类，还是以淡水鱼为主的。

食料的丰富与烹饪技艺的发达，促进了宴席的发展，先秦时期齐鲁的宴饮水平已具相当规模。

《鲁颂》中的《有駜》一篇是记载鲁侯宴饮群臣的诗歌，也有人认为是鲁君秋冬祀帝于郊外，行天子之礼乐的情形。其诗云：

有駜有駜，駜彼乘黄。夙夜在公，在公明明。振振鹭，鹭于下。鼓咽咽，醉言舞。于胥乐兮!

有駜有駜，駜彼乘牡。夙夜在公，在公饮酒。振振鹭，鹭于飞。鼓咽咽，醉言归。于胥乐兮?

駜彼乘駽。夙夜在公，在公载燕。自今以始，岁其有。君子有穀，诒孙子。于胥乐兮?

这首诗歌的大意是说，鲁公每天都乘着四匹肥壮的大黄马拉的车，到宫廷内处理公事，日夜操劳。处理完公事以后，还要和群臣们合欢。“在公饮酒”、“在公载燕”、“鼓咽咽，醉言归”，说的就是公事退毕，又与友好国的使节及群臣宴饮，描写了欢宴之鼓乐羽舞、欢乐无比的情形，意在表明天下邦国友好团结，同时也歌颂了鲁公享天子之礼的荣耀。

另外，在《泮水》等篇中，还描写了鲁僖公与群臣一起欢宴的情形。“鲁侯戾止，在泮饮酒”，“既饮旨酒，永锡难老”就是此次欢宴的写照。

烹饪技艺的精湛还表现在烹饪刀工技术的运用上。孔子在《论语》中有“割不正不食”的刀工要求，为厨师提高刀工技术提供了理论依据。《庄子·养生主篇》曾记述了一个“庖丁解牛”的故事，反映的就是包括齐鲁地区在内的中原烹饪刀工技术。其云：“庖丁为文惠君解牛，手之所触，肩之所倚，足之所履，膝之所跨，砉然响然，奏刀砉然，莫不中音……”后来庖丁自述说：“良庖岁更刀，割也，族庖月更刀，折也。今臣之刀十九年矣，所解数千牛，而刀刃若新发于硎，彼节有闲，而刀刃无厚，以无厚入有闲，恢恢乎其于游刃必有余地矣。”这

一段绘声绘色的描述，表明当时厨师刀工技术水平之高超已经达到了出神入化的境地。

秦汉时，大量的海味进入齐鲁人们的饮馔中。汉武帝进兵山东半岛时吃到渔民腌制的鱼肠，有异香，遂赐名“鲢鳠”。《盐铁论》中也有“莱黄之鲐，不可胜食”的记载。

汉代，山东的烹饪技艺已有相当水平。从沂南出土的庖厨画像石、诸城市前凉台村的庖厨画像石，可以从原料选择、宰杀、洗涤、切割、烤炙、蒸煮中看出分工精细、操作熟练的情景，展现了当时烹饪的全过程，以及饮宴的场面。

南北朝时贾思勰所撰《齐民要术》中，有关烹调菜肴和制作食品方法的内容占有重要篇章，记载了当时黄河中下游特别是山东地区的北方菜肴食品达百种以上。从中可以看出，这一时期烹调技法、菜肴款式均日趋完美。当时使用的烹调方法已有蒸、煮、烤、酿、煎、炒、熬、烹、炸、腊、泥烤等，调味品有盐、豉汁、醋、酱、酒、蜜、椒，且出现了烤乳猪、蜜煎烧鱼、炙肠等名菜。贾思勰是青州人，其记录应当是对当时齐鲁烹饪经验的总结与高度概括。南北朝时，齐鲁民间食风朴素、文雅，凡年节宴客待友，皆设美馔佳肴。仅从民间面点小吃的发展情况就可窥其一斑。据载，汉桓帝延熹三年（160年）赵岐流落北海（山东临淄北），在市内卖饼，这是关于经营面点小吃的较早记载。《齐民要术》一书，更是记录了丰富的小吃品种，有饼法、羹臛、飧饭、素食、饧脯、粽子等，其中最早记载面条制法的“水引饼”，是“用秫稻米屑，水蜜溲之……手搦面，可长八寸许，屈令两头相就，膏油煮（即炸）之”的“膏环”，还有“用乳溲者，入口即碎，脆如凌雪”的“截饼”等。其他如杏仁粥、梅子酱、果脯、肉脯等也已成为普遍流行的小吃。

唐宋两代，鲁菜又有了新的发展。唐朝临淄人段成式在《酉阳杂俎》中记载了当年的烹调水平之高：“无物不堪食，唯在火候，善均五味。”还记载了大量有关齐鲁烹饪技艺、食料使用的资料。段成式之所以在一本杂记中能记录如此多的烹饪资料，大概与其出身美食之家有关。据载，段成式的父亲段文昌为唐朝一代相国，颇尚美食，府内厨房规模庞大，有著名厨娘掌管。他把自己的厨房命名为“炼珍堂”，即使到外地出发公干时，也有大厨相随，并将随行厨房命名为“行珍宫”，其讲究饮食烹饪之状可见一斑。段文昌甚至将家厨的烹调技艺用文字记录下来，名曰《邹平公食单》，可惜此书已佚失。

至唐宋年间，齐鲁烹饪刀工技术的应用和发展可谓登峰造极，这在唐宋年间所遗留下来的史料及诗文中有所反映。唐段成式《酉阳杂俎》记载：“进士段硕尝识南孝廉者，善斫脍，索薄丝缕，轻可吹起，操刀响捷，若合节奏，因会客衒技。”持刀斫脍的人动作如此熟练轻捷，所切的肉丝轻风可以吹起，可见肉丝之细，刀技之精。宋人所撰的《同话录》还记载了山东厨师在泰山庙会上的刀工表演，云：“有一庖人，令一人袒被俯偻于地，以其被为刀几，取肉一斤，运刀细缕之，撤肉而拭，兵被无丝毫之伤。”这种刀工技艺，较之现今厨师垫绸布切肉丝的表演如出一辙，但更为绝妙。

唐宋年间，齐鲁地区的民间饮食之风也大行其道。据《酉阳杂俎》记载，历城北一里，有莲子湖……三伏之际，宾僚避暑于此，取大莲叶盛酒，以簪刺叶，令与茎柄通，吸之，名为碧筒饮。以后则成了济南端午节的定俗。端午节食粽

子、二月二食煎饼皆于此时开始。此时的风味小吃已不可胜记，如馄饨、樱桃饺、汤中牢丸、五色饼食等。

宋代汴梁、临安有所谓的“北食”，指以鲁菜为代表的北方菜。宋代以北方面食加工为饮食特色的饮食市场的兴旺发达，促进了以齐鲁为代表的面食文化的繁荣昌盛。宋人张择端所画的《清明上河图》展现了宋代商业繁荣景象，当年宋都十里长街两侧的饮食店铺鳞次栉比。据《东京梦华录》记载，当年东京面食店不胜枚举，如玉楼山洞梅花包子店、曹婆婆肉饼店、鹿家包子店、张家油饼店、郑家胡饼店、万家馒头店、孙好手馒头店等。至于南宋京都临安，各类面食店的客人络绎不绝。据《梦梁录》、《武林旧事》等记载，制售馄饨、面条、疙瘩、馒头、包子、饆饠菜面等的小食店不下数百家，经营品类达200余种。至此，鲁菜大系具有代表性的四大面食加工技艺业已形成，为完善鲁菜大系的烹调技术体系创造了条件。至此山东菜已初具规模。

明、清时期，山东菜得到不断丰富和提高，产生了以济南、福山为主的两类地方风味，曲阜孔府内宅也早已形成自成体系的精细而豪华的官府菜。各地方风味的烹饪技艺令今人叹为观止。明代诗人李攀龙之妾蔡姬善制葱味包子，有葱味而不见葱，深受来客赞誉。清代，鲁菜更成为宫廷菜吸收的主要对象。鲁菜的烹调技艺和鲁地食风常出现在诗人笔下。如清初名士王士祯《历下银丝蚱》：“金盘错落雪花飞，细缕银丝妙入微。欲析朝醒香满席，虞家鲭蚱尚方稀。”蒲松龄《客邸晨炊》：“大明湖上就烟霞，茆层三椽赁作家。粟米汲水炊白粥，园蔬登俎带黄花。”

清朝时期的中国饮食文化，在宋、元、明的基础上不断扩大、丰富。市井饮食的广泛发展，其明显特征是各地方风味菜日趋成熟，并表现出极其突出的特点。山东风味菜尤为突出。它广及山东半岛，影响京津一带，而且深入豫、晋、冀、秦，波及白山黑水，几乎在北方半个中国可见其踪迹。而齐鲁大地表现尤为突出的是“官府”味特浓的曲阜县城内的孔府肴馔。作为中国儒家学派创始人孔子的故地，经历代封建王朝的封爵加官，逐渐成了豪门显贵。孔府内宅的家庭饮食，是当时市肆饮食的升华和提高，它既要满足孔门后裔及家眷日益培养起来的口腹之欲，又要迎接帝王官吏及近支族人，应付节日客饮及红白喜事，在日积月累的总结和积淀中，逐渐形成了一套完整的孔府饮馔体系。根据《孔府档案》可知，明清两代孔府烹饪已经成熟。其肴馔既讲究精细、营养、礼仪和排场，名雅质朴，又不失其浓厚的乡土风味，独树一帜，为世人所称道，在明清饮食史上留下了精彩的一笔。

明、清年间，山东民间饮食的烹饪水平也相当发达，面点小吃已形成独特的风味，制作精细，用料广泛，品种丰富。清初文学家蒲松龄曾有如下描述：“霍罗（即饸饹）压如麻线细，扁食捏似月牙弯，上盘薄脆连甘露，透油飞果有套环，油馓霜熟兼五味，糖食酥饼亦多般。”清乾隆年间袁枚在《随园食单》中称赞山东薄饼：“山东孔藩台家制薄饼，薄若蝉翼，大若茶盘，柔腻绝伦。”当时有人称：“吃孔方伯薄饼，而天下之薄饼可废。”创于明代的福山拉面，细如银丝，是堪称巧夺天工的操作技术。著名小吃蓬莱小面、清油盘丝饼、蛋酥炒面都是拉面的衍生品种。山东的面粉制品更是数不胜数，尤以饼为最，济南史籍载：“和面作饼，或厚或薄，其名不一。厚者数分，曰家常饼；内和以油，曰油饼；油葱并加，曰葱油饼；薄者如纸，谓之单饼；内卷以生猪油及葱作成长形而断之者，曰油护饼，更有形似日月，有咸有甜，有厚有薄，有粘芝麻者，有内起酥者，概曰烧饼。”“以面作寸许厚中径尺余之圆饼，烙而熟之，外焦黄而内细白，谓之锅饼”。这些经济实惠的小吃品广为流传，成为与人民生活密切相关的食品，也成为鲁菜大系不可缺少的组成部分。

尤为可贵的是，鲁菜在其自身的发展过程中，不断向外延伸，这是鲁菜影响面较大的主要原因，其中有明清年间山东大量移民移向北方，特别是向东北三省迁移的因素，同时也有包括从明代起山东厨师进入皇宫御膳房、山东餐馆进入北京等众多因素。所以，许多人认为山东菜的影响面涉及到整个黄河中下游及其以北的广大地区。

鲁菜大系的形成，虽然与勤劳智慧的山东人密切相关，但它的发展与完善还受到多方面的影响并日臻完美。所以，有人认为鲁菜大系的形成“可以说是集全国文人巧思之大成”。台湾著名哲学家张起钧先生在《烹调原理》一书中对鲁菜进行了高度概括。他在该书中说：“北京自辽金以来，七百多年的帝都，尤其元明清三代，集全国菁英于一地，是人才荟萃京华盛世。不论是贵族饮宴，官场应酬，都必须以上好的菜来供应，而这些人（特别是贵族）真是又吃过又见过，没有真材实货，精烹美制，那能应付。因此，七百年下来，流风遗余韵烹调之佳集全国之大成。菜，经过作大官、有学问的人指点，不仅技术口味好，并且格调高超，水准卓越，为全国任何其他地处之菜所不能及，而这种菜都是许多山东人开的大馆子所作的。其风格是：大方高贵而不小家子气，堂堂正正而不走偏锋，它是普遍的水准高，而不是以一两样菜或偏颇之味来号召，这可以说是中国菜之典型了。”

毫无疑问，这是对鲁菜大系形成与成名的高度概括。由此可见，鲁菜大系的发展与形成深深植根于中国民族文化的沃土之中，凝聚了无数代劳动者的勤劳与智慧，是集中国传统文化之大成。

二、川菜

从地域上说，川菜是中国西部四川这块地方出现的菜。按行政省看，川菜就是四川菜。但是川菜早已不仅仅为四川人所喜爱，而且是深受全国各地甚至海外许多国家所喜爱的菜系。从这个意义上说，川菜属于中国，也属于世界。

川菜发源于古代的巴国和蜀国，是在巴蜀文化背景下形成的。按中国历史演变序号——朝代来说，川菜历经了春秋至秦的启蒙时期后，到两汉两晋之时，就已呈现初期轮廓。隋唐五代，川菜有了较大的发展。两宋时，川菜已跨越巴蜀疆界，进入北宋东京、南宋临安两都，为川外人所知。明末清初，川菜运用引进种

植的辣椒调味，使巴蜀早就形成的“尚滋味”、“好辛香”的调味传统得到进一步发展。晚清以后，逐步成为一个地方风味极其浓郁的体系。

川菜作为我国八大菜系之一，在我国烹饪史上占有重要地位。它取材广泛，调味多变，菜式多样，口味清鲜醇浓并重，以善用麻辣并以其别具一格的烹调方法和浓郁的地方风味享誉中外，成为中华民族饮食文化与文明史上一颗灿烂夺目的明珠。新中国建立后，中国共产党和人民政府重视烹饪事业，厨师地位得到提高，人才辈出，硕果累累，为川菜的进一步发展开辟了无限广阔的前景。

探索川菜形成与发展的原因，以下三点是至关重要的。

1. 得天独厚的自然条件

四川自古以来就有“天府之国”的美称。境内江河纵横，四季长青，烹饪原料多且广，既有山区的山珍野味，又有江河的鱼虾蟹鳖；既有肥嫩味美的各类禽畜，又有四季不断的各种新鲜蔬菜和笋菌；还有品种繁多、质地优良的酿造调味品和种植调味品，如自贡井盐、内江白糖、阆中保宁醋、德阳酱油、郫县豆瓣、茂汶花椒、永川豆豉、涪陵榨菜、叙府芽菜、南充冬菜、新繁泡菜、成都地区的辣椒等，都为各式川菜的烹饪及其变化无穷的调味提供了良好的物质基础。此外，四川所产的与烹饪、筵宴有关的酒和茶，其品种质量之优异，也是闻名中外的，如宜宾的五粮液、泸州的老窖特曲、绵竹的剑南春、成都的全兴大曲、古蔺的郎酒，以及重庆的沱茶等，对川菜的发展也有一定的促进作用。

2. 受当地风俗习惯的影响

据史学家考证，古代巴蜀人早就有“尚滋味”、“好辛香”的饮食习俗。贵族豪门嫁娶良辰、待客会友，无不大摆“厨膳”、“野宴”、“猎宴”、“船宴”、“游宴”等名目繁多、肴馔绮错的筵宴。到了清代，民间婚丧寿庆普遍筹办“家宴”、“田席”、“上马宴”、“下马宴”等。讲究饮食传统和川菜烹饪的发展与普及，造就了一大批精于烹饪的专门人才，使川菜烹饪技艺世代相传，长盛不衰。

3. 广泛吸收融会各家之长

川菜的发展，不仅依靠其丰富的自然条件和传统习俗，而且还得益于外来经验的广泛吸收。无论是宫廷、官府、民族、民间菜肴，还是教派寺庙的菜肴，它都一概吸收消化，取其精华，充实自己。秦灭巴蜀，“辄徙”入川的显贵富豪带进了中原的饮食习俗。其后历朝治蜀的外地人，也都把他们的饮食习尚与名馔佳肴带入四川。特别是在清朝，外籍入川的人更多，以湖广为首，陕西、河南、山东、云南、贵州、安徽、江苏、浙江等省也大量拥入四川。这些自外地入川的人，既带进了他们原有的饮食习惯，又逐渐被四川的传统饮食习俗所同化。在这种情况下，川菜加速吸收各地之长，实行“南菜川味”、“北菜川烹”，继承发扬传统，不断改进提高，形成了风味独特、具有广泛群众基础的四川菜系。

总之，川菜是历史悠久、地方风味极为浓厚的菜系。它品种丰富、味道多变、适应性强，享有“一菜一格，百菜百味”之美誉，以味多味美及其独特的风格赢得国内外人们的青睐。

三、苏菜

苏菜即江苏菜，由淮扬、金陵、苏锡、徐海四个地方风味组成，其影响遍及长江中下游广大地区，在国内外享有盛誉。苏菜的特点是：用料广泛，以江河湖海水鲜为主；刀工精细，烹调方法多样，擅长炖、焖、煨、焐；追求本味，清鲜平和，适应性强；菜品风格雅丽，形质均美。

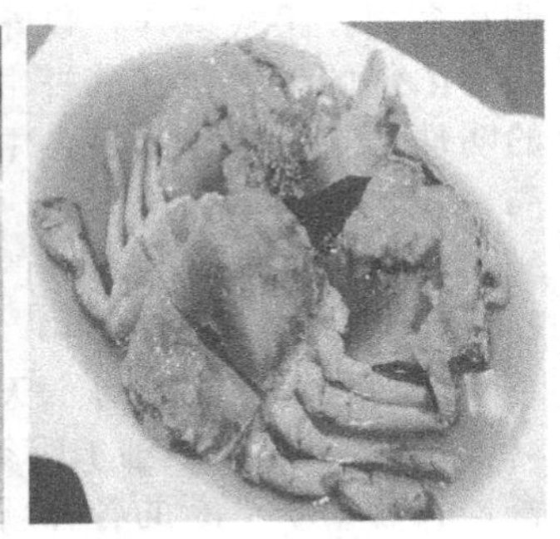

苏菜历史悠久。据出土文物表明，至迟在6000年以前，江苏先民已用陶器烹调。春秋、战国时期，江苏已有了全鱼炙、露鸡、吴羹和讲究刀功的鱼脍等。据《清异录》记载，扬州的缕子脍、建康七妙、苏州玲珑牡丹鲊等，有“东南佳味”之美誉，说明苏菜在两宋时期已达到较高水平。至清代，江苏菜得到进一步发展，据《清稗类钞·各省特色之肴馔》载：“肴馔之各有特色者，如京师、山东、四川、广东、福建、江宁、苏州、镇江、扬州、淮安。”所列十地，江苏占其五，足见其影响之广。

江苏又为名厨辈出之地，如帝尧时的彭铿、春秋时的太和公（或作太湖公）、明代的曹顶，以及中国第一位被立传的厨师王小余、仪征萧美人和号称“天厨星”的董桃楣。江苏的烹饪文献亦十分丰富，如元代大画家倪瓒的《云林堂饮食制度集》、明代吴门韩奕的《易牙遗意》、清代袁枚的《随园食单》等。

四、粤菜

粤菜的形成和发展有着悠久的历史。由于广州地处珠江三角洲，水陆交通四通八达，所以很早便是岭南政治、经济、文化中心，饮食文化比较发达。并且由于广东是我国最早对外通商的口岸之一，在长期与西方国家经济往来和文化交流中，吸收了一些西菜的烹调方法，加之广州外地菜馆大批出现，促进了粤菜的形成和发展。

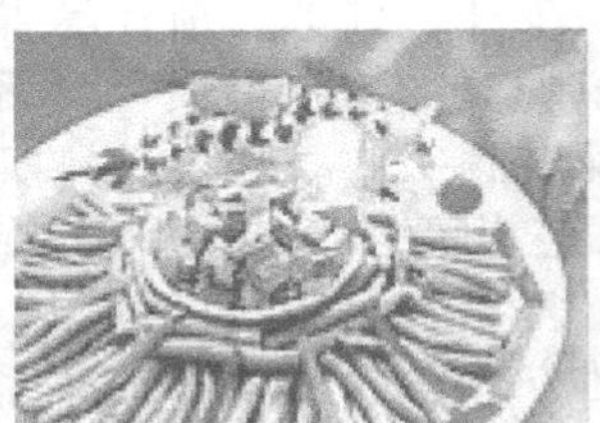

广东地处东南沿海，珠江三角洲气候温和，物产丰富，可供食用的动植物品种繁多，成为粤菜发展的物质基础。粤菜历来以选料广博、菜肴新颖奇异而闻名全国。粤菜由广州菜、潮州菜、东江菜、海南菜四个不同风味菜种组成，而以广州菜为代表。

早在几千年前，广东的民间食法就逐渐显示出独特的地方风味特色。如《淮南子》记载："越人得蚺蛇，以为上肴。"可见当时广东地方风味的"蛇馔"已颇具影响。汉魏至宋明时期，广州经济贸易繁荣，作为通商口岸，被誉为祖国的南方大门，历代王朝无论是派来治粤的王公贵族，还是南贬的官吏，都或多或少地带来了一些北方的饮食文化，其名肴美食烹调技艺被岭南人所吸收，使广东的烹调技术得到发展，尤其是南宋时期，宋都南迁，中原的烹饪技术也随之流入南方，经促进和融合形成了南方特有的菜系。

粤菜经过了近千年的沧桑变化和发展形成了以烹食求鲜、海鲜、河鲜、鸟兽蛇虫入馔的独特地方风味。明清时期，由于封建统治者的闭关政策，广州成为祖国对外通商的唯一口岸，从而加速了烹调文化的交流和繁荣。京都风味、姑苏风味、扬州炒饭等与广东菜各地方风味特色烹调技术互相影响。广东的厨师们以自己的地方特色为基础，大量吸取外域食法，使粤菜得到很大发展，在闽、台、琼、桂诸方占据了主要阵地，并且北京也出现了颇具规模的南味餐馆，各大城市也都有了"广东菜馆"。至此，粤菜作为一个具有特色风味特点的菜系已初具雏形。到了晚清，广州不仅是清朝政府南陲军事要塞，而且是中南地区政治、经济、文化中心，工商繁荣，交通发达，商旅往来频繁，官绅筵宴不断，以粤菜风味为主的南北风味酒楼、茶楼大量涌现，生意兴隆。酒楼的兴盛有效地促进了烹饪技术的交流，粤菜得到了更加可喜的发展。鸦片战争后，西餐的烹调技艺也相继传入，使粤菜在技艺上留下了鲜明的西方烹饪烙印。广州饭食掺入了若干西餐成分，中西合璧成分颇为明显。

正因为粤菜善于博采众长，广取京都风味、姑苏名菜、扬州炒饭和西餐之特长，学习移植并加以改造，再选择潮州、大良、东江等菜之精美，融会贯通，使其在中国各大菜系中脱颖而出，扬名海内外。

五、闽菜

闽菜，是中国八大菜系之一，经历了中原汉族文化和当地古越族文化的混合、交流而逐渐形成。根据闽侯县甘蔗镇恒心村的昙石山新石器时代遗址中保存的新石器时期福建先民使用过的炊具陶鼎和连通灶，证明福州地区在5000多年前就已从烤食时代进入煮食时代。福建是我国著名的侨乡，旅外华侨从海外引进的新品种食品和一些新奇的调味品，对丰富福建饮食文化、充实闽菜体系内容也曾发生不容忽略的影响。福建人民经过与海外特别是南洋群岛人民的长期交往，海外的饮食习俗也逐渐渗透到闽人的饮食生活之中，从而使闽菜成为带有开放特色的一种独特菜系。

闽菜的起源与发展离不开本地的自然资源。烹饪原料是烹饪的物质基础，烹饪质量的保证。在烹饪作用的发挥、烹饪效果的产生和烹饪目的的实现环节中，烹饪原料起着关键作用。

早在两晋、南北朝时期的“永嘉之乱”以后，大批中原衣冠士族入闽，带来了中原先进的科技文化，与闽地古越文化进行混合和交流，促进了当地的发展。晚唐五代，河南光州固始的王审知兄弟带兵入闽建立“闽国”，对福建饮食文化的进一步开发、繁荣，产生了积极的促进作用。

例如，唐代以前中原地区已开始使用红曲作为烹饪作料。唐朝徐坚在《初学记》中云：“瓜州红曲，参糅相半，软滑膏润，入口流散。”这种红曲由中原移民带入福建后，由于大量使用，红色也就成为闽菜烹饪美学中的主要色调，有特殊香味的红色酒糟也成了烹饪时常用的作料，红糟鱼、红糟鸡、红糟肉等都是闽菜的主要菜肴。福州、厦门、泉州先后对外通商，四方商贾云集，文化交流日益频繁，海外技艺也相随传入。闽菜在继承传统技艺的基础上，博采各路菜肴之精华，对粗糙、滑腻的习俗加以调整，使其逐渐朝着精细、清淡、典雅的品格演变，以至发展成为格调甚高的闽菜体系。

六、浙菜

浙江烹饪源远流长。它基于“鱼米之乡，文化之邦”，兼收江南山水之灵秀，受到中原文化之灌溉，得力于历代名厨师承前贤的烹饪技艺和矢志不渝的开拓创新，逐渐形成为鲜嫩、细腻、典雅的菜品格局。浙菜取料广泛，烹调精巧，尤以清鲜味真见胜，是中国著名的八大菜系之一，是中华民族灿烂文化宝库中的瑰宝。

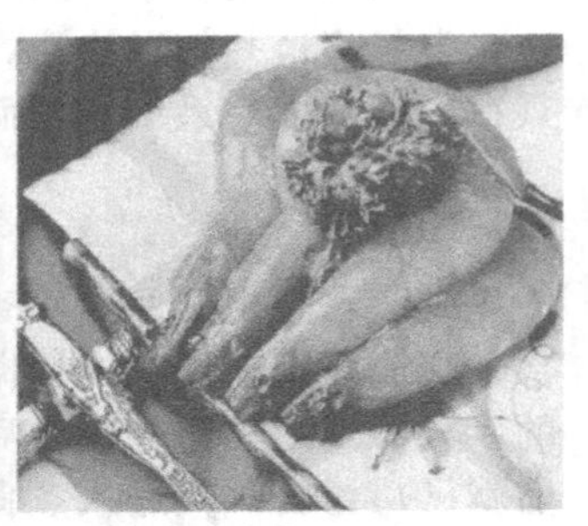

浙江烹饪经历了漫长的发展历程，尤其是近代烹饪工作者的悉心研究、发掘开拓和提高，使“浙菜”体系日臻完整和统一，分别由杭州、宁波、绍兴和温州为代表的四个地方流派组成。杭州自南宋以来就是东南经济文化重镇，烹饪技艺一脉相承，制作精细、清鲜爽脆、淡雅细腻是浙菜的主流，如东坡肉、薄片火腿、西湖醋鱼、宋嫂鱼羹、龙井虾仁、油焖春笋、八宝豆腐、西湖莼菜汤等，集中反映了“杭菜”的风味特色。宁波、绍兴濒临东海，兼有渔盐平原之利，菜肴以“鲜咸合一”的独特滋味多见，菜品翔实，色泽和口味较浓。在材料上，“宁菜”以海鲜居多，如宁波雪菜大汤黄鱼、锅烧鳗、黄鱼羹、三丝拌蛏、奉化摇蚶。“绍菜”以河鲜家禽见长，富有浓厚的乡村风味，用绍兴酒糟烹制的糟菜、豆腐菜充满田园气息，如干菜焖肉、白扣鸡、糟溜虾仁、鱼烧豆腐、清汤鱼圆等。温州古称“瓯”，地处浙南沿海，当地居民的语言、风俗和饮食起居等都自成一体，素以“东瓯名镇”著称。“瓯菜”则以海鲜入馔为主，口味清鲜，淡而不薄，烹调讲究“二轻一重”（轻油、轻芡、重刀工），代表菜有三丝敲鱼、爆墨鱼花、锦绣鱼丝、马铃黄鱼、双味蝤蛑、橘络鱼脑、蒜子鱼皮等。

为顺应时势，浙菜的发展已进入科学、营养、卫生，以味为核心、以养为目的，低价、实惠，以广大消费者、大众消费为目的的高速度、跨越式发展阶段。继承、发扬、开拓、创新、大胆改革产品结构，调整家常型口味，提高时代饮食思路，实施浙菜面向大众化的消费观念。浙菜从实践中逐步进入理论化、系统化，使产品家常化、价格低廉化、原料流通化、烹制多变化，走与科学相结合、饮食文化相结合、烹饪技艺相结合之路，随着祖国物质文明和科学文化的进步，以更大更快的步伐开拓进步。

烹饪技术的提高，有赖于历代厨师的科学研究和创新。改革是时代的必经之路，特别是市场经济的深化，中餐饮业的竞争日益激烈，随着人们生活水平的提高及生活习惯的变化，对口味及菜肴质量的要求也越来越高，如何满足广大消费者对餐饮业的高标准、严要求是对浙菜烹饪工作者的一场考验。

清淡雅致的浙菜的保养调理功能首屈一指。勇于进取的浙江人们也意识到了这一点，在发掘传统的基础上，大胆创新，不断发展，浙江饮食业经营的菜肴珍品琳琅满目，酒楼、饭店别具一格，规模逐渐扩大。在物质生活和文化生活日益提高的条件下，广大厨师在浙江菜讲究色、香、味、形、器的基础上，认真研究和提高菜肴的营养价值，使之达到平衡膳食，更加有益于消费者身体健康，为浙江烹苑增添了朵朵奇葩异卉。

浙菜带着浙江的灵秀和雅致走上了餐桌，已经建立起来的品牌需要维护，要把任何一道浙菜都当作一种品牌去经营，让食客们从一道道浙菜中体会到浙江的文化和特有的精神。例如，重庆火锅，人们提到重庆，马上想到火锅，这就是地域特色。在吃的同时，让人想到饮食背后所蕴涵的文化内涵和当地风情。当然，在维护的同时还需要不断的创造，紧跟人们的生活节奏，从普通大众中找到浙菜的生命。浙菜进一步的发展需要广大烹饪工作者的艰苦创业精神，以解放思想为根本，占领市场为目标，继承传统为基础，弘扬饮食文化为精神，开拓创业为前提，创造品牌为宗旨，方是浙菜的长远发展之道。

七、湘菜

湘菜源远流长，根深叶茂，在几千年的悠悠岁月中，经过历代的演变与进化，逐步发展成为颇负盛名的地方菜系。早在战国时期，伟大的爱国诗人屈原在其著名诗篇《招魂》中就记载了当地的许多菜肴。西汉时期，湖南的菜肴品种就达 109 种，烹调方法也有 9 大类，这从 20 世纪 70 年代初长沙马王堆汉墓出土的文物中可得到印证。南宋以后，湘菜体系已初见端倪，一些菜肴和烹艺在官府衙门盛行，并逐渐步入民间。六朝以后，湖南的饮食文化不断丰富与活跃。明、清两代是湘菜发展的黄金时期，此时海禁解除，门户开放，商旅云集，市场繁荣，烹饪技艺得到广泛的拓展和交流，其显著特征是茶楼酒馆遍及全省各地，湘菜的独特风格基本定局。清朝末期，湖南美食之风盛行，一大批显赫的官僚权贵竞相雇佣名师主理湘菜供其独享，而豪商巨贾也群起效仿。这些都为湘菜的提高与发展起到了推波助澜的作用。当时的长沙，先后出现了轩帮和堂帮两种湘菜馆，前者将菜担至民家，承制酒宴；后者则以堂菜为主，在市场广招食客。到了民国初年，这些菜馆的烹饪技艺日渐提高，且各具特色，出现了著名的戴（杨明）派、盛（善斋）派、肖（麓松）派和祖庵派等多种流派，奠定了湘菜的历史地位。

八、徽菜

徽菜的形成、发展与徽商的兴起、发迹有着密切的关系。徽商史称“新安大贾”，起于东晋，唐宋时期日渐发达，明代晚期至清乾隆末期是徽商的黄金时代。其时徽州营商人数之多，活动范围之广，资本之雄厚，皆居当时商团之前列。宋朝著名数学家朱熹的外祖父就是当时徽商的典型代表，他所经营的邸舍（即旅店）、酒肆，曾占据歙州城的一半，号称“朱半城”。明嘉靖至清乾隆年间，扬州著名商贾约 80 人，其中徽商就有 60 人；十大盐商中，徽商竟居一半以上。徽商富甲天下，生活奢靡，而又偏爱家乡风味，其饮馔之丰盛，筵席之豪华，对徽菜的发展起到了推波助澜的作用，哪里有徽商哪里就有徽菜馆。明清时期，徽商在扬州、上海、武汉盛极一时，上海的徽菜馆曾一度达 500 余家。到抗日战争时期，上海的徽菜馆仍有 130 余家，武汉也有 40 余家。有趣的是，据《老上海》资料称，1925 年前后“沪上菜馆初唯有徽州、苏州，后乃有金陵、扬州、镇江诸馆”，而所谓的“苏州”亦指原在姑苏的徽商郃之望、郃家烈迁移到沪开设的天福园、九华园、鼎半园等菜馆。可见徽菜的发展也很迅速，据曾觉生《解放前武汉的徽商与徽帮》一文中的介绍，直至新中国成立后，武汉的徽菜馆仍居饮食市场的首要地位，“可以说武汉酒菜业中最大的一帮……为人们所欢迎、所光顾”。

在漫长的岁月里，经过历代名厨的辛勤创造、兼收并蓄，特别是新中国成立以后，经省内名厨的交流切磋、继承发展，徽菜已逐渐从徽州地区的山乡风味脱颖而出，如今已集中安徽各地的风味特色、名馔佳肴，逐步成为一个雅俗共赏、南北咸宜、独具一格、自成一体的著名菜系。

思考题

1. 为什么中国汤文化体现了中国哲学的最高境界？

2. 为什么宫廷饮食文化充分显示了中国饮食文化的科技水准和文化色彩，体现了帝王饮食的富丽典雅而含蓄凝重，华贵尊荣而精细真实，程仪庄严而气势恢弘，外形美与内在美高度统一的风格，使饮食活动成了物质和精神、科学与艺术高度统一的过程？

3. 为什么火锅是中国饮食文化的一块瑰宝，有深厚的历史和文化底蕴？

第五章　食品文化与认知科学

认知科学是一门科学，就是从现代科学的观点，用经验科学的方法研究精神世界。认知科学虽然与哲学有密不可分的关系，但认知科学研究精神世界的出发点及其所用的方法与传统哲学完全不同。传统哲学是思辨的，通过内省和概念分析探讨人的精神世界。作为科学的认知科学是根据现代科学的理论及客观的观察和实验的方法来研究认知过程，研究产生精神现象的大脑和神经系统的构造，科学地研究心理现象，并用电子计算机模拟并实现与人相似的智力活动，等等。认知科学是包含许多不同领域学科的一门广泛的综合性科学。它包括心理学、语言学、神经科学和脑科学、计算机科学，还与哲学、教育学、人类学密切相关。将认知科学应用于食品文化研究领域，通过对食物、营养素及营销管理等的认知，从而深刻影响人们的食物消费倾向、农业生产结构和市场，因此关系到国民的身体健康和国家的命运。

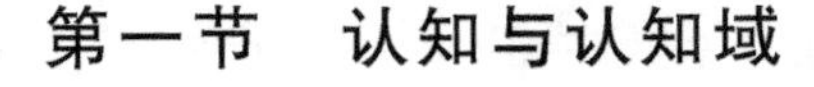

第一节　认知与认知域

一、认知和认知域的概念

认知，英文为“cognition”。从广义上讲，认知可以看做一种认识，但又不等同于认识。在哲学认识论中，认识是相对于实践而言的，是在实践活动的基础上主体对客体的能动反映。而认知是相对于信息而言的，是在信息从自在状态转化为自为状态、再生状态的过程中，人脑或者人利用认知工具对信息的加工整合过程。比较而言，认知活动只是认识过程中的一个环节，体现的是人与物质世界之间的信息变换。

具体说来，认知是指人脑或人利用认知工具对信息的接收、编码、储存、交换、检索、提取和使用的过程，是认知主体对信息的主观构造。这个过程可分解为四个部分：感知、记忆、控制和反应。对应的认知系统也可分为感知、记忆、控制和反应四个系统。首先，感知系统依照主体需要从自在信息场中抽出能够刺激感知系统的信息，送入记忆系统，这时信息已经从自在状态转化为自为状态。记忆系统原本就是一个巨大的信息存储库，存储着大量的各种各样的信息。当信息进入记忆系统后，新信息与记忆库中的相关信息进行匹配和整合，形成新的自为信息。然后，由控制系统根据目标和计划的需要对自为信息进行加工处理，形成再生信息，并由反应系统把再生信息反馈到外界系统中去。这就是一个较完整的认知过程。

传统认识论认为，认知过程是人与物相互作用，物质世界进入了人的意识领域的过程。自从信息进入哲学视野以来，这一结论遭到了质疑：物质世界能否直接进入人的意识领域呢？如果我们深入考察认识的产生过程就会发现，物质自身无论如何也不会进入到人的意识之中，进入意识领域的只是反映物质存在的各种信息。任何信息都是由一定的物质发射出来的，不存在无物之信息。但是，是不是所有的信息都能被人认识到呢？回答是否定的。由于认识能力的有限性，大量的信息存在于我们的认识域之外。在这里，我们可以依据信息与人的认识活动发生作用的程度，将信息分为自在信息、自为信息和再生信息三大类。其中，自在信息是信息还未被人类认识的原始形态，也称为客观间接存在，它是最基本的信息活动形态，是高级信息活动产生和展开的基础。自为信息是自在信息活动在人的意识领域的直观呈现，包括被感知信息和被记忆信息两种形式。自为信息已经进入人的意识领域之内，是主观间接存在的初级形态。再生信息是在自为信息的基础上通过信息加工、逻辑推演等之后产生的信息形态，是主观间接存在的高级形态。人的认识过程就是对信息的不断接收和加工整合的过程，也是使自在信息不断向自为信息，乃至向再生信息转化的信息活动过程。

近几年，国内外心理学家对于认知方式的研究更是热情不减，迄今为止，提出的各种认知方式类型已多达几十种。而格里戈雷科和斯腾伯格将诸多的认知方式理论分为三类：即以认知为中心的观点（cognition centered approach），以人格为中心的观点（personality centered approach）和以活动为中心的观点（activity centered approach）。

斯腾伯格对认知方式进行了多年研究，并提出了富有创意的认知方式理论——心理自我控制理论。与传统的认知方式理论相比，斯腾伯格对认知方式有几点新的认识：第一，每个人都具有多种认知方式，而非只有一种认知方式。个体会在不同情况下或针对不同的任务选用不同认知方式。第二，认知方式的形成和发展是个体社会化的结果，儿童在生长过程中通过观察学习逐渐形成自己的认知方式，并在与环境的相互作用中不断发展。因此，斯腾伯格认为个体的认知方式并不是固定不变的，而是发展变化的。第三，由于认知方式是社会化的结果，因此认知方式是可以培养的。学校可以通过各种教育活动如讲座、课堂讨论、小组练习家庭作业等多种形式促使学生形成各种认知方式。斯腾伯格提出的心理自我控制理论着重阐述了人的思维方式，它将思维方式分为五个维度，即功能、形式、水平、范围和倾向性，共 13 种具体方式。

认知域，英文为“cognitive domain”。认知域指的是人类认知活动涉及的范围和领域。在现代认知工具出现以前，人类对信息的采集、储存和处理活动基本上是依靠人脑和望远镜、显微镜、算盘及加法器等一些简单的认知工具来完成的。由于人类的认知能力非常有限，并且这些简单的认知工具无法相对独立地进行认知活动，只能在人的操作下进行一些辅助活动，所以认知活动主要在人脑中进行，认知域也主要存在于人的意识领域中。随着电子计算机、网络和现代通信等认知工具的出现，大大拓展了人类认知领域的范围。与简单认知工具不同，这些现代认知工具不但在人脑的控制下可以完成大量的认知活动，而且还可以在人类无法涉及的微观和宏观中进行认知活动，这就使认知域的疆域从人的意识领域拓展到了认知工具中。值得指出的是，随着人类知识的增加和认知器官的进化，意识领域中的认知域也在不断拓展。

二、认知域的基本特性

随着信息化进程的不断加快，人类生活空间发生了巨大变化，一方面信息技术的发展使人类的现实空间变得越来越小，另一方面信息技术的发展又使人类的虚拟空间不断拓展到信息域和认知域。信息域是自在信息存在的领域，具有原始性和无序性。而认知域是自为信息和再生信息存在的领域，不但明显区别于传统哲学中的物理域和精神域，还具有不同于信息域的特殊性。

（一）主体性

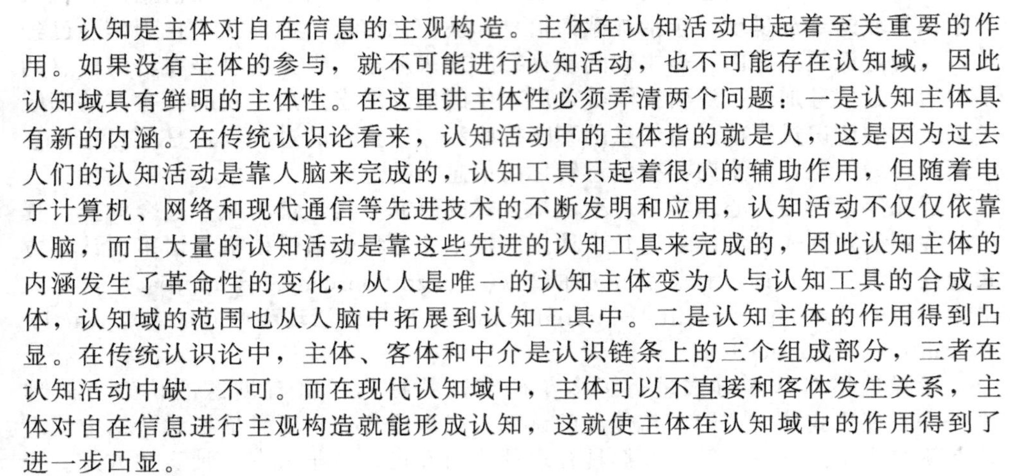

认知是主体对自在信息的主观构造。主体在认知活动中起着至关重要的作用。如果没有主体的参与，就不可能进行认知活动，也不可能存在认知域，因此认知域具有鲜明的主体性。在这里讲主体性必须弄清两个问题：一是认知主体具有新的内涵。在传统认识论看来，认知活动中的主体指的就是人，这是因为过去人们的认知活动是靠人脑来完成的，认知工具只起着很小的辅助作用，但随着电子计算机、网络和现代通信等先进技术的不断发明和应用，认知活动不仅仅依靠人脑，而且大量的认知活动是靠这些先进的认知工具来完成的，因此认知主体的内涵发生了革命性的变化，从人是唯一的认知主体变为人与认知工具的合成主体，认知域的范围也从人脑中拓展到认知工具中。二是认知主体的作用得到凸显。在传统认识论中，主体、客体和中介是认识链条上的三个组成部分，三者在认知活动中缺一不可。而在现代认知域中，主体可以不直接和客体发生关系，主体对自在信息进行主观构造就能形成认知，这就使主体在认知域中的作用得到了进一步凸显。

（二）虚拟性

应当说，人类从来就是同时生活在两个领域中，即现实域和虚拟域，现实域给了人类身体的自由，虚拟域给了人类思想的自由。按照世界划分为四个领域的理论，现实域就是物质域，它是可视可触的有形领域；虚拟域包括精神域、信息域和认知域，它是无影无像的无形领域。因此，与物质域不同，认知域同精神域和信息域一样具有虚拟性。对于认知域的虚拟性必须弄清两点：一是虚拟不等于虚构。我们讲认知域是虚拟的，并不是说认知域是虚构的，它只是相对于人的感官而言是无法直接把握的。但是，认知域确实真实存在于人的认知结构和物化的认知工具中，并直接或间接地对物质域产生影响。二是虚拟是一种符号化生存方式。认知活动就是人脑中或者认知工具中的信息活动，但人脑中的信息活动实际上已不是信息本身在活动，而是表征信息的文字符号在进行加工与整合，同样，认知工具中也不是信息本身在流动，而是表征信息的（0、1）数字符号在进行组合与流动。因此，与精神域和信息域的虚拟性不同，认知域的虚拟性代表着一种新的生存方式。

（三）无限性

千百年来，人们一直在思考：人类的认知界限在哪里？这几乎是一个没有答案的问题，因为人类的认知活动总是不断延伸到新的领域。从总体上看，人类的认知域是无限扩展的。另外，对于不同主体而言，认知域也是无限开放的，它没有诸如围墙和界碑之类的实体界限，而是以能力为界限的，主体认知能力有多大，认知域的范围就有多大。认知能力包括感知能力、记忆能力、控制能力和反应能力，其中感知能力对于认知域的拓展具有发现作用，记忆能力、控制能力和反应能力对于认知域的拓展具有占领作用。显然，不论从人类总体上说，还是就不同主体而言，认知域的开发和利用都具有无限性。

（四）有序性

认知域是对信息域中的自在信息进行加工整合的领域。相对于信息域中无序存在的自在信息而言，认知域具有有序性特征，主要体现在两个方面：一是认知过程的有序性。据前所述，认知域就像一个信息加工车间，从信息感知到信息存储，再到信息控制，最后到信息反应，不论是在人的大脑中，还是在认知工具中，认知活动都是按照一定步骤有条不紊进行的。二是信息存在状态的有序性。相对于信息域中杂乱无章的自在信息而言，认知域中的自为信息和再生信息具有规则的排列顺序，认知主体按照信息对于当下认知活动的作用大小进行排列，把重要信息放到认知工作台上进行加工，同时把次要信息和无用信息放到信息库里，以便需要的时候再调出来使用。

第二节　认知科学对食品文化的功能

一、认知科学概述

认知科学的名称是 1956 年 9 月 11 日在马萨诸塞理工学院的一次关于信息论的科学讨论会上第一次提出来的。20 世纪 60 年代认知科学开始发展起来。20 世纪 90 年代，有人定义认知科学是研究智能和智能系统的科学。所说的智能包括人、动物和机器的智能。以后有人进一步把认知科学定义为“精神的科学”（science of mind），或者“研究精神世界的多学科科学”。这一定义已为许多认知科学研究者所接受。

认知科学的兴起和发展标志着对以人类为中心的认知和智能活动的研究已进入新的阶段。认知科学的研究将使人类自我了解和自我控制，把人的知识和智能提高到空前未有的高度。生命现象错综复杂，许多问题还没有得到很好的说明，而从中学习的内容也是大量的、多方面的。如何从中提炼出最重要的、关键性的问题和相应的技术，这是许多科学家长期以来追求的目标。要解决人类在 21 世纪所面临的许多困难，如能源的大量需求、环境的污染、资源的耗竭、人口的膨胀等，简单靠现有的科学成就是很不够的，必须向生物学习，寻找新的科技发展道路。

二、影响认知的因素

近年来一些研究表明，多种营养物质，包括氨基酸、葡萄糖、脂肪酸、维生素等，进入血液后几乎立刻对脑细胞产生影响，使心理过程发生快速变化，而且

有可能对远期行为也产生广泛影响。国际著名营养学家，加拿大生物医学联合会主席安德森指出，在过去几十年的营养研究中，最令人振奋的一个进展就是证明了脑功能受膳食及血液中神经递质前体物质的影响。膳食质量影响脑功能状态，将导致人们对膳食及药物治疗脑功能障碍进行研究。

据中国军事医学科学院研究人员的介绍，在脑细胞和神经自制的发育阶段，有赖于各种营养素为其提供充足的能量和材料。几乎所有的必需营养素在认知发育过程中都起着重要作用。这些营养素包括：①碳水化合物；②脂类；③蛋白质和氨基酸；④微量元素；⑤维生素。其对儿童认知发育有两方面作用：一是促进神经系统的发育及构成。在大脑发育的关键时期，脑细胞的平均增殖速度可达每分钟数十万个。在这个阶段如果得不到充分的营养供应，就可能引起神经细胞分裂减慢，细胞数量减少；或者使神经元的增大和成熟减缓，细胞平均体积减小。二是促进情感和认知行为的发展。人类的情感和认知行为是逐渐发展而成的，在发展中受到生理成熟与学习两个因素的影响，幼儿期情感和认知行为的发展，受生理成熟的支配较大，机体营养状况对于这个时期的情感和认知行为具有重要影响作用。

在许多国家，儿童营养状况的改善比较缓慢，营养不良儿童的比例仍然较高，这不仅严重影响了儿童的身体发育，还影响了儿童认知功能的发育。这些儿童在发育期内，总的智力水平明显低于同龄儿童水平，同时伴有行为缺陷。其心理表现为认知能力欠缺，高级情感产生晚，是非界线模糊，意志薄弱，语言表达能力差，运动机能系统有明显障碍。我们称之为精神发育迟缓。营养缺乏和不平衡都可能使处于发育期的儿童产生智力损害。

程义勇特别强调，少年儿童营养不良常是多种营养素的同时缺乏，所以应重视综合性营养不良的影响，如蛋白质能量缺乏及多种微量营养素缺乏。大多数儿童没有表现出明显的营养缺乏症状，但在学习负重、精神压力大的情况下，应适当补充微量营养素，以使其身体状况能够适应更强的应激能力。

研究证明，补充微量营养元素可使少年儿童的注意力、精确度、学习成绩等认知能力得到显著提高，非语言智商方面的改善更为突出。

三、食物与认知功能的关系

饮食上要多吃易于消化又富于营养的食物，以保证足够的蛋白质，辅助性地吃一些富含维生素B、维生素C的食物，以及富含胆碱的食物，如杏、香蕉、葡萄、橙、鱼、菜等也有一定的益处。蛋白质食物经新陈代谢后会产生一种名为类半胱氨酸的物质，该物质本身对身体无害，但含量过高会引起认知障碍和心脏病。而且类半胱氨酸一旦氧化，会对动脉血管壁产生毒副作用。维生素 B_6 或维生素 B_{12} 可以防止类半胱氨酸氧化，而深色绿叶菜中维生素含量最高。

鱼肉脂肪中含有对神经系统具有保护作用的 ω-3 脂肪酸，有助于健脑。研究表明，每周至少吃一顿鱼特别是三文鱼、沙丁鱼和青鱼的人，与很少吃鱼的人相比较，老年痴呆症的发病率要低得多。吃鱼还有助于加强神经细胞的活动，从而提高学习和记忆能力。

增强肌体营养吸收能力的最佳途径是食用糙米。糙米中含有各种维生素，对于保持认知能力至关重要。其中维生素 B_6 对于降低类半胱氨酸水平最有作用。

大脑活动的能量来源主要是葡萄糖，要想使葡萄糖发挥应有的作用，就需要

足够量的维生素 B_1。大蒜本身并不含大量的维生素 B_1，但它能增强维生素 B_1 的作用，因为大蒜可以和维生素 B_1 产生一种叫“蒜胺”的物质，而蒜胺的作用要远比维生素 B_1 强得多。因此，适当吃些大蒜，可促进葡萄糖转变为大脑能量。

鸡蛋中所含的蛋白质是天然食物中最优良的蛋白质之一，富含人体所需要的氨基酸，而蛋黄除富含卵磷脂外，还含有丰富的钙、磷、铁及维生素 A、维生素 D、维生素 B 等，适于脑力工作者食用。

大豆含有人体所需的优质蛋白和 8 种必需氨基酸，这些物质有助于增强脑血管机能。另外，还含有卵磷脂、丰富的维生素及其他矿物质，特别适合于脑力工作者。大豆脂肪中含有 85.5%的不饱和脂肪酸，其中又以亚麻酸和亚油酸为多，它们具有降低人体内胆固醇的作用，可预防和控制中老年脑力劳动者心脑血管疾病。

现代研究发现，核桃和芝麻营养非常丰富，特别是不饱和脂肪酸含量很高。因此，常吃芝麻和核桃，可为大脑提供充足的亚油酸、亚麻酸等分子较小的不饱和脂肪酸，以排除血管中的杂质，提高脑功能。另外，核桃中含有大量的维生素，可治疗神经衰弱、失眠症。

水果类食物，如菠萝富含维生素 C 和重要的微量元素锰，对提高人的记忆力有帮助；柠檬可提高人的接受能力；香蕉可向大脑提供重要的物质酪氨酸，而酪氨酸可使人精力充沛、注意力集中，并能提高人的创造能力。

四、传统营养学与现代营养学的认知

人类从有文字记载的远古年代（至少 3000 多年以前）就有了关于营养学的记录和论述，如我国目前迄今发现最早的医学巨著——《黄帝内经》就有“养生”和“食医”的记载，如“五谷为养”、“五果为助”、“五菜为充”、“五畜为益”等与营养学有关的名言流传至今。另外，《吕氏春秋》、《诗经》、《山海经》及《神农本草经》等均在不同年代阐明和总结了有关人体养生、食物营养作用等方面的问题，形成了我国的传统营养学，是祖国伟大医药宝库的一部分。其对于营养的论述，主要局限于食物营养作用的经验汇总，侧重于中医学阴阳五行学说的抽象演绎。古籍中有关食疗与养生的记载均与营养学有关，但其理论基础尚有待科学实验进一步证实。

中医本科六版教材《中医基础理论》对中国传统营养学的定义是“在中国产生的，经过数千年的发展，而形成的一门具有独特理论体系，并有丰富的养生和诊疗手段的传统医学”。整体观念和辨证论治是其主要的理论基础，也是其区别于西方医学的特色之处，它充分体现了现今“心理-生理-社会”大医学模式对医疗方式的整体要求：首先中国传统营养学自始至终都未将患者作为一个生物个体——从解剖学、病理学的单一方面去阐释疾病，对症治疗；而是将其看做“有机的整体”，借助中医特有概念——“证”（即“证候”，“是在致病因素作用下，机体内外各环境之间相互关系发生紊乱所产生的综合反应”，它是反映疾病处于某一阶段的病因、病性、病位、病势等病理要素的综合性诊断概念），抓住疾病最朴素、最本原的病理特征，确定治法。这个“有机的整体”也体现了人与环境的“整体观”，强调人和自然界的统一性，人和社会的统一性。“秋冬养阴，春夏养阳”的提法就很好地体现了人与自然四季的统一性。

现代营养学又称西方近代营养学，是18世纪中叶文艺复兴产业革命开始后，在自然科学的发展中由化学、生理学衍生而来。现代营养学的主要特点是以化学、物理等基础科学作为研究的手段和方向，使人类对营养科学的认识从宏观转向微观，进一步向分子、原子结构的更深层次发展。第一阶段，为19世纪，由Liebig、Rubner、Atwater师生三代进行了能量代谢研究，为现代营养学奠定了基础。第二阶段，20世纪初至30年代，Hopkins、Osborne、Mendel等人肯定了蛋白质在营养上的重要性，Rose证明了必需氨基酸的价值。第三阶段，20世纪中叶，Funk、Mccollum、St. Gyorgi等接连发现各种维生素及其缺乏病。第四阶段，20世纪后叶，认识到各种微量元素的作用。20世纪70年代，由于Dudrick开创了深静脉穿刺技术，于是开始有了肠外营养。这一系列过程均陆续传进中国，产生了中国的现代营养学。

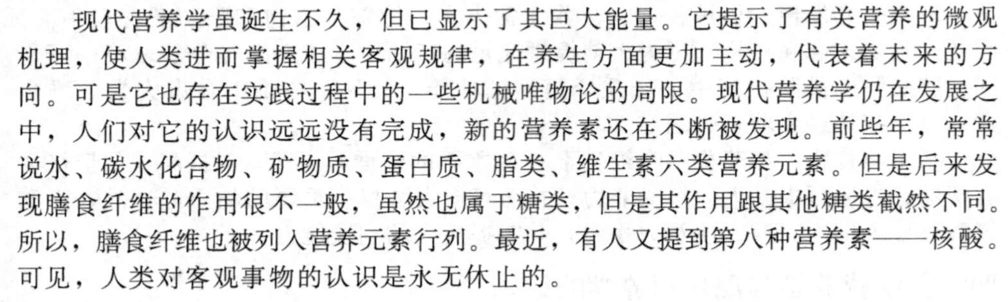

现代营养学虽诞生不久，但已显示了其巨大能量。它提示了有关营养的微观机理，使人类进而掌握相关客观规律，在养生方面更加主动，代表着未来的方向。可是它也存在实践过程中的一些机械唯物论的局限。现代营养学仍在发展之中，人们对它的认识远远没有完成，新的营养素还在不断被发现。前些年，常常说水、碳水化合物、矿物质、蛋白质、脂类、维生素六类营养元素。但是后来发现膳食纤维的作用很不一般，虽然也属于糖类，但是其作用跟其他糖类截然不同。所以，膳食纤维也被列入营养元素行列。最近，有人又提到第八种营养素——核酸。可见，人类对客观事物的认识是永无休止的。

第三节　认知科学对营销管理的功能

一、营销与认知功能的关系

人们一般都认为，成功的营销取决于产品的质量、性能、价格、企业的知名度和美誉度、广告宣传及营销人员的营销技巧等，但往往忽视了一个潜在的最重要的深层因素——消费者心理。认知功能体现在营销管理中则表现为消费者的心理需求。在对消费者购买行为的分析中，应用了心理学的认知理论。通过分析消费者对产品和服务的知觉、注意、态度、兴趣、体验和记忆等认知过程，以及消费者购买动机，解释为什么消费者愿意购买这种产品而不愿意选购其他产品。成功的营销一般都是通过市场调研、分析，充分了解消费者的需要及其对消费者购买行为的影响，从而了解产品的销售市场，进行产品设计、包装、销售等环节。

二、消费者的心理需要

心理学告诉我们，需要是人类维持生命、延续种族而产生的一种必然要求，是人们在生活中感到某种缺乏而力求满足的一种内心状态。人为了满足需要有时要付出巨大的努力，要克服种种困难。可见，需要是一种积极的心理现象，是人的积极性的内在源泉。

美国心理学家马斯洛认为，人的一切行为都是由需要引起的，而需要又是分层次的。他把人的需要分为五个层次，由低到高排列为生理需要、安全需要、社交需要、尊重需要和自我实现需要。马斯洛认为，以上五种需要是相互联系的。不同层次的消费者对商品有不同的要求，因此，任何企业只有了解和掌握消费者的需求心理特点，才能有的放矢，才能更好地适应消费者的要求，满足不同层次消费者的不同需求，从而达到促进商品销售的目的，才能在激烈的竞争中存续和发展。

三、消费者心理需求对其购买行为的影响

消费者的购买行为是在一定的购买动机的作用下产生的，而购买动机又产生于某种尚未得到满足的需要，既包括生理方面的需要，又包括心理方面的需要。随着人们生活水平和需求层次的不断提高，心理方面的需要较之生理方面的需要对购买动机及其购买行为所起的作用更加重要。正如马斯洛需求层次理论的分析，人们在生理的、安全的物质需求得到满足后，社交的、尊重的、自我实现的精神需求的满足则日益重要。

当前，消费者对商品的价值观念变了，他们既关注商品的使用价值与交换价值，更重视购买商品的心理享受与精神满足。如今的消费者在消费商品时更加重视通过消费获得个性的满足和精神的愉悦、舒适及优越感。这些特征说明人们的购买行为发生了很大变化，购买热点发生了转移。消费者购买商品时产生的好奇心理、求新心理、求名心理、求美心理就说明了这一点。

（1）好奇心理、求新心理　通常人们对新鲜事物往往总有一种好奇感和新鲜感，容易被新奇事物所吸引，新奇的商品交易可以使消费者产生一种强烈的购买兴趣和欲望，新的东西往往很容易在人的心目中达到“先入为主”的效果，而对已有的事物往往觉得习以为常。这种“喜新厌旧”的心理，恐怕难以改变，然而正是这种需求心理，成为推动人类社会进步的重要力量。具有这种心理的消费者崇尚个性化的独特风格，作为经营者来说，只有去满足消费者这种心理需求而不是去违背它。这就要求经营者必须有一种市场领先的勇气和追求第一的精神，而不是在领先者后面进行模仿，即要求企业经营者要有创新精神，并要立志于“永远争第一”。

（2）求名心理　随着消费者收入的提高，很多高收入者和赶时髦者，在购买商品时追求名牌、信任名牌、甚至忠诚于名牌，而对其他非名牌的同类商品，往往不屑一顾。同时他们对商品的品牌往往非常敏感，名牌形象一旦受损，他们就可能放弃购买此类商品，而转向购买其他的名牌。新一代的消费者有强烈的品牌意识，求名心理一般来说最多表现在人们对轿车、服饰、烟酒等品牌的追求上。消费者一旦形成了对某个品牌的认知，就能从品牌中满足自我形象、社会地位等方面的需要，同时通过移情作用，获得情感上的寄托和心理上的共鸣，对品牌产生情感，从而转化为对品牌的忠诚。这些心理学观点是制定品牌策略及进行品牌资产运营的重要依据。

（3）求美心理　爱美之心人皆有之，这是一种长盛不衰的购买心理，因为人们对美的追求是永恒的。消费者在购买商品时往往会被精美的商品所吸引而不由自主地买了下来，即使是消费者本身并不需要的商品，但由于它的可爱和美观使人们想把它占为己有，相信大多数的人都有这种经历。事实上，现代的消费者早已按照自己的审美意识去审识商品、挑选商品。那种纯粹以商品的性能来满足消费者需要的时代已经成为过去。随着人们生活水平的进一步提高，这种审美化的

消费趋势，必将越来越明显。

四、营销管理如何把握消费者心理

1. 通过市场调查确定目标市场

通过市场调查确定目标市场是现代企业市场营销的重要策略之一。每一种产品都具有一定的针对性，因此，新产品在推向市场之前必须确定其目标市场，才能有目的地开展营销活动。

首先，人们的消费行为常有其深层原因，且有时这些原因是不易被察觉的。由于这些深层原因对商品销售有极大影响，因而，要想成功营销，营销人员就必须去探测这种深层原因，即消费者的消费心理。因此，确定目标市场首先要对消费者进行市场调查，以便通过分析影响消费者心理的各种社会、自然等因素，来掌握消费需求特点，把握消费者心理，预测其发展变化趋势。例如，收入水平、消费水平对消费结构的影响；社会风气、风俗习惯对消费流行的影响；文化程度、职业特点对购买选择的影响；性别年龄、气候地域条件对购买心理的影响等。其次，在市场调查的基础上进行市场细分。在市场经济条件下，由于消费者的需求趋向多样化和个性化，市场需求将逐步模糊化、无主流化。一种或一类商品长期主导市场的局面已成为历史，市场细分是现代市场营销的必然产物。它是分辨具有不同心理欲望和需求的消费者群，把它们分别分类的过程。在通过调研分析全面了解消费需求的基础上对消费者进行划分，确定自身产品的目标顾客群的主导心理态势非常重要。市场细分的标准有很多，其中心理标准是市场细分最重要的标准之一。消费者的生活方式、个人性格和心理倾向都可作为市场细分的心理标准。根据心理标准进行市场细分后，就可以根据目标市场消费者的心理特征制定相应的营销策略。最后，在市场细分的基础上选择企业所要为之服务的消费者群体，这就是选择目标市场的过程。为此，企业必须对其选定的市场做详细的消费者心理分析，以便通过恰当的宣传手段与方式将企业欲表达的定位概念传达给消费者，并希望得到其认同，给产品以适当的市场定位。

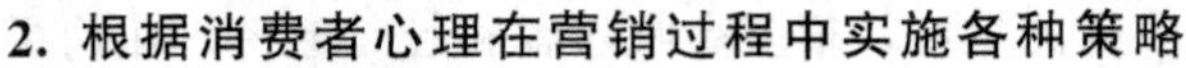

2. 根据消费者心理在营销过程中实施各种策略

在产品策略中，消费者心理研究的应用主要体现在新产品的开发与设计。在此过程中必须应用新产品设计的心理策略，主要包括新产品设计，必须适应消费的变化，符合生理要求、审美要求、个性特征并适应社会消费潮流等；商品命名、商标与包装设计，好的商品名称能引人注意，激发消费者的购买欲望。因此，企业要应用商品命名的心理策略，如借助商品效用、借用比喻等策略，将商品名称与商品某方面的特征相联系，以激发需求，实现购买。同样商标与包装的设计也要应用心理策略，在颜色、形状等方面迎合消费者心理，因为完美的商标与包装就是企业的无形资产，在企业的生产经营过程中将发挥巨大的作用。

在价格策略中，消费者心理研究的应用主要体现在定价方法和定价策略的选择上。在定价方法中，需求导向定价法是以消费者的需求强度及对价格的承受能力为依据，通过研究消费者对商品价值的感受与理解程度来定价的方法。在策略上，可应用心理定价策略，如声望定价、尾数定价、习惯定价等策略。另外，企业在特定市场环境中对价格的调整必须考虑消费者的心理反应，在调价时附以必要的说明解释，以便消除消费者的误解与不满。

在渠道策略中，必须考虑消费者的购买习惯等心理内容，以便能更好地满足顾客的需要，使其在适当的时间、适当的地点买到适当的产品。

在促销策略中，对消费者心理研究的应用是全面紧密的，它直接关系到策略的成败。企业主要应用的促销手段有广告、人员推销、营业推广、公共关系。成功的广告必须从消费者的心理分析入手，以求得广告设计在视觉、听觉等感官上的吸引，进而激发潜在购买欲望，从而建立或改变顾客对企业及产品的态度，影响其购买决策；有效的人员推销更要求推销员掌握顾客心理，善于观察、分析，以便突破推销障碍，售出商品并满足顾客需求。为此，企业必须对推销人员加以培训；营业推广是一种有效的迅速促使顾客做出购买决定的促销手段，如有奖销售、免费品尝、试用等方式，在应用中必须根据产品特点及顾客消费特点选择制定推广的方法策略，以达到预期效果；公共关系是一种着眼于长期目标的促销手段，它通过提升企业形象来促进销售。企业面对的公众是多方面的，在公关策划中必须充分了解公众各方面需求的特点，以求得理解和支持，取得良好的销售业绩。

从以上论述中可以知道，心理学的应用贯穿了整个市场营销管理过程，任何企业的营销活动都离不开对消费者心理的研究与应用。有人将消费者心理形象地比喻为暗箱。谁能通过消费者外在的表象洞察消费者内在的心理秘密，并遵循一定的原则应用于企业的具体营销活动之中，谁就能真正掌握市场的主动，真正做到在满足消费者需求的基础之上实现企业最终的存续与发展，这才是现代企业应有的经营哲学与经营理念。

思考题

1. 认知域的基本特性有哪些?
2. 食物与认知功能的关系如何?
3. 营销与认知功能的关系如何?

第六章　餐具与烹饪文化

餐具是指人类用以盛装食品的器具，烹饪是指加热做熟食物的过程。古代餐具与烹饪之间有着极为密切的联系。烹饪随餐具的产生而产生，并伴随餐具的发展而发展，而这一切又都取决于生产力、科学技术的发展状况。

第一节　器皿文化

器皿又叫器具，是指与食品有关的器具。古代器具分炊具、盛餐具、进餐具、储藏具四大类。现代器具一般有餐具、厨具、茶具、酒具之分。从中国历代的器具演变中，可见中华民族悠久的烹饪文化。

旧石器时代中后期（约 60 万年前～1 万年前），这时期的先民们主要依靠采集和狩猎为生，食物不加调制，直接生食。后来逐步学会了人工取火熟食，并逐渐掌握了以石板和石子作为传热炊具的间接烧烤技法及水煮方法，大大提高了饮食质量，使得食品更加容易消化和吸收，使得人类的体质更加强健。

新石器时代（约 1 万年前～4000 年前）时的进食方式，一般是席地而坐，环火而食。对这时期的原始先民来说，最为重要的是种植业、养殖业和制陶业的诞生。农业的发展使古人逐渐定居，从而衍生对容器和食器的需求，促进了陶器的发展。从早期造型简单的陶器，发展到后来的陶罐、陶釜、陶甑等炊具的使用，催生了汽蒸烹饪方法的问世。日趋精美的陶制餐具更反映了古人对美器的追求与重视。

夏、商、周、春秋战国（约公元前 21 世纪～公元前 221 年）时期，中国饮食生活的基调和格局初步奠定，以谷物为主，辅之以果、肉、菜的膳食结构和主副食体系形成，饮食礼仪亦逐步完善，开始产生烹调理论及膳食养生的论述。这一时期是中国青铜文化的鼎盛时期，发掘出土了大量的青铜器，其中青铜酒器更是商代最具代表性之食器。鼎及簋为夏、商、周时期最盛行的食器，器型风格厚重，繁缛纹饰中具有神秘、狞厉美的特征，与战国时期蕴涵纤巧、活泼及清新风格的漆木制食器有天壤之别。

秦、汉（公元前 221～220 年）时期，国家统一强盛，农业发达，汉代丝绸之路的开通促进了中外交流，加上温室种植技术的发明，大大丰富了中国的饮食内容。汉代开始使用铁制炊具，常见的餐具有釜、甑、碗、盘、杯、壶、盒、罐等日用器具，以及用于烤肉串的烤炉、蒸食的蒸笼、饮茶的托盏，以及具有异域色彩的银器、玻璃器皿等。

魏晋南北朝（220～581 年）时期，制瓷业迅速发展，出现了质量较高的青瓷。

隋唐、宋元、明清（581～1911 年）时期，随着水陆交通与贸易的日益发达，大批城市兴起，酒肆饭店也随市场的兴盛而崛起，促使国内各民族饮食文化频繁交流，更衍生出大量且多样化的美馔佳肴。高足型家具的出现和普及改变了中国自古以来席地而食的生活习俗。众人围坐共同进食的合食制已取代了传统一人一份的分餐制。在食器的发展方面，瓷器逐渐成为最普遍的餐具，除供国内使用外，更远销海外，其质量及制作工艺也日趋精美。这一时期的食器分类越来越细致，茶具、酒具已经从传统餐具中独立出来，瓶类实用器逐渐发展成精致的陈设品；而常见餐具中碗、盘、瓶及壶的变化最多。

一、餐具文化

餐具，是指人们进餐时所使用的食品器具。对于不同的民族或国家来说，餐具也有所不同，与其背后深刻的社会与心理原因有密切关系，不同的民族与国家往往形成不同的餐具文化。

在中国古代餐具不仅是进餐的器具，还是至尊、至崇、至荣地位和权力的象征。因此，在古代中国餐具有官用和民用之分。其中官用餐具为宫廷等专用，做工考究，档次很高。官用的整套餐具称为“整堂”，而民间百姓的则称为“散用”。今天的餐具，既是盛放食物、夹取食物的器具，又是用来调节用餐气氛、增添生活情趣的装饰物。无论是中餐餐具最常用的筷、碗、勺、碟，还是西餐餐具的刀、叉、盘子，在人们的多元化生活中，都具有独特的文化内涵，丰富着人们的文化生活。

1. 陶瓷文化

在英语里，大写“China”是表示中国，而小写“china”则表示陶瓷。中国人一直有陶瓷情结，家家户户总能见到它的身影，因此说中国的陶瓷文化魅力无与伦比。

陶瓷文化的特殊之处，不仅在于它反映的广泛社会生活、大自然、文化、习俗、哲学、观念，而且在于它所反映的方式。它是一种立体的民族文化载体，或者说是一种静止的民族文化舞蹈。这是由陶瓷的特性决定的。一件件作品，无论题材如何，风格如何，都像一个个音符，在跳动着，在弹奏着，谱成陶瓷文化的谐美旋律。这些旋律，有的激越，有的深沉，有的热情，有的理智，有的色彩缤纷，有的本色自然，构成了一部无与伦比的摄人心魄的中国陶瓷文化大型交响乐曲！

作为中华民族传统文化之一的陶瓷文化，在民族母体中孕育、成长与发展，凝聚着创作者的情感、带着泥土的芬芳、留存着创作者心手相应的意气，它以这样一种活生生的艺术形象，表现着民族文化，叙述着一个个动听的故事，展现着广阔的社会生活画卷，记录着芸芸众生的悲欢离合，描述着民族的心理、精神和性格的发展与变化，伴随着民族的喜与悲而前行。

早在欧洲掌握制瓷技术之前的 1000 多年，中国已能制造出相当精美的瓷器。从我国陶瓷发展史来看，一般是把“陶瓷”这个名词一分为二，即陶和瓷两大类。通常把胎体没有致密烧结的黏土和瓷石制品，不论有无颜色，统称为陶器。其中把烧造温度较高，烧结程度较好的那一部分称为“硬陶”，把施釉的称为“釉陶”。相对来说，经过高温烧成、胎体烧结程度较为致密、釉色品质优良的黏土或瓷石制品称为“瓷器”。

(1) 陶器　陶器的发明，揭开了人类利用自然、改造自然、与自然作斗争的新的一页，具有重大的历史意义，是人类生产发展史上的一个里程碑。从目前所知的考古材料来看，陶器精品有从河北省阳原县泥河湾地区发现的旧石器时代晚期距今已有11700多年历史的灰陶，有8000多年前磁山文化的红陶，有7000多年前仰韶文化的彩陶，有6000多年前大汶口的“蛋壳黑陶”，有4000多年前商代白陶、有3000多年前西周硬陶，还有秦代的兵马俑、汉代的釉陶、唐代的唐三彩等。

传说中的黄帝、尧、舜及至夏朝（约公元前21世纪～公元前16世纪），是以彩陶标志其发展的。其中有较为典型的仰韶文化，以及甘肃发现的稍晚的马家窑与齐家文化等。新中国成立后在西安半坡史前遗址出土了大量制作精美的彩陶器，令人叹为观止。上古之民，穴居野处，生活中以渔猎饮食为中心，所以釜瓮之类是最迫切的发明需要。陶瓷上出现装饰，说明人类的生产力水平已大有进步，人们开始在满足最低需求之外，追求美的表现。

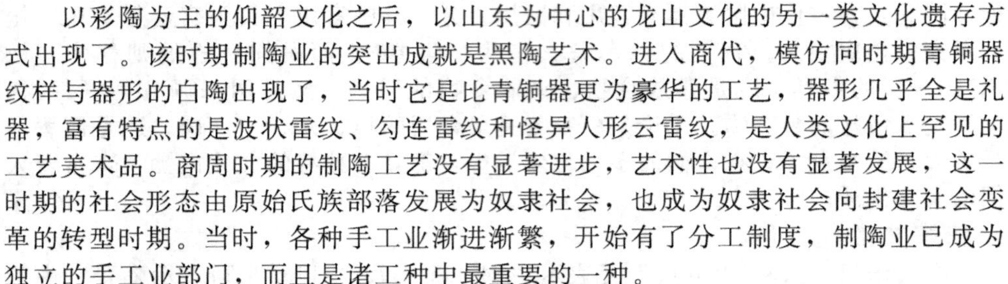

以彩陶为主的仰韶文化之后，以山东为中心的龙山文化的另一类文化遗存方式出现了。该时期制陶业的突出成就是黑陶艺术。进入商代，模仿同时期青铜器纹样与器形的白陶出现了，当时它是比青铜器更为豪华的工艺，器形几乎全是礼器，富有特点的是波状雷纹、勾连雷纹和怪异人形云雷纹，是人类文化上罕见的工艺美术品。商周时期的制陶工艺没有显著进步，艺术性也没有显著发展，这一时期的社会形态由原始氏族部落发展为奴隶社会，也成为奴隶社会向封建社会变革的转型时期。当时，各种手工业渐进渐繁，开始有了分工制度，制陶业已成为独立的手工业部门，而且是诸工种中最重要的一种。

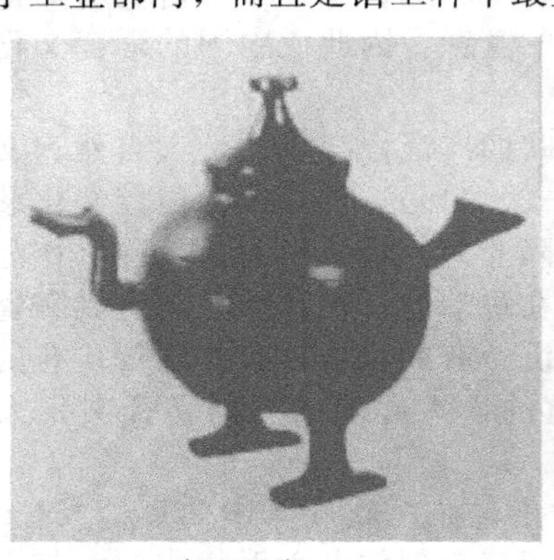

磨光黑陶

几何纹白陶瓿（商）

从战国时期开始，我国进入了漫长的封建社会。空心砖的生产是战国陶工的一项重要创造。“六王毕，四海一”。秦汉时期也是我国陶瓷发展史上的一个重要时期。秦代陶俑以其完美的艺术形式、生动逼真的神态深刻揭示了各种人物的内心世界，不仅表明了我国雕塑艺术现实主义传统的久远和我国古代制陶水平之高，而且还为世人展示了中华民族深沉雄大的民族风格。在彩绘风格方面，汉代彩绘陶一改战国彩绘陶流丽生动、热烈奔放之作风，转而崇尚凝重精雅的神韵。画面铺天盖地，色彩富丽绚烂。到了唐代，经济的繁荣发展、政治的长期稳定和民族意志的高昂，使唐代各个方面得到空前繁荣和提高，陶瓷艺术中最能表达这

种盛唐气象的就是唐三彩釉陶。到了宋代，瓷器生产迅猛发展，制陶业趋于没落，但是有些特殊的陶器品种仍具有独特的魅力，如宋、辽三彩器和明、清并流传至今的紫砂壶、琉璃、法花器及广东石湾的陶塑等，都别具一格，备受赞赏。这一时期的瓷器已取代了一部分陶器、铜器、漆器，成为人们日常生活最主要的生活用具之一，被广泛应用于餐饮、陈设、文房用具、丧葬冥器等。

秦代陶俑

汉代灰陶彩绘陶俑

唐三彩骑马女俑

（2）瓷器　中国瓷器的发明和发展，有着从低级到高级、从原始到成熟的逐步发展过程。早在3000多年前的商代，我国已出现了原始青瓷，经过1000多年的发展，到东汉时期终于摆脱了原始瓷器状态，烧制出成熟的青瓷器，这是我国陶瓷发展史上的一个重要里程碑。经过三国、两晋、南北朝和隋代共330多年的发展，到了唐朝，中国政治稳定、经济繁荣，促进了制瓷业的发展，如北方邢窑白瓷“类银类雪”，南方越窑青瓷“类玉类冰”，形成了“北白南青”的两大窑系。同时唐代还烧制出雪花釉、纹胎釉和釉下彩瓷及贴花装饰等品种。

宋代是我国瓷器空前发展的时期，出现了百花齐放、百花争艳的局面，瓷窑遍及南北各地，名窑迭出，品类繁多，除青、白两大瓷系外，黑釉、青白釉和彩绘瓷纷纷兴起。举世闻名的汝窑、官窑、哥窑、定窑、钧窑五大名窑的产品为世间珍品。还有耀州窑、湖田窑、龙泉窑、建窑、吉州窑、磁州窑等产品也是风格独特，各领风骚，呈现出欣欣向荣的大好局面，是我国陶瓷发展史上的第一个高峰。

元代在景德镇设“浮梁瓷局”以统理窑务，发明了瓷石加高岭土的二元配

定窑刻莲花纹盘

龙泉青瓷

方，烧制出大型瓷器，并成功烧制出典型的元青花、釉里红及枢府瓷等，尤其是元青花的烧制成功，在中国陶瓷史上具有划时代的意义。景德镇开始成为中国陶瓷产业中心，其名声远扬世界各地。景德镇生产的白瓷与釉下蓝色纹饰形成鲜明对比，青花瓷自此起一直深受人们的喜爱。其中梅子青瓷是元代龙泉窑的上乘之作，还有"金丝铁线"的元哥瓷，应是仿宋官窑器之产物，也是旷世稀珍。

龙泉梅子青釉寿老纽带鼓钉双戟耳三兽足香炉

哥窑胆式瓶

明代从洪武35年开始在景德镇设立"御窑厂"，200多年来烧制出许许多多的高、精、尖产品，如永宣的青花和铜红釉、成化的斗彩、万历五彩等都是稀世珍品。御窑厂的存在也带动了民窑的进一步发展。景德镇的青花、白瓷、彩瓷、单色釉等品种，繁花似锦，五彩缤纷，成为全国的制瓷中心。福建的德化白瓷产品也十分精美。

清朝康、雍、乾三代瓷器发展臻于鼎盛，达到了历史上的最高水平，是中国陶瓷发展史上的第二个高峰。景德镇瓷业盛况空前，保持中国瓷都的地位。康熙时不但恢复了明代永乐、宣德以来所有精品的特色，还创烧了很多新的品种，并烧制出色泽鲜明翠硕、浓淡相间、层次分明的青花。郎窑还恢复了失传200多年的高温铜红釉的烧制技术，郎窑红、缸豆红独步一时。还有豆青、娇黄、仿定、孔雀绿、紫金釉等都是成功之作，另外康熙时烧制的珐琅彩瓷也闻名于世。雍正朝虽然只有13年，但制瓷工艺达到了登峰造极的地步，粉彩瓷非常精致，成为与号称"国瓷"的青花相媲美的新品种。乾隆朝的单色釉、青花、釉里红、珐琅彩、粉彩等品种在继承的基础上，都有极其精致的产品和创新品种。乾隆时期是我国制瓷

大明万历五彩香炉

业盛极而衰的转折点，嘉庆以后制瓷工艺急转直下。

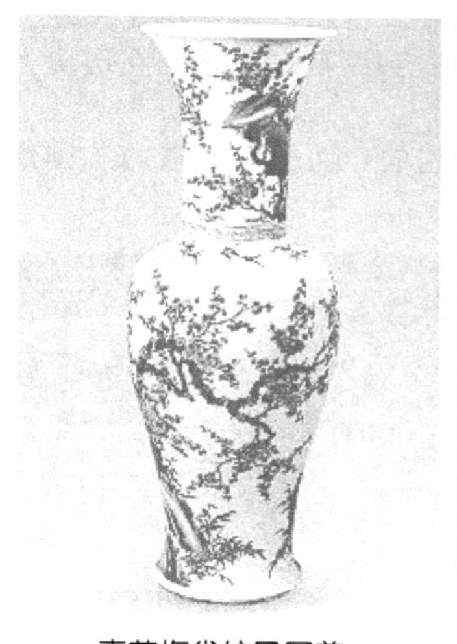
青花梅雀纹凤尾尊

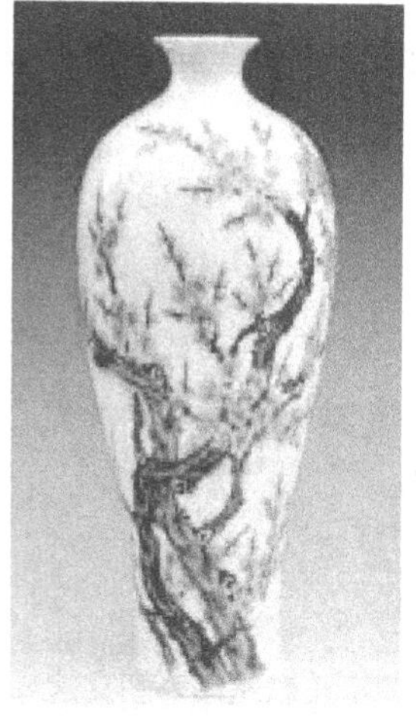
郎窑红瓷器

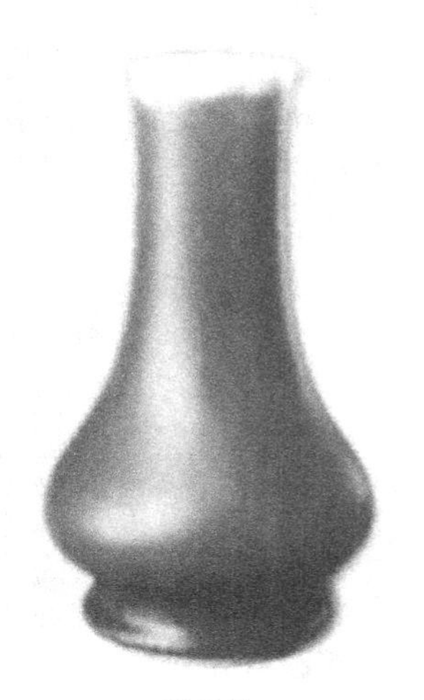
粉彩瓷

民国成立以后，各地相继成立了一些陶瓷研究机构，但产品除沿袭前代以外，就是简单照搬一些外国的设计，毫无发展可言。民国初，军阀袁世凯企图复辟帝制，曾特制了一批“洪宪”年号款识的瓷器，这批瓷器在技术上不可谓不精，以粉彩为主，风格老旧。由于内战频繁，外国入侵，民不聊生，整个陶瓷工业也全面败落，新中国建立以前，未出现让世人注目的产品。

2. 碗文化

碗，自从陶瓷发明以来就成了中国人餐桌上的必备工具，与人们一日三餐密不可分。所以，中国人把人称为口，把职业称为“饭碗”，常用“金饭碗”、“铁饭碗”、“玻璃饭碗”来形容所从事的职业种类及其稳定性。中国人的传统习俗往往离不开碗，儿女在给老人祝寿时要把碗送给前来祝寿的亲朋好友，谁有乔迁之喜，亲朋好友也要以碗相送，年关到来，差不多每家都要去买一套新碗，用来吃除夕团圆饭。平日家里来客吃饭时，也有规定：主人家不能拿有瑕疵的碗给客人用，且一桌子的碗也必须是同一款式的，吃饭时不能随便乱敲碗等。

在历史长河的碗文化中，各种类别的碗和碗上图案已成为权力、等级和财富的象征。自从碗出现图纹以来，人们就把对幸福美好生活的追求浓缩在掌中圆径之间。瓷碗上除福、禄、寿、喜等吉祥字构成的图外，常见的画面有：连年有余（莲花和鱼）、连生贵子（莲花和莲蓬）、喜上眉梢（梅花枝上登一只喜鹊）、一路平安（水中一只鸳鸯、一只鹌鹑）、太平有象（大象身上驮一只瓶子）、瓜瓞绵绵、福山寿海、宝贵长春、望子成龙、太师少师等，还有八宝图案、八仙图、八瑞图案、七宝图之类。还有龙凤图案，汉族把龙看成天子，把凤看成皇后，而且是富贵和权力的象征。而在西藏文化中，有龙和云彩图案的碗是国王使用的，有飞禽和树木图案的，是高僧大德们使用的；有水纹及水兽图案的，是高贵人用的。更将碗形看做佛身，把精美图案看做佛语，把碗口凝聚的无数智慧的深邃思想看做佛意。

可以说，“碗”在社会中的作用和地位，不仅是食用的器皿，而且是人们精神、文化的产物。“碗”的传播实则是一种文化传播，通过上述文化现象的分析比较可以看出汉藏文化的共同之处和差异，更可以看到汉藏民族之间在历史上的文化交流和亲密无间的关系。

从碗的产地上看，“御窑”烧造的碗是供皇上用的，而民窑烧造的碗则供民用，臣民不得使用御碗。

筝碗路图

清雍正款珐琅彩图文碗

明青花村童风

所以，碗既是人们进食用的器皿，又是盛装精神食粮的容器，经过几千年的文化积淀，使用什么样的碗，怎样使用碗，早已赋予特殊的含义，与是否有资格享用食物、享用什么规格的食物联系在一起，成为人们美好生活的象征。

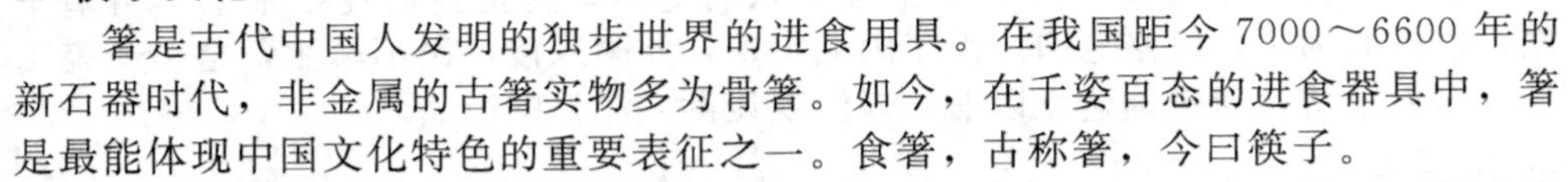

3. 筷子文化

箸是古代中国人发明的独步世界的进食用具。在我国距今 7000～6600 年的新石器时代，非金属的古箸实物多为骨箸。如今，在千姿百态的进食器具中，箸是最能体现中国文化特色的重要表征之一。食箸，古称箸，今曰筷子。

“箸”的别称有筴提等，“箸”的异体字有筯、櫡等。从明代开始，已普遍称为“筷子”。陆容在《菽园杂记》中记载：“民间俗讳，各处有之，而奂中尤甚。为舟行讳住，讳翻。以箸为快（筷）儿，幡布为抹布。”目前，最早的“箸”字出现在先秦《诅楚文》中。《说文・竹部》：“箸，饭攲也。从竹，者声。”《辞海》注释：“攲是古代巧器。”因此箸的本意就是夹取食物的用具。

筷子象征着古老而悠远的中国文明，浓缩了中华民族 5000 年的精华，它是伟大的。无论是身处故土的国人，还是旅居他乡的游子，都对筷子寄予了一种特殊的感情。因为每当他们拿起筷子时，便能深深地感觉到手中的分量——这是一个国家和民族所赋予的使命和责任！无论何时，无论何地，他们都将筷子紧攥在手心，深藏在心底，生怕遗失。这种遗失就是一种忘却，对他们而言，就是一种耻辱。忘却了就意味着忘却了一种信仰，忘却了为人的根本，忘却了那块曾经养育我们的热土。事实证明，也正是由于这些没有忘却的人们才铸就了中国今日的辉煌。

“一根筷子哟，轻轻被折断；十双筷子哟，牢牢抱成团”。这首大家耳熟能详的歌曲，韵味十足，使人深省。是的，一根筷子不仅无所作为，还弱不禁风，稍有触动，便会支离破碎；然而十双筷子紧紧地簇拥着，便有了一种韧性。这种团结拼搏的精神正是每一位炎黄子孙所要汲取的，有了这种精神，就受到了一次诚挚的感召；有了这种精神，就拥有了一个执著的信念；有了这种精神，更得到了一种无穷的力量。它将永远感染着人们，鼓舞着人们，激励着人们……

“殷勤问竹箸，甘苦乐先尝。滋味他人好，乐空来去忙”。宋代文人程良规的这首诗就是对筷子默默无闻、无私奉献崇高品质的盛赞。千百年来，人们之所以乐意使用筷子，不仅仅在于它的妙用，同时也是在追求一种精神。

筷子，可谓中国的国粹。它既轻巧又灵活，在世界各国餐具中独树一帜，被西方人誉为“东方的文明”。我国使用筷子的历史可追溯到商代。《史记·微子世家》中有“纣始有象箸”的记载，纣为商代末期君主，以此推算，我国至少有3000多年的用筷历史。先秦时期称筷子为“挟”，秦汉时期叫“箸”。因“箸”与“住”字谐音，“住”有停止之意，乃不吉利之语，所以就反其意而称之为“筷”。这就是筷子名称的由来。

在我国民间筷子被视为吉祥物，女儿出嫁时嫁妆里会放一双筷子，即快生贵子的意思。筷子是成双成对的，是永不分开、和睦相处、平等友爱、互惠互利、同甘共苦、百年好合的象征。耿直而不愿弯曲，奉献而不求回报，平等而不会独大，合作而不会争功，同甘而不会逃避，双赢而不可缺一，这就是大家对筷子精神的评价。

筷子一般以竹制成，既简单经济，又很方便。许多欧美人看到东方人使用筷子，叹为观止，赞为一种艺术创造。1000多年前筷子传到了日本、朝鲜、韩国、越南等地，明清以后又传入马来西亚、新加坡等地，被誉为中华文明的精华。

4. 西餐餐具文化

(1) 西餐餐具种类　明清时代西餐传入中国，西餐餐具就日渐为中国人所熟悉。最常用的西餐餐具是刀、叉、匙三大件。刀分为食用刀、鱼刀、肉刀（刀口有锯齿，用于切牛排、猪排等）、黄油刀和水果刀。叉分为食用叉、鱼叉、肉叉和虾叉。匙则有汤匙、甜食匙、茶匙。公用刀、叉、匙的规格明显大于餐用刀叉匙。正宗的传统西餐餐具都为金属制品，分为金餐具、银餐具、钢餐具。一般规格越高，其餐具也就越好。

西餐具刀叉

在西餐餐具中，无论是刀、叉、汤匙还是盘子，都是手的延伸。如盘子，它是整个手掌的扩大和延伸；而叉子则代表了五个手指。由于文明的进步，许多象形餐具逐步合并简单化。而在西方，到现在为止，进餐时仍然摆满桌的餐具，如大盘子、小盘子、浅碟、深碟、叉子、汤匙、甜食匙等。这说明在饮食文化上，西方不仅起步较晚，进展也较迟缓。

大约在13世纪以前，欧洲人吃东西时还用手指，并有一定的规矩：罗马人以用手指的多寡来区分身份，平民五指齐下，有教养的贵族只用三个手指，无名指和小指是不能沾到食物的。这一进餐规则一直延续到16世纪，仍为欧洲人所奉行。

① 叉子。进食用的叉子最早出现在11世纪的意大利塔斯卡尼地区，只有两个叉齿。当时的神职人员对叉子并无好评，他们认为人类只能用手去碰触上帝所赐予的食物。有钱的塔斯卡尼人创造餐具是受到撒旦的诱惑，是一种亵渎神灵的行为。意大利史料记载：一个威尼斯贵妇人在用叉子进餐后，数日内死去，其实很可能是感染瘟疫而死去，而神职人员则说，她是遭到天谴，警告大家不要用叉子吃东西。

12世纪，英格兰的坎特伯爵大主教把叉子介绍给盎格鲁撒克逊王国的人民，据说，当时贵族们并不喜欢用叉子进餐，但却常常把叉子拿在手里当作决斗的武器。对于14世纪的盎格鲁撒克逊人来说，叉子仍只是舶来品，像爱德华一世就有7把金、银打造的叉子。

当时大部分欧洲人都喜欢用刀把食物切成块，然后用手放进嘴里；如果一个男人用叉子进食，那就表示，如果他不是个挑剔鬼，便是一个“娘娘腔”。

18世纪法国革命战争爆发，由于法国贵族偏爱用四个叉齿的叉子进餐，这种“叉子的使用者”的隐含寓意，几乎可以和“与众不同”的意义画上等号。于是叉子变成了地位、奢侈、讲究的象征，随后逐渐变成必备的餐具。

② 餐刀。西方餐具至今仍保留了刀子，其原因是许多食物在烹调时都要切成大块，而吃的时候再由享用者根据个人的意愿，把它分切成大小不同的小块。这一点与东方人特别是中国人不同，中国人则在烹调开始前，将食物切成小块的肉丝、肉片等，然后再进行加工，也许这便是西方烹调技术一直落后于东方特别是中国的重要原因之一。

餐刀在人类生活中占有重要地位。在15万年前，人类的祖先就开始以石刀作为工具，并将其挂在腰上，时而用来割烤肉，时而用来御敌防身；只有有地位、身份的头领，才能有多种不同用途的刀子。

法国皇帝路易十三在位期间（1610年～1643年），深谙政治谋略的黎塞留大公，不仅为法国的强盛作出了贡献，即使对于一般的生活细节，这位枢机主教也很注意。当时餐刀的顶部并不是我们今天所熟悉的呈椭圆形，而是具有锋利的刀尖。很多法国的官僚政要，在用餐之余，把餐刀当牙签使用。黎塞留大公命令家中的仆人把餐刀的刀尖磨成椭圆形，不准客人当着他的面用餐刀剔牙，由此法国也吹起了一阵将餐刀刀尖磨钝的旋风。

③ 汤匙。汤匙历史源远流长。早在旧石器时代，亚洲地区就出现过汤匙。在古埃及的墓穴中曾发现木、石、象牙、金等材料制成的汤匙。

希腊和罗马贵族则使用铜、银制成的汤匙。15世纪，意大利在为孩童举行洗礼时，最流行的礼物便是洗礼汤匙，也就是把孩子的守护天使做成汤匙的柄，送给接受洗礼的儿童。

④ 餐巾。希腊和罗马人一直保持用手进食的习惯，所以用餐完毕后用一条毛巾大小的餐巾来擦手，更讲究一点的则在擦完手之后捧出洗指钵洗手，洗指钵里除了水之外，还飘浮着点点玫瑰花瓣，埃及人则在钵里放上杏仁、肉桂和橘花。

将餐巾放在胸前，其目的是为了不把衣服弄脏，西餐常有先喝汤的习惯，喝汤时一旦弄脏衣服，会让人吃得很不愉快。

餐巾发展到17世纪，除了实用之外，更加注意观赏性。1680年，意大利已有26种餐巾折法，如教士僧侣的诺亚方舟形、贵妇人用的母鸡形，以及一般人喜欢用的小鸡、鲤鱼、乌龟、公牛、熊、兔子等形状，美不胜收。

（2）西餐餐具的摆法　一般就餐前摆好，放在每人面前的是食盘或汤盘，盘较大，右边放刀，刀刃朝向垫盘。左边放叉，叉齿朝上。各种匙类放在餐刀右边，匙心朝上。两侧的刀、叉、匙排成整齐的平行线。一个坐席一般只摆放三副刀叉，上完三道菜后便撤去，再随菜摆上新的刀叉。餐后甜食则另用叉子和汤匙。涂面包油用的奶油刀，应放在左侧的面包碟子上。如果菜单中有鱼的话，一般在用汤后送上。桌上有吃鱼专用的叉子，放在肉叉的外侧，比肉叉略小些。面包碟放在客人的左手边，上置面包刀（即黄油刀，供抹奶油、果酱用，而不是用来切面包）一把，各类酒杯和水杯则放在右前方。如有面食，则吃面食的匙、叉横放在前方。

西餐餐具的摆放

（3）餐具的用法

① 刀叉持法。用刀时，应将刀柄的尾端置于手掌之中，以拇指抵住刀柄的一侧，食指按在刀柄上，但需注意食指决不能触及刀背，其余三指则顺势弯曲，握住刀柄。叉如果不是与刀并用，叉齿应该向上。持叉时应尽可能持住叉柄的末端，叉柄倚在中指上，中间则以无名指和小指为支撑，可以单独用于叉餐或取食，也可以用于取食头道菜和馅饼，还可用于取食那种无需切割的主菜。

② 刀叉的使用。右手持刀，左手持叉，先用叉子把食物按住，然后用刀切成小块，再用叉送入口内。欧洲人使用时不换手，即从切割到送食物入口均以左手持叉。美国人则切割后，将刀放下换右手持叉送食入口。

刀叉并用时，持叉姿势与持刀相似，但叉齿应该向下。通常取食主菜的时候刀叉并用，不需要切割时，则可用叉切割。

英国人和美国人使用刀、叉的习惯略有不同。上主菜即肉菜时，虽然切分肉食时都是右手持刀，左手持叉。但是，英国人用左手拿叉，叉头朝下，把肉扎起来送入口中；如果有烧烩的蔬菜，就用刀把菜挑到叉上再送入口中。而美国人则在切分好肉以后，把刀放下，换用右手拿叉，叉尖朝上插入小块食物的下面，铲起食物送入口中。用餐完毕，英国人将刀、叉放在盘子中央，绝不让刀叉的一端放在盘子上，而另一端搁在桌上。而美国人却把刀横放在盘子右下边的边沿上，叉放在旁边，叉尖朝上。

③ 匙的用法。持匙用右手，持法同持叉，但手指务必持在匙柄之端，除喝汤外，不用匙取食其他食物。

使用西餐餐具应注意以下事项：如果是合餐，每个人都可从大盘里取用食物，那么一定有备用的公用叉或勺。使用叉子时不能用叉子扎着食物入口，而应把食物铲起入口。手里拿着刀叉时切勿指手画脚。发言或交谈时，应将刀叉放在盘上。叉子和勺子可入口，但刀子不能放入口中，不管上面是否有食物，因为这样是很危险的。

二、厨具文化

厨具是指厨房中的日常用具。现代厨具一般有灶具、刀案具、炊具之分。

1. 灶具

灶具是烹饪加工中所使用的各种加热设备的统称。炉灶形式多样，根据用途的不同，可分为烧炒灶、烤炉、蒸灶等种类。烧炒灶主要用于烧、煨、炖、炸、炒、爆、煎等，也可用于蒸、熏。烤炉是烤制食品的专用炉灶，主要以柴草、电为热源；蒸灶主要用于蒸煮饭食、面点、烧水、烧大锅汤料等。

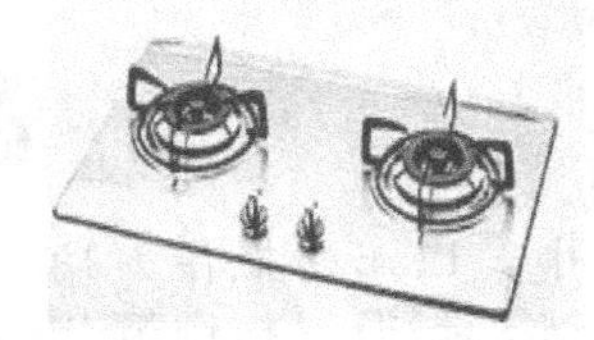

烧炒灶

红泥烤炉

蒸灶

2. 刀案具

刀案具是对烹饪原料进行切割、去皮、去骨、雕刻等初加工时所使用的工具。包括各种厨用刀具、砧墩等。厨用刀具是用各种钢或铜等制成的刃器，按用途分为切削刀、雕花刀、专用刀三类。

3. 炊具

炊具是用于临灶操作的各种工具的统称。包括锅、手勺、漏勺、笼屉、调料钵、铁筷、铁网络、烤叉、烤肉炙子等。

我国炊具起初皆为陶器。夏、商、周三代，仍以陶制炊具为主，而铜器次之，铁器则又次之。秦、汉以后，铁制炊具开始占据主导地位，并延续至今天。这从一侧面反映了我国社会生产力从低级向高级发展的历史进程。

我国最早的炊具是与陶器相伴而生的，它们都是先民在长期的用火实践中创造出来的。距今约69万年的北京猿人已学会用火。起初，人们是在篝火上烧烤食物，或者是以“石煮法”煮熟食物——即在有水之坑穴中放入食物，然后不断投入灼热的石块，直至水沸食熟为止；抑或将猎物除去外皮，掏空内脏，然后于腹腔内填满烫石，置入坑中，上覆热灰，以至食熟。后来发明了陶器，便用陶器做炊具了。

我国陶器发明于何时，目前尚无从确论。据考古发掘的资料，裴李岗——磁山文化的陶器，是迄今为止发现的时代最为久远的陶器（距今约8000年）。其器形种类主要有碗、罐、壶、钵、鼎、豆、盂等。其中，罐、壶明显属于炊具好质的器具，壶用于烧水，罐既可用于煮饭又可用来煮肉。据《通鉴前编·外纪》载：“黄帝作釜、灶，而民始粥。”这种专用于煮粥饭的釜、灶，在仰韶文化中已经出现。较典型者为小口浅腹底釜和盆形灶。这种形制的釜、灶，到龙山文化时，为大口深腹圆底釜和筒形灶所替代。《通鉴前编·外纪》又载：“黄帝作甑，而民始饭。”甑亦在仰韶文化时出现，其形如罐，底部有孔，孔上垫箅，箅上放米，置甑于有水釜上蒸成饭。

至夏代，常见的炊具仍主要为陶制的鼎、罐、甑，这在出土的二里头文化早期的陶器中有所反映。其中，陶鼎多为敛口、深圆腹、圆底、三乳头形矮足或扁状高足的罐形鼎，也有极少数敞口、浅腹、圆底、三扁状高足的盆形鼎；陶罐多为敛口、深腹略鼓的平底罐，另有极少数口沿上饰有扭状花边的小陶罐；陶甑多为敞口、深腹、平底的盆形甑，罐形甑则罕见。至商代，陶鬲逐渐代替了陶鼎，成为当时的主要炊器。至西周时，陶鬲仍为主要炊器（约占同期陶炊器的80%以上），但在形制上较过去有显著变化，主要表现在鬲裆和鬲足部分，由高变低，特别是足尖部分消失，呈肥胖的矮袋状足。

随着生产力的发展，青铜时代的到来，人们开始模仿陶器的器形来铸造各种形式的青铜器具。在传世品和考古发现的商周铜器中，鼎占有相当大的比重。其中，商代司母戊鼎长方四足，高133厘米，重8753斤，其造型、纹饰、工艺均已达到极高水平，是商代青铜文化顶峰时期的代表作，为现存最大的铜鼎。起初的铜鼎，其好质与陶鼎没有什么大的区别，主要是作炊具之用。在食品文化意义上，铜鼎的出现，标志着油烹的开始。当时，铜鼎兼具炊具和食具之双重好质：以鼎烹制，亦以鼎盛食，相当于现在的锅，用以炖煮和盛放鱼肉。许慎在《说文解字》里说：“鼎，三足两耳，和五味之宝器也。”有三足圆鼎，也有四足方鼎。最早的鼎是黏土烧制的陶鼎，后来又有了用青铜铸造的铜鼎。传说，夏禹曾收九牧之金铸九鼎于荆山之下，以象征九州，并在上面镌刻魑魅魍魉的图形，让人们警惕，防止被其伤害。以后，随着奴隶制礼乐制度的不断加强，鼎的好质与功能发生了根本变化，成为标志“名位”的一种礼器，并且是最重要的一种礼器，故亦被称为“彝器”，意为“常宝之器”。于是，原本作为炊器的铜鼎，不再单纯是一种炊具了，而是作为礼乐制度中的一项重要内容，被赋予了神圣和宝贵的色彩，成为各级贵族的专用品，被视作统治权力的象征和指示物，而广大奴隶和平民是绝对不能使用铜鼎的，甚至使用陶鼎的权利也被剥夺了。

继青铜时代而起的为铁器时代。铁大约出现在商代。1973年，考古工作者在河北藁城台西商代遗址发现了一种铁刃铜钺。经过科学鉴定，证明这件铜质兵

器前部嵌铸了锻打的铁刃。这是目前发现铁的最早例证。

西周末年，铁已成为常见之物。至春秋时期，由于铸铁的推广，铁被普遍应用于社会生产各个部门。例如，在春秋晚期的齐国，女子必有“一针一刀”，农夫必有“一耒一耜”，工匠必有“一斤一锯一锥一凿”。我国铁制炊具大约就是在此时出现的。

考《孙子·九地篇》雍闷：“焚舟破釜，若驱群羊。”其中，“釜”指军用锅。按“釜”字从父从金，知釜为金属制品。《孙子》所言“釜”者，既为军需品，当不会为高级的铜制品，而应为铁制品。可见在孙子时代（案：孙子为春秋末期齐国人），铁锅不仅已经出现，而且广泛流行于军中。至秦汉时，铁釜、铁刀等炊具已得到普遍使用。有了铁锅，高温快热的爆、炒烹饪方法便应运而生。

铁制炊具不但导热性能适中，用起来不烫手，造价低廉，而且铁分子是人体必不可少的元素，用铁具烹调，可谓有益无害。这大概就是铁制炊具在我国长期占据主导地位（至今依然）的主要原因。

纵观古今中外，厨具文化随着科学技术的进步及人们生活水平的提高，呈现出全球跨地域交流，联系进一步密切。目前，厨具多以一种时尚器具进入家庭，并与厨房融为一体，成为家中具有特色的独特空间，展示主人的生活品味、情趣和文化。西方流行的一句名言就是“看客厅，就可以知道主人的事业成就；看厨房，才知道主人的生活品位”。可见现代厨具具有更多的文化内涵，正改写着过去厨房里锅、碗、瓢、盆单调的交响曲。

（1）个性鲜明，讲究精美　现代厨具无论做工、选型，还是图案设计、色彩搭配都极注重个性张扬与制作美观。如市场上各式各样的陶瓷厨具，或是晶莹透亮的纯白或纯青，如美玉附有美妙图案，或是洁白底色配蓝莹莹的纹路，色彩诱人，千姿百态，如立体鱼头盘、扇形、竹片形等。这些厨具的加入让昔日见不得人的“丑小鸭”摇身变为光鲜亮丽的“白天鹅”。让人感觉做饭不再是一种劳作，而是一愉悦精神的身心享受。

（2）种类繁多，功能专一　眼下市场上的厨具真可谓是琳琅满目，令人眼花缭乱，有专门的打蛋器、蒜蓉器、皮蛋切割器。过去一把菜刀“闹”厨房，如今刀架上却摆着冻肉刀、菜刀、剪刀、水果刀、削皮刀、砍刀、蛋糕刀、雕刻刀、刮面刀、筛刀等多种刀具。过去一锅做一切，现在饭锅、炖锅、炒锅、烤锅样样俱全。过去只有土灶和炉两种炉具，现在各种燃气炉、电磁炉、微波炉等一应俱全。

（3）配套使用，和谐美丽　过去厨具多为单体，不配套，凌乱不堪便是人们昔日对厨房的感受。如今，成套厨具在厨房闪亮登场，让厨房变得整洁、舒心。

（4）厨具电气化、智能化　随着人们居住环境的改善，科学技术的进步，厨具电气化、智能化已成为一种发展趋势。如今电饭锅、高频电磁灶、微波炉、微波烤箱等各式各样的电用厨具进入家庭，并向智能化方向发展。目前市场上已开始出现智能化厨具，如全自动电压力锅，集电饭锅、高压锅、焖烧锅等于一身，煮饭、煮粥、焖烧、煲汤可随意选择，插上电源即可。随着电气化、智能化厨具进入厨房，人们的厨房活动将会变得更加情趣化、个性化。

（5）安全、健康有保证　目前国家相关部门正在着手制定我国首部厨具标准——《厨房家具技术标准》。该新标准将对厨具的节能、环保、安全性提出更高要求，虽然这个标准涉及的主要是厨房家具，但业内人士认为，微波炉、油烟机及锅、碗、瓢、盆等厨房用具的相关规范也会陆续出台。这样一来，人们就可以放心、安心地在厨房大显身手了。

正因为这些个性鲜明、讲究精美、色彩配套的电气化、智能化厨具进入厨房，使得原本被长期忽略了的厨房充满时代气息与个性特点，让厨房具有“艺术源泉”，增添厨房功用，兼具娱乐、休闲、情感沟通、朋友聚会等功能。在现代厨房里每使用一个厨具，犹如欣赏一件艺术品，每按一个开关，犹如按一个音乐符号，每做一次餐，犹如弹奏一曲动人的乐曲，难怪现代人在厨房里忙来忙去，脸上还洋溢着幸福，原来是因为现代厨房生活具有灵感和思想，带给人们的不仅是实用，更是一种享受、一种追求。这就是现代厨房文化。

第二节　烹饪文化

烹饪是南宋（1127～1279 年）以前食品加工制作技术的泛称。此词最早见于 2700 年前西周问世的《易经·鼎》中，原文为：“以木巽火，亨饪也。”《易经》又名《周易》，是中国儒家典籍中的六经之一。它以卦（古代的占卜符号，最常见的是八卦，还有六十四卦）和爻（组成八卦的长短横道，“—”为阳爻，“——”为阴爻）来占卜（古代用龟板、蓍草，后世用铜钱、牙牌等推断祸福的一种迷信活动），象征自然、人事、社会变化的吉凶。其中最积极的成分是其蕴涵的朴素辩证法思想。“鼎”是先秦时代的炊、食共用器，形似寺庙中的大香炉，初为陶制，后用铜铁制作，并且充当过祭祀神祖的礼器、惩治罪犯的刑器、象征王权的重器（国家的宝器），以及把玩鉴赏的工艺品。“木”指燃料，如柴、草、煤、炭之类。“巽”是八卦中的一卦，原意为风，此处指顺风点火。“亨”在先秦与“烹”通用。“饪”既指食物生熟的程度，又是古代熟食的通称。“以木巽火，亨饪也”的解释就是：将食物原料置放在炊具中，添加清水和调味料，用柴草顺风点火煮熟。由此可知，《周易》中的烹饪一词包括炊具、燃料、食物原料、调味品及烹制方法诸项内容，反映了当时人们的生活状况及其对饮馔的认识。

烹饪因地域性与民俗性的不同，形成了不同派别。目前世界上甚为流行的烹饪主要有两大流派：东方烹饪和西方烹饪。前者以中国烹饪为代表，讲究的是以味的享受为核心、以饮食养生为目的的和谐统一，制作工艺多以手工制作为主，因而制作出的中餐品种繁多，色香味俱全；后者以法国烹饪为代表，强调科学、营养、热量、速度，烹饪工艺电气化、机械化程度高，烹饪的全过程都严格按照科学程序制作菜肴，制作出的西餐味道较为单调乏味。

我国是一个多民族的国家，丰富多彩的民族文化造就了名目繁多的烹饪流派文化。它是我国民族历史文化遗产的重要组成部分，也是历代劳动人民聪明智慧的结晶。

一、中国烹饪文化的发展史

人类的饮食文明，大体经历过生食、熟食与烹饪三个阶段。各个国家、各个民族这三个阶段的起止时间不尽一致，一般来说，一个国家或民族如果生食出现早，熟食进化快，烹饪发展时间长，其饮食文明就发达；反之，饮食文明进程迟缓。像埃及、中国、印度、法国这些文明古国，饮食文明三部曲格外雄浑嘹亮。

中华民族饮食文明是从云南元谋人开始的，已有170万年的历史。其生食、熟食、烹饪三个阶段的划分，基本上是以50多万年前北京人学会用火，以及1万年前陶器发明和盐的使用作为界标的。这段历程，既漫长艰辛，又壮丽辉煌，在人类饮馔史上写下了光辉灿烂的一页。

中国的烹饪艺术对世界文化中是一种独特贡献，它极其丰富多彩的内容和精妙的制作技术，世界上任何文明发达国家都无法与之相比。尤其是经过5000年的发展，中国文人墨客已经把美食上升到近乎艺术、审美和处世哲学的高度。在传统中国人的概念里，美食是一种享受的人生态度、成功的标志，甚至被简化为"吃香的、喝辣的"。中国人对美食的热衷可见一斑。

众所周知，中国传统美食不但讲究选料、搭配、技法，还有一个重要的特点，那就是讲究火候。火候，是菜肴烹调过程中所用的火力大小和时间长短。烹调时，一方面要从燃烧烈度鉴别火力的大小，另一方面要根据原料性质掌握成熟时间的长短。两者统一，才能使菜肴烹调达到标准。

烹饪起源于火的利用，先民在原始社会长期过着"茹毛饮血"、"生吞活嚼"的原始生活，后来由于天然火灾，人类可以毫不费力地获得已经烧熟的肉，而且吃起来较生肉更鲜美，也易于咀嚼，这种现象不断出现，人类逐渐懂得用火烧熟食而食，进而产生熟食的愿望，于是便开始设法保留火种。后来又发明了"钻燧取火"的方法，形成了原始的烹饪。烹饪在由萌芽到成熟、由粗放到细致、由简单到精美的历史发展进程中，经历了四个发展高潮。

1. 第一个发展高潮是夏商周

是指秦朝以前的历史时期，即从烹饪诞生之日起，到公元前221年秦始皇统一中国止，共约7800年。此乃中国烹饪的草创时期，包括新石器时代（约6000年）、夏商周（约1300年）、春秋战国（约500年）三个发展阶段。

新石器时代由于没有文字，烹饪的演变概况只能依靠出土文物、神话传说及后世史籍的追记进行推断。这个时代的烹饪好似初出娘胎的婴儿，既虚弱幼稚，又充满生命活力，为夏商周饮食文明的兴盛奠定了良好的基石。

夏商周饮食文明具有以下特点。

① 烹调原料显著增加，习惯以"五"命名，如"五谷"（稷、黍、麦、菽、麻籽），"五菜"（葵、藿、头、葱、韭），"五畜"（牛、羊、猪、犬、鸡），"五果"（枣、李、栗、杏、桃），"五味"（米醋、米酒、饴糖、姜、盐）之类。"五谷"有时又写成"六谷"、"百谷"。总之，原料能够以"五"命名，说明当时食物资源已比较丰富，人工栽培原料成了主体。

② 炊饮器皿革新，轻薄精巧的青铜食具登上了烹饪舞台。我国现已出土的商周青铜器物有4000余件，其中多为炊餐具。青铜食器，不仅便于传热，提高

了烹饪工效和菜品质量，还显示礼仪，用其装饰筵席，展现出奴隶主贵族饮食文化的特殊气质。

③ 菜品质量飞速提高，推出著名的“周代八珍”。“八珍”又叫“珍用八物”，是专为周天子准备的宴饮美食。它由两饭六菜组成，具体名称是：“淳熬”（肉酱油浇大米饭）、“淳母”（肉酱油浇黍米饭）、“炮豕”（煨烤炸炖乳猪）、“炮牂”（煨烤炸炖母羊羔）、“捣珍”（合烧牛、羊、鹿的里脊肉）、“渍”（酒糟牛羊肉）、“熬”（类似五香牛肉干）、“肝”（烧烤肉油包狗肝）。“珍用八物”：是指牛、羊、麋、鹿、豕、狗、狼。“周代八珍”推出后，历代争相仿效。元代的“迤北（即塞北）八珍”和“天厨八珍”，明清的“参翅八珍”和“烧烤八珍”，还有“山八珍”、“水八珍”、“禽八珍”、“草八珍”（主要是指名贵的食用菌）、“上八珍”、“中八珍”、“下八珍”、“素八珍”、“清真八真”、“琼林八珍”（科举考试中的美宴）、“如意八珍”等，都由此而来。

④ 在饮食制度等方面也有新的建树。如从夏朝起，宫中首设食官，配置御厨，迈出食医结合的第一步。这一制度一直延续到清末。

此外，在民间，屠宰、酿造、炊制相结合的早期饮食业应运而生，如大梁、燕城、邯郸、咸阳、临淄、郢都等都邑酒肆兴盛。所以，夏商周在中国烹饪史上开了一个好头，后人有“百世相传三代艺，烹坛奠基开新篇”的评语。

2. 第二个高潮是隋唐宋元时期

这一时期属于中国封建社会的中期，先后经历过隋、唐、五代十国、北宋、辽、西夏、南宋、金、元等20多个朝代，统一局面长，分裂时间短，政局较稳定，经济发展快，饮食文化成就斐然，是中国烹饪发展史上的第二个高潮。

（1）在食源继续扩充的基础上工艺菜式兴起　隋唐宋元时期，烹调原料进一步增加。此时厨师选料仍以家禽、家畜、粮豆、蔬果为主，也不乏花卉和药材，以及象鼻、蚁卵、黄鼠、蝗虫之类的“特味原料”。同一原料中还有不同品种以供选择，如鸡便有骁勇狠斗的竞技鸡、蹄声洪亮的司晨鸡、专制汤菜的肉用鸡，以及形貌怪诞、可治女科杂症的乌骨鸡等。

在油、茶、酒方面，也是琳琅满目。如唐代的植物油有芝麻油、豆油、菜籽油、花生油、茶油等；宋代的茶有石乳、胜雪、蜜云龙、石岩白、御苑玉芽等珍品；而元代的酒，则包括阿剌吉酒（即烧酒，古人认为其制法源自阿拉伯一带，故用此名）、羊羔酒、葡萄酒、马奶酒、蜂蜜酒等。

在烹调技法方面，隋唐宋元时期的突出成就是工艺菜式（包括食雕冷拼和造型大菜）的兴起。中国的食品雕刻技术源于先秦的“雕卵”（鸡蛋），汉魏则有“雕酥油”，唐宋则为雕瓜果、雕蜜饯。食雕的发展，推动了冷菜造型的发展。拼碟的前身，是商周时祭祖所用的“饤”（整齐地堆成图案的祭神食品），后来将五色小饼做成花果、禽兽、珍宝的形状，在盘中摆成图案。唐宋时期冷拼又进一步发展，先用荤素原料镶摆，如“五生盘”、“九霄云外食”之类，刀工精妙。特别是比丘尼（尼古）梵正创制的“辋川小样”，更是一绝。这种大型组合式风景冷盘，依照唐代诗人王维所画的《辋川图二十景》仿制而成，用料为脯、酱瓜、蔬笋之类，每客一份，一份一景，如果坐满20人，便合成辋川图全景。

热菜造型亦多。如用鱼片拼制牡丹花蒸制的“玲珑牡丹”、红烧甲鱼上面装饰鸭蛋黄和羊网油的“遍地锦装鳖”、一尺多长的“羊皮花丝”、点缀蛋花的“汤浴绣丸”，以及“花形馅料各异、凡二十四种”的“生进二十四气（节）”馄饨等。至于鱼白做的“凤凰胎”，青蛙做的“雪婴儿”，鹌鹑做的“箸头春”，鳜鱼做的“白龙”，鹿血与鹿肉做的“热洛河”，兔肉做的“拨霞供”，鳝鱼做的“软钉雪笼”，羊肉与鹅做的“浑羊殁忽”，造型艳丽。再加上著名的“蟹酿橙”、“象鼻炙”、“过厅羊”、“蚁子（卵）酱”、“云林鹅”、“烧山猫”、“暖寒花酿驴蒸”、“赐绯含香粽子”和“婆罗门轻高面”（从印度传入的花色蒸面），使人眼花缭乱。这说明隋唐宋元时期的烹调工艺已有全新突破。

这一时期还创造出不少奇绝食品。北宋陶谷所著《清异录》中记载“有七妙：齑可照面，馄饨汤可注砚，饼可映字，饭可打擦擦台，湿面可穿结带，醋可作劝盏，寒具嚼者惊动十里人”。即切碎捣烂的腌酸菜，均匀清洁的像镜子一样可以照出人面；馄饨汤清的可以入砚磨墨；饼薄如蝉翼，可以透过它看出下面的字；饭煮得颗粒分明，柔韧有劲；调和好的面，筋韧如裙带，打结也不断；醋味醇美得可以当酒；馓子香脆，嚼起来清脆打声，可惊动十里以内的人。虽有夸饰之词，但不完全失真。

（2）风味大宴纷呈　隋唐元时期筵宴水平甚高，其菜点之精，名目之巧，规模之大，铺陈之美，远远超过汉魏六朝时期。现能见到的唐代《烧尾宴》菜单中主要菜点就有58道，大臣张俊接待宋高宗时菜品竟有250款，元太宗窝阔台在和林（今蒙古人民共和国鄂尔浑河上游东岸的哈尔和林，窝阔台于1235年在此建都）大宴群臣时，奶汁都由特制的银树喷泉喷出。

地方风味演化到唐宋，也初现花蕾。不少餐馆首次挂出“胡食”、“北食”、“南食”、“川味”、“素食”招牌，供应相应的名馔。其中，“胡食”主要指西北等地少数民族菜品和阿拉伯菜品，与现今的清真菜有一定的渊源。“北食”主要指豫、鲁菜，雄居中原。“南食”主要指苏、杭菜，活跃在长江中下游。“川味”主要指巴蜀菜，波及云贵。“素食”主要指佛道斋菜，逐步由“花素”向“清素”过渡。这些菜式，在《食经》、《酉阳杂俎》、《中馈妇女主持家政之意录》、《山家清供》、《饮膳正要》、《居家必用事类全集》、《本心斋蔬食谱》和《云林堂饮食制度集》中均有记载。

（3）烹饪著述颇丰　由隋至元，烹饪研究亦有新的收获。

① 在食疗补治方面，巢元方的《诸病源候论》论及食与医的关系。“药王”孙思邈的《千金食治》，收集药用食物150种，并逐一阐述。

此外，昝殷的《食医心鉴》、孟诜的《食疗本草》、陈士良的《食性本草》都收录了众多饮食偏方及四时调养方法，如紫苏粥治腹痛、鲤鱼脍治痔疮等，皆有疗效。金元四大医家刘完素、张从正、李杲、朱震亨积极探讨饮食宜忌，深化食物补治理论。宋人陈直的《奉亲养老书》还列出饮食调治和老人备用急方233首。邹的《寿亲养老新书》附有妇女和儿童食方256个，颇受时人重视。元末贾铭在《饮食须知》中专选历代本草中360多种食物的相辅相忌，并附载食物中毒解救方法。

特别是元代宫廷蒙古族饮膳太医忽思慧，集毕生精力写成了我国第一部较为系统的饮食营养学专著——《饮膳正要》。该书将历朝宫中的奇珍异馔、汤膏煎造

（均指中药制品）、诸家本草（中药材）、名医方术、日常食料汇集起来，重点论述了饮食避忌和进补、食疗偏方及卫生、食料性能与药理等问题。

② 食书方面，这时先后有 10 多部专著问世。

3. 第三个高潮是明清时期

从公元 1368 年明朝建国起，到 1911 年辛亥革命推翻清五朝止，共 540 年。这个时期中国烹调技术已由量变转为质变，开始由必然王国向自由王国迈进。

（1）食源充裕　人们将同类原料的精品筛选出来，借用古时“八珍”一词，分别归类命名。如“山八珍”为熊掌、鹿茸、犀牛鼻、驼峰、果子狸、豹胎、狮乳、猴脑；“水八珍”为鱼翅、鲍鱼、鱼唇（鲨鱼唇或大黄鱼唇）、海参、鳖裙、干贝、鱼脆（鲟鳇鱼的鼻骨）、蛤士蟆（雌性林蛙卵巢及其四周的黄色油膜）；“禽八珍”为红燕、飞龙（榛鸡）、鹌鹑、天鹅、鹧鸪、云雀、斑鸠、红头鹰；“草八珍”为猴头蘑、银耳、竹荪、驴窝菌、羊肚菌、花菇、黄花菜、云香信，精品原料已系列化。

（2）工艺规程日益规范　明清年间，菜点制作经验经过积累、提炼和升华，已形成烹饪工艺。李调元在《醒园录》中总结了川菜烹调规程，蒲松龄在《饮食章》中对鲁菜工艺亦有所评述。特别是袁枚在《随园食单》的“须知单”和“戒单”里，对工艺规程提出了具体要求，如“凡物各有先天，如人各有资禀”，“物性不良，虽易牙（先秦名厨，善于调味）烹之亦无味也”，因此选料要切合“四时之序”，不可暴殄。袁枚还提倡“清者配清，浓者配浓，柔者配柔，刚者配刚”。只有求其一致，方有“和合之妙”。“味太浓重者，只宜独用，不可搭配”，与日俱增须“五味调和，全力治之”。他主张火候应因菜而异，“有须武火者，煎炒是也，火弱则物疲矣；有须文火者，煨煮是也，火猛则物枯矣；有先用武火而后用文火者，收汤之物是也，性急则皮焦而里不熟矣”。另外，调味要“相（依据）物而施”，“一物各施一性，一碗各成一味”，调料“俱宜选择上品”，“纤（芡）必恰当”。“味要浓厚不可油腻，味要清鲜不可淡薄”，只有“咸淡合宜，老嫩如式”，方能称作调鼎高手。袁枚还提出烹饪中的六戒：一戒“外加油”，二戒“同锅熟”，三戒“穿凿”，四戒“走油”，五戒“混浊”，六戒“苟且（敷衍了事）”。凡此种种，都使烹饪工艺跃升到新的高度。后来李渔在《闲情偶寄·饮馔部》中还提出纯净、俭朴、自然、天成的饮食观，尤为重视原料质地和菜品风味的检测，如评价蔬菜之美时，用“一清、二洁、三芳馥、四松脆”，其所以胜过肉品，“忝在一字之鲜”。他认为“蟹之为物至美”，“鲜而肥，甘而腻，白似玉而黄似金，已造色、香、味三者之至极，更无一物可以上之”。他还主张，“食鱼者首重在鲜，次则及肥，肥而且鲜，鱼之能事毕矣”。

（3）名菜美点五光十色　丰富的陆海原料和调味品，配套的全席餐具，变化万千的烹调技法，勇于创新的名厨巧师，带来了佳肴丰收的金秋。在鱼肉禽蛋方面，推出水晶肴蹄、蟹粉狮子头、五元神鸡、钟祥蟠龙、软熘黄河鲤鱼焙面、李鸿章杂烩等名特大菜。在山珍海味方面，有龙虎斗、蜗牛脍、飞龙汤、炸全蝎、雪梨果子狸、一品燕菜等奇馔异食。在民间欢宴方面，有湖广鱼宁古塔鸡腿蘑菇、台鲞煨肉、云南鸡粽等风味名食。

在寺观斋菜方面，有桑门香（酥炸桑叶）、萝卜丸、魔芋豆腐、金针银耳神仙汤等清素精品，还有别出心裁的“五套禽”、香飘仙界的“罗汉斋”、工艺奇巧

的“换心蛋”、形态肖似的“松鼠鱼”、滋味鲜美的“紫菜苔炒腊肉”、疗效显著的“虫草金龟”。

在宫廷珍肴方面，有八宝奶猪火锅、燕窝炒炉鸭丝、樱桃肉山药炉肉炖白菜等营养美味。如享誉海内外的“北京烤鸭”，早在明朝时就已成为北京官宦人家的席上珍品。朱元璋建都南京后，明宫御厨便取用南京肥厚多肉的湖鸭制作菜肴。为了增加风味，厨师采用炭火烘烤，成菜后鸭子吃口酥香，肥而不腻，受到人们的称赞，即被宫廷取名为“烤鸭”。后明朝迁都北京，也将烤鸭技术带到北京，并进一步发展。由于制作时取用玉泉山所产的填鸭，皮薄肉嫩，口味更佳，很快就成为北京风味名菜。北京两家有名的烤鸭店“便宜坊”、“全聚德”，便是在明朝开业的。“北京烤鸭”肉质鲜嫩，汁液丰富，气味芳香，且易于消化，营养丰富。大凡到北京来的，都要一尝风味独特的“北京烤鸭”。

在五谷方面，比较出名的有凤凰台籼米（籼米）。凤凰台籼米，产于郑州东郊的凤凰台村。其米一头粗大，一头尖细，色泽洁白而有光，蒸熟后颗颗直立，香气扑鼻，吃起来香软可口，食后香味绵绵。夏天的剩饭还不易变味。据说，在明清两代已成为“贡米”。当年，慈禧太后品尝时，见碗里的米粒并非直立，勃然大怒，要定郑县令和乡民欺君之罪，郑县令闻讯速派名厨进京，厨师先慢慢晃动米碗，再上笼蒸熟，慈禧太后见碗里的米亭亭玉立，这才免罪。关于凤凰台籼米的起源史无考据，但有一个神奇的传说。传说很早以前，凤凰台那里是一个湖，湖里的水清洁甘甜，有只凤凰每天饮水后，便在湖边唱歌跳舞，为当地人民增添生活乐趣。当时，残暴的青龙想让凤凰作它的歌妓，凤凰坚贞不屈；于是，青龙便施展淫威，一口气喝干了湖水，企图把凤凰渴死。正直善良的凤凰不忍心让大家为她受苦，就让泪水流入湖中，直到流满一湖，才停止呼吸。人们把她埋在湖边的土岗上，此岗叫凤凰岗，以后又修建了凤凰台。从此以后，这里的人民便用湖水种植水稻，因此长成的大米，一头粗大，一头尖细，颇似凤凰的眼睛；又因凤凰死得冤枉，所以蒸熟后米直立不倒，表现出凤凰坚贞不屈的英姿。

至于点心小吃，也以精巧取胜，注重审美情趣。如淮扬的富春包子、苏锡的糕团、闽粤的鱼片粥、湘鄂的豆皮、巴蜀的红油水饺、云贵的乳扇（用牛奶发酵后加工制成，呈半透明状，油润，形似扇子）、松沪的南翔馒头（此处指包子）、徽赣的黄豆肉馃、齐鲁的伊府面（蛋液和于面团中制成）、辽宁和吉林的熏肉大饼、京津的狗不理包子、秦晋的牛羊肉泡馍、冀豫的四批油条（因炸制时4个油条面坯重叠在一起而得名）、甘宁的泡儿油糕、蒙新的奶茶等。

其中，成就最为突出的是宫廷菜、官府菜、寺观菜和市场菜。

从宫廷菜看，明代以汉菜为主，偏于苏皖风味；清代为满汉合璧，偏重于京辽风味，尤其是清宫菜，选料精，规法严，厨务分工精细，盛器华美珍贵，堪称“中菜的骄子”。

从官府菜看，有宫保（丁宝桢）菜、鸿章（李鸿章）菜、梁家（梁启超）菜、谭家（谭宗浚）菜等，孔府菜最为有名。其取料以山东特产为主，海陆珍味并容；其菜式以齐鲁风味为主，兼收各地之长；其情韵以儒家文化为主，广泛反映清代的社会风貌，故有“圣人菜”之称。孔府菜历史悠久，烹调技艺精湛，独具一格，是我国延续时间最长的典型官府菜。其烹调技艺和传统名菜代代承袭，世世相传，经久不衰。孔府菜的形成，主要是由于孔府的历代成员，秉承孔子食不厌精、脍不厌细的遗训。其对菜肴的制作极为考究，不仅要求料精、细作、火候严格、注重口味，而且巧于变换调味剂，以饱其口福。自西汉以来，随着孔子后裔政治地位的升迁，至明清时期，衍圣公曾官居一品，班列文官之首，享有携眷上朝之殊荣，皇帝朝圣，祭祀活动频繁，皇室成员每次来曲阜，必以盛宴接驾。至于高官要员，孔府也要设高级宴席为其接风。长期以来，因受门第观念的束缚，孔府内眷多来自于各地的官宦之家，他们之间的礼尚往来，使众家名馔佳肴得以荟萃一堂，并各呈特色，互为补益。孔府这种广泛的社交活动和内、外厨之间的频繁更替，促使孔府和宫廷、孔府与官府、孔府与民间烹饪技艺不断交流，加之千百年来孔府名厨巧师们的潜心切磋，师承旧制，在继承传统技艺的基础上进行创新，自成一格，名馔珍馐齐备，品类丰盛完美，色、香、味、形、器俱佳。历史上最高规格的“满汉全席”要上菜196道，仅餐具就有404件。

从寺观菜看，分为大乘佛教菜和全真道观菜两支，大同小异。北京法源寺、杭州灵隐寺、镇江金山寺、上海玉佛寺、成都宝光寺、湖北武当山等地调制精细。寺观菜又称佛道素菜，崇尚“全素”，其最大特点是以三菇六耳、瓜果蔬菜及豆制品为主，不使用动物性原料，大蒜、咸菜等一些植物性原料也在禁用之列。善于仿形，清淡鲜香，重视养生，强调食疗功效。在饱受肉食带来的种种负担与困扰之后，素馔对降低胆固醇、减少癌症发病率、减肥、美容等都有好处。

从市场菜系看，这时已形成多种风味流派。鲁、苏、川、粤四大菜系已成气候；古老的鄂、京、汀、徽、豫、闽、浙、滇诸菜稳步发展；新兴的满族菜、朝鲜族菜、蒙古族菜和回族菜等，也纷纷打入市场，出现“百花齐放”的局面。

（4）华美大宴推陈出新　筵宴发展到明清时期，已日趋成熟，展示出中国封建社会晚期的饮食民俗风情。明代的乡试（在省城选拔举人的考试）大典，席面分为“上马宴”和“下马宴”，各有上、中、下之别。清宫光禄寺置办的酒筵，有祀席、奠席、燕席、围席四类，每类再分若干等级。市场筵宴亦以碗碟之多少区分档次，在筵宴结构上各有例则，一般分作酒水冷碟、热炒大菜、饭点茶果三大层次，统由头菜率领；头菜是何规格，筵宴便是何等档次。命名亦巧，如盖州（今辽宁盖县一带）三套碗、贡昌（今甘肃陇西县一带）十二体、三蒸九扣席、五福六寿席，富有诗情画意。

（5）各式全席脱颖而出，制作工艺美轮美奂　全席包括主料全席（如全藕席）、系列原料全席（如野味全席）、技法全席（如烧烤全席）、风味全席（如谭家菜席）四类；具体有全龙席（多指蛇席、鱼席、白马席之类）、全凤席（多指鸡席、鸭席、鹌鹑席等）、全麟席（指全鹿席）、全虎席（指全猪席）、全羊席、全牛席、全鱼席、全蛋席、全鸭席、全素席等。其中，全羊席誉满南北，满汉全席被称为“无上上品”。前者用羊20头左右，制出108道食馔；后者以燕窝、鱼翅、烧猪、烤鸭四大名珍领衔，汇集四方异馔和各族美味，菜式多达一二百道，一般要分3日9餐吃完。因其技法偏重烧烤，主要由满族茶点与汉族大菜组成，因此又叫“大烧烤席”或“满汉燕翅烧烤全席”。

满汉全席

(6) 少数民族酒筵发展　仅据《清稗类钞》所载就有满族、蒙族、回族、藏族等族的特色席面10余种，如果加上有关笔记记录，则可多达50余种。其中，《满洲贵家大祭食肉会》、《蒙人宴会带福还家》、《西藏噶信纸卜（西藏郡主，即地方政府长官）乡宴》、《青海番族（藏族）宴会》等，都是研究民族史、宗都史、饮食史、礼俗史、筵宴史和烹饪史的珍贵资料。

4. 第四次高潮是中华人民共和国时期

1949年10月1日中华人民共和国成立后，人民当家做主，生活水平得到提高，国际交往频繁，第三产业兴盛，这些又赋予烹饪新的活力。新中国成立后，烹饪的发展也不是一帆风顺的，大体上可以分为三个阶段，并各有不同的特点。第一阶段是1949～1956年，属于复苏时期。由于政局稳定，经济回升，逐步恢复了历史上一些好的传统，各方面初见成效。第二阶段是1957～1976年，属于动荡时期。由于政治运动频繁和自然灾害不断，经济停滞，烹饪发展受到挫折，又跌入低谷。第三阶段是1977年至今，属于跃升时期。党的十一届三中全会召开后，随着改革开放，经济迅速发展，中国烹饪迎来黄金之春，30多年的成就超过了历史上的100年。从目前的态势看，它仍处于加速运转的良好状态。新中国的烹饪成就可从以下几个方面概括。

① 开发新食源。除了充分利用现有原料增加产量、提高质量外，并继续引进新食料，如牛蛙、孔雀、鸵鸟、袋鼠、海狸、王鸽、芦笋、腰豆、玉米笋、夏威夷果、泰国米、绿花菜等。与此同时，还在开发海底牧场、人工试管造肉、繁殖食用昆虫、提取植物蛋白、利用野生草木、推广强化食品等方面开展科研研究，成果显著。

② 注重营养配膳。现在做菜讲究膳食结构合理和营养平衡，强调三低两高（低糖、低盐、低脂肪、高蛋白质、高纤维素），历史上遗留下来的大鱼大肉、厚油浓汤食风正在改变。鸡鸭鱼鲜和蔬菜水果的利用率得到提高，破坏营养素和有损健康的技法减少，推出不少营养菜谱、食疗菜谱、健美菜谱、养生菜谱和优育菜谱。

③ 重视造型艺术。食雕、冷拼、围边和热菜装饰技术发展很快，从立意、命名到定型、敷色，都注意表现时代精神和民族风格，而且还努力运用美学原理，借鉴实用工艺美术的表现手法，赋予菜品新的情韵，提高艺术审美价值。同时在餐具上进行革新，流行明净的新工艺瓷，使美食、美器相辅相成。

④ 烹调工艺逐步规范化。特别重视菜品研究，对名菜点的每道工序、各种用料比例都注意分析，并用菜谱或录像方式记录下来。像中国财经出版社出版的《中国名菜谱》和《中国小吃》，都是各省组织名师和专家逐一试制、审核，要求定性、定质、定量，操作规范，文字准确。

⑤ 积极进行筵席改革。从国宴开始，渐及各种礼宴、喜宴、家宴。总的趋向是“小”（规模与格局）、“精”（菜点数量与质量）、“全”（营养配伍）、“特”（地方风情和民族特色）、“雅”（讲究卫生，注重礼仪，陶冶情操，净化心灵）。现推出的新式筵席不下1000种，大都具有上述“五优”属性。由于采取了种种措施，使现代中国烹饪呈现出“四名”（名店多、名师多、名菜多、名点多）、“四美”（选料美、工艺美、风味美、餐具美）、“四新”（厨师文化素质新、店堂装潢设计新、经营管理模式新、筵席编排格调新）、“四快”（科技成果应用快、流行菜式转换快、服务方式改进快、筵间娱乐变化快）特色。50年间，增加的

新菜至少在 1 万种以上，并受到市场欢迎。

在这 50 年间，还召开了首届中国烹饪学术研讨会、第二届中国烹饪学术研讨会、中国快餐学术研讨会、饮食业术语规范学术研讨会、海峡两岸饮食文化研讨会、亚太地区保健营养美食学术研讨会、首届中国饮食文化国际研讨会等重要学术会议，影响深远。通过这些研究，目前烹饪史、中国烹饪学、中国烹饪工艺学三大主干学科的初步框架已大体形成，中国烹饪科学体系逐步构成，预示着烹饪有“术”无“学”的历史即将结束。

⑥ 派遣技师出国，大振中菜雄风。50 年来，中国烹饪在旅游观光和国际交往中做出了巨大贡献。近 10 年来，每年平均接待港澳台同胞和海外游客近 3000 万人。其中很多人来大陆的目的之一，就是领略中菜的风采。如北京市和平门烤鸭店，1986 年就接待了 100 多个国家和地区的宾客 20 多万人，仿膳饭庄的情况与此相仿。至于上海、广州、杭州、桂林、承德、青岛、西安、大连、武汉、成都、哈尔滨、长沙、天津、重庆、乌鲁木齐、拉萨等都市名店，也把接待海外游客作为“重头戏”，创汇收入可观。

50 年间，我国还向五大洲的 100 多个国家和地区派遣了数万名烹调技师。其中，仅北京市派往日本、美国、德国、法国、土耳其、荷兰、俄罗斯、加拿大等 30 多个国家的名厨就有数千名。这些烹饪专家出国后，有的主持烹饪学校，有的经办中式餐馆，有的参加食品节表演，有的讲学，有的传艺，有的在大使馆或经贸团工作，有的受雇于外国老板，有的与外国同行同台献艺。不少大使风趣地说：“厨师和翻译是我的左膀右臂。”有些经贸团队的负责人讲：“中菜的雄风使谈判势如破竹。”

与此同时，一些文化名城、烹饪高校和著名餐馆，都与国外的友好城市与对口单位签订技艺交流合同，或互派名厨访问，或委托培训学员，或交流烹饪书刊，或馈赠名特原料，彼此关系融洽，为中外饮食文化的交流开辟了许多“民间通道”。

二、中国烹饪文化的特色

中国烹饪的演化，基本上是以黄河、长江、珠江、辽河四大文化摇篮为中心，沿着火烹→水烹→汽烹→油烹→混合烹→电器烹的道路向前迈进。

饮馔是一种文明，菜点反映工艺，烹饪历来属于文化范畴。中国烹饪是中华民族的优秀文化遗产之一。烹饪是人类在烹调与饮食的实践活动中创造和积累的物质财富与精神财富的总和。它包含烹调技术、烹调生产活动、烹调生产出的各类食品、饮食消费活动及由此衍生出的众多精神产品。

中国烹饪文化具有独特的民族特色和浓郁的东方魅力，主要表现为以味的享受为核心、以饮食养生为目的的和谐与统一。

1. 历史悠久

中国的烹饪艺术是在烹饪历史发展过程中逐渐形成、发展并丰富起来的，具有实用目的与审美价值紧密相连的特点。

陶制炊器的器形从实用需要出发，本意为放置平稳、受热均匀，但却给人以对称、均衡美的感受。陶器、铜器、铁器的不断演进，不仅是对工艺、性能方面的改进，还包含着追求形式美的意图。随着物质生产的发展和社会生活的进步，烹饪越来越具有审美性质，直至发展成为实用与审美并重的各种花色造型菜点及

丰盛华丽的筵席。

中国烹饪有自然美、社会美、生活美、艺术美等美的形态，如色、香、味、形、器（器皿）、名（菜名）、时（时令）、疗（疗效），也有人的体力、智能在菜品中的形象反映，厨师按照自己的审美意识进行审美活动（制作菜品），食客获取美感（即欣赏、评价、消费菜品），双方都可得到生理和心理上的满足，畅神悦情。

从烹饪美的创造看，烹饪是一种复杂的体力劳动和脑力劳动。厨师在临灶操作时，全神贯注，如同一个冷静观察瞬息万变的战场局势、随时果断采用相应策略、耗尽全力以求取胜的将军，相当辛劳。当他制作的佳肴一道道呈现在客人面前被尽情享用和赞誉时，就意味着厨师的劳动创造了社会价值。这对劳动者来说，是最大的安慰和奖赏，也是精神上最愉悦的时刻。所以厨界有这样的说法："菜是厨师的儿，有人爱就高兴。"

从烹饪美的欣赏看，当客人品尝一道道美食时，不仅可以果腹充饥，大饱肚福，还可以通过对菜品的审名、辨色、观形、看器、闻香、品味，大饱眼福口福，增进知识，获取精神享受，这又是客体的畅神悦情。特别是那些精美的工艺菜，集味觉艺术、色彩艺术、造型艺术于一体，立意高雅，图像具有吉祥意义，构图分宾主、讲虚实、重疏密、有节奏，形似与神似结合，色彩亮丽，手法简洁，宛如工艺品，更能使食客心旷神怡。

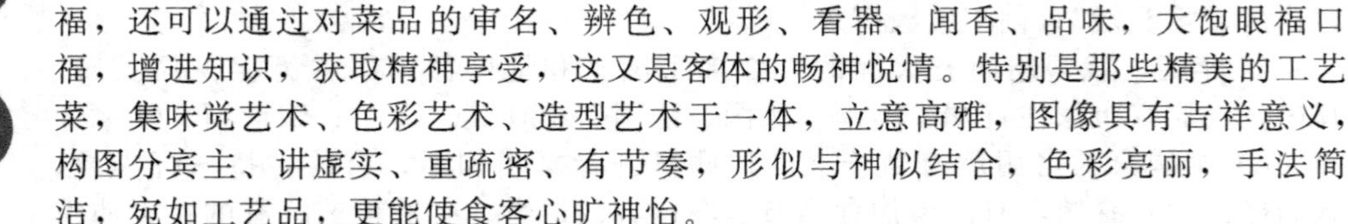

中国烹饪艺术虽然受到烹饪原料、烹饪技术、食品实用功能等因素的制约，具有相对的局限性，但与其他艺术种类相比较，却有自己的艺术特点，即融绘画、雕塑、装饰、园林等艺术形式于一体。

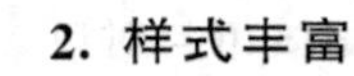

2. 样式丰富

中国烹饪艺术的表现形式多种多样，通过肴馔本身的色、形、香、味、滋与筵席组合可窥其一斑。人们常把色、形、香、味、滋称为味觉艺术；将筵席组合称为筵席艺术。

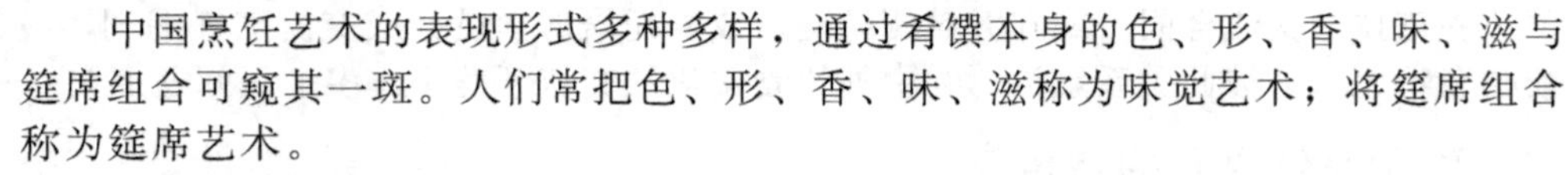

味觉艺术与筵席艺术归结为味的艺术。中国烹饪既讲究生理味觉的美，也注重心理味觉（即味外之味）的美，从而使人们在烹调师调制的饮食之中得到物质与精神交融的满足，这便是中国烹饪艺术精髓之所在。

（1）味觉艺术　人对于食物的选择早已摆脱了对先天本能的依赖，主要凭后天经验，包括自然的、生理的、心理的、习俗的诸多因素，其核心则是对味的实用和审美的选择。烹饪艺术所指的味觉艺术，是指审美对象广义的味觉。广义的味觉错综复杂。人们感受的馔肴的滋味、气味，包括单纯的咸、甜、酸、苦、辛和千变万化的复合味，属化学味觉；馔肴的软硬度、黏性、弹性、凝结性及粉状、粒状、块状、片状、泡沫状等外观形态，以及馔肴的含水量、油性、脂性等触觉特性，属物理味觉；由人的年龄、健康、情绪、职业，以及进餐环境、色彩、音响、光线和饮食习俗而形成的对馔肴的感觉，属心理味觉。中国烹饪的烹与调，正是面对错综复杂的味感现象，运用调味物质材料，以烹饪原料和水为载体，表现味的个性，进行味的组合，并结合人们心理味觉的需要，巧妙地反映味外之味和乡情乡味，以满足人们生理的、心理的需要，展示实用与审美相结合的烹饪艺术核心的味觉艺术。烹饪技术是实现味觉艺术的手段，其主旨乃是"有味使之出，无味使之入"。

（2）筵席艺术　是中国烹饪艺术的又一表现形式。一份精心设计编制的筵席菜单，对菜点色、形、香、味、滋的组合，餐具饮器的配置，烹调技法的运用，菜肴、羹汤、点心的排列，馔肴总体风味特色的表现，都有周密的安排。它是时代、地区、饭店（或餐馆）烹调技术水平和烹饪艺术水平的综合反映。审美主体——与筵者的食欲、情绪、心理，均受筵席菜单设计的烹饪艺术效果所左右。

筵席艺术遵循现实美（包括社会环境、社会事物的美和自然事物的美）与艺术美的美学一般原理进行艺术创作。传承至今的筵席艺术创作活动主要注意下列两点：①筵席格局以菜肴为中心，体现艺术形式上的多样统一。筵席菜肴的多样化，通过炸、熘、爆、炒、烧等多种技法，荤素原料的多种选配，丁、丝、块、条、片等多种形态，黄、红、白、绿等多种色彩，酥、脆、嫩、软等多种质地，咸、甜、鲜、香等多种味感表现其艺术性。②菜点组合排列表现艺术节奏与旋律感。筵席菜点味的起伏变化，犹若音乐旋律中的节奏强弱、速度快慢、旋律高低，使审美主体与筵者越吃越有兴趣，越吃越有味道。

3. 烹饪技术精湛

（1）刀工精细　中国烹饪使用的原料与西式烹饪有别，西式烹饪不太讲究刀工，通常使用大块鱼、大块肉、大块鸡鸭做菜。中国烹饪对使用原料的切割十分讲究：要求切得大小均匀、长短相等、厚薄一致，不宜太粗太大。因此，刀工技术比较复杂，有切、片、剁、剞等多种方法。

① 切：主要是加工不带骨的生料或熟料（肉类）及蔬菜，原料性质不同、制菜造型特点不同，又有许多不同的切法，如割切（拉锯状）、正切（上下垂直用力）、斜切（斜向用力）、顺切（一个方向用力，或向前推，或向后拉）等。

② 片：主要是把原料按要求片成薄片，操刀方法与切大体相仿。

③ 剁：主要是把原料剁成块或泥（不少家庭使用小型绞肉机）。

④ 剞：有时以剞花刀法对原料雕琢造型，家庭制餐，一般是在原料表面（如鱼、鱿鱼）剞一定深度的横、竖刀纹，使之在烹调时易熟、易入味。

《庄子养生主》中庖丁解牛时的刀工堪称一绝，说的是一个名叫丁的厨师替梁惠王宰牛，手所接触的地方，肩所靠着的地方，脚所踩着的地方，膝所顶着的地方，都发出皮骨相离声，刀子刺进时响声更大，这些声音没有不合乎音律的，竟然同《桑林》、《经首》两首乐曲伴奏的舞蹈节奏合拍。

（2）调味精良　调味是中国烹饪的绝妙之工。用于中国烹饪的调料种类繁多，共计500多种。中国烹饪一个菜所用的调味品，少的三五种，多的十种八种。使用调味品的目的是使五味调和，主次协同，使其成一整体，和是其中心理念，从不同味之中求其协调，得到色味形的统一。调味过程是中国文化精神的直接表现。《黄帝内经》说："天食人以五气，地食人以五味。""谨和五味，骨正筋柔，气血以流，腠理以密。如是则骨气以精，谨道如法，长有天命"。味是饮食五味的泛称，和是饮食之美的最佳境界。这种和由调制而得，既能满足人的生理需要，又能满足人的心理需要，使身心需要能在五味调和中得到统一。美食的调和，是对饮食性质、关系深刻认识的结果。味是调和的基础。阴阳平衡是人体健康的必要条件。饮食五味的调和，以合乎时序为美食的一项原则。中国烹饪依据调顺四时的原则，调和与配菜讲究时令得当，应时制作肴馔。追求肴馔适口，应以适口者为珍。使用调味品时一般遵循以下五个原则。

① 因料调味。鲜的鸡、鱼、虾和蔬菜等，其本身具有特殊鲜味，调味不应过量，以免掩盖天然的鲜美滋味。腥膻气味较重的原料，如不鲜的鱼、虾、牛肉、羊肉及内脏类，调味时应多加些去腥解腻的调味品，如料酒、醋、糖、葱、姜、蒜等，以便减恶味增鲜味。

本身无特定味道的原料，如海参、鱼翅等，除必须加入鲜汤外，还应当按照菜肴的具体要求施以相应的调味品。

② 因菜调味。每种菜都有自己特定的口味，这种口味是通过不同的烹调方法确定的。因此，投放调味品的种类和数量皆不可乱来，特别是多味菜肴，必须分清味的主次，才能恰到好处地使用主、辅调料。有的菜以酸甜为主，有的以鲜香为主，有的菜上口甜收口咸，或上口咸收口甜等，这种一菜数味、变化多端的奥妙，皆在于调味技巧。

③ 因时调味。人们的口味往往随季节变化而有所差异，这与机体代谢状况有关。例如，由于冬季气候寒冷，因而喜用浓厚肥美的菜肴；炎热的夏季，则嗜食清淡爽口的食物。

④ 因人调味。烹调时，在保持地方菜肴风味特点的前提下，还要注意就餐者的不同口味，做到因人制菜。“食无定味，适口者珍”就是因人制菜的恰当概括。而且调味也不是一步完成的，一般分三步完成：第一步，加热前调味，又叫基础调味，目的是使原料在烹制之前就具有一个基本的味，同时减除某些原料的腥膻气味。第二步，加热中调味，也叫正式调味或定型调味，菜肴的口味正是由这一步来定型的，所以是决定性调味阶段。第三步，加热后调味，又叫辅助调味，可增加菜肴的特定滋味。有些菜肴，虽然在第一、第二阶段中都进行了调味，但在色、香、味方面仍未达到应有的要求，因此需要在加热后最后定味。

(3) 讲究用火　众所周知，中国传统美食不但讲究选料、搭配、技法，还有一个重要的特点，那就是讲究火候。试想中国传统的烹饪技法炸、熘、烹、炒、爆、烧、煮、蒸、煎、烙、炖……，每一种都有不同的特制工具，哪一样跟火候无关呢？甚至还由此衍生了中国人的传统处世文化——做人做事都要讲火候，由此可以看出火候的复杂性、多样性，以及对于“度”的难以把握性。台湾美食家唐鲁孙是光绪帝珍、瑾二妃的亲侄孙，其 12 部谈吃杂文《唐鲁孙先生作品集》被视为台湾饮食文学的奠基之作，对吃的造诣闻名于世。传说他家试用厨子时只考一汤一菜一炒饭：“首先准是让他煨个鸡汤，火一大，汤就浑浊，腴而不爽，这表示厨子文火菜差劲；再来个青椒炒肉丝，肉丝要能炒得嫩而入味，青椒要脆而不生，这位大师傅的武火菜就算及格啦；最后再来份蛋炒饭，大手笔的厨师，要先瞧瞧冷饭的身骨如何，然后再炒，炒好了要润而不腻，透而不浮油，鸡蛋老嫩适中，葱花也要去生葱气味，才算全部通过……”可见美食大师对火候的重视。

火候，是菜肴烹调过程中所用的火力大小和时间长短。烹调时，一方面要从燃烧烈度鉴别火力的大小，另一方面要根据原料性质掌握成熟时间的长短。两者统一，才能使菜肴烹调达到标准。

火候是制作中国菜的独到之功。中国菜烹法之多、之奇、之绝、之不拘一格，是世界上任何其他菜式无法比拟的。中餐基本烹法近百种（常用的约 40

种)，因时因地因料因味的变化又演化出近千种复合烹法。烹法变化首先在于火的变化。

4. 养生食治

这是中国烹饪饮食文化的另一显著特征。不可否认，西式烹饪的最大优点是讲究营养，以现代营养学理论为依托。然而，中国烹饪的营养观养生为食治。《黄帝内经》说："味归形，形归气，气归精，精归化。""五味入口，藏于肠胃，味有所藏，以养五气，气和而生，津液相成，神乃自主"。该观念认为饮食的目的在于使人体气足、精充、神旺、健康长寿。围绕这个目的，逐渐形成了中国式传统的养生食治学说。"五谷为养，五果为助，五畜为益，五菜为充"这一膳食结构不仅使中华民族得以生存与发展，而且避免了许多"文明病"的困扰，为海外营养学家所称道。事实证明，当今严重威胁人类健康的"文明病"，如心血管病、脑血管病、糖尿病、维生素 A_1（维生素 B_2）缺乏病等，大都产生于西方。正因为如此，世人才发现中国饮食对健康的有益作用。西方现代营养学界的有识之士，已经多次对中国烹饪饮食有利于人类健康生存的科学性作出评价，号召"为了健康拿起筷子"，倡导东方式的"金字塔式的饮食结构"。东方式的"金字塔式的饮食结构"是指以食用最多的粮食，如面包、谷类、大米等食品作为"金字塔"的塔基，往上是蔬菜和水果，再往上是乳制品，如牛奶、奶酪、肉、鸡蛋、坚果等，塔的顶部是脂肪、油和甜品。

5. 风味多样化

地域广阔的中华民族，由于各地气候、物产、风俗习惯的差异，自古以来，在饮食上就形成了许多各不相同的风味。我国一向以"南米北面"著称，在口味上存在"南甜北咸东酸西辣"之别。就地方风味而言，有巴蜀、齐鲁、淮扬、粤闽四大风味。

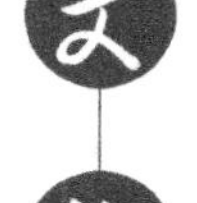

6. 四季有别

一年四季，按季节而饮食，是中国烹饪的主要特征。我国春夏秋冬四季分明，各种食物原料因时迭出。《周礼》中载有"春多酸，夏多苦，秋多辛，冬多咸，调以滑甘"。这是讲味道要迎合季节时令。调味品也要按时令调配，"脍，春用葱，秋用芥。豚，春用韭，秋用蓼"。自古以来，我国一直遵循调味、配菜的季节性，冬则味醇浓厚，夏则清淡凉爽。冬多炖焖煨，夏多凉拌冷冻。特别注意按节令安排菜单。就水产原料而说，春尝刀鱼，夏尝鲥鱼，秋尝蟹，冬尝鲫鱼。各种菜蔬更是四时更替，适时而食。

7. 讲究美感

中国烹饪不仅技术精湛，而且讲究菜肴的美感，注意食物色、香、味、形、器的协调一致，对菜肴美感的表现是多方面的。厨师们利用自己的聪明技巧及艺术修养，塑造出各种各样的、独树一帜的菜肴，达到色、香、味、形美的统一，而且给人以精神和物质高度统一的特殊享受。同时注重外表的视觉作用，讲究一菜十法、一饺十变、一酥十态等逻辑特色，运用神机妙算变化规则和烹饪工艺造型技法，使烹饪造型生动、朴实、自然，富于时代气息和民族特色。

总之，中国烹饪文化具有的独特民族特色和浓郁东方魅力，让烹调在中国早已超越了维持生存的作用，它的目的不仅是为了获得肉体的存在，而是为了满足人的精神对于快感的需求，它是人们积极的充实的人生的表现。

三、中国烹饪风味流派与精华

烹饪风味流派系指由于地理环境、气候物产、历史变迁、文化传统、宗教信仰、民族习俗及烹调工艺诸因素的影响，长期以来在某一地区（或民族、宗教、家族）内形成，有一定亲缘承袭关系，菜点风味特色相近，知名度较高，并为一部分消费群所喜爱的传统膳食体系。

1. 烹饪风味流派

烹饪风味流派有时也称作菜种、地方菜（或民族菜、宗教菜、家族菜）、帮或菜系，其含义大同小异。

（1）菜种　系指在选料、组配、烹制、调味、质感、造型、配器和食俗等方面有一定内在联系，流行在某一区域或阶层，形成共同特色，并为部分群众所喜爱的日常菜品与宴享菜品系列。菜种有大有小，大的可流传到一个省或几个省区，小的仅活跃在一个县市甚至乡镇；其包含的菜品数量不等，多则上千种，少则数十种；还有地方菜种、民族菜种、宗教菜种、家族菜种之分，涉及面甚宽。

（2）地方菜　地方菜又称乡土菜、地方风味，是某一个行政区划或自然区划内风味菜点的总称，习惯于以地名命名（如山西菜、厦门菜），流传范围也多在这一地区内。地方菜也有大小之分和菜数多少之别，其特色是：乡土情味浓厚，保持质朴本色，为当地群众所喜爱，是三餐四季、年节宴客的主要食品；还编成乡土筵宴，进入饮食市场，被外地借鉴。

（3）帮　又称帮口、帮式、味、风味，是中国烹饪风味流派的古称，如徽帮、苏帮、川味、浙味等。它始源于唐宋时期的工商行会制度，由地方性和专业性都很强的手工业同业公会转化而来。古代餐饮业同业公会习称“厨行”，有严密的帮规，统一运营。有些酒楼为了争夺市场，便以所经营的地方特色菜点作为招牌，于是就有“某帮”、“某味”的说法，清代尤为盛行。它简洁明了，20世纪中叶还在使用。

（4）菜系　菜种中的佼佼者，专指品类齐全、特色鲜明、在海内外享有较高声誉的系列化菜种，包括地方菜系、民族菜系、宗教菜系和家族菜系。现今有四大菜系、八大菜系、十大菜系、十二菜系、十四菜系、十六菜系、十八菜系等说法，每一说法中所包含的菜种也不完全一致，如“十大菜系”的构成，至少有五种不同的观点。菜种是菜系形成的基础和条件，菜系是菜种的发展和升华。从一个个的小菜种集结成一片片的大菜系，既是肴馔品种由少到多、从分散到集中的量的扩大过程，又是烹调工艺从粗到精、从零碎到系统的质的提高过程，同时还是膳食体系与乡土特产、民风食俗、文化传统、外来影响等因素相结合并逐步完善的通融过程。菜系相当复杂，也是当前餐饮行业中一个十分敏感的话题。为了避免歧义，本书对“地方菜”、“帮”、“菜种”和“菜系”一律称为“烹饪风味流派”。

2. 烹饪风味流派的成因

（1）地理环境和气候物产的差异　我国疆域辽阔，分为寒温带、中温带、暖温带、亚热带、热带，以及青藏高原带六个气候带；加之地形地貌复杂，山川丘原与江河湖海纵横交错，不同地区生长着不同的动植物，人们择食多就地取材，

久而久之，便出现以乡土原料为主体的地方菜品，如“南米北面、东鱼西羊”。换言之，即地理环境决定物产，物产决定食性并影响烹调，从而形成烹饪风味流派。

（2）宗教信仰和风俗习惯的不同　我国人口众多，宗教信仰各异。佛教、道教、伊斯兰教、基督教和其他教派都拥有大批信徒。由于各宗教教规教义不同，信徒生活方式也有所区别，饮食禁忌更是形形色色。由于食礼、食规、食癖等习俗有稳固的传承性（如南甜、北咸、东淡、西浓），所以它们在膳食体系的形成过程中，常发生潜移默化的影响，使其“个性”鲜明。

（3）历史变迁和政治形势的影响　在中国历史上，西安、开封、南京、北京都是驰名古都，上海、广州、武汉、成都都是繁华商埠，它们作为经济、政治、文化中心，对烹饪风味流派的孕育产生过积极的影响。汉、唐、宋、明的开国皇帝酷爱家乡美食，辽、金、元、清的统治者提倡本民族肴馔，对一些烹饪风味流派的形成也起到了推动作用。当今川菜、粤菜的风行，均与此有关。

（4）权威倡导和群众喜爱的促成　各种菜品都是迎合某些人的嗜好而问世的，消费者对某种菜品喜恶程度的强弱，往往能决定其生命的长短和威信的高低。由于烹饪的发展，历来与权贵追求享乐、民间礼尚往来、医家研究食经、文士评价馔食关系密切，所以任何烹饪风味流派的兴衰都有人为因素，特别是社会名人的饮食掌故及广大群众对乡土菜的执著热爱，更是烹饪风味流派稳固扎根的前提。

（5）文化气质和美学风格的熏陶　文化气质和美学风格是烹饪风味流派的灵魂。中原文化的雄壮之美孕育出宫廷美学风格，形成典雅的宫廷菜；江南文化的优雅之美孕育出文士美学风格，形成小巧精工的苏扬菜；华南文化的艳丽之美孕育出商贾美学风格，形成华贵富丽的广东菜；西南文化的质朴之美孕育出平民美学风格，形成灵秀实惠的巴蜀菜；塞北文化的粗犷之美孕育出牧民美学风格，形成豪放洒脱的蒙古族“红食”及“白食”等。

（6）烹调工艺和筵宴铺排的升华　这是烹饪风味流派形成的内因，常起决定性作用。只有烹调工艺好，名菜美点多，筵宴铺排精，才能具有强大实力，在激烈的市场竞争中保持优势，获得较高的社会声誉。从古到今，一些影响大的烹饪风味流派都是跨越省、市、区界的，朝气蓬勃，并向四方拓展，显然这是技术优势、“名牌效应”在起作用。

3. 烹饪风味流派的认定

中国烹饪风味流派是一个客观存在的事物，必然有着量的要求与质的规定。从历史和现状考察，举凡社会认同的烹饪风味流派，一般都应达到如下标准。

（1）突出特异乡土原料　烹饪风味流派的表现形式是菜点，菜点只有依赖原料（含调料）才能制成。如果原料特异、乡土气息浓郁，菜点风味往往别具一格。如北京烤鸭、湖北清蒸武昌鱼、广东蚝油牛肉、四川麻婆豆腐的成功，皆源于此。

（2）工艺技法确有独到之处　烹调工艺是形成菜品风味特色的重要手段。不少菜种名传遐迩，正是因为其在炊具、火功或味型上有某些绝招，并且形成了系列菜品。如山东的汤菜、安徽的炖菜、山西的面条、江苏的糕团，都是以专擅名，以独争先，以异取胜。

（3）众多名菜美点组成多种筵宴　事物的属性不仅取决于质，还要依靠一定的量。由于筵宴是烹调工艺的集中反映和名菜美点的汇展橱窗，所以能否排出不同规格的众多乡土筵宴，应当是衡量烹饪风味流派的一项具体指标。

（4）菜品乡土气息浓郁鲜明　融注在菜点中的乡土气息，是烹饪风味流派的精髓。乡土气息常通过地方特产、地方风物、地方语汇、地方礼俗来显示，带有诱人的魅力。风味即乡风土味，愈亲切、愈温馨，愈令人难以忘怀。

（5）有深厚广泛的群众基础　如果没有一定消费群的支持和热爱，任何烹饪风味流派都将是浅水中的浮萍，沙土上的楼阁。八大菜系之所以成名，皆因其背后有亿万张“选票”在支撑，有遍及海内外的众多“食迷”。烹饪风味流派不能固步自封，能否自立，关键在于群众爱好和社会舆论。

（6）经受较长时间的考验　认定烹饪风味流派，应有历史的、全面的、辩证的观点，不能仅凭一时一事的得失。因为它的孕育，少则几十年，多则上千年，其间的道路弯弯曲曲，只有久经考验，通过时代的筛选，才能日臻成熟，逐步完善。现在有些人仅凭一时的菜品流行潮或某些大赛的名次，便要重新确定“菜系排名榜”，这是一种短视行为，并不科学。

以上六条并行不悖，应当全面审核。倘若六条基本具备，就可以称作烹饪风味流派；如果有所缺欠，那就证明其发育还不成熟，需要进一步的努力。

烹饪风味流派通过菜点来表现，烹调工艺是形成菜品风味特色的重要手段。菜品在一定区域内，由于气候、地理、历史、物产及饮食风俗的不同，经过漫长历史演变而形成一整套自成体系的烹饪技艺和风味，并被全国各地所承认的地方菜肴，久经考验，通过时代的筛选逐步形成菜系，形成烹饪流派的精华。清代，中国饮食分为京式、苏式和广式。民国开始，中国各地文化有了相当大的发展，分为华北、江浙、华南和西南四种流派。后来华北流派分出鲁菜，成为八大菜系之首，江浙菜系分为苏菜、浙菜和徽菜，华南流派分为粤菜、闽菜，西南流派分为川菜和湘菜。鲁、川、苏、粤四大菜系形成历史较早，后来，浙、闽、湘、徽等地方菜也逐渐出名，就形成了我国的“八大菜系”。经过竞争，排次发生变化，首先川菜上升到第二，苏菜退居第三。后来形成的最有影响和代表性的也为社会所公认的有鲁、川、苏、粤、闽、浙、湘、徽等菜系，即人们常说的“八大菜系”。

一个菜系的形成与它的悠久历史及独到的烹饪特色是分不开的，同时也受到该地区自然地理、气候条件、资源特产、饮食习惯等影响。有人把“八大菜系”用拟人化的手法描绘为：苏、浙菜好比清秀素丽的江南美女；鲁、皖菜犹如古拙朴实的北方健汉；粤、闽菜宛如风流典雅的公子；川、湘菜就像内涵丰富充实、才艺满身的名士。

思考题

1. 怎样从中国历代的器具演变中窥见中华民族悠久的烹调文化？
2. 为什么中国人总是把碗与职业联系在一起？
3. 现代厨具给厨房文化注入了哪些新鲜活力？
4. 中国烹饪发展的四个高潮各有什么特点？
5. 中国烹饪有哪些独特之处？怎样向世人展示中国烹饪的独特文化内涵？

第七章　食品文化的体验

第一节　食文化节

节日和节日中的饮食是人类生活的最亮闪光点，从这一维度可以深刻地体会到国家、民族的食品文化特色及其社会心理。中国有许多传统节日，几乎每一种传统节日都有相应的食俗。

一、春节

春节，农历正月初一，又叫阴历年，俗称“过年”。春节历史悠久，最初的含意来自农业，古时人们把谷的生长周期称为“年”。《说文·禾部》：“年，谷熟也。”夏商时代产生了夏历，以月亮圆缺的周期为月，将一年划分为十二个月，每月以不见月亮的那天为朔，正月朔日的子时称为岁首，即一年的开始，也叫年，年的名称是从周朝开始使用的，到西汉才正式固定下来，并一直延续到今天。但古时的正月初一被称为“元日、元辰、元正、元朔、元旦”，俗称年初一，直到中国近代辛亥革命胜利后，南京临时政府（时间）为了顺应农时和便于统计，规定在民间实行夏历，在政府机关、厂矿、学校和团体中实行公历，以公历的元月一日为元旦，农历的正月初一称春节。春节是中国人传统节日中最隆重的节日，在传统文化及食品文化中都有极其丰富的体现。

卖灶元宝

春节习俗如下。

① 首先是送灶活动。一般在腊月二十三日，要先祭灶神，放上新鲜水果、麦芽糖（或寸金糖）、酒等供品，然后点香烛祈祷。灶神是传说中被玉皇大帝派驻民间的神，每家每户均由此神督察，并于此日灶神向天帝汇报此家善恶情况，再作出处理。因此这一日民间要祭灶神，用糖来粘住他的口，用酒食来讨他的欢心，从而希望其能在天帝面前美言，并于来年再度保佑家人平安。祭灶神后，即从灶台上请下灶神，送入竹马纸轿，然后焚烧送上天庭，此时还要以酒酹地表示

恭敬。不过这种活动，现在只有在农村才能见到，大部分家庭已逐渐淘汰这一习俗。

② 其次是大年夜的年夜饭。这是一年的最后一餐，也是最隆重的一餐。全家团聚在一起，先用酒菜等饮食祭祖。全家吃年夜饭时，菜肴比平常丰富得多，气氛也比平常热烈得多，时间也比平时长得多。据晋周处《风土记》记载，除夕之夜，“各相与赠送，称曰馈岁；酒食相邀，称曰别岁；长幼聚饮，祝颂完备，称曰分岁；大家终夜不眠，以待天明，称曰守岁”。馈岁、别岁、分岁、守岁也与饮食活动有关，喝酒守岁的酒称为“守岁酒”。宋代孟元老在《东京梦华录》中还说到，除夕“士庶之家，围炉而坐，达旦不寐，谓之守岁”。

春节吃年饭，可能始于清代。清代顾禄《清嘉录》：“煮饭盛新竹箩中，置红桔、乌菱、荸荠诸果等，并插松柏枝于上，陈列中堂，至新年蒸食之。取有余粮之意，名曰年饭。”此为江南民俗，现已消失。清代富察敦崇《燕京岁时记》：“年饭用金银米为之，上插松柏枝，缀以金钱、枣、栗、龙眼、香枝，破五之后方始去之。”这是当时北方年饭之风俗，现已消失。清以前的年饭习俗又有所不同。《荆楚岁时记》记述长江中下游一带除夕时家家守岁酣饮，送旧迎新，但“留宿岁饭，至新年十二日，则弃之街，以为去故纳新也”。《时镜新书》：“除夕，留宿饭。俟惊蛰雷鸣，掷之屋上，令雷声远。”这也是抛弃年饭的习俗。

③ 春节吃年糕。大约在明代才有春节吃年糕的习俗。《帝京景物略》：“正月元旦，夙兴盥漱，啖黍糕，曰年糕。”记载了黍米做年糕、元旦吃年糕的习俗。《湖广志书·德安府》还记载湖广一带“元旦比户，以爆竹声角胜。村中人必致糕相饷，俗曰年糕”。这是农村相互赠送年糕的风俗。年糕的文化含意是年年高升，这是吉祥、希望、祝福的心态表露。

④ 春节吃春饼的习俗。南朝梁宗懔《荆楚岁时记》引晋周处《风土记》：“元旦造五辛盘。正元日五熏炼形。”五辛可散五脏之气。《庄子》谓春日饮酒茹葱，以通五脏也。五辛盘装的就是五种荤菜，如大蒜、小蒜、薤、韭、胡荽之类。唐代史料及宋元明清史科都能说明“春盘”就是“春饼”，这说明晋已有春节吃春饼的风俗。

⑤ 春节饮屠苏酒、椒柏酒的习俗。屠苏酒相传为三国华佗所制，古代农历正月初一饮之。《荆楚岁时记》：“长幼悉正衣冠，次拜贺，进椒柏酒，饮桃汤，进屠苏酒……次第从小起。”屠苏酒是一种药酒，用大黄、桔梗、白术、肉桂、乌头等制成，相传元旦饮之可去瘟气。饮屠苏酒也颇有意趣，先小者饮然后长者饮，据说是因为“小者得岁，故先酒贺之，老者失时，故后饮酒”。唐代卢照邻《长安古意》诗：“汉代金吾千骑来，翡翠屠苏鹦鹉杯。”宋代苏辙《除日》诗：“年年最后饮屠苏，不觉年来七十余。”清代马之鹏《除夕得庐字》诗：“添年便惜年华减，饮罢屠苏转叹歔。”另外，还有一种椒柏酒亦于元旦饮之，也称为椒酒、胡椒酒、椒花酒，是用椒花、椒树根浸制的酒。崔实在《四民月令》中说到，元旦“祀祖称毕，子孙各上椒花酒于家长，称觞举寿”。至明代，有的地方保留了饮椒花酒的习俗。

⑥ 春节期间吃饺子。饺子是中国人喜爱的食品之一，堪称世界食品文化中的一绝。饺子的古代名称有很多，如“粉饺”、“扁食”、“水饺”、“角子”。钱钟书曾考证：“饺子原名‘角子’，孟元老《东京梦华录·州桥夜市》所云‘水晶角

儿'、'煎角子'，《聊斋志异》卷八《司文郎》亦云'水角'，取其偈兽角。"饺子中的"交"不仅表声而且含意，认为取"交子之时"吃的寓意。传统习俗，每到腊月三十晚上，家家包饺子，等到新年钟声响起时吃饺子。因此时正是午夜子时，也是更岁之交，一夜连两岁，子时分二年，所以这顿饺子有"除旧迎新，更岁交子"之意，又寓意新一年交上子千好运。明沈榜《宛署杂记》："元旦时盛馔同享，各食扁食，名角子，取更岁交子之意。"沈榜之文化解读不无道理。除夕吃饺子，忌讳很多，如煮破的饺子，不能说"破了"、"坏了"，要说"挣了"，以讨吉利，而商人为讨吉利，还将饺子称为"银元宝"。农家还做四只轮子状的饺子，给赶车的男子吃，祝福在新的一年里"车行千里路，人马保平安"。20 世纪 70 年代在吐鲁番阿斯塔那的唐墓里有一只饺子与四只馄饨一起放着的木碗，它们以菜和肉做馅，以和好的面粉为皮，这是珍贵的食品考古文物。

春节是个欢乐祥和的节日，也是亲人团聚的日子，离家在外的人过春节时都要回家团聚。除夕晚上，全家老小欢聚酣饮，共享天伦之乐，待第一声鸡鸣响起，或新年的钟声敲过，街上鞭炮齐鸣，此起彼伏，家家喜气洋洋，男女老少都穿着节日盛装，先给家族中的长者拜年祝寿，初二、初三开始走亲戚看朋友，相互拜年，还有祭祖等活动。节日的热烈气氛不仅洋溢在各家各户，也充满大街小巷，一些地方的街市上还有舞狮子、要龙灯、演社火、游花市、逛庙会等习俗。这期间花灯满城，游人满街，热闹非凡，盛况空前，一直闹到正月十五元宵节过后，春节才算真正结束。

二、元宵节

元宵节是中国的传统节日，始于 2000 多年前的西汉，元宵赏灯始于东汉明帝时期。明帝提倡佛教，听说佛教有正月十五日僧人观佛舍利、点灯敬佛的做法，就命令这一天夜晚在皇宫和寺庙里点灯敬佛，令士族庶民挂灯。以后这种佛教礼仪节日逐渐成为民间盛大节日。该节经历了由宫廷到民间，由中原到全国的发展过程。

元宵是一年中的头个满月日，又叫"元夕"、"元夜"，还叫"上元节"，是根据道教"天官当令是上元"的说法而命名的。正月十五日为上元节，七月十五日为中元节，十月十五日为下元节。主管上、中、下三元的分别为天、地、人三官，天官喜乐，故上元节要燃灯，又叫"灯节"。相传汉武帝有个宠臣名叫东方朔，善良又风趣。一年冬天，下了几天大雪，东方朔就到御花园去给武帝折梅花，刚进园门，发现有个宫女泪流满面准备投井。东方朔慌忙上前搭救，并问明她自杀的原因。原来，这个宫女名叫元宵，家里还有双亲及一个妹妹。自从她进宫以后，再也无缘和家人见面。每年到了腊尽春来的时节，比平常更加思念家人，觉得不能在双亲跟前尽孝，不如一死了之。东方朔听了她的遭遇，深感同情，向她保证，一定设法让她和家人团聚。一天，东方朔出宫在长安街上摆了一个占卜摊。不少人都争着向他占卜求卦。不料，每个人所占所求的都是"正月十六火焚身"的签语。一时之间，在长安引起了很大恐慌，人们纷纷求问解灾的办法。东方朔就说："正月十三日傍晚，火神君会派一位赤衣神女下凡查访，她就是奉旨烧长安的使者，我把抄录的偈语给你们，可让当今天子想想办法。"说完，便扔下一张红帖，扬长而去。老百姓拿起红帖，赶紧送到皇宫禀报皇上。汉武帝接过来一看，只见上面写着："长安在劫，火焚帝阙，十五天火，焰红宵夜。"他心中大惊，连夜请来了足智多谋的东方朔。东方朔假意地想了一想，就说："听说火神君最爱吃汤圆，宫中的元宵不是经常给你做汤圆吗？十五晚上可让元宵做好汤圆，万岁焚香上供，传令京都家家做汤圆，一起敬奉火神君。再传谕臣民一起在十五晚上挂灯，满城点鞭炮、放烟火，好像满城大火，这样就可以瞒过玉帝了。此外，通知城外百姓，十五晚上进城观灯，穿杂在人群中消灾解难。"武帝听后，十分高兴，就传旨按照东方朔的办法去做。到了正月十五日，长安城里张灯结彩，游人熙来攘往，热闹非常。宫女元宵的父母也带着妹妹进城观灯，当他们看到写有"元宵"字样的大宫灯时，惊喜地高喊："元宵！元宵！"元宵听到喊声，终于和家里的亲人团聚了。如此热闹了一夜，长安城果然平安无事。汉武帝大喜，便下令以后每到正月十五都做汤圆供奉火神君，正月十五照样全城挂灯放烟火。因为元宵做的汤圆最好，人们就把汤圆叫元宵，这天就叫做元宵节。

元宵节吃元宵的习俗据说还与唐太宗李世民有关。传说某位大将平定边乱回京城，因新年（春节）已过，唐太宗特地在正月十五日为他补过新年以庆功。从此正月十五又称为"小年"。当时，谋臣魏征建议以江南进贡的上等糯米为原料创制一种新的节日食品，以营造喜庆祥和的气氛，这可难倒了众御厨。一老厨日有所思，夜有所梦，竟然梦见了雪白的圆团子。众厨师在此基础上各显身手，终于制成了以红枣、核桃仁、糖为馅的圆团子。唐太宗李世民品尝后赞不绝口，问此为何物？魏征即兴发挥道，这叫"唐圆"，象征大唐江山万年，百姓安居乐业，家家新年团圆。唐太宗龙颜大悦，遂传旨民间制作"唐圆"，普天同庆。此物系放汤水中煮熟，久而久之，就称为汤圆了。

民间元宵节习惯煮食汤圆。有民歌唱道："喜吃元宵丸，家家庆团圆。"汤圆象征团圆，寓意吉祥。汤圆一般是用糯米粉搓成丸状放在水中煮熟而成，有甜汤圆和咸汤圆之分。宋代周必大《元宵煮浮圆子》："元宵煮食浮圆子，前辈似未曾赋此，坐闲成四韵。"浮圆子即汤圆，因其煮熟后上浮而命名。汤圆又名汤团、元宵等。不过唐代段成式在《酉阳杂俎》中有"汤中牢丸"的记载，说明唐代已有汤圆。汤圆原为"珍品"，时至今日已为普通食品，人们想什么时候吃均可以从商店中买到。不过"吃"后面的文化不在那一特定的时间、氛围中则是体现不出来的。元宵节还要饮元宵酒。

随着时间的推移，元宵节的活动越来越多，不少地方增加了耍龙灯、耍狮子、踩高跷、划旱船、扭秧歌、打太平鼓等传统民俗表演。这个已有2000多年的历史传统节日，不仅盛行于海峡两岸，就是在海外华人的聚居区也年年欢庆不衰。

三、端午节

农历五月初五的端午节是我国民间最隆重的传统节日之一。由于它浓郁的民族风格，早有学者提议以端午节作为中华民族的代表性节日。它不仅是汉族的节日，也是至少26个少数民族的节日。

端午节别称之多，是其他任何一个节日所不及的，有端午、重午、端阳、蒲节，以及天中节、天长节、沐兰、解粽节、女儿节、女娲节、娃娃节、五月节、

涛人节、龙船节、粽包节等。著名学者闻一多最早从“大文化”的众多视野进行研究，认为端午节原是远古时代龙图腾崇拜民族的祭祖活动，即龙的节日。后来的学术研究多沿此观点展开。

过去南京人非常重视端午节，一大早便忙着“驱邪”：供奉驱鬼逐妖的钟馗神像，悬挂殊符，插上菖蒲、大蒜头。人们还佩戴五色绒线符牌及用桃核刻成的小人。这天早餐人们要吃粽子。粽子系用芦叶或竹叶包裹，主料为糯米，辅料则有红豆、红枣、蚕豆瓣、鲜肉、咸肉、火腿等。“老南京”包的粽子很有特色，其状如妇女缠足，俗称“小脚粽子”。粽子的由来，以“屈原的传说”影响最大。闻一多考证：在龙图腾祭的五月初五日，古吴越人将食物装入竹筒或裹在树叶里（这是粽子的雏形），扔进水里献给蛟龙，并敲着急鼓，划着龙形独木舟竞渡江河，娱龙并自娱，以祈求龙图腾神的保佑。可以说，吃粽子、赛龙舟等民间习俗是在历史长河中，人们逐渐把吴越人祭祀龙图腾神的方式与纪念屈原的传说相结合，代代相传，使远古之俗具有正义、爱国等精神文化内涵。

南京人过端午节最注重的是午时。全家人团聚在一起，饮雄黄酒，尝时鲜菜，考究的人家有整桌“十一红”家常菜，简单些的则烹制“五红”。“老南京”有两道很特别的菜肴：以银鱼、虾米、茭白、韭菜、黑干子（或茭儿菜、干子、肉丝、木耳、虾米）合炒，为其一；蚕豆与雄黄合炒的“雄黄豆”，为其二，据说雄黄克“五毒”。端午时节常见村姑乡妇穿行于街头巷尾提篮叫卖红樱桃，南京人视其为特色时鲜水果。绿豆糕则是南京人端午节的应时点心。以前，南京人还有一种称之为“破火眼”的习俗：午饭后，全家老小用暴晒过的雄黄水洗目，水中还放有两枚“鹅眼钱”的小小铜钱，以此祈盼全年免患眼疾。

粽子是端午节的节日食品，世界各地的华人都会按传统，在农历五月初五前准备各式粽子。端午节吃粽子，这是中国人民的又一传统习俗。粽子，又叫“角黍”、“筒粽”。其由来已久，花样繁多。据记载，早在春秋时期，用菰叶（茭白叶）包黍米呈牛角状，称“角黍”；用竹筒装米密封烤熟，称“筒粽”。东汉末年，以草木灰水浸泡黍米，因水中含碱，用菰叶包黍，煮熟即为广东碱水粽。

现在每年五月初，中国百姓家家都要浸糯米、洗粽叶、包粽子，其花色品种更为繁多。从馅料看，北方多包小枣的北京枣粽；南方则有豆沙、鲜肉、火腿、蛋黄等多种馅料，其中以浙江嘉兴粽子为代表。吃粽子的风俗千百年来在中国盛行不衰，而且流传到朝鲜、日本及东南亚诸国。

四、中秋节

农历八月十五为中秋节，因为处于孟秋、仲秋、季秋的中间而得名。中国自古就有帝王春天祭日、秋天祭月的礼制。《礼记》中记载“秋暮夕月”，即祭拜月神。周代，每逢中秋夜都要举行迎寒和祭月活动，设大香案，摆上月饼、西瓜、苹果、李子、葡萄等时令水果，其中月饼和西瓜是绝对不能少的，西瓜还要切成莲花状。在唐代，中秋赏月、玩月习俗颇为盛行。在宋代，中秋赏月之风更盛，据《东京梦华录》记载：“中秋夜，贵家结饰台榭，民间争占酒楼玩月。”每逢这一日，京城的所有店家、酒楼都要重新装饰门面，牌楼上扎绸挂彩，出售新鲜佳果和精制食品，夜市热闹非凡，百姓多登上楼台，一些富户人家在自己的楼台亭阁上赏月，并摆上食品或安排家宴，子女团圆，共同赏月叙谈。最早记载“月饼”这一食品的，当是宋代周密的《武林旧事》。吴自牧的《梦粱录》有了“月饼”的称呼和品种。当时的月饼是蒸制而成的。这种笼蒸的面饼作为中秋必食之品，直到现在仍山东、河南等地风俗。

到了明清时代，月饼已成为我国各地的中秋美食。沈榜的《宛署杂记》在记述明朝万历年间北京风俗时说：八月馈月饼，士庶家俱以月饼相馈，大小不等，呼为“月饼”。原来月饼是祭拜月亮时最主要的供品，祭供后全家分食，现在已不再祭月拜月，但仍有赏月吃月饼的习俗。明代田汝成《西湖游览志余》：“八月十五谓之中秋，民间以月饼相馈，取团圆之义。”中秋讲究全家团圆，不少文艺作品是从这一角度着笔的。正因为其有团圆之文化意义，故月饼是圆形的，另外用圆形模拟月亮之状，向月亮祭拜，以表达对大自然的感恩之情，不过这一文化含义在今天已渐渐失落了。

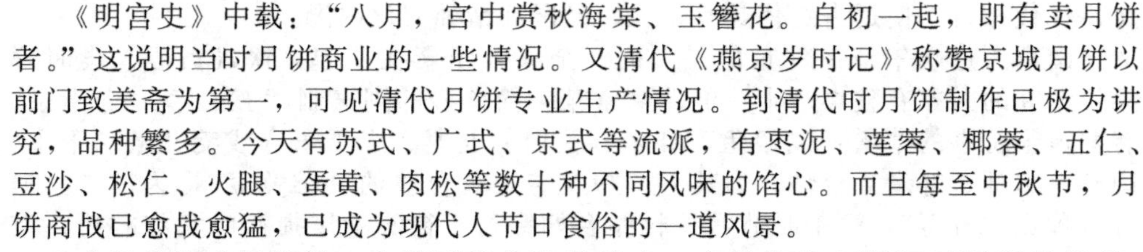

《明宫史》中载：“八月，宫中赏秋海棠、玉簪花。自初一起，即有卖月饼者。”这说明当时月饼商业的一些情况。又清代《燕京岁时记》称赞京城月饼以前门致美斋为第一，可见清代月饼专业生产情况。到清代时月饼制作已极为讲究，品种繁多。今天有苏式、广式、京式等流派，有枣泥、莲蓉、椰蓉、五仁、豆沙、松仁、火腿、蛋黄、肉松等数十种不同风味的馅心。而且每至中秋节，月饼商战已愈战愈猛，已成为现代人节日食俗的一道风景。

中秋节除吃月饼外，中秋酒俗也独具特点。中秋节晚上喝酒时要拜月赏月，人们一般先吃完晚饭，然后在院中摆开桌凳、香烛、供品，做好拜月准备。待月亮东升后，女人们虔诚拜祭，而男人们则开始喝酒赏月。

中秋佳节是我国民间传统节日。吃芋头是中秋节的又一习俗，但各地中秋节吃芋头的含义却各有不同。古时，对农民来说，中秋节是个重大的节日。北方农村每年只有秋季收获一次稻黍。一到秋收季节，看着一年艰苦劳动的收获，认为是土地神和自己的祖先暗中保佑自己，而且八月十五是土地神的生日。八月十五祭神时，有一款贡品就是芋头，即将整个芋头煮熟装在碟上，或将米粉芋（加入芋头煮成的米粉汤）装在大碗里摆在供桌上，以此来祭谢土地神。现在这种谢神仪式已不复存在，但是中秋节吃芋头的习俗却保留了下来。

南方人中秋节祭月时使用芋头，据说是为了纪念元末汉人杀鞑子（指元朝统治者鞑靼人）的历史故事。当初汉人起义，是为了推翻元朝蒙古人的暴虐统治，借着八月十五送月饼的机会，把在“八月十五夜晚一起杀鞑子”的信息一家一家地送过去，汉人杀鞑子起义后，便以其头祭月。后来便用芋头代替，至今有些地方还把中秋节吃芋头时剥芋皮叫做“剥鬼皮”。

中秋节人们通过吃月饼、吃芋头、饮酒等不相同形式寄托人们对生活的无限热爱和对美好生活的向往。

五、腊八节

汉朝时，每年农历十二月必定举行年终腊祭，因此农历的十二月又叫“腊月”或“蜡月”。在腊月初八所煮的粥，取名为“腊八粥”。

关于“腊八粥”的来历和传说有很多，各地说法不一。其中流传最广的是有关纪念释迦牟尼祖师的故事。

传说释迦牟尼逃出王宫出家修道，学习经典，在深山之中苦度6年。学经完毕的时候，正是腊月初八，也就是一般佛教中所说的释迦牟尼得道日。根据《因果经》记载，释迦牟尼因6年苦行，无暇顾及个人衣食，每天只吃一些麻麦，常年不得温饱。在他学习期满时，已是衣衫褴履，瘦骨嶙峋，容貌好似枯木一般。他疲惫不堪地走下迦嘟山，坐在河畔，向村人乞讨。村中一牧女，用钵盂煮牛奶给释迦牟尼吃，使释迦牟尼很快恢复健康。佛教兴盛以后，为了纪念这件事，就规定腊月初八为古印度人民“斋僧”和救济穷人而施舍饮食的日子。东汉时佛教传入中国，腊月初八施舍饮食的习俗逐渐变成了熬煮“腊八粥”的习俗。我国一些佛教寺庙熬煮“腊八粥”，以纪念尼连河畔牧牛女子救济释迦牟尼的慈悲。随着佛教的兴盛，腊八粥也在民间流行起来。“腊八”是佛教的盛大节日。新中国成立以前各地佛寺作浴佛会，举行诵经活动，用香谷、果实等煮粥供佛，称“腊八粥”，并将腊八粥赠送给门徒及善男信女，以后便在民间相沿成俗。据说有的寺院腊月初八以前僧人手持钵盂，沿街化缘，将收集来的米、栗、枣、果仁等材料煮成腊八粥散发给穷人，传说吃了以后可以得到佛祖的保佑，所以穷人把它叫做“佛粥”。南宋陆游诗云：“今朝佛粥更相馈，反觉江村节物新。”据说杭州名刹天宁寺内有储藏剩饭的“栈饭楼”，平时寺僧把每日的剩饭晒干，到腊月初八将一年的集粮煮成腊八粥分赠信徒，称为“福寿粥”。可见当时各寺僧爱惜粮食之美德。

古时腊八粥是用红小豆、糯米煮成的，后来其材料逐渐增多。南宋人周密所著《武林旧事》说：用胡桃、松子、乳蕈、柿蕈、柿栗之类做粥，谓之“腊八粥”。至今我国江南、东北、西北广大地区人民仍保留着吃腊八粥的习俗，广东地区已不多见。腊八粥的用料因时因地而不同，如《武林旧事》记载，当时杭州作此粥，用胡桃、松子、乳蕈、柿、栗之类。《燕京岁时记》记载当时北京煮此粥，用黄米、白米、江米、小米、菱角米、栗子、红豇豆、去皮枣泥等，又用染红桃仁、杏仁、瓜籽、花生、榛穰、松子、白糖、红糖、葡萄以作点缀，令人目不暇接。但其他地方多用糯米、红豆、枣子、栗子、花生、白果、莲子、百合等煮成甜粥。也有加入桂圆、龙眼肉、蜜饯等同煮的。冬季吃一碗热气腾腾的腊八粥，既可口又营养，确能增福增寿。传说“腊八不喝粥，明年会更穷”。清朝时，皇宫里喝的腊八粥是雍和宫的喇嘛熬好后进贡的。

还有一个与腊八粥相关的典故。传说一位穷书生要进京赶考，为了筹备粮食，临走之前，挨家挨户乞讨，因为各家给的粮食不一样，所以他将收集来的各种各样的米和豆熬粥，觉得味道很不错，于是就有了腊八粥的由来。

僧人们舍粥

腊八粥十分流行。《红楼梦》第十九回：“明儿是腊八儿了，世上的人都熬腊八粥。”现代作家沈从文专门写有一文章《腊八粥》，其中写道：“初学喊爸爸的小孩子，会出门叫洋车了的大孩子，嘴巴上长了许多白胡胡的老孩子，提到腊八粥，谁不口上就立时生一种甜甜的腻腻的感觉呢。”将不同年龄中国人对于腊八粥的那种情感写出来了。直到今天，当代人还在腊八喝腊八粥，不过其习俗逐渐淡化。

腊八食品除腊八粥外，还有腊八面或称腊面、腊八冰。明时宫中十二月初八日赐百官食面，即腊面。明代沈德符《野获编》：“腊月八日吃腊面。”清代俞樾《茶香室续抄·腊八面》：“十二月初八日，释氏以饧果诸物煮粥，名腊八粥。明宫中有腊八面。”腊八前一天，人们一般用钢盆舀水结冰，等到了腊八节把冰敲成碎块吃，据说这天的冰很神奇，吃了以后一年不会肚子痛。

六、清真斋月

“清真”一词，源于唐李白：“韩生信英彦，裴子含清真《送韩准裴政孔巢众还山》”。此词，在我国有三种含义。其一，从南北朝至清乾隆的1300多年的时间里，“清真”在文人笔下只用来赞美品格高尚的人物或描写清雅幽美的环境。

由于伊斯兰教与我国的一些少数民族有着特殊的关系，所以“清真”二字早已成了穆斯林民族的共同标志。这样，人们又把按伊斯兰教风俗习惯制作的各种饮食，称为“清真饮食”、“清真小食”、“清真糕点”。此外，还有“清真餐厅”、“清真食店”等。现“清真”一词已成为人们熟知的一般流行用语了。

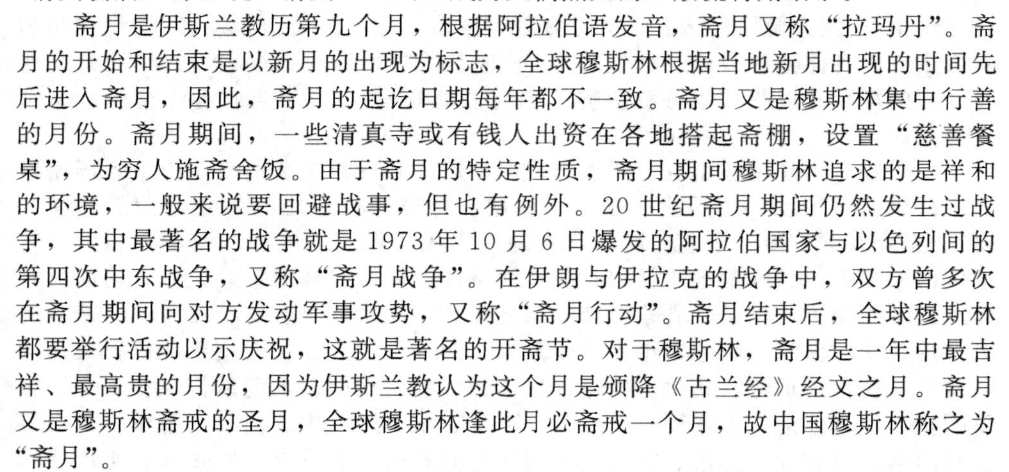

斋月是伊斯兰教历第九个月，根据阿拉伯语发音，斋月又称“拉玛丹”。斋月的开始和结束是以新月的出现为标志，全球穆斯林根据当地新月出现的时间先后进入斋月，因此，斋月的起讫日期每年都不一致。斋月又是穆斯林集中行善的月份。斋月期间，一些清真寺或有钱人出资在各地搭起斋棚，设置“慈善餐桌”，为穷人施斋舍饭。由于斋月的特定性质，斋月期间穆斯林追求的是祥和的环境，一般来说要回避战事，但也有例外。20世纪斋月期间仍然发生过战争，其中最著名的战争就是1973年10月6日爆发的阿拉伯国家与以色列间的第四次中东战争，又称“斋月战争”。在伊朗与伊拉克的战争中，双方曾多次在斋月期间向对方发动军事攻势，又称“斋月行动”。斋月结束后，全球穆斯林都要举行活动以示庆祝，这就是著名的开斋节。对于穆斯林，斋月是一年中最吉祥、最高贵的月份，因为伊斯兰教认为这个月是颁降《古兰经》经文之月。斋月又是穆斯林斋戒的圣月，全球穆斯林逢此月必斋戒一个月，故中国穆斯林称之为“斋月”。

斋戒是伊斯兰教的五功（念功、礼功、斋功、课功、朝功）之一，是穆斯林的一种修炼心性的宗教活动。在伊斯兰教看来，斋戒能净化人的心灵，使人情操高尚、心地善良，还能使富人体验穷人忍饥挨饿的滋味。根据伊斯兰教教义，斋月期间，所有穆斯林应在每日日出到日落这段时间内禁止一切饮食、吸烟和房事等活动。教徒患病、旅行、月经、怀孕、哺乳期间可延缓补斋或以施舍补赎，老人、儿童、体弱、慢性病和日以继夜工作的人及战时军人可以不封斋。事实上，斋戒不只是制止吃喝、吸烟和克制性欲，还包括肢体斋戒和心灵斋戒，禁绝一切不良行为。伊斯兰教先知穆罕默德说：“封斋是一面盾牌，封斋的人非礼勿动，非礼勿行。”穆罕默德40岁那年的九月（伊斯兰教历九月），真主把《古兰经》的内容传授与他。因此就在每年伊斯兰教九月封斋一个月以示纪念。因各地信仰的细节不同，入斋时间亦不完全一样，但封斋时间是一致的。穆斯林视斋月为最尊贵、最吉庆、最快乐的月份。斋月里回族的饮食安排比平时要丰盛得多，备有牛羊肉、白米、白面、油茶、白糖、茶叶、水果等食品。

一般男满12周岁、女满9周岁以上，身体健康，妇女不在生理期或产期，

均符合封斋要求。封斋时大约在日出前1小时和日落后1小时进餐，白天禁止吃喝和性行为，否则就是破斋。

斋月二十七日夜是“盖德尔夜”，也叫“坐夜”。“盖德尔”是阿拉伯语，即“前定”和“高贵”之意。这一夜，安拉把全部《古兰经》通过哲卜利勒天使下降给穆罕默德。有些穆斯林到清真寺赞圣、诵经，有些在家砸核桃、炒瓜子、炒花生，或煮一些羊骨头，边吃边聊天，整夜不眠。斋月结束，还未举行节日会礼前，回族要按照家庭人口多少计算舍散“菲图尔”钱，即交纳课税，同时准备节日食品，如炸油香、馓子、宰羊宰鸡等。

据载，穆罕默德在10月1日沐浴更衣，率穆斯林步行到郊外旷野举行会礼，散发“菲图尔”（开斋捐）表示赎罪。开斋节是阿拉伯语“尔德·菲图尔”的意译，“尔德”就是节日的意思。在我国陕西、甘肃、青海、云南等地回民将开斋节亦称为“大尔德”（相对于“小尔德”宰牲节，但新疆维吾尔族及宁夏南部山区部分回族对这两个节日的大、小称谓相反，称开斋节为小尔德，宰牲节为大尔德），新疆地区将开斋节称肉孜节，“肉孜”是波斯语“斋戒”的意思。开斋节与古尔邦节、圣纪节并称为伊斯兰教的三大节日，在全国10个信仰伊斯兰教的民族中流行。节日早上成年男子沐浴净身，身着盛装，或手持经香，聚集清真寺或至荒郊举行会礼，随后游坟扫墓。各亲友家拜节，互赠油香、馓子等各种炸果。家家户户备有丰盛的节日食品，如馓子、油香、油炸果子、点心、杏仁、杏干、茶、瓜果等。一般中年妇女在家待客，年轻夫妇、未婚女婿要带上礼物，在节日的第一、第二天给岳父母拜节。许多青年还在此佳节举行婚礼。节日期间回族的小辈要上门给长辈拜节，全家吃“粉汤”。

七、冬至节

冬至节源于汉代，盛于唐宋，相沿至今。冬至，是我国农历中一个非常重要的节气，也是一个传统节日，至今仍有不少地方有过冬至节的习俗。冬至俗称“冬节”、“长至节”、“亚岁”等。早在2500多年前的春秋时代，我国已经用土圭观测太阳以测定冬至日期，是二十四节气中最早制定的一个。时间在每年阳历的12月22～23日。我国古代对冬至很重视，并作为一个较大的节日，曾有“冬至大如年”的说法，而且有庆贺冬至的习俗。《汉书》中说：“冬至阳气起，君道长，故贺。”意思是说过了冬至，白昼一天比一天长，阳气回升，是一个节气循环的开始，也是一个吉日，应该庆贺。《晋书》上记载：“魏晋冬至日受万国及百僚称贺……其仪亚于正旦。”说明古代对冬至日的重视。汉朝以冬至为“冬节”，官府要举行祝贺仪式，称为“贺冬”，例行放假。《后汉书》中有这样的记载：“冬至前后，君子安身静体，百官绝事，不听政，择吉辰而后省事。”意思是说冬至朝廷上下要放假休息，军队待命，边塞闭关，商旅停业，亲朋各以美食相赠，相互拜访，过一个“安身静体”的节日。唐、宋时期，冬至是祭天祭祀祖先的日子，皇帝要到郊外举行祭天大典，百姓要向父母尊长祭拜，现在仍有一些地方在冬至这天过节庆贺。在福建、台湾民间认为每年冬至是全家人团聚的节日，因为这一天要祭拜祖先，如果外出不回家，则是不认祖宗的人。冬至食文化丰富多彩，如馄饨、饺子、汤圆、赤豆粥、黍米糕等不下数十种。经过数千年的发展，又形成了独特的节令食文化。冬至节，大部分地区习惯吃饺子，相传与南阳医圣张仲景有关。

还有“冬至馄饨夏至面”的说法。相传汉朝时，北方匈奴经常骚扰边疆，百姓不得安宁。当时匈奴部落有浑氏和屯氏两个首领，十分凶残。百姓对其恨之入骨，于是用肉馅包成角儿，取“浑”与“屯”之音，呼作“馄饨”，恨以食之，并求平息战乱，能过上太平日子。因最初制成馄饨是在冬至这一天，故有了冬至吃馄饨的习俗。

在江南水乡，有冬至之夜全家欢聚一堂共吃赤豆糯米饭的习俗。相传，有一位叫共工氏的人，他的儿子不成才，作恶多端，死于冬至这一天，死后变成疫鬼，继续残害百姓。但是，这个疫鬼最怕赤豆，于是人们就在冬至这一天煮吃赤豆饭，用以驱避疫鬼、防灾祛病。

冬至吃狗肉的习俗据说是从汉代开始的。相传，汉高祖刘邦在冬至这一天吃了樊哙煮的狗肉，觉得味道特别鲜美，赞不绝口。从此在民间形成了冬至吃狗肉的习俗。现在北方不少地方在冬至这一天有吃狗肉和羊肉的习俗，因为冬至过后天气进入最冷的时期，中医认为羊肉、狗肉有壮阳补体之功效，民间至今有冬至进补的习俗。

冬至吃汤圆，是我国的传统习俗，江南尤为盛行，民间有“吃了汤圆大一岁”之说。汤圆也称汤团，冬至吃汤团又叫“冬至团”；汤圆可用来祭祖，也可用于互赠亲朋。旧时上海人吃汤圆最讲究，在家宴上尝新酿的甜白酒、花糕和糯米粉圆子，然后用肉块垒于盘中祭祖。

冬至吃荞麦面。据说浙江等地每逢冬至这天，全家男女老少齐集，嫁出去的女儿也要赶回婆家。家家户户要做荞麦面吃。认为冬至吃了荞麦，可以清除肠胃中的猪毛、鸡毛。

冬至吃菜包。菜包则是用糯米粉和熟烂的鼠曲草蓬蒿等物，揉和做成面坯，呈半月形，包笋丝、豆干、菜脯等，自古以来就是祭冬的祭物，古人叫做环饼(晋代时叫做寒具)。冬至清早，家庭主妇必须早起用糖水煮汤圆、“炊菜包”(蒸菜包)，并准备祭拜神明、祖先，并且享用“冬至圆”，象征团圆及添岁之意；从前祭拜之后还以“冬至圆”粘在门户、器具上，称为“饷耗”。

冬至吃年糕。从清末民初直到现在杭州人冬至喜吃年糕，并在冬至做三餐不同风味的年糕，早上吃的是芝麻粉拌白糖的年糕，中午是油墩儿菜、冬笋、肉丝炒年糕，晚餐是雪里红、肉丝、笋丝汤年糕。冬至吃年糕，年年长高，图吉利。

八、中国豆腐文化节

中国豆腐文化节是集文化、旅游、经贸于一体的国际性商旅文化节，每年 9 月 15 日在海峡两岸（淮南、台北）同时举办，自 1992 年起连续在淮南举办了 14 届。豆腐文化是中华民族祖先遗留下来的宝贵遗产，是中华民族文化的组成部分，为人类文明进步和世界饮食文化作出了不可磨灭的贡献。由于过去的宣传不够，西方一些国家认为豆腐是日本的发明。为了弘扬民族文化，光大华夏美食，促进人类健康，推动中外豆腐文化交流和经济技术合作，由原商业部和台湾省豆腐商业同业公会联合会分别于 1990 年 9 月 15 日至 17 日在北京、台北举办了首届中国豆腐文化节，同时将 9 月 15 日淮南王刘安的诞辰日定为中国豆腐文化节。

从1992年起，淮南市先后成功举办了13次（1998年和1999年因亚洲金融危机和国内水灾等原因停办）中国豆腐文化节。节庆期间共接待中外宾客2万多人，其中外宾和中国港澳台同胞千余人。田纪云、孙起孟、马文瑞、李德生及卢荣景、傅锡寿、回良玉等国家领导同志，牛满江、洪光住等数百名专家、学者，数十个文化经贸团组先后参加节庆活动。200多位中外记者先后到淮南采访。1996年淮南市设计并由国家电信总局发行了46.8万套“中国豆腐文化节电话磁卡”，开地方“节庆”全国通用电话磁卡发行之先河；1997年还通过安徽省邮电局发行了印制精美的中国豆腐文化节200电话卡，也产生了较好的影响。组委会先后编印了《中国豆腐文化节节刊》（三集）、《中国豆腐菜谱》（三集），以及《中国大豆制品》、《八公山豆腐》等书籍，将豆腐文化向更深层次拓展。

中国豆腐文化节充分体现了“豆腐为媒，文化搭台，经贸、旅游唱戏”的宗旨，充分展示了淮南较好的经济基础、良好的投资环境、安定团结的政治局面和两个文明建设的巨大成就。中国豆腐文化节的举办，对于弘扬民族文化，光大华夏美食，扩大对外开放，提高淮南知名度，让淮南走向世界，让世界了解淮南，促进淮南与海内外经济文化交流与合作，起到了积极的推动作用。中国豆腐文化节正在向国际性商旅文化节庆的水准迈进。

中国文化博大精深，豆腐文化源远流长。豆腐文化的丰厚积淀有待我们去开发、去光大。作为豆腐故乡的淮南人民有责任、有义务、有能力继续办好中国豆腐文化节，为弘扬国粹、光大华夏美食、促进人类健康作出更大的贡献。

九、啤酒文化节

1. 中国的啤酒节

据遗留的文字记载考证，啤酒已有约5000年的历史，但在我国只存在了100多年，属于外来酒种，就是人们所说的“洋酒”。以啤酒的“啤”字来说，在过去的字典里是不存在的。后来，有人根据英语对啤酒的称呼“beer”（贝尔）的字头发音，译成中文“啤”字，又由于含有一定的酒精，故翻译时用了“啤酒”一词，并沿用至今。19世纪末，啤酒传入中国。1900年俄国人在哈尔滨市首先建立了乌卢布列希夫斯基啤酒厂；1901年俄国人和德国人联合建立了哈盖迈耶尔-柳切尔曼啤酒厂；1903年捷克人在哈尔滨建立了东巴伐利亚啤酒厂；1903年德国人和英国人合营在青岛建立了英德啤酒公司（青岛啤酒厂前身)；1905年德国人在哈尔滨建立了梭忌怒啤酒厂。此后，不少外国人在东北、天津、上海、北京等地建厂，如东方啤酒厂建于1907年，谷罗里亚啤酒厂建于1908年，上海斯堪的纳维亚啤酒厂（上海啤酒厂前身）建于1920年，哈尔滨啤酒厂建于1932年，上海怡和啤酒厂（华光啤酒厂前身）建于1934年，沈阳啤酒厂建于1935年，亚细亚啤酒厂建于1936年，北京啤酒厂建于1941年等。这些酒厂分别由俄、德、波、日等国商人经营。中国人最早自建的啤酒厂是1904年在哈尔滨建立的东北三省啤酒厂，其次是1914年建立的五洲啤酒汽水厂（哈尔滨)，1915年建立的北京双合盛啤酒厂，1920年建立的山东烟台醴泉啤酒厂（烟台啤酒厂前身)，1935年建立的广州五羊啤酒厂（广州啤酒厂前身)。当时中国的啤酒业发展缓慢，分布不广，产量不大，生产技术掌握在外国人手中，生产原料麦芽和酒花均依靠进口。1949年以前，全国啤酒厂不到10家，总产量不足万吨。1949

年后，中国啤酒工业发展较为快速。

自从中国有了啤酒，中国人也就知道了慕尼黑。中国的啤酒节最早是从1991年青岛开始的，大连“中国国际啤酒节”也举办了8届；哈尔滨啤酒节举办了4届。还有燕京啤酒节、西安啤酒节、天津啤酒节等。国内啤酒节举办的时间集中在七八月份，属于夏季，为啤酒销售的旺季。相对于世界上历史最悠久的慕尼黑啤酒节而言，起源于1991年的中国啤酒节非常年轻，就如何开发和挖掘自己的啤酒文化上做的文章还不够。同时，我国对于啤酒节的定位不够分量，换言之，我们没有把啤酒节当成一个巨大的产业来抓，仅就目前的情况来看，啤酒节过于独立和突兀。我国的啤酒节，一定要走出以往办“节”的思维定式和误区，要在重置啤酒节定位后，还要清晰地规划出一系列相关的产业链。要以啤酒节为契机，带动餐饮、娱乐、旅游、休闲等配套产业，实现搭建旅游观光与避暑度假、经贸考察与学习交流、发展商机与文化融合的一个大舞台。要充分利用“啤酒”这一世界性文化的融合力和影响力，将经济发展、科技推广、文化交流融为一体，将啤酒文化与广场文化相结合，发挥广场文化中的人文、环境、休闲的优势，以形象展示、商品促销、文娱活动、竞技游戏、幸运抽奖等活动为依托，拓展企业的品牌价值，为我国啤酒厂商及相关企业创造有效的、适宜与市场和消费者沟通交流的空间和营销舞台，并以国际性、文化性、娱乐性及群众广泛参与性等为特点，营造火爆热烈、狂欢激情的节日氛围，精心打造夏日休闲的品牌盛会，为中外游客提供旅游观光、消暑度假的绝佳场所。

以啤酒为媒，结天下之友，通四海之商。要从策划、文艺、宣传、招商四个方面突破，使其渐渐成为一个国际色彩浓郁的啤酒盛会，成为文化底蕴厚重的文化节、名牌企业亮相的经贸节、百万游客参与的狂欢节和品牌效应鲜明的旅游节。

世界最具声名的三大啤酒节是德国慕尼黑啤酒节、英国伦敦啤酒节和美国丹佛啤酒节，在国外家喻户晓，被欧美的啤酒专家们誉为——每一个啤酒爱好者都该至少要去一次的狂欢。

2. 慕尼黑啤酒节

说到啤酒节，人们的第一反应就是慕尼黑。始于1810年的德国慕尼黑啤酒节是世界啤酒节的鼻祖。

1810年10月12日，德国巴伐利亚州的路德维希王子（即后来的国王路德维希一世）与萨克森公主特蕾莎的婚礼在慕尼黑举行，全城居民应邀到城门前参加这一皇家盛典。典礼过后由皇室成员一同参与的赛马活动将庆典推向了高潮。日后赛马这一活动，渐渐演变成德国啤酒节的传统。

1811年，继赛马活动后，又出现一项新的热点——农业展第一次出现在啤酒节上，其目的旨在促进巴伐利亚农业。赛马，作为最悠久、当时最为盛行的活动现在已不再举行，但是农业展仍保留下来。

每年秋季慕尼黑都会举行世界上规模最大的啤酒节——十月庆典。来自世界各地的观光客纷至沓来，涌向慕尼黑，一品“巴伐利亚啤酒”，并亲身体验德国人民欢庆节日的热闹和喜悦。其实，早从1517年起，德国每隔7年就会在慕尼黑举行一场“桶匠之舞”。这种花式舞蹈由18人共同演出，他们不断舞动桶箍，并把它们弄成王冠。在黑死病终止蔓延的年代，这些桶匠就是第一批通过欢乐的

慕尼黑啤酒节盛况

大不列颠啤酒节

舞蹈而重燃希望之火的灾民。而制造啤酒桶这种职业，对整个啤酒业和饮酒者都是不可或缺的。不过，由于清洁大木桶的工作不仅费事而且昂贵，所以如今仅少数酿酒厂遵循古老的习惯将啤酒装进大木桶中。桶装啤酒的味道最是香醇。但真正的桶装啤酒只有小酒厂才会有。

每年的二三月份慕尼黑还举行著名的“四旬斋节”。这时，德国最重要的政治人物汇聚在山城“Nockher-Berg”测试巴伐利亚四旬斋啤酒的品质。过去的测试是这样的：一些“达官贵人”身着皮裤坐在木板凳上，然后开始畅饮新鲜啤酒，并在凳子上坐半个小时，等他们起身时，木板必须能够贴着他们的皮裤，才表示啤酒真正通过了测试，不然则表示该啤酒浓度太低，没有资格成为“真正的四旬斋啤酒”。

3. 英国伦敦啤酒节

英国是除德国之外的另一个啤酒大国，英国伦敦啤酒节始于1978年，而伦敦西部则是英国啤酒的中心，所以现在它已被喻为“世界最大的酒馆”，届时您将会品尝到种类繁多、口味各异的啤酒，如加欧石楠的香料啤酒，加蜂蜜、香蕉的风味啤酒。所有酒水都是由小型作坊手工制造的，并且多产自英国。

4. 美国丹佛啤酒节

美国作为一个多民族国家，来到美国的德国移民自然也把啤酒节带到了美洲，之后其他各族人民也纷纷以此为借口，参加这个传统节日，大喝啤酒。

十、中国白酒文化节

中国是白酒的发源地，白酒到底起于何朝何代，史学家争论不休。笔者认为中国的文明史有多久远，白酒的历史就有多久远，白酒文化就有多久远。中国最古老的文字甲骨文和金文中都有“酒”字，而且都是“水”旁加“酉”。人们用酒祭祀天地，可见酒为祭祀之物。在古代，祭祀是文化的重要组成部分，可以说酒从诞生之始就与文化结缘。随着人类文化的发展和丰富，白酒文化也在不断发展，简直包罗万象。人们既然把酒作为祭祀之物，就赋予酒诚信之载体，所以，中国酒文化最重要的一个组成部分就是诚信。

白酒在中华大地已存在几千年，有着悠久的历史，形成了独特的酒文化。在继承中国传统白酒文化的同时，还应该引进国外酒文化的精华。如法国葡萄酒、德国啤酒，在数百年的发展过程中产生了灿烂的酒文化。他们在品牌的创立和推广方面，有很多经验值得我们学习。特别是有些洋酒品牌畅销几百年，闻名全世界，具有强大的生命力，其中蕴涵的文化内涵很值得我们学习和借鉴。一流的企业做文化，二流的企业做营销，三流的企业做产品，这几年我国通过开办白酒文化节将酒文化与地方民族文化、民俗文化、旅游文化有机结合起来，充分挖掘白酒文化潜力。2008 年 7 月 30 日，首届中国酒文化节新闻发布会在北京举行，并将于 12 月 18 日在贵州省贵阳市举行首届中国酒文化节。今后将每年举办一次。在此之前，国内各个白酒文化节的内容形式也各有不同。

1. 中国山西杏花村汾酒文化节

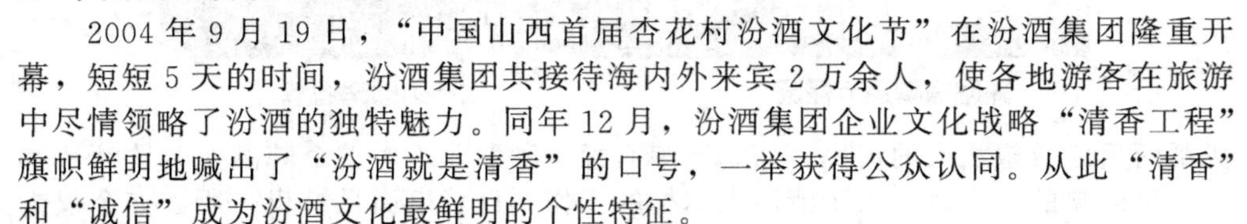

2004 年 9 月 19 日，“中国山西首届杏花村汾酒文化节”在汾酒集团隆重开幕，短短 5 天的时间，汾酒集团共接待海内外来宾 2 万余人，使各地游客在旅游中尽情领略了汾酒的独特魅力。同年 12 月，汾酒集团企业文化战略“清香工程”旗帜鲜明地喊出了“汾酒就是清香”的口号，一举获得公众认同。从此“清香”和“诚信”成为汾酒文化最鲜明的个性特征。

“借问酒家何处有？牧童遥指杏花村。”一首脍炙人口的《清明》，使汾酒的清香顺着牧童的手指名满天下，汾酒有 6000 年的酿酒史和瓜蔓繁衍的传播史。在 1500 年前的北齐，汾酒就为宫廷御酒；其后，唐代大诗人杜牧的一首《清明》诗，又一次使汾酒名扬天下；1915 年，“老白汾酒”在美国旧金山市举办的巴拿马万国博览会上，荣获甲等金质大奖章，这是唯一有史可查获此殊荣的中国名白酒。当时《并州新报》以“佳酿之誉，宇内交驰，为国货吐一口不平之气”为题作了详细报道；新中国成立后，汾酒五次蝉联“国家名酒”称号，成就了汾酒在中国白酒史和酒文化史上独一无二的荣耀和地位，也成就了其“白酒祖庭”的行业地位，被誉为中国白酒界的常青树、活化石。与此同时，汾酒还是新中国的第一种国宴用酒，是中国国家博物馆唯一永久收藏的白酒，是清香型白酒的典型代表。在明、清到民国的几百年间，山西汾酒随着晋商的足迹，几乎走遍了全国。

“中国白酒文化第一馆”——汾酒博物馆经过 20 多年的努力，已经收藏中国历代酒器 1000 余件、名家书画作品 3000 余幅、名酒诗文 5000 余篇，成为展示杏花村 6000 年酿酒史的大型酒文化博物馆，被誉为“中国酒文化的微缩景观”。当代汾酒人秉承“用心酿造、诚信天下”的企业核心理念，经营着令消费者和汾酒人陶醉的“清香文化”。今天，汾酒已经超越酒这一具体产品，有着更深层次的品牌含义，汾酒事业也已经成为具有品牌经营战略境界的“清香事业”。

汾酒是民族的酒、历史的酒、文化的酒，汾酒工艺演绎着中国白酒的发展历程，汾酒历史浓缩着中国酒史的发展脉络，汾酒文化引领着中国酒文化的发展方向。通过举办“中国山西杏花村汾酒文化节”，将进一步倡导汾酒文化、培育汾酒文化、创新汾酒文化、提升汾酒文化，对汾酒文化进行一次更大范围、更高层次、更加全面系统的梳理与创新，进一步发挥汾酒的品牌优势和历史文化优势，为汾酒事业的发展注入新的活力和生机，把汾酒打造成中国酒文化第一品牌。

2. 茅台酒节

茅台酒作为民族文化的瑰宝，穿越了2000多年的时空。农历重阳节是茅台酒下沙投料的季节，自2004年开始，公司将每年农历9月9日定为“茅台酒节”，以传承祖师风范，光大国酒伟业。国酒人率先在白酒界提出“文化酒”的概念，赢得业界的广泛认可。面向21世纪，集团提出“绿色茅台、人文茅台、科技茅台”，使国酒品牌文化内涵不断升华。根据茅台员工的体检和医学专家的研究成果，还响亮地提出了“国酒喝出健康来”的科学理念。为了彰显茅台的历史文化，集团公司修建了占地3000多平方米的国酒文化城，建有汉、唐、宋、元、明、清、现代和世界8个展馆。国酒文化城被上海大世界基尼斯总部授予当今世界规模最大的酒文化博物馆，现已成为贵州省爱国主义教育基地和展示国酒文化的窗口。

茅台的辉煌就是一部国酒人扎根山区的奋斗史，是一部立足国酒、奉献社会的爱国史，从而升华群体意识和爱国情结，激励员工为企业的发展尽心尽责，爱岗敬业，把爱厂之情转化为强厂之力。形成了与时俱进的茅台企业理念，即“以人为本、以质求存、恪守诚信、团结拼搏、继承创新”的核心价值观，诠释了茅台的人本思想和对社会的承诺。确立了“酿造高品位的生活”的经营理念，表达了茅台引导消费者对高品位生活的追求。2008年首届中国酒文化节于12月18日在贵州省贵阳市举行。组委会的工作目标之一是在中国茅台镇建设‘酒文化广场’，展现具有民族特色的风云人物和历史轨迹；并在茅台镇修建“万国酒神殿”，把世界各国或各民族的酒神、酒仙、酒圣等请过来，供各国来者朝奉；还在茅台镇修建“酒文化博物馆”，收藏各国“酒文化”的故事、墨宝，收藏每次酒文化节赛事的珍贵记载，将间接塑造国酒茅台的良好形象。

3. 五粮液文化节

五粮液贵为酒文化之瑰宝，更是引得无数文人竞折腰，宋代黄庭坚以“杯色争玉，白云生谷”挥笔而就一展风姿，于是完美的色香酒曲争奇斗艳应运而生。一口酒下肚，无数典故涌上心头，喝五粮液喝出了中华繁荣的文化。五粮液同样独具人文气息，国际孔子文化节组委会特选四川宜宾五粮液集团为代表，作为“2006海峡两岸同祭孔”曲阜孔庙祭孔大典唯一民间祭祀人，选定五粮液酒为本次祭孔大典唯一祭祀酒。一贯以酒业巨霸著称的国粹五粮液，以其独特的香气及独有的古老配方、科学合理的营养五谷、精湛的酿造工艺等独特优势，力排群雄，造就了酒业的高贵品质。

中国酒文化的精髓是儒家的最高道德标准——中庸、和谐。东汉《说文解字》的作者许慎曾对此做了经典概括：“酒，就也。所以就人性之善恶也；一曰造也，吉凶所造起。”意思是酒可以使人为善，又可以使人为恶；可以使人趋向好，也可以使人趋向坏。同样饮酒或饮同一种酒，其结果是好是坏，是吉是凶，完全取决于人的本性和饮酒的度。如果恰到好处，那么既好又吉利；如果纵酒过度，则既坏且凶险。所谓中庸之道，意在求得天、地、人三者合一，酒也是一样。五粮液集团尝试将其“明代古窖池群”和“传统酿酒技艺”申报世界文化遗产和世界非物质文化遗产，其理由是：天、地、人三者合一，是儒家中庸和谐精神的关键要点，而结合当前的实际，首要的一点是人与环境的和谐。五粮液的生产过程，最讲究的也正是这一点，所谓“千年老窖万年糟，酒好全凭窖

池老”。同时，五粮液又保留了最古老的全程人工操作的酿酒工艺，显示传统工艺与自然环境的和谐。借申报世界文化遗产把民族酒文化推向世界是一次有益的尝试，但只是万里长征的第一步。2006 年 6 月 28 日，五粮液举行“首届中国白酒文化复兴与品牌塑造研讨会及五粮液老酒的品鉴发布会”；2006 年 10 月，五粮液与家乐福（中国）有限公司联手举办第一届“五粮液及家乐福白酒文化节”，家乐福全国 80 多家门店促销活动同步举行；2006 年 9 月 20 日至 10 月 10 日“2006 海峡两岸共同祭孔”，曲阜孔庙祭孔大典成为唯一祭祀用酒。五粮液通过在全国范围内举办多种主题活动和宣传，使五粮液成为中国白酒文化与传统的“中庸和谐”文化代表，奠定了五粮液中国第一白酒的称号，是中国白酒文化的杰出代表。作为中国酒业最杰出的代表，五粮液将中国酒文化和中华民族文化完全柔和，完全融会贯通。其创造的中庸和谐，积杂成醇的文化理念，正是孔子中庸和谐的儒教精髓，并与其相互吻合，促进世界文化交流和海峡两岸的和谐发展。

第二节　食文化机构

一、美食家协会

中国美食家协会，是经国家有关部门批准成立，并在民政部登记的全国餐饮业行业协会，由各行各业的烹饪鉴赏家组成，多为食品及饮品工业的专业人士，而且包括了五星级饭店的总经理、大厨及餐厅业者等方面人士，是对餐饮进行组织、研究、品评、鉴赏、提升和发扬的全国性的跨部门、跨所有制的行业组织。

美食家协会的宗旨是，遵守宪法、法律、法规和国家政策，遵守社会道德风尚，弘扬祖国饮食文化，培养餐饮行业管理人才和技术人才，团结广大餐饮行业从业人员，坚持科学发展观，为促进我国餐饮业的健康发展做出积极贡献。正如孙中山先生所言：“悦目之书，悦子耳之音，皆为美术，而悦口之味，何独不然？是烹调者，亦美术之一道也。非深孕乎文明之种族则烹调技术不妙也。”意思是精美、优良的餐饮文化的极高境界就是一种艺术，将我们传统的餐饮美食提高到艺术层次，再运用群策群力的智慧和方法，将美食艺术推广以造福世人。

美食家协会的任务：举办与本会宗旨有关的研讨会、展览会、竞赛会、交流访问、讲习训练及公益活动；配合政策，举办提升国内外饮食文化和国际观光美食的各项活动；接受政府和相关团体委托，进行国内外的美食艺术推广活动；发行与本会宗旨有关的各种出版品；举办其他符合本会宗旨的各项活动。

由四川省民政厅和省流通办批准成立的“四川省美食家协会”是国内第一家省级“美食家协会”。该协会成员限于某一行业，只要是对餐饮进行组织、研究、品评、鉴赏、提升和发扬取得一定成效者，就具备成为美食家协会成员的条件。“除了对消费者和会员服务，协会还担负川菜和省外、国外交流的任务”。

二、食文化研究会

中国食文化研究会于 1994 年 6 月 7 日经文化部批准、民政部注册登记成立。

该会为全国性的非营利性食文化研究学术组织，为社会团体法人，受国家法律保护。该会由海内外热心中国食文化研究的社会活动家、食品和饮食专家学者、文化艺术工作者、食品和饮食企业家及有关团体代表组成，在中华人民共和国民政部和文化部的业务指导和监督管理下，根据国家政策法规独立开展工作。

1. 宗旨

中国食文化研究会的宗旨是以邓小平理论为指导，遵循党的“三个代表”重要思想，指导社会实践，依照国家法律、政策，团结国内热心于中国食文化研究的各界人士和一些国外专家学者，携手研究和弘扬中华民族优秀食文化，振兴民族精神，为促进中国特色社会主义食文化和食品经济的健康发展，为提高我国各族人民健康水平和促进政治文明、物质文明与精神文明建设做出贡献。

2. 基本任务

中国食文化研究会的基本任务是组织海内外专家学者系统深入研究中国食文化的历史、现状和发展趋势，加强“食文化学”理论和食文化应用的研究，推动先进食文化的发展。

该会将组织专家学者，分别从汉族、55个少数民族，以及佛教、伊斯兰教、道教等方面，从食物食源和食具食器、食礼食制、食风食俗、食文物和食古籍、食诗词和食书画等领域，从酒文化、茶文化、盐文化、糖文化、烟文化、饮品文化、小吃文化、调味品文化及烹饪文化等系统，有组织有计划地进行研究，并编辑出版中国食文化图书与报刊，汇编食品行业的名人题词书法艺术，拍摄有关食文化的文艺作品、影视片、科普片，建立食文化网站，促进国内外交流。

该会将组织专家学者研究中国传统美食文化，从名特食品、地方风味食品、各种食品加工技艺等方面进行系统研究，积极引导饮食企业增强文化意识，参与市场竞争，文明生产，文明经商，文明服务，提高文化附加值，以取得最佳社会效益和经济效益。

该会将组织专家学者开展海内外食品经济与文化交流、科技与教育交流，以及人才信息交流，开展食文化认定及人才培训工作。

该会还将兴办实验性经济实体，引进海内外资金和技术，为企业提供各种咨询服务。

3. 中国食文化研究会会员

中国食文化研究会吸收个人会员、团体会员和名誉会员。

凡承认本会章程，热心中国食文化研究的社会活动家、专家学者、文化艺术工作者、企业家和各界人士，积极参加本会工作，交纳会费，由本人申请，经本会批准，可成为本会个人会员。

各地食品和餐饮企业、科研、教学和经贸单位，经当地民政部门批准成立的餐饮、食品、食文化研究团体，凡承认本会章程，积极参加本会工作，交纳会费，由该单位提出申请，经本会批准，均可成为本会团体会员。

海外食文化团体、餐饮企业、食品企业或食品科研、教学单位，提出申请或由本会邀请，可成为本会名誉团体会员。海内外知名人士、专家、学者、企业家，提出申请或由本会邀请，可成为本会名誉会员、名誉顾问、特约研究员或其他名誉职务。

三、美食协会

法国美食协会成立于1248年，1949年成立蓝带美食会，1962年在中国香港成立远东区分会，是享誉全球的美食权威机构。该会设立蓝带美食大奖，在全球范围内颁奖。据了解，要入选法国蓝带美食会，除了精湛的厨艺之外，还需要饮食界业内公认其“有杰出贡献”。目前，法国蓝带美食会在全球拥有近3000名会员，其中中国会员不超过100人。

中国美食协会是为了适应我国加入WTO和市场经济新形势，实施西部大开发，建经济强市，创西部最佳，实现餐饮行业快速发展的需要而建立的餐饮行业规格最高的行业协会。它以各种经济成分的饭店餐饮企业、事业单位、专业学校，以及餐饮行业相关的协会、学会、研究会为主体，自愿参加，自筹经费，自我管理，自我服务，是具有法人资格的非营利性社团组织。

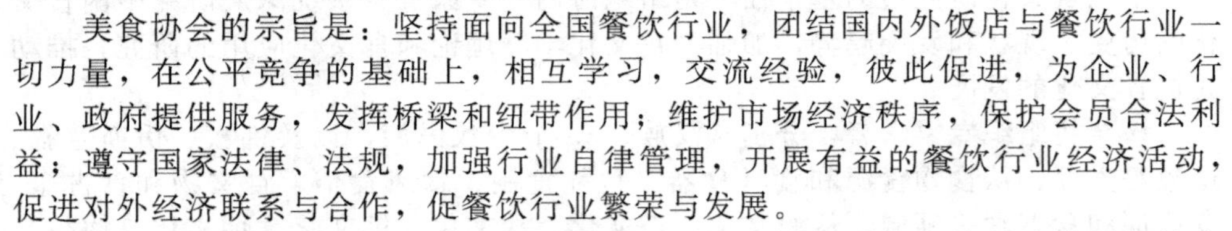

美食协会的宗旨是：坚持面向全国餐饮行业，团结国内外饭店与餐饮行业一切力量，在公平竞争的基础上，相互学习，交流经验，彼此促进，为企业、行业、政府提供服务，发挥桥梁和纽带作用；维护市场经济秩序，保护会员合法利益；遵守国家法律、法规，加强行业自律管理，开展有益的餐饮行业经济活动，促进对外经济联系与合作，促餐饮行业繁荣与发展。

协会的职责是：组织会员贯彻国家关于发展餐饮行业的方针、政策和有关法规，收集、反映会员的意见和要求，凝聚行业同仁，取得政府支持，维护各会员单位合法权益；建立健全自律机制，促进公平竞争，提高行业整体素质；帮助企业引进国内外先进技术、装备和资金，加强企业管理，完善经营机制，搞好规范服务，不断开拓国内外市场；举办各种形式的研讨交流、专业培训、技术竞赛、企业文化服务活动；提供市场信息和改革、发展、经营、管理、技术咨询服务；开展餐饮行业国内外的经济技术交流与合作；宣传贯彻行业规范和标准，组织实施酒家、酒店等级评定工作；开展行评行检工作，组织名店、名师、名品的评估、认定和推荐，承办政府和企业委托的各项工作。

思考题

1. 请列举我国主要的食文化节并说明其食俗。
2. 请列举我国几个主要的食文化机构并说明他们的主要任务。

第八章 食品文化的传播

一个民族食品文化的形成，有其社会根源和历史根源。中国是个多民族的国家，56个民族居住在960万平方公里的土地上。占人口大多数的汉族主要居住在东部平原地区，众多的少数民族主要分布在西北、东北、西南地区。由于各民族的历史背景、地理环境、社会文化及饮食环境的不同，造成了各民族食品文化的差异。东部平原耕作条件好，盛产稻米、小麦，形成了典型的汉族农耕文明，饮食业主要以五谷为主，与那些以耕作业为主的少数民族如朝鲜族、傣族、壮族等是一样的。蒙古族、鄂伦春族、怒族和牧区藏族，由于居住在寒冷地区，又多畜肉，为抵御严寒，所以以高热量的肉食为主食。维吾尔族则喜欢食用大米、羊肉、胡萝卜等做的抓饭，以及拉面、烤羊肉。哈萨克人的风味小吃更为特别，将奶油与幼畜肉混合后装进马肠内蒸熟的“金特”和肉碎拌香料蒸成的“那仁”[1]。

各民族在形成自己民族食品文化的基础上，通过相互之间的交流，实现了优秀食品文化的传播，并在各民族相互交流的过程中，不断创新中华民族的食品文化。

食品文化传播不同于其他文化传播的一个最大特点，就是受传者绝不是被动拿来，饮食习惯是无法在短时间内全面改变的。所以食品文化的传播必须是逐步的渗透与融合。

第一节 食品文化传播途径与方法

根据历史记载，集市、庙会、作坊、茶馆等既是人们获取信息的场所，又是食品文化传播的场所，商贩、布道者等充当了极好的信息传播者和“意见领袖”，碑碣、壁画、手抄毛边书是最为壮观的媒介，而口头语言则是最方便、最直接、最有力的传播工具。可以说，人际传播和群体规范得到了极好的运用。现代，电视、网络等传播媒介和现代交通体系更是加快了食品文化的传播，促进了食品文化在全国乃至全球的交流传播。

中国食品文化丰富多彩，是同中华民族的多民族群体分不开的，是同中华民族的强势文化基础分不开的。比如，在唐代，域外文化使者带来的各地食品文化，如同一股股清流，汇进了大唐食品文化海洋，虽然在一段时间内还保留着域外食品文化特色，但是最终还是被唐代的食品文化所征服，成为绚丽多彩的唐代

[1] 王书光. 我国饮食文化的地域差异. 中学地理教学参考，2002.

食品文化。可见，包括食品文化在内的中国文化不是中华民族中的任何单一民族文化，而是融合中华大地所有民族的文化。中华文化是“多元一体”的文化，她不仅兼容了汉民族本身的不同文化元素，而且还融合了各少数民族的文化元素及外来的文化元素。这种整合既是社会发展的结果，也是社会变迁和文化传播的产物。

一、食品文化传播的途径

中国食品文化传播存在境内不同地域间、民族间的交流传播和中国食品文化向境外传播两种情况。食品文化是流动的，处于内部或外部多元、多渠道、多层面的持续不断的传播、渗透、吸收、整合、流变之中。在不同的历史时期和背景下，传播途径有所不同，概括起来主要有以下几种情况。

1. 自然传播

在原始社会，人类依靠大自然，当人口增加到一定数量时，便要寻找新的地方。于是在迁徙过程中，就会造成文化传播。随着各族人口的不停移动或迁徙，一些民族在生存空间上交叉存在并相互影响。

2. 商贸传播

随着商品经济的发展，不同地区之间的商贸交流同时也是文化传播的渠道，如隋唐时期长安通往中亚的丝绸之路。

3. 战争传播

历史上很多大规模的食品文化传播与战争或异族侵入直接相关。战争传播是中国食品文化传播的重要途径。

4. 移民传播

除了人们自发流动性迁徙外，有时各国政府出于经济上、政治上和社会发展方面的考虑，鼓励移民甚至强制移民。

5. 宗教传播

宗教是食品文化传播的重要媒介。如我国的茶文化等食品文化随唐朝高僧鉴真远渡日本而广为传播[1]。

现在，随着交通的日益发达，现代人的流动性大大加强，人员的流动和物流的发达促进了食品文化的交流传播，如川菜、粤菜等各大菜系随处可见，麦当劳、肯德基遍布街头。网络、电视、图书、期刊等现代传媒的繁荣，也加速了食品文化的全球化传播，每年举办的各种烹饪比赛、烹饪节目、食品知识的宣传和普及，都带动了食品文化的交流与传播。

二、中国不同地域的食品文化传播现象与行为

中国幅员辽阔，由此产生了地理环境的差别，同这种地理环境相适应，造成了不同地域在食品文化上的差异，从而形成了各具特色的地域性饮食习俗和传统。差异的存在，是食品文化交流和相互传播的必要条件。在这些差异中，以黄河流域及其以北地区为代表的麦作地区食品文化和以长江流域及其以南地区为代表的稻作地区食品文化的差别格外明显。尽管这种差异自古以来始终存

---

[1] 周鸿铎主编. 文化传播学通论. 北京：中国纺织出版社，2005.

在着，但是经过先秦至明清2000多年的发展和南北交流，形成了相互交融的中国食品文化。

从历史角度分析，中国南北食品文化相互传播的途径主要有两个：一是战争，二是移民。

在历史上，战争客观地促进了食品文化的交流和融合。历史上许多大规模的文化传播往往都与战争或异族入侵相联系。这是一种血与火的文化传播方式[1]。在古代，土地是主要经济资源。因此，土地占有量的多少，决定着该民族力量的强弱。文化的交流，特别是强势文化向弱势文化的伸展，就成为战争这种特殊交往形式的副产品。

秦汉两代君主通过战争对包括西南、江南、岭南在内的广大南方地区进行版图上的扩张，一方面促进了这些地区的发展，另一方面使得南方的物种得以向北方传播。魏晋南北朝时期南北对峙，双方都想通过战争实现领土扩张，就是在这样的一种环境下，南北也有食品文化交流。南北朝时期，宋元嘉二十七年，太武帝亲率大军南侵，围鼓城（今江苏徐州），谴使向守城索要甘蔗、柑橘等南方特产，留宋守将给之。太武帝尝过之后居然认为“黄甘幸彼所丰，可更见分”，可见北方统治者对南方饮食喜好之深。

在历史上，人口迁移有自发流动和政府行为两种。这两种形式的移民都会造成较大范围内的文化传播。先秦至南北朝时期，每个朝代都出现过人口迁移现象，这些迁移人口的行为方式、价值观念、风俗习惯对迁移地区产生了重要影响，其中食品文化传播表现尤为突出。《华阳国志·蜀志》中说：“然秦惠文，始皇克定六国，辄徙其豪侠于蜀，资我丰土，家有盐铜之利，户专山川之材，居给人足，以富相尚。故工商致结驷连骑……”北方的饮食风格也许就在此时影响了四川乃至整个西南地区[2]。

当历史上那些迁徙民族因为某种原因而返回故地或向新的居留地再次迁徙时，他们便自然地将自己吸收了新因素的食品文化带回故地或新的地区，这也促进了食品文化传播。如隋唐统一中国之后，中央政权势力达于边陲，于是自东汉以来逐渐进入黄河流域的西陲边疆各少数民族又大都重返故土；又如徐达大军进逼北京，元顺帝率蒙古权贵等大批人返回草原，而这些人的饮食习惯已经不再是原来的草原饮食文化了。

在现代，由于交通、通讯和传媒日益发达，人员流动加大，网络宣传和电视宣传无处不在，地区间的食品文化交流更加频繁，在各大小超市和餐馆中，既有当地的传统食品和菜点，也有其他地方的食品和菜点，而且还存在着相互交融和渗透的现象。各种糖酒交易会、食品博览会、全国性烹饪比赛和评比活动，更是极大地促进了我国食品文化的交流传播，缩小了我国食品文化的地区差异。

三、中国食品文化的对外传播现象和行为

博大精深的中国食品文化之所以长盛不衰，一方面是因为其本身的不断发展，另一方面与从古至今无数中国人不断向外传播，进而影响世界各地的食品文

---

[1] 庄晓东．文化传播历史、理论与现实．北京：人民出版社，2003.

[2] 安鲁等．秦至南北朝时期南北饮食文化的交流．安徽农业大学学报，2004.

化有着重要的关系。在中国饮食发展过程中，有三次大规模的食品文化交流。第一次是西汉时期，自张骞出使西域以后，中原与西域往来频繁，中外食品文化得以交流，由于当时航海技术较低，对外交往以陆路为主。第二次是唐宋时期，这一时期是中国盛世，随着社会经济文化的发展，中国与外国的物质文化交流日益发达。与第一次相比，这一时期的对外交流不再局限于陆路，而是陆海并重。第三次大规模的食品文化交流是明清时期。明清时期是我国饮食发展的鼎盛时期，无论是食品物料的开发、烹饪技术的发展，还是饮食理论都达到了一个前所未有的高度。明清时期的食品文化交流，尽管受到中国官方政策的影响，明代实行“海禁”，清代“闭关锁国”，但是中国的食品文化还是通过种种渠道向外传播，同时也吸收了大量的海外饮食精华，进一步丰富了中国传统食品文化内涵[1]。在漫长的历史过程中，我国最为常见的食品文化对外传播途径为商业贸易传播、宗教传播和移民传播。

1. 商业贸易传播

贸易作为物质文化传播途径是不言而喻的，实际上，精神文化也以贸易作为重要的传播途径，只是这种文化传播是一种无意识的传播行为，是伴随着商贸行为而产生的。在古代漫长的岁月中，中国对外贸易长期处于世界领先地位，来来往往的商人将大量的中国物品引入世界市场。

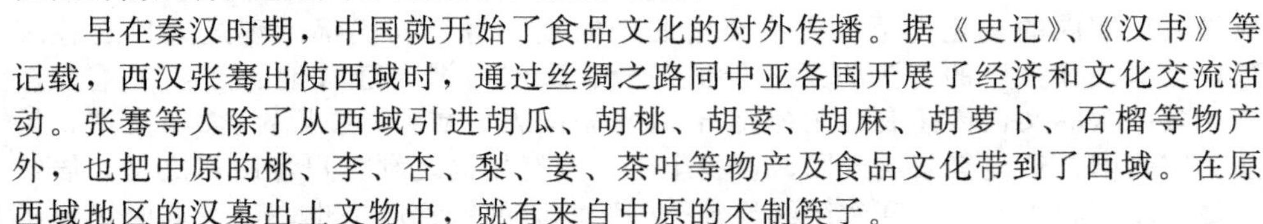

早在秦汉时期，中国就开始了食品文化的对外传播。据《史记》、《汉书》等记载，西汉张骞出使西域时，通过丝绸之路同中亚各国开展了经济和文化交流活动。张骞等人除了从西域引进胡瓜、胡桃、胡荽、胡麻、胡萝卜、石榴等物产外，也把中原的桃、李、杏、梨、姜、茶叶等物产及食品文化带到了西域。在原西域地区的汉墓出土文物中，就有来自中原的木制筷子。

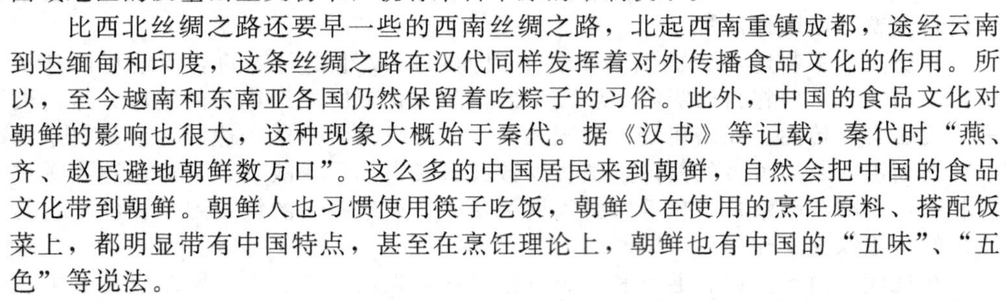

比西北丝绸之路还要早一些的西南丝绸之路，北起西南重镇成都，途经云南到达缅甸和印度，这条丝绸之路在汉代同样发挥着对外传播食品文化的作用。所以，至今越南和东南亚各国仍然保留着吃粽子的习俗。此外，中国的食品文化对朝鲜的影响也很大，这种现象大概始于秦代。据《汉书》等记载，秦代时“燕、齐、赵民避地朝鲜数万口”。这么多的中国居民来到朝鲜，自然会把中国的食品文化带到朝鲜。朝鲜人也习惯使用筷子吃饭，朝鲜人在使用的烹饪原料、搭配饭菜上，都明显带有中国特点，甚至在烹饪理论上，朝鲜也有中国的“五味”、“五色”等说法。

唐宋时期，大量的阿拉伯商人前来中国经商，广州、泉州等地常常聚居着数以万计的阿拉伯商人，他们把大量的中国先进的古代文化信息带到阿拉伯地区，其中自然包括丰富的中国食品文化。

商人贸易对食品文化交流有着直接影响。在古代漫长的岁月中，中国对外贸易长期处于世界领先地位。从物质文化方面看，中国通过陆上和海上的“丝绸之路”将中国的大量物品引向世界，茶叶是其重要一项。这些物质作为中国文化传播的物质载体，对输出国国家的生活习惯、文化发展产生了直接或间接影响。

中国文化传入欧洲并影响了那里的思想启蒙运动，其传播途径有两个：一个是明清之际欧洲来华传教士的返欧活动，另一个是 17 世纪初荷兰与英国旨在殖

[1] 候波. 明清时期中国与东南亚地区的饮食文化交流［D］. 暨南大学，2006.

民扩张的东印度公司的贸易，仅英国东印度公司在1600～1833年间就向欧洲输入了大量中国商品。

威尼斯作家蓝姆士根据马可·波罗（1254～1324年）在中国的经历主持编写的《马可·波罗游记》中向西方满怀热情地介绍了中国，为后世留下了永久性的光辉历史记录，其中包括食品文化在内的中国信息。迄今为止，中外学者认为：享誉世界的比萨饼和意大利面条、意大利饺子都是马可·波罗介绍中国食品文化的结果[1]。

2. 宗教传播

宗教传播是中国食品文化传播的一个重要途径。尽管宗教的信徒们主观上并没有去传播食品文化，但他们在传播宗教的同时，也传播了与宗教有关的文化成果，使宗教成为包括食品文化在内的文化传播的重要途径。

中国饮食中素菜的发展及其体系的形成，其间佛教徒功不可没。佛教的发源地——印度对佛教徒并没有食物的严格规定。因为僧侣托钵乞食，对食物的荤素并没有选择的余地。佛教初到中国的时候，也没有食肉的禁律，之所以形成现在的素食文化，最关键的人物是南朝的梁武帝，这个虔诚的佛教徒认为食肉就是杀生，就是违反佛教戒律，因此大力提倡素食，禁止僧侣食肉，并靠皇权势力对饮酒食肉的僧侣加以惩处。于是，佛教寺院禁食酒肉。僧侣常年食素也影响了在家的居士，他们有的常年食素，有的初一、十五吃素。吃素人数的增加促进了全素肴馔的发展[2]。

市井饮食行业为满足佛教徒需要，经营和发展全素肴馔；僧侣聚居地寺庙，特别是僧徒众多的古寺名刹，有充裕的闲暇和雄厚的经济力量，研究创造出与其口味相合的全素肴馔。这就进一步促进了素食文化的发展[3]。

受中国食品文化影响较大的国家是日本。公元8世纪中叶，唐朝高僧鉴真东渡日本，带去了大量的中国食品，如干薄饼、干蒸饼、胡饼等糕点，还有制造这些糕点的工具和技术。日本人称这些中国点心为果子，并依样仿造。当时在日本市场上能够买到的唐果子就有20多种。

鉴真东渡还把中国的食品文化带到了日本，日本人吃饭时使用的筷子是受中国影响。唐代，在中国的日本留学生几乎把中国的全套岁时食俗带回了日本，如元旦饮屠苏酒，正月初七吃七种菜，三月上旬摆曲水宴，五月初五饮菖蒲酒，九月初九饮菊花酒等。其中，端午节的粽子引入日本后，日本人又根据自己的饮食习惯做了一些改进，并发展出若干品种，如道喜粽、饴粽、葛粽、朝比奈粽等。唐代，中国的面条、馒头、饺子、馄饨和制酱法等传入日本[4]。

16世纪中叶以后，西方文化以天主教传教士（后来又有基督教传教士）为媒体相继进入中国，直至20世纪前期，极大影响了中国社会。传教士在中国长期生活，同时将自身的饮食生活习惯、观念、知识等展示给中国，返回国内时又直接将中国食品文化传播至国内。康熙三十五年（1696年），李明在《中国新回

---

[1] 赵荣光．中国饮食文化概论．北京：中国高等教育出版社，2003.

[2] 王学泰．华夏饮食文化．北京：中华书局，1993.

[3] 王学泰．华夏饮食文化．北京：中华书局，1993.

[4] 徐兴海．食品文化概论．南京：东南大学出版社，2008.

忆录》中有关于中国种茶及种烟的记载。英籍传教士傅兰雅（1839～1928年）向中国翻译介绍西方文化，译作达129种，其中许多与食品文化相关或成为食品基础学科内容，在当时其影响相当广泛。传教士不仅给中国带来了食品文化的异域习尚和食品文化理论知识，而且许多具体食品品种及其制作工艺也被中国人掌握。美国传教士高丕弟之夫人办学传授西方文化，在同治五年（1866年）编写出版《造洋饭书》，书中介绍了268种西菜、西点的制作[1]。

3. 移民传播

中国在历史上很早便出现了移民，并一直存在海外移民现象，华侨遍布世界各地，成为中华食品文化向海外传播的群体力量。不同历史时期和不同人群（或个人）的外移基本是因战乱、自然或社会灾难所致，而且外移者大多是社会下层的庶民大众。由于小农自然经济和宗法制度的长久影响，这些外移者一则多聚居，联系紧密，二则大都从事低微的体力劳动谋生。前者决定群体故土文化的维系，延长了其漂散的历史过程；后者则决定许多人以经营中式餐馆为谋生手段。中华肴馔的独特魅力对世界各地人们具有普遍而强烈的异族文化吸引力，而对于移居的中国人来说又是技艺简易、成本低廉、劳动密集（因而更适于中国式家庭经营）的最易于从事的职业。前者是自古已然的传统，后者则主要是近代以来的现象（以移居地的城市化和商业发展的一定程度为前提）。

中国人很早就开始大量移居国外，正如中国交通史学者所指出的那样："有史以来，中国人民在移民的方式下，把中国的先进文明传播到许多地域，尤其是在中国周围的民族地区和国家，使那里的土著民族得以开化，提高生产力，促使其社会发展。"这种古代移民及其影响，包括朝鲜半岛、日本列岛及中国广大的周边地区。因此很早便形成了至今为国际食品文化学者所认同的"中华食品文化圈"。中国与朝鲜半岛的文化联系紧密，由来久远，考古发掘与研究表明，这种联系自史前时代开始至近现代始终未间断过。汉武帝元封三年（公元前108年），汉帝国在今朝鲜半岛北部地区设玄菟、乐浪、真番、临屯四郡。通过朝鲜半岛，中国文化进入日本列岛。这一历史开端也是以人口大批量外移为标志的。考古发现和包括日本学者在内的国际学界一般认为，公元前2～3世纪就有来自中国的"准备有武装的有组织集团"进入日本，这一过程至少是从公元前3～4世纪以前日本的绳纹（日本新石器时代文化，约从公元前1万年至公元前3世纪）后期开始。关于秦始皇"遣振男女三千人，资之五谷种种、百工而行。徐福（渡海）得平原广泽，止王不来"的历史记录与传说也正与此印合。对于绳纹末期和弥生初期两次大规模进入日本列岛的中国和朝鲜半岛移民，日本学界分别称之为"第一次渡来人"和"第二次渡来人"（过去称为"归化人"）。正是这些移民促成了日本列岛由绳纹文化向弥生文化（日本早期铁器时代的文化，约相当于公元前3世纪到公元3世纪）的飞跃发展。

中国人的外移，在历史上是个断断续续的持久过程，而当大的战乱、动乱及各种严重的自然和社会灾难来临时，则往往出现较大的移民潮。如南宋末年，东

---

[1] 赵荣光．中国饮食文化概论．北京：中国高等教育出版社，2003．

南亚一带的中国移民已有相当规模。其中，商人占了相当大的比重。“中国贾人至者，待以宾馆，饮食丰洁”。其饮食用料主要有谷类：稻、麻、粟、豆等；肉料：鱼、鳖、鸡、鸭、山羊、牛等；果实：木瓜、椰子、蕉子、蔗、芋、槟榔等；香料：沉檀香、茴香、胡椒、红花、苏木等；酒：以桃榔、槟榔、椰子等酿成；煮海为盐。宋建溪（今福建武夷山市）“主舶大商毛旭……数往来本国”，影响甚大。因仰慕中华文化和华人群体的存在，有的国家“亦有中国文字，上章表即用焉”。中国商船频繁往来于南洋诸国，所销之货除丝绸绵绢织物外，用作食器具的漆碗碟、青瓷器等也很多。中国商船“抵岸三日，其王与眷属率大人到船问劳，船人用锦藉跳板迎，肃款以酒醴，用金银器皿、禄席、凉伞等分献有差。既泊舟登岸，皆未及博易之事，商贾日以中国饮食献其王，故舟往佛泥（等国）必挟善庖者一二辈与俱。朔望并讲贺礼，几月余，方请其王与大人论定物价……船回日，其王亦酾酒椎牛祖席……”许多国家都很喜欢中国的白瓷器、酒、米、粗盐等物。各国民众对中国膳食的爱慕，既是中国商人用于谋求商业利益的感情投资，也为华侨的落脚谋生提供了便利和机会，这也是数百年后中国餐馆遍布世界各地的前兆。“北人（即中国人）过海外，是岁不还者，谓之住蕃；诸（蕃）中国人至广州，是岁不归者，谓之住唐”。由于唐帝国的空前繁盛及其在世界上的巨大深远影响，直至明，甚至清前期，南洋及世界许多地方都仍以“唐”称中国和中国人。宋徽宗崇宁间（1102～1106年）曾以诏令要求各邻国不可再以“汉”或“唐”指称中国而易以“宋”，但并不见效。《明史》记载：“‘唐人’者，诸番呼华人之称也，凡海外诸国尽然。”至明代，南洋地区的华侨数量已极为可观，随同郑和航海的马欢所撰《瀛涯胜览》记述所经爪哇国时说“国有三等人：一等回回人……一等唐人，皆是广东、（及福建）漳（州）、泉（州）等处人窜（即避难）居此地，食用亦美洁，多有从回回教门受戒持斋者”。明清两代由于人口和政治压力，是中国东南沿海民众源源涌向南洋谋生图存的外移活跃期。

泰国地处海上丝绸之路要冲，加上与中国便利的陆上交通，因此两国交往甚多。泰国人自唐代以来便与中国汉族交往频繁，9～10世纪，我国广东、福建、云南等地居民大批移居东南亚，其中很多人在泰国定居，中国的食品文化对当地的影响很大，以至于泰国人的米食、挂面、豆豉、干肉、腊肠、腌鱼及就餐用的羹匙等，都与中国有许多共同之处。在中国的陶瓷传入泰国之前，当地人多以植物叶子作为餐具。随着中国瓷器的传入，当地人有了精美实用的餐饮器具，使当地居民的生活习俗大为改观。同时，中国移民还把制糖、制茶、豆制品加工等生产技术带到了泰国，促进了当地食品业的发展。

中国食品文化对缅甸、老挝、柬埔寨等国的影响也很大，其中缅甸较为突出。许多中国商人旅居缅甸，给当地人的饮食生活带来很大变革。由于这些中国商人多来自福建，所以缅语中与食品文化有关的名词，不少是用福建方言来拼写的，像筷子、豆腐、荔枝、油条等。

中国的食品文化对印度尼西亚的影响历史悠久。历代来到印度尼西亚的中国移民，向当地人提供了酿酒、制茶、制糖、榨油、水田养鱼等技术，并把中国的大豆、扁豆、绿豆、花生、豆腐、豆芽、酱油、粉丝、米粉、面条等引入印度尼西亚，极大丰富了当地人的饮食生活。

清中叶以后到民国的100多年间，基于同样的历史原因，中国人惜别故土，舍生历险远涉重洋，赴美、去欧……造成了中国人分布世界的格局。许多国家的“唐人街”、“中华街”是华侨社会性聚居的写实反映。他们在新的生息地保持着故土的文化，在展示和传播中华文化的同时，也逐渐渗入当地的主体文化。正是他们的这种传播作用，才使世界更直接、真切地认识和感受到了中国食品文化的独特魅力，才对中国餐饮有了非常广泛和积极的认同。

美国华人移民高潮始于19世纪后半叶，当时美国为了开矿和建铁路，需要大量廉价而又温顺、能吃苦的中国劳动力。于是，受西方文化影响最早又有较强闯海意识的广东等东南沿海地区的劳苦民众纷纷在极其艰难困苦的条件下越海赴美谋生。而当矿开完、铁路筑成之后，这一代华侨就只有开餐馆和办洗衣房两种基本职业可供选择。20世纪上半叶，华人在美国的数量还很少，来华侨餐馆就餐的顾客主要是两类人：一类是唐人街的唐人，另一类是唐人街以外的美国人。唐人街的餐馆多为较多保留故土风味的广东菜；而唐人街以外的中国餐馆则适应美国人的习惯，因为美国化了的中国菜更容易被美国人接受和喜爱。后者是在美国土地上扎了根的本土化了的中国食品文化，是中美结合的中国食品文化，同时也可以称作一种新的美国食品文化，即“美国式的华夏食品文化”。对此美国圣若望大学亚洲研究所教授李又宁博士指出：“对绝大多数的老美来说，孔夫子、林钦差大人，以及当代许多风云人物，一问摇头三不知；可是一谈到一些‘名菜’，精神一振，笑口常开。”林语堂先生的《唐人街》以社会学的观察、哲学的思考和文学的描述，为我们真实而生动地再现了华侨在美国开饭店和洗衣店充满艰难的历史。老约翰为自己的孙子办满月酒，承办酒席的是一家很有档次的华风大酒店，而席面则是清末民初一度流行的江南风格的所谓“满汉全席”。那显然是主人要大摆排场约定的，而其时移美的中餐饭店经办人也对这一席面并不完全陌生。

20世纪70年代后是华人向世界扩散的另一高潮。出于“淘金”、求学、闯世界等原因涌向海外的这股持续的移民潮，是开放世界、信息时代和我国社会尚未充分发展总态势下的必然。但数以万计的中国人为着各自的目的，通过各种渠道走到世界各地却是事实。他们如同历史上的华侨一样，也是中华食品文化的海外承续与传播者，不同的是，由于时代进步和外移者群体素质的提高，两者的作用是不能同日而语的。比如，美国的中式餐馆顺应时代要求，大力发展外卖服务，“外卖使华夏饮食真正进入了美国的日常生活……纽约市的中餐外卖，菜单已相当系统化、统一化”，它以物美价廉赢得了广大美国人的青睐[1]。

近20年来，随着改革开放的深入，西方一些先进的食品加工理论、技术设备、简单的烹饪方式不断被学习和借鉴。在食品方面，西式快餐、日本料理、泰国菜、韩国烧烤等异国风味日渐流行，这不仅是对中国食品文化的挑战，更是中国食品文化蓬勃发展的机遇。中国食品借鉴西方食品文化中的标准化思想和科学技术，促进中国食品文化传播。近年来我国进行了中国菜统一英文译名，我国不断派出烹饪专家和技术人员到国外讲学和参加世界性的烹饪比赛，使更多的海外人士了解中国食品文化，喜爱中国食品。

---

[1] 赵荣光. 中国饮食文化概论. 北京：中国高等教育出版社，2003.

综上所述，中国食品文化的形成发展史可以说是中国食品文化的传播史。传播不但使中国饮食的文明成果得以代代相传，而且使其日益丰富和强大。

第二节　食品文化传播与现代生活的关系

中国食品文化历史悠久，内涵丰富，已经深深植根于中国人的饮食习惯中。中国食品文化不仅随各种途径传播到世界各地，影响当地的饮食习惯，同时中国食品文化也是一个开放体系，不断接受各种外来影响。随着食品文化传播的加速和西方食品文化的传播，深深地影响了现代生活。

一、食品原料和种类更加丰富

现在人们吃的蔬菜大约有160多种，但在比较常见的百余种蔬菜中，汉地原产和域外引入的大约各占一半。汉唐时期，中原内地通过与西北少数民族的交流，引入了许多蔬菜和水果品种。比如，蔬菜有苜蓿、菠菜、芸苔、胡瓜、胡豆、胡蒜、胡荽等；水果有葡萄、扁桃、西瓜、石榴等；调味品有胡椒、砂糖等。与此同时，西域的烹饪方法也传入中原，如乳酪、胡饼、羌煮貊炙、胡烧肉、胡羹等都是从西域传入中原地区的。魏晋南北朝时，汉代传入的诸种胡族食品已逐渐在黄河流域普及，受到广大汉族人民的青睐[1]。经过漫长的历史过程，这些从西域传播过来的食品已经成为现代人的日常食品了。

20世纪以来，由于自觉不自觉的对外开放，尤其是近年来提倡的优质高效农业，从世界各地引进了许多优质的食品原料。植物性原料如洋葱、樱桃、番茄、奶油生菜、西兰花、凤尾菇等，动物性原料如牛蛙、珍珠鸡、肉鸽、鸵鸟等广泛应用于烹饪。随着科学技术的发展，许多珍稀的食品原料人工培育成功，如猴头菇、银耳、冬虫夏草、牡蛎、对虾、鲍鱼等，这些珍稀原料产量大大超过了野生，极大地扩大了这些食品的传播范围，满足了更多人的需求。

由机械加工生产的食品原料，如味精、果酱、鱼露、蚝油、咖喱、芥末、可可、咖啡、啤酒、奶油、苏打粉、香精、人工合成色素等在食品工业和餐饮业中的应用，改变了食品的原有风味，质量也有所提高。新的食品原料的引进和生产，对传统烹调工艺产生了很大的冲击。如味精逐步取代高汤（用鸡、鸭、肉、骨等料精心滤熬的鲜美原汤），传统加工规程也相应发生了改变。

近年来，生物科技在食品中的应用越来越广，不仅改变了原有食品原料的品质，而且还合成了许多原料。生物科技可以用来改进农产或畜产的品质以方便加工，如增加番茄的硬度以利于运输，控制玉米的油脂氧化酶以省略冷冻玉米的杀青操作等，以防止因杀青带来的组织改变，也可以改进食品的品质，如利用某些荷尔蒙减少猪体的脂肪含量，同时增加蛋白质的含量。遗传工程还可以用来提高产品的生产速度及生物转化率，产生新的香味，产生胆固醇分解酶、脂肪修饰酶等，也可以用来改变饱和脂肪酸与不饱和脂肪酸的比例。

[1] 姚伟钧．汉唐时期胡汉民族饮食文化交流．光明日报，2004．

二、食品加工设备发生了翻天覆地的变化

在现代，作为传统能量来源之一的薪炭和煤在烹饪上的地位变得越来越微不足道。煤气、天然气、液化气、汽油、柴油、酒精、太阳能、电能等越来越多地应用于烹饪。能源革命引起的是炉灶、炊具革命，煤炉、气灶、酒精灶、微波炉、电磁炉、电炉、烤箱等广泛应用于烹饪活动。其次是卫生、机械化操作设备的使用。现在许多餐厅的厨房设备除了上述炊具外，还普遍使用冰柜、炒冰机、紫外线消毒柜、自动洗碗机、切肉机、刨片机、绞肉机、不锈钢工作台和其他饮食机械设备。值得一提的是，我国现在已经出现了许多大型的厨房设备生产企业，可以生产灶具、通风脱排、调理、储藏、餐车、洗涤等300余个规格和品种的厨房设备。因此厨房工作环境清洁，污染减少，劳动强度下降，工作效率提高，改变了中国“烹调技艺世界一流，厨房设备未入流”的局面。

当今国际上食品工业新产品大约90％以上是采用新技术手段完成的。如冷杀菌设备、超临界流体萃取设备、超声波设备、挤压加工设备等大量的食品加工机械设备在食品工业中得到普遍应用。由于技术进步，许多工业化生产的食品货架期延长，便于较远距离的销售，这也促进了食品文化的交流传播。

三、工业食品的创制和食品工业的发展

几千年来，中国传统食品都由手工制作而成，包括主食和各种菜肴的制作。手工制作的特点是：耗时多；一次成品制作量小；每一个环节的把握纯粹凭借经验；卫生条件难以保证。随着妇女逐渐走向社会、生活节奏的加快和人们营养卫生意识的加强，人们迫切需要方便快捷、营养卫生的食品。随着科技的进步，工业食品开始步入人们的生活。工业食品是传统烹饪食品的派生物，是现代科学进入烹饪领域的结果，也是为了适应现代快节奏的生活和人们的营养卫生意识。如今，已经出现了许多生产工业食品的企业，一些传统烹饪食品如包子、饺子、馒头、面条、馄饨、月饼、咸菜、各种酱制品等都有专门的食品加工工厂。还有一些半成品如鱼香肉丝、辣子鸡丁、酱排骨、西湖牛肉羹等，只需加热即可。工业食品的出现既减轻了手工烹饪繁重的体力劳动，节省了时间，又使大批量食品的生产质量更加规范化和标准化，更有利于通过现代流通环节进行传播。

自从食品生产迈入工业化轨道，中国的食品工业逐渐走向成熟，开始出现集团化经营，每个食品集团都打造自己的品牌。从吃到喝，从小食品到各种真空包装的肉制品，从调味品到原材料等，可以说品牌已经渗透到食品的方方面面。火腿肠有双汇、雨润等品牌；糖果有大白兔、金丝猴、阿尔卑斯等品牌；奶制品有蒙牛、伊利、光明等品牌；调味品有王守义、王致和等品牌。现代食品工业和餐饮业依托科技和发达的物流，建立标准化的生产制作规范，通过超市等渠道进入千家万户，不仅促进了食品工业的发展，也进一步带动了农业等相关产业的发展。

四、营养安全的食品理念进一步加强

中国烹饪以美味为第一要求，而西方饮食基本是从营养角度出发的，通过中

西食品文化交流传播，人们的营养和安全观念得到加强。中国的传统食品，特别是菜肴，在制作上讲究的是“和”。油盐酱醋，酸甜苦辣，鱼肉禽蛋，菜蔬豆瓜，烹煮烧烤，冷炙火锅，种种不同的物体、滋味和烧法都能“和”在一块，共同为美味佳肴发挥作用。“五味调和”是中国食品文化的一大特点，但随着社会经济的发展，以及人们对食品科学、食品营养知识的深入了解，人们已不再满足于食品的色香味形，不再满足于用嘴吃饭，开始用脑吃饭，既重视食品的营养卫生和安全，又强调食品各种营养成分的搭配。富含硒、钙等微量元素的功能食品和卫生安全指标高的绿色食品越来越多，也越来越受到人们的喜爱。膳食结构也有了质的变化，更讲究膳食结构的合理和营养的平衡，强调“三低两高”，即低糖、低盐、低脂肪、高蛋白质、高纤维。历史上遗留下来的大鱼大肉、厚油浓汤饮食习惯正在改变。目前许多高校都开设了烹饪营养学，使学生能够运用营养学的知识科学合理地烹饪，制作出营养丰富、风味独特的菜点。当然，中国烹饪与现代营养学密切结合的同时，仍然没有也不能放弃长期指导中国菜点制作的传统食治养生学说。食治养生学说虽然比较直观、笼统、模糊，带有经验型烙印，但有宏观把握事物本质的长处。正是由于中西医学的结合，西方食品文化的交流传播，传统食治养生学说与现代营养学的相互渗透，宏观把握与微观分析两种方法的相互配合，使得中国烹饪向现代化、科学化迈出了更快的步伐。从 20 世纪 80 年代开始，鸡鸭鱼鲜和蔬菜水果的利用率得到提高，破坏营养素和有损健康的技法减少，推出不少营养菜谱、食疗菜谱、养生菜谱。食用以碳水化合物为主的谷物比例相对减少，含蛋白质较多的动物、豆类和菌类原料相对增加。人们开始注意饮食平衡对身体健康的重要性，注意通过饮食调整治疗营养失衡所导致的疾病，于是食疗药膳食品与保健食品迅速兴盛。

第三节　食品文化传播的任务和目标

对于人类来说，饮食生活不仅是营养的摄取手段，而且是文明和文化的标志，已渗透到政治、经济、军事、文化、宗教等各个方面。中国的食品文化在世界上享有盛誉，距今 2000 年前的淮南王发明了豆腐，诸葛亮发明了馒头(实际上就是中式汉堡包，但比汉堡包早了 1000 多年)，唐代发明了面条、点心之类……这些都是了不起的发明，直到现代还影响着我们的生活乃至全人类的生活[1]。然而，在看到这些辉煌历史的同时，也感受到了中国食品文化所面临的种种挑战和危机。由于技术落后等原因，许多传统食品失传，许多深受老百姓喜好的食品变得陈旧没落。因此，只有利用电视、网络等现代传播媒介和传播手段，传播我国食品文化精粹，才能更好地弘扬中国食品文化，让传统文化与现代科技相结合，服务于现代生活。

一、弘扬中国食品文化，提高食品文化软实力

胡锦涛同志在党的“十七大”报告中提出了一个重大的战略决策，就是要推

[1] 李理特．中华食品的机遇和挑战．农产品加工，2003.

动社会主义文化大繁荣大发展，要兴起社会主义文化建设新高潮，强调提高国家文化软实力。2008 年 1 月 22 日，胡锦涛同志在同全国宣传思想工作会议代表座谈时再次强调提高国家文化软实力。中国食品文化有着丰富的技术和文化内涵，中国精神文明的许多方面都与饮食有着千丝万缕的联系，大到治国之道，小到人际交往。食品文化作为中国传统文化的一个重要部分，随着历史的不断发展和科技的不断进步，自身也在不断发展和进步。我们应该在促进中西结合的基础上，加强对自身文化的发掘和科学的整理、传播，使东方食品再铸辉煌。

当然，悠久的中华民族文化也是不断吸收、融合外来先进文化发展起来的。正因为如此，中华民族文化的主流是创新的文化，是先进的文化，也是全世界各民族敬仰的文化。食品文化也不例外。例如，发达国家 20 世纪 90 年代才关注的功能性食品研究，其实就源于数千年前中国“医食同源”的思想。对于这个优势，是忽视，还是发扬，这不仅关系到一个民族的自信心和凝聚力，更影响到我国在世界经济、科学、技术领域中的竞争实力。正如“十六大”报告所提到的“文化的力量，深深熔铸在民族的生命力、创造力和凝聚力之中”。我们有责任、有义务认真研究中华食品文化的历史、现状和内涵，系统调查、抢救、分析和开发我国各地传统食品。弘扬传统决不是保守旧有的传统，弘扬意味着保护优秀的、合理的内容，积极吸收、融合外来先进的、科学的东西。

有一句话说得好，政治是国家形象，经济是国家命脉，文化是国家脊梁。弘扬中华食品文化，推动传统食品，尤其是主食品的进步，不仅是提高国民生活水平、增强国民身体素质的迫切需要，也是发展我国农业、食品产业的迫切需要，也对振奋民族精神、实现中华民族的伟大复兴具有重要意义。

食品文化不仅包含加工技术，还关系到其所在地区的自然环境、农业结构、社会环境、历史沿革、经济水平等，因此对食品文化的研究和发掘，需要营养学、食品学、农学、经济学、社会学、历史学等多方面学科专家的合作与努力。只有对中华食品进行全面、系统、科学的调查，才能对它有更加深刻和深入的理解，并发掘出其蕴藏的无穷魅力。

借鉴西方食品先进科学的研究方法对我国传统食品进行整理和改进，是传播和弘扬我国食品文化的重要任务。欧美的许多食品包括面包、乳品、酒类等，经过多年的科学研究，无论是从营养到风味，从规格到标准，还是从原料到加工、流通，都形成了一套系统的理论和技术。中国的火腿传到欧洲，欧洲人并不照搬，而是吸收改进，后来居上，现在我们又得“西天取经”。中国还有许多外国不太了解的传统食品，如油条、馒头、包子等，发掘、整理、改进这些中国人特有的食品，使之得到更好的传播和弘扬，只能靠自己。对其进行科学整理和开发，不仅是提高中国人饮食水平的需要，也是弘扬我国食品文化、推动人类食品文化进步的使命[1]。

二、构建食品文化壁垒，振兴我国食品工业

现代，当贸易全球化对各国农业和食物生产带来严重影响时，食品文化成为保护本国食物生产和安全的最有效手段之一。当然，在包括农业在内的食品企业

---

❶ 李理特. 中华食品的机遇和挑战. 农产品加工，2003.

竞争中，发挥文化的影响，高举文化的大旗，也成为影响商战胜负的重要武器。

美国在生活和娱乐方面对世界其他国家和地区的影响和渗透可以说无所不在。可口可乐和麦当劳快餐风靡世界，不仅仅是一种经济现象，更重要的是一种文化现象，许多国家都面临着被“可口可乐化”和“麦当劳化”的危险。美国输出产品被形象地总结为“三片”，芯片、大片和薯片。现在，食品文化作为美国软实力的一部分，已经和许多国家平民百姓的日常生活联系在一起，其进一步发展可能会影响和制约这些国家的外交行为甚至世界秩序[1]。

许多国家都十分珍视自己的食品文化，保护和发扬自己的食品文化，甚至把它作为维护民族权益、保护本国农业的一种战略。如日本、法国、韩国等，甚至提出了“身土不二”（身为国人，消费不能依赖他乡）的消费理念。

日本有一种类似我国豆豉的大豆发酵食品“纳豆”，100 多年前日本北海道大学教授就指出“……对营养丰富、易消化，可与欧美的干酪媲美的纳豆，应使其摆脱不卫生的稻草包裹……改变纳豆在食品中的卑贱地位，使之成为真正先进的文明食品。这样就可以使它扩大消费市场，甚至成为外国人也喜欢的美食，从而提高本邦特产大豆的身价，因此要大力提倡食用纳豆”。对这样的传统食品，日本学者锲而不舍，不仅使它成为现代方便食品，而且由于其抗血栓、抗氧化等功能成为深受欢迎的功能食品。而纳豆规格所要求的小粒大豆市场，保护了本国豆农，抵御了美国大粒大豆的进入。日本人在明治维新前不吃牛肉，后来从欧美传进了牛肉的吃法，但他们并没有把正宗美国牛肉定为高档，而是把本民族喜欢的“和牛”的雪花纹理肉推为极品，从消费者的心理上形成一道抵御外国牛肉的关卡。

我国有许多忽视自己的食品文化教训。例如，葡萄酒本是我国传统食品，唐代诗人“葡萄美酒夜光杯，欲饮琵琶马上摧”的名句。直到 20 多年前，葡萄酒一直是我国餐桌上不习惯喝烈性白酒的人，特别是妇女、老人的嗜好饮料。那时，国产葡萄酒如长城红葡萄酒、民权红葡萄酒等，酒精度较低，略带甜味，香醇可口，符合中国人口味。1988 年我国葡萄酒产量一度达 30 多万吨，可是后来盲目“崇洋”，行业竟把自己传统的甜葡萄酒定为“低档次酒”，把酸、涩、辣、干的法国风味“干白”、“干红”酒，推为高档酒，似乎不是法国风味，就不算正宗葡萄酒。结果餐桌上本来能喝一些甜葡萄酒的人，反而没有了自己喜爱的饮料，只好在“干白”或“干红”葡萄酒中搀上“雪碧”以适应自己口味。其实，即使喝“干白”、“干红”的中国人，也未必喜欢它的味道，就如同喝“XO”酒一样，只不过忍着苦涩，以显示“摩登”罢了。相反，在日本、智利、德国、美国等葡萄酒产地，他们总是强调自己的葡萄酒是世界上最好的，并无“法国酒高级”的概念，有的正是中国人喜欢喝的甜葡萄酒。因为技术有高低之分，口感、嗜好并无先进落后之分[2]。

中国是稻米的发源地，稻米文化有 8000 年以上的历史，可是市场上一方面农民卖稻谷难，一方面我国的一些报刊宣传“泰国米成为市民的当家米”，并称深圳居民消费越来越理智，选择泰国米为主食等。泰国人宣传并喜欢泰国“香

---

[1] 杨永生．中国文化产业作用研究．首都师范大学，2007.

[2] 李理特．弘扬中华食品文化．中国食物与营养，2005.

米”，不仅是他们的文化习惯，也是为了占领市场的营销宣传。可是日本人并不盲目认为泰国米香，为了自身农业和自己的文化，日本人根据自身的习惯，宣传和强化了日本香米的标准，而把泰国香米称为老鼠尿米，因为他们认为“泰国米”和老鼠尿气味相似。因此，在日本，本国大米很贵，很受欢迎，泰国香米，即使便宜，也没有多大销路。

以法国为代表的欧盟，还有印度等国，都曾经因为抵制美国式快餐而引发文化之争，其实质都是为了保护本国的农业和食品产业。因此，弘扬民族文化，开发传统食品，确立这些食品原料的特殊规格、标准，不仅对保护和发挥我国的农业优势十分必要，而且对振兴食品产业也有重要意义。

无论哪个国家都十分重视自己的传统食品文化。传统的东西固然有缺点，那就更需要爱护、指导和帮助，使它更加完善，以满足国民的更高要求，就像伟大的母亲对待自己的孩子一样，循循善诱，孜孜不倦。因为它不仅是养育了本民族数万年的营养源，还是和本国农业唇齿相依的伴侣。数万年形成的食品文化，是数百代亿万前辈用生命换来的生活经验的结晶，它的价值远非大白鼠的饲育试验可比。有些人往往指责传统食品落后，丝毫感觉不到自己也有义务关心、帮助和指导它们进步。这就有必要深刻领会“十六大”报告中的一段话，“当今世界，文化与经济和政治相互交融，在综合国力竞争中的地位和作用越来越突出”。

三、传承食品文化，构建健康生活方式

中国食品讲究医食同源。早在2000多年前的春秋战国时期，人们对食物结构就提出了“五谷为养、五果为助、五畜为益、五菜为充”之说，其科学意义至今令人叹服。《齐民要术》列举了当时中国传统的食物原料，包括谷类（含豆类）10多类200余种，蔬菜20多类100多种，鱼肉蛋约百余种。这些都体现了中国传统饮食结构的特点：食物原料多样，以植物性谷类食物为主，兼食水果，以动物性食物为补，多食蔬菜。可以说与现代美国营养学者总结出的膳食营养指南金字塔不谋而合，但却比他早了2500多年。美国之所以提出膳食营养指南金字塔，就是为了纠正西餐在食物搭配上的不平衡[1]。

中国传统食品的功能作用，有的已经逐渐为现代医学所证明。例如，中国传统养生学认为薏苡仁性凉、味甘淡，用它制作的食品可以治疗积热而发的痤疮和热毒产生的扁平疣。1982年平野京子教授用现代实验方法证明薏苡仁中的木瓜蛋白酶可把体内的病变细胞分解，因此可治疗痤疮和扁平疣等皮肤病，甚至有抗癌的作用[2]。

中国各地由于地理气候条件不同，种植着多种粮食作物，因此中国传统食品重视五谷搭配，五谷为养。人们相信五谷可以带来全面的营养，具有全面的保健功能，即“无味、五谷、五药”养其病。可以说现代的营养学研究正在逐步揭示“食五谷治百病”的道理。

随着社会经济的发展，以及人们对食品科学、食品营养知识的深入了解，对现代食品不仅要求嗜好性，更应注重其营养功能、生理功能和文化功能。用科学

---

❶ 李理特．中华传统食品的科学与价值．食品科技，2004．

❷ 江文章．神奇的药膳食品——薏苡．中华食苑（第二集），中国社会科学出版社，1996．

营养指导传统食品的改善和开发，对传统的食品文化去芜存菁，传播健康和谐的食品文化知识，引导人们健康合理饮食，这不仅关系到中华传统食品的发展与进步，甚至还关系到民族的强盛和振兴。

第四节　酒文化的传播及社会影响

一、酒文化的传播

关于先秦与域外各国食品文化交流文献中记载较少。秦汉以来，中外文化交流随着历史的推移不断抒写着各个时期的特色篇章，酒文化的交流亦如此。

汉乐府《羽林郎》："昔有霍家奴，姓冯名子都。倚仗将军势，调笑酒家胡。胡姬年十五，春日独当垆。""就我求清酒，丝绳提立壶。就我求珍肴，金盘鲙鲤鱼"。记载了汉代长安城胡人经营的酒店，年方十五的胡姬当垆卖酒的情景。据载，此时胡人的一些饮食制作方法已传入中国，如胡羹、胡饭、胡炮、外国豉法，还有外国苦酒法，可见诸于《齐民要术》等。

确实，随着汉代以来丝绸之路的开拓，一方面中国食品文化走向世界，另一方面外来的食品文化也输入并融合到中国食品文化中。《太平广记》："乌孙国有青田酒核，莫知其树与实，而核大如五六升瓠。空之盛水，俄而成酒。刘章曾得二枚，集宾设之，可供二十人。""因名其核曰青田壶，酒曰青田酒"。说明乌孙国（后归并哈萨克）的青田酒汉时传入中国。

汉时还有一种"瑶琨碧酒"，来自远域。汉郭宪《别国洞冥记》："瑶琨去玉门九万里，有碧草如麦，割之酿酒，味如醇酎。"又"汉武帝坐神明台，酌瑶琨碧酒"。用这种如麦的"碧草"酿成的美酒，可能是一种粮食酒，汉武帝品尝之，说明其已以珍贵的佳酿身份跻身于帝王的食谱中。

晋时开始，今越南中南部（古称为林邑）的杨梅酒已输入中国。晋嵇含《南方草木状》："林邑山杨梅其大如杯碗，青时极酸，既红，味如崖蜜，以酝酿，号梅花酎，非贵人重客不得饮之。"书中还记载了诃梨勒果酒："诃梨勒树似木木完，花白，子形如橄榄，六路，皮肉相著，可作饮。"这是南亚酒品输入概况。

唐朝中外文化交流发达，外国酒的输入增多，如有"三勒浆"之称的诃梨勒、菴摩勒、毗梨勒，还有龙膏酒、煎澄明酒、无忧酒等。

宋代，窦子野《酒谱》记载诃陵国（在今印尼爪哇岛）人以柳花柳子为酒。岳珂《桯史》记载外国侨民在番禺酿制味甘如崖蜜的美酒。宋、元之际暹罗酒传入中国，这种蒸馏的烧酒对中国酿酒业有一定影响。《广东通志》卷 52 引《外国名酒记》："乌丸有东墙酒，诃陵有柳花椰子酒，波斯、拂林有肉汁酒，南蛮有槟榔酒，扶南有安石榴酒、土瓜根酒。""赤土有甘蔗酒，真腊有明芽酒，波斯有三勒浆酒，以暹罗酒为第一"。其中，赤土国即今马来半岛，出产甘蔗所制之酒，在明代极受欢迎。真腊，今之柬埔寨，所产之明芽酒为当地名酒之一。扶南在今之柬埔寨，拂林古代称东罗马帝国及其所属西亚地中海一带。

明代万历年间，澳门已经成为欧洲葡萄酒的到岸码头，其酒用玻璃瓶包装，装潢精美。葡萄酒发源于西亚地区，公元1世纪前后开始逐步流传于世界各地，中国葡萄酒也有2000多年历史，开始于汉武帝。明清时期西洋葡萄酒受到欢迎，《红楼梦》中也有宝玉饮西洋葡萄酒的描写。另外，啤酒的输入也值得注意。啤酒的发源地为阿拉伯，约有4000年的历史，传到中国是大约近100年的事，这种被誉为“液体面包”的酒越来越受到人们的青睐。

由古至今，外国酒文化对中国酒文化的影响由小到大，由弱到强，由接纳到借鉴，由推动到挑战应战。这种洋酒文化从酒的制造、酒的味道、饮用的酒具、酒的历史与民俗等方面极大地丰富了中国传统的酒文化。从今日饮酒者口味的审美、精神的享受，包装上中西文化的碰撞与互动，酿酒技术工艺的交流，甚至酒具的设计等方面，人们发现外来酒文化的影响既深且广。

二、酒文化与现代营销

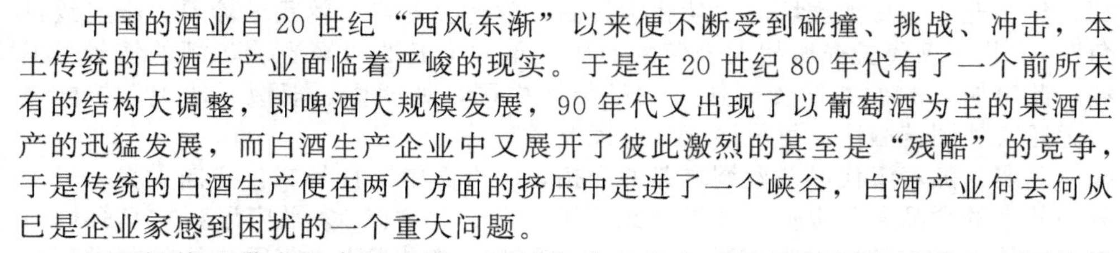

中国的酒业自20世纪“西风东渐”以来便不断受到碰撞、挑战、冲击，本土传统的白酒生产业面临着严峻的现实。于是在20世纪80年代有了一个前所未有的结构大调整，即啤酒大规模发展，90年代又出现了以葡萄酒为主的果酒生产的迅猛发展，而白酒生产企业中又展开了彼此激烈的甚至是“残酷”的竞争，于是传统的白酒生产便在两个方面的挤压中走进了一个峡谷，白酒产业何去何从已是企业家感到困扰的一个重大问题。

然而挑战也带来极大的机遇，困境往往是生命力重新拓展的转折点。要从传统酒业的峡谷中冲出去，现代企业家就要善于借鉴，勤于思考，勇于开拓。美国管理学家通过对80家企业的深入调查研究后得出结论：“强有力的文化是企业取得成功的新的‘金科玉律’。”一种新的企业管理学智慧“企业文化”渐渐深入人心，在这方面中国成功的酒业企业家也作出了积极能动的实践。

1. 茅台酒文化与茅台文化酒

茅台酒作为国酒，长期鲜花簇拥，特别是在当今愈演愈烈的白酒企业竞争中愈战愈勇，这与他们的企业文化战略是紧密相关的。确实，他们依靠茅台酒的悠久历史与深厚的文化内涵，打了一次又一次胜利的“茅台文化酒”之战。

20世纪末，茅台酒厂集团公司总经理在21世纪中国名优白酒质量与市场发展战略研讨会上发表论文《迎接文化酒的春天》。他们提出21世纪将是“文化酒”的时代，“文化酒”这一理念将“酒文化”提升到一个新的历史层面，而将制酒企业置身于一个充满朝阳光辉的瑰丽地带，一改人们所谓白酒业已属“夕阳产业”的心态。

《迎接文化酒的春天》将传统白酒生产经营轨迹划分为三个阶段。

第一，作坊酒阶段。主要特征是：工艺传统，手工操作，生产能力落后，传播方式多为文人咏颂、帝王钦点或民间口碑相传，经营思想是“酒好不怕巷子深”，因而市场狭小。这时白酒的质量、口感等，并无太大差别，只是因为酒师高明而个别作坊的酒稍好而已。

第二，工业酒阶段。新中国成立以后，白酒生产由作坊生产变为工厂生产，工艺进一步健全完善，生产能力进一步扩大，建立质量体系，酒质稳定提高。厂家只抓生产，市场由政府划分和控制，其结果是经营思想比较僵化，产生了官商和坐商作风。

第三，品牌酒阶段。由于市场经济的来到，生产厂家的坐商式经营已无法生存，于是不得不树起品牌大旗，揭开市场竞争的序幕。第一阶段是“广告酒”阶段，企业用广告作先锋，打响品牌声誉，塑造品牌形象，用广告炸出广阔的市场，一夜之间，开创了白酒空前超常规发展的先河。第二阶段是“名牌酒”阶段，当广告大战尘埃落定之后，消费者多了一份理智，使得企业重新溯本求源，在质量上下工夫，对品牌塑造做出更深思考，开始中国白酒业真正的“名牌战略”之路。

这几个白酒的发展阶段，“折射了相对应的与社会经济历史形态对称的演变轨迹：作坊酒体现了农牧经济的原始，工业酒反映了工业经济的局限，品牌酒虽然是一种进步，但仅仅是一种新的社会经济形态到来之前的混沌阶段。今天，当知识已成为社会经济发展的根本动力时，文化对于酒业发展的重要意义也因此凸现，从而使中国白酒迎来了一个可能孕育着深刻质变的全新发展阶段，那就是‘文化酒’时代。从某种意义上说，所谓‘文化酒’，就是中华民族数千年文明史的一种缩影，是人类社会历史发展过程中精神财富和物质财富的总和，是人类文明的结晶。既具有形而下的属性，又具有形而上的品质，是综合反映人类政治、经济、文学艺术、社会生活等以液态形式出现的一种特殊食品”。这里提出了21世纪“文化酒”时代的观点。

茅台酒厂实施国际通行的C-R-D-P的企业策略（C指用户，R指研究，D指开发，P指生产），并且在如何创造性地真正张扬、发挥出自身的文化内涵，释放自身的文化能量，进行全方位的实施创新与延展。例如，1993～1997年，茅台酒厂共斥资1.2亿元建成国酒文化城，占地3万多平方米，建筑了汉、唐、宋、元、明、清、现代和世界8个展馆，以大量的群雕、浮雕、匾、屏、书画、实物、图片、文物展示了茅台酒的历史、独特工艺、超凡品质、酒厂巨变、人的创新精神等。置身此“国酒文化城”中，会深入了解到什么是酒文化，什么是文化酒，什么是“文化酒”时代。另外，茅台酒厂紧紧抓住“国酒”这一品牌定位，在天安门广场的人民英雄纪念碑前举行“中华丰碑——国酒敬国魂”大型祭奠活动，同中国历史博物馆联合举办“国酒茅台与共和国世纪情”大型图片巡回展等，在消费者心目中进一步巩固了“国酒茅台”的地位。他们加大资本投入，进一步增强力度，搞好隐性和显性两方面的宣传广告工作，进一步提高企业和产品的知名度、美誉度，提高消费者对企业和产品的忠诚度、信用度。

利用开发酒文化，将酒文化升华为文化酒的企业营销理念，确实使贵州茅台酒更加浓香四溢，茅台酒企业更加生机勃勃，凯歌高奏，既利厂又利民，且利国。

2. 泸州老窖与“卖文化”

中国另一传统名酒泸州老窖集团提出了又一观点：“统治酒类销售的是文化”，“中国白酒业所面对的一个‘卖文化’的时代焦点课题”。

为什么要“卖文化”？目前，一方面我国经济有了很大发展，人民生活水平有了明显提高；另一方面现已进入高科技时代，人们的生活节奏加快，工作变动大，竞争激烈，过度紧张，易导致心理压力增大、情感失衡，精神生活相对缺乏，有些人甚至出现精神空虚状态。因此，人们对精神生活、情感需要日趋强烈，在消费领域中直接反映出文化消费倾向。具有这种消费倾向的消费群体，在现实消费中往往借助购买和消费感性化商品实现情感寄托，实现情爱和自我价值等层次需要。所以，他们认为，“酿酒，就应该‘学会把物质技术上的奇迹和人性的需要平衡起来’（约翰·耐期比特语），让我们的‘酒’有性格、有情感、有品位、有精神价值、有文化感染力……以满足人们日益增长的高层次需要”。

泸州老窖集团又是怎样去“卖文化”的呢？他们以“泸州老窖·国窖酒”的“四个大典”为主旋律，奏响了这种文化营销的华彩乐章。

第一，出酒大典。

他们有4个历经4百多年历史的国宝酿酒窖池，在20世纪末于窖池举行了隆重的“泸州老窖·国窖酒”出酒大典，让800多位省市政府、部门领导、嘉宾参观了窖池酿造的全过程，并将这批1999年“泸州老窖·国窖酒”分装成1999瓶，每瓶1999毫升，逐瓶编号，且不在社会上流通，因此具有极高的珍藏、观赏和品尝价值。出酒大典的成功举行，极大地增强了“泸州老窖”的品牌扩张力。

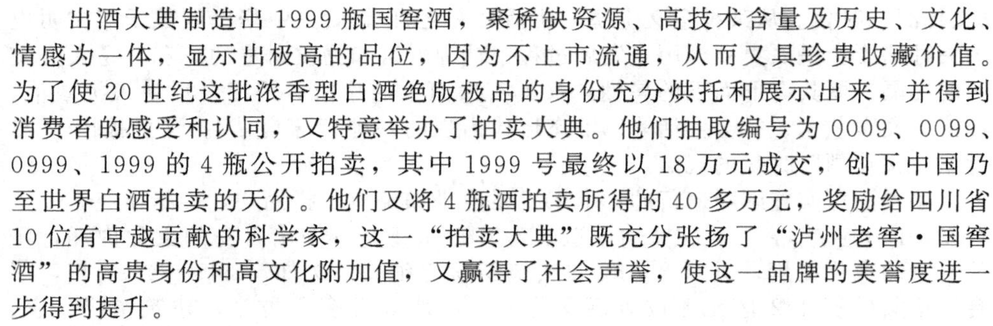

第二，拍卖大典。

出酒大典制造出1999瓶国窖酒，聚稀缺资源、高技术含量及历史、文化、情感为一体，显示出极高的品位，因为不上市流通，从而又具珍贵收藏价值。为了使20世纪这批浓香型白酒绝版极品的身份充分烘托和展示出来，并得到消费者的感受和认同，又特意举办了拍卖大典。他们抽取编号为0009、0099、0999、1999的4瓶公开拍卖，其中1999号最终以18万元成交，创下中国乃至世界白酒拍卖的天价。他们又将4瓶酒拍卖所得的40多万元，奖励给四川省10位有卓越贡献的科学家，这一“拍卖大典”既充分张扬了“泸州老窖·国窖酒”的高贵身份和高文化附加值，又赢得了社会声誉，使这一品牌的美誉度进一步得到提升。

第三，赠酒大典。

他们又将这批绝版品中的编号为0003号和0002号的两瓶酒分别赠送给香港、澳门首任行政长官董建华、何厚铧先生，将0001号的酒暂时珍藏在“泸州老窖”酒史陈列馆中，等到五星红旗在台湾升起之时，作为赠品。这种隆重而神圣的赠酒大典，高扬美酒敬英雄的主题，从而揭示了“泸州老窖”为祖国酿精品、为英雄造美酒的民族工业精神和敬业精神。

第四，品酒大典。

“泸州老窖·国窖酒”有文化之美、历史之美、资源之美，为了显示其酒质之美，他们又曾邀请20多位当今中国著名的酒类专家进行考究品尝，最后专家们称赞其酒：“无色透明、窖香优雅、绵甜爽净、柔和协调、尾净香长、风格典型。”品酒大典不仅充实、丰富了“泸州老窖·国窖酒”的品牌内涵，而且极为有效地传播了其品牌魅力。

这“四个大典”给企业带来了巨大的社会效益，也收到了明显的经济效益，2000年在全国白酒市场销售很不理想的形势下，“泸州老窖”的销售量却比上年增长了50%，显然这种“文化战”策略是值得人们借鉴的。

3. 汾酒与酒文化旅游

汾酒是我国又一名酒，如何利用这一名酒积淀的丰厚文化，山西杏花村汾酒集团有限负责公司也有高招。他们注意到自古以来到杏花村游赏的人络绎不绝，于是他决定把汾酒集团建设成为中国酒文化特色旅游基地。他们将旅游工作与销售工作结合起来，把旅游宣传同企业宣传、产品宣传结合起来，通过宣传酒文化

来提升汾酒品牌形象，引起游客游览兴趣。

他们的整个工程有 20 个项目，可以看一下其中的一条旅游线路，体味其打出的一张“文化牌。”

第一，参观古老的名酒生产线。

首先看神秘的汾酒酿造生产，“地缸分离发酵，清蒸二次清”，这是汾酒酿造的特色。其次看万吨粮食，粮仓总储粮可在 3 万吨以上，且实现电脑自动化管理。三看传统酒库和万吨“酒海”，汾酒出厂前都必须经过酒库储存，少则 3 年，多则数十年，集团储酒能力在 30 万吨以上，名酒储存能力在 5 万吨以上。四看成装线，由洗瓶、验瓶、灌装、压盖、灯检、贴票、装箱等工序构成。

第二，参观公司酒文化名园醉仙居。

1993 年建成全国第一家酒器酒具博物馆，收集了上至三代下至民国的 1000 余件饮酒器或盛酒器，均为真品。此外收集到新中国成立后名人书画作品 3000 余幅，其中有毛泽东亲笔手书的《清明》诗。建成三座碑廊，将上百名家作品雕刻成碑。游人在这里可以进一步体会到酒文化的魅力。

第三，领略乡村风光，于名酒产地品名酒。

建设花园式的工厂，绿化美化环境，杏林成片，梧桐槐柳成行，体会大自然和现代文明的完美结合，还可以在此悠闲地品尝名酒。

4. 企业与酒文化的研究

业内人士曾这样概述：市场经济的转轨变型使中国的一些白酒厂家在经过了地方战、金牌战、价格战、广告战、返利战等浅层次的竞争以后，转而实行独特的“文化营销”[1]。企业从对酒文化的重视到转而研究酒文化，开发利用酒文化，这是渐入渐深的酒的文化之战。研究酒文化较早的企业要数汾酒厂，在 20 世纪七八十年代出版了《杏花村里酒如泉》、《杏花村酒歌》。此后全国的名优酒厂先后推出研究成果：《酿造国酒的人们》、《泸州老窖史话》、《郎酒史话》、《剑南春史话》、《五粮液史话》、《全兴史话》、《在神秘的茅台》、《古井贡酒》、《中国杜康酒志》、《陇南春酒话》、《杜康仙庄故事集》、《杜康酒歌》、《西凤酒文化》、《中国绍兴酒文化》、《绍兴酒文化》、《中国第一窖》、《剑南春历史真迹》、《五粮液环境建筑艺术》等。1989～1990 年，中国酒文化丛书编委会还为双沟酒、董酒、四特酒等一批名优酒编写了一套酒文化书籍[2]。这些企业在研究本企业酒文化的同时，并对历史积淀进行认真回顾、梳理、发掘、总结，体味其底蕴，把握其脉动，凸现其特色，从而服务于当前，又瞻望于未来。茅台酒业集团、泸州老窖集团及汾酒集团的成功事例，既证明这种文化营销策略是有远见的，而且是卓有成效的。

第五节　茶文化的传播及社会影响

茶叶的外传最初是经丝绸之路向西亚传播的：一是通过来华的僧侣和使臣，

---

[1] 徐少华.《中国酒与传统文化》. 北京：中国轻工业出版社，1991.

[2] 徐少华.《中国酒与传统文化》. 北京：中国轻工业出版社，1991.

将茶叶带往周边国家和地区；二是通过派出的使节以馈赠礼品的形式与各国上层交换；三是通过贸易交流，将茶叶作为商品向各国输出。在与各国交往的漫长历史中，中国种茶制茶技术与饮茶文化不断向外传播。到目前为止，世界茶叶产区的最北界限已到北纬49度，最南达南纬22度，垂直分布于低于海平面地区到海拔2300米地区，全世界产茶的国家和地区已达50多个，形成了东亚、东南亚、西亚、欧洲、东非、南美六大茶区。随着种茶区的扩大，饮茶人数的增加，茶文化也日益发展，已经成为一些国家和地区社会风俗和民族文化的一部分[1]。

一、茶叶传播国外的简况

唐代国事兴盛，茶的栽培、制造、品饮等方面的深入发展使唐代成为茶业史上的重要时期。唐王朝外交开放，派出使节出使西域，文成公主下嫁吐蕃，使得长安遍布各国遣唐使及商人舍馆，成为当时世界国际文化、贸易、经济中心。这一时期也是中国茶叶对外传播的重要时期。

中国的茶叶，最早传入朝鲜和日本。通常认为日本输入茶叶的时间当从高僧最澄来华时算起，实际上茶叶传入日本的时间更早。隋文帝开皇年间（581～601年），即日本圣德太子时代茶叶传入日本。日本文献记载，729年即日本圣武天皇天平元年4月8日在宫廷举行了大型饮茶活动，召百名僧侣入宫讲经，并赐茶给百僧。804年9月日本最澄到浙江天台山国清寺学习佛教，805年5月回国时带回茶籽，种在京都比睿山东麓日吉神社边。同一时期，到中国学佛的僧人还有空海与永忠，都将中国的饮茶生活习惯带回日本。荣西到宋朝学禅，同时学习了有关茶树、茶具、点茶的方法和知识，回国后把茶籽赠送给京都洛西栂尾的明慧上人，在栂尾很快种出了优质茶，茶的栽培由此推广到日本各地。荣西还著述《吃茶养生记》，对茶的保健作用和修身养性功能进行了详尽叙述，由此，荣西被认为是日本茶道的真正奠基人。

茶传入韩国的时间比日本早，据可靠记载，632～646年新罗统一三国后，不仅传入饮茶习俗，也学会了茶艺，并讲究水质。828年（唐文宗太和二年）朝鲜遣唐使金大廉从中国带回茶籽，种在智异山下的华岩寺周围，随着禅宗的发展，种茶在朝鲜半岛曾推广到51个地域。当时朝鲜的教育制度规定，除“诗、文、书、武”必修之外，还必须学习“茶艺”。韩国同日本一样，全面引入中国植茶、制茶和饮茶技艺及茶道精神，但与日本不同的是，日本注重完整的茶道仪式，日本茶道是在吸收中国唐朝茶艺、宋代茶道思想和中国民间打茶会形式的基础上，又结合本民族特点创造而成的。而韩国更注重茶礼，把茶礼贯穿于社会各个阶层。作为礼仪之邦的韩国重点吸收了中国茶文化中的茶礼、茶规，形成了带有民族特色的茶文化。韩国茶礼是高度仪式化的茶文化，以茶礼仪式为中心，以茶艺为辅助形式，通过茶事活动怡情修性，最终达到精神升华的完美境界。

850年左右，阿拉伯人将中国茶带往西域各国，16世纪由威尼斯传入欧洲。17世纪，茶的种植传播很快，1780年英国东印度公司商人将中国茶籽带到印度

---

❶ 汤泽民．中国茶与茶文化传播．湖南林业，1995.

试种，因种植不当而未成功。1834 年又派专人来中国学习，并购买茶籽、茶苗，招募制茶技工，制茶得以在印度发展。1824 年斯里兰卡首次由荷兰人从中国引进茶籽，1839 年又从印度阿萨姆引种种植，1841 年再次从中国引入茶苗，聘制茶技工，1867 年开始商品生产。印度尼西亚直到 1872 年由斯里兰卡引入阿萨姆种及中国种茶树才试制成功。

北美洲茶叶最初由英国东印度公司输入，红茶、乌龙茶、绿茶等大量输入美国。南美洲种茶始于 1812 年，中国茶籽与制茶技术同时传入巴西。

非洲肯尼亚 1903 年从印度引种茶树，并成为当今世界主产茶国之一。

澳洲最早于 1940 年从中国引种茶树，在塔斯马尼亚等地试种。

越南、老挝、缅甸等东南亚国家与中国毗邻，很早就向中国西南地区的少数民族学习茶事，越南从 1825 年开始大规模经营茶场，缅甸在 1919 年创办了专门从事红茶生产的茶场[1]。

1567 年，两名哥萨克人伊万·彼得洛夫和布纳什·亚里舍夫将中国茶叶传到俄国。1618 年，中国驻俄国大使赠送沙皇中国名茶。1735 年，俄国商队贩运中国茶叶。当时的茶叶十分昂贵，只有贵族才能享用。1847 年，俄国在黑海沿岸的萨克姆植物园试种茶树成功[2]。

在欧洲，用自己的思想来表达中国茶文化的首推英国。400 多年前一位叫托马斯·加尔威的英国茶商写了《茶叶和种植、质量与品德》一书，介绍了中国的茶叶和茶文化。更为奇妙的是，茶在英语里最初叫 cha，直到 19 世纪下半期，英国上层社会受法国人的影响，才按中国福建方言的发音改叫 tea。如今 cha 的叫法在英语对话中也是较常见的。

中国茶和茶文化在欧洲是通过商业贸易进行传播的。中国茶叶进入英国，最初是从葡萄牙、荷兰等转口的，当年东印度公司船只去广州并将茶叶运回英国，后来又在福建厦门设立了采购茶叶的商务机构，直接进口武夷茶。据说，茶之所以能成为英国国饮，并在英国王室盛行，和英王查理二世的王后卡瑟琳娜有关。这位葡萄牙公主不但体态颀长苗条，姿容绝代，而且嗜爱中国红茶。她在出嫁时将几箱中国红茶带到英国，不但自己饮，还宣传红茶的功能，并说自己的苗条与饮茶有关，于是饮茶之风尚就在英国王室传播开来，不但在宫廷中开设气派豪华的茶室，一些王室人员和官宦之家也群起效仿，在家中特辟茶室，以示高雅和时尚。18 世纪末，伦敦有茶馆 2000 多个，还有许多“茶园”。之后，茶则被视为时尚饮料，从宫廷传到民间后形成了喝早茶、午后茶的习惯，现在英国是国外消费茶最多的国家。

在清顺治七年（1650 年），中国茶就已经成批销往欧洲。1685 年茶叶销售额为 2 万磅，到雍正十二年（1734），增加到 88.5 万磅，到光绪十二年（1886 年），达到二亿九千五百多万磅，可见中国茶在欧洲很受欢迎。

美国是在 1776 年独立运动前后开始大量饮用中国茶的。乾隆四十年（1784 年）美国派船——“中国皇后号”从纽约抵达广州，运来西洋参，运回茶叶及其他物产。如今，美国人饮茶时加入柠檬、糖及冰块，称之为“冰茶”。

---

[1] 徐兴海. 食品文化概论. 南京：东南大学出版社，2008.

[2] 王献忠著. 中国民俗文化与现代文明. 中国书店，1991.

二、茶文化传播的社会影响

茶叶的流通和消费，带有商品文化色彩。可以说，一种消费方式就带有一种文化方式。从茶叶向世界各国的传播来看，就语言学方面而言，世界各国对茶的称呼大都采用了中国原来的发音。茶叶通过陆路和海路两大途径向外传播，形成了外国语中两大类不同的读音模式：与中国陆地接壤或邻近的国家与地区，大都直接音译中国“茶”的语音，使用中国北方话“茶”的发音；从海路传播茶叶的国家（日本除外）都将茶读作清塞音声母 t，即来源于闽南话的“茶”之发音 te。从行为文化角度来看，世界各国的茶式茶艺虽千姿百态，但其核心内涵总会保留着某一时代的中国痕迹，如日本茶道动作大多沿袭于中国宋人模式。从功利的角度看，引入茶叶商品文化国家的侧重点不同，或关注其药用价值，或欣赏其天然成分。由于东西方文化的差异，西方国家在接受中国茶产品时首先关注茶的商品价值，随后才考虑其文化背景，如茶最早传入欧洲时被视为药物。世界各国在接受中国茶产品的同时，也接受了与茶相关的附属产品，其中包括茶包装、茶用具、茶设施等物品，并通过这些物品来体验中国茶文化的综合魅力[1]。茶文化融入到了各国的食品文化之中，既丰富了当地的食品文化内涵，又促使茶文化的表现更加活泼生动。

从茶叶商品文化在国内的传播来看，茶文化通过各种表现形式给社会带来了各种有益的影响。

茶馆是中国社会各阶层交流思想、传播友谊、解决民间争议的场所。茶馆在古代被称为茶坊、茶肆、茶轩、茶斋、茶阁、茶寮、茶店、茶社、茶园、茶铺、茶室、茶楼等。从历史上看，茶馆的出现可上溯到饮茶习俗开始普及的唐宋时代，兴盛于明清时代。作为一种群众性活动场所，茶馆是随着城市经济和市民文化的发展而自然兴盛起来的。20 世纪初流行于江浙一带的“吃讲茶”习俗（甲乙双方发生民事纠纷，邀请乡里邻居在茶馆里听取两人对事件的阐述和辩论，理亏的一方，将在众人的舆论威慑之下承认错误，大家的茶钱也自然由理亏之人付）就生动体现了茶馆在解决民间争议时所发挥的“和”的作用。茶馆所发挥的重要的信息沟通作用，随着时代的变迁而表现得更加丰富。现代茶馆的经营内容和经营模式多元化，在茶馆里可以品茶、看戏、听歌曲、上国际互联网、美食、学艺术、看文艺表演、听各类文教艺术经济讲座、商务会谈等，传统的、现代的、中国的、外国的，几乎都能够在茶馆里体验到。

茶庄也是弘扬茶叶商品的重要场所。遍布在中国各地的装修风格各异的售卖茶叶的茶庄，既提供了丰富的茶叶，又传播了茶文化。

茶园经济对解决“三农问题”提供了一个良好的思路。自新中国成立以来，我国茶园种植面积不断扩大，茶叶的商品价格也逐年递增，企业集团化运营，茶叶品牌的不断塑造，促使茶叶质量和茶叶品牌价值不断提升。茶叶生产对农民增收和加快农村经济发展功不可没。

茶文化的传播和发展，对社会风气的净化产生了有益的影响。当今的现实生活，市场经济发展，处于转型期的中国，社会思潮多元化，而在以追逐物质财富

---

[1] 王赛时. 国际茶文化交流的历史成就与现代审视. 饮食文化研究［M］，2006.

为主流导向的影响下，人们生活节奏快捷，竞争压力增大，人心浮躁，心理易于失衡，人际关系趋于紧张。茶文化是一种温和的、雅静的、健康的文化，能使人们通过参与茶文化活动来放松身心，净化心灵，丰富心灵。以“和”为核心的茶道，提倡和诚处世，以礼待人，自信自尊，爱人爱己，惜福惜缘，与我国政府所倡导的构建和谐社会，建设全面小康社会是一致的。

和平与发展是21世纪的两大主题。世界多极化、经济一体化和文化多元化是全球性的三大趋势。21世纪是茶饮料世纪，全世界将有更多的人消费茶叶，欣赏茶文化。茶文化中人与自然和谐共处的思想，以人为本、以和为贵、以茶联谊、以茶休闲的道德修养和群体功能，都是有益于现代社会的内涵❶。

中国茶的对外传播和友好交流，是中国儒家“修身齐家平天下”思想的一个体现。通过食品文化，与世界人民友好往来，以茶作为联结友谊的桥梁，天下茶人无不感慨道，中国的茶，传播的不仅是友谊，更是和平❷。

思考题

1. 谈谈现代食品文化传播的途径有哪些?

2. 谈谈现代发达的交通业、旅游业、传媒业对现代食品文化传播的影响。

3. 查阅资料，谈谈食品文化传播三个阶段与当时的政治、经济和科技水平之间的联系。

4. 试比较东方茶文化中的中国茶艺、日本茶道和韩国茶礼各自的特点和联系。

5. 结合自己家乡的食品文化，说说西方食品文化对家乡食品文化的影响。

---

❶ 徐永成. 21世纪茶文化将成为世界文化. 茶叶 [J], 2000.

❷ 徐兴海. 食品文化概论. 南京：东南大学出版社，2008.

第九章　中国的食品安全

在悠久的中国饮食文化中，食品安全从来都是人们关注的焦点，如何保障整个民族的食品安全是人们必须正视的问题。尤其是在工农业和科学技术迅猛发展的今天，随着人民生活水平的不断提高，自身健康和食品安全问题受到了前所未有的关注。新中国成立后，为了推动国家科技、经济的快速发展，人民过度开发自然资源，导致生态严重破坏和环境污染，使人类生存环境和食物生产环境恶化，食品安全问题更加突出。因此，如何保证食品安全是目前我国面临的一大严峻挑战，也是我国食品行业将要重点解决的重大课题之一。本章对中国的食品安全现状进行了全面阐述，重点介绍了食品安全的定义及意义、保障中国食品安全的措施，以及中国食品安全所面临的困难等内容。

第一节　食品安全定义及意义

一、食品安全的定义

中国对于食品安全的定义是随着社会的发展而不断变化的。古代中国是一个传统的农业国家，农业生产力水平比较低下，抵御自然灾害的能力较弱，所以食品供应一直显得比较紧张。因此，对于中国古代的食品安全，可以将其界定为：使全体人民获得满足温饱和健康所需要的食品的保障，即孟子所说的“乐岁终身饱，凶年免于死亡”。

对于食品安全的这种理解一直持续到新中国成立。1978 年，改革开放拉开了中国的大门，人民的生活水平得到了很大提高，食品生产加工水平快速发展，人们对于食品安全的理解也在逐步发生变化。

食品安全的概念是 1974 年 11 月联合国粮食与农业组织在罗马召开的世界粮食大会上正式提出的，即“保证任何人在任何地方都能得到为了生存与健康所需要的足够食品”。1983 年 4 月，联合国粮食与农业安全委员会通过了总干事爱德华提出的食品安全新概念，其内容为“食品安全的最终目标是，确保所有的人在任何时候既能买得到又能买得起所需要的任何食品”。2004 年世界卫生组织在其发表的《加强国家级食品安全性计划指南》中则把食品安全解释为“对食品按其原定用途进行制作和/或食用时不会使消费者受害的一种担保”。

在我国，《中华人民共和国食品卫生法》指出：“食品应当是无毒、无害，符合应当有的营养，具有相应的色、香、味等感官性状。”从法律高度界定了食品必须具有的安全性、营养和感官性状。“防止食品污染和有害因素对人体的危害，保障人民身体健康，增强人民体质”是其宗旨。而我国正在制定《食品安全法》，将进一步从法律高度更全面、更科学地规范食品从原料到餐桌的安全性，保证广大人民群众的健康。

我国食品生产加工水平也在快速发展。人们对于食品的要求不再局限于仅仅满足温饱和基本的营养，更多的人开始注重食品的安全性和保健功能。特别是近几年来不断出现的全球范围内的食品安全问题：1996 年英国爆发的疯牛病、1997 年香港禽流感、1998 年东南亚猪脑炎、1999 年比利时等国二恶英、2001 年欧洲爆发口蹄疫、2003 年发生的 SARS 已漫延到世界各地。引起数以百计人员染病身亡的疯牛病还未弄清原因，口蹄疫已经爆发，SARS、禽流感接踵而来，假酒、假烟、“瘦肉精”、“苏丹红”、“孔雀石绿”、“注水肉”、“毒米”、“毒粉丝”不断出现，还有根源性的农药残留、重金属污染及引起众多争议的转基因产品可能对人体产生潜在危害……令人目不暇接，造成消费者的恐慌，引起国际社会、各国政府议会、学术界和民众的普遍关注。人们开始重新审视和理解食品安全问题。

《食品安全性》的编者认为食品安全性应该表述为“食品中不应含有可能损害或威胁人体健康的有毒、有害物质或因素，从而导致消费者急性或慢性毒害或感染疾病，或产生危及消费者及其后代健康的隐患”。

二、食品安全的意义

纵观古今，中国的食品安全问题是一个影响到社会稳定的重大问题。先秦时期许多政治家、思想家就已经认识到了食品安全的重要性。箕子“食为政首”的理念、管子的“仓廪实则知礼节，衣食足则知荣辱”，以及墨子说的“食者，国之宝也”等言论都是在强调食品安全的重要性。

放眼当今社会，食品安全问题仍然是所有人关注的焦点。尤其是近年来全世界范围内出现的食品安全问题造成了全人类的恐慌，将人们对食品安全问题的关注程度推向了高潮。一系列令人震惊的食品安全事件在全世界掀起了一场对于食品安全问题的重大思考。

正如世界卫生组织食品安全局局长约尔格恩·施伦德所说：“食品安全已经不单纯是个商业问题，而是关系到大众健康的命题，直接影响联合国千年发展目标的实现，同时也对各国食品行业的出口起到举足轻重的作用。”

国务院总理温家宝 2007 年 7 月 25 日主持召开国务院常务会议，研究加强产品质量和食品安全工作，审议并原则通过《国务院关于加强食品等产品安全监督管理的特别规定（草案）》。会议指出，产品质量和食品安全，关系人民群众生命健康和切身利益，关系企业信誉，关系国家形象，必须高度重视。要把全面提高产品质量和食品安全水平，作为一项重要任务。

实际上，食品安全不仅关系到个人的安全与健康问题，种种事实表明，食品安全是保障国家稳定、维持社会秩序、保持生态平衡、保持生物多样性、保护环境、实现人类可持续发展的重要保证。

第二节　食品安全现状及保障措施

一、传统食品安全措施

食品安全深受中国历代政府关注。古代中国是一个传统的农业国家，农业生产力水平比较低下，抵御自然灾害的能力弱，所以食品供应一直显得比较紧张。为了保证食品的安全性，各朝各代政府结合实际情况采取了一系列保障食品安全的措施，从食品生产、食品节约、食品储备和食品赈济等方面对食品安全进行保障。主要表现在以下几点。

① 以发展农业为主兼顾自然资源，适当发展养殖业以提高粮食产量，保证国家食品安全。

② 倡导节约粮食以达到细水长流的目的。具体措施有：全社会树立崇俭意识，政府以强制手段实行酒禁、酒榷，号召人们素食和减食等。

③ 靠节约下来的储备食品度过饥荒时节。为了保证储备食品的良好风味等特性，人们发明了冷藏、腌制、密封、风干、熏制、物藏等储备食品的方法，有些方法至今仍被用来储藏食品。

中国古代的庶民阶层大多数情况下在果腹线上徘徊，没有更多的储备食品，或者说储备的食品不足以应付灾荒，灾荒一旦发生，死亡时时会降临到他们的头上，这时候极易发生饥民暴动，破坏社会秩序，危及政权统治。为此统治阶级和一些慈善家千方百计做好灾民的食品赈济工作。食品赈济主要包括低价粜粮、钱粮赈济、施粥等。

二、现代食品安全措施

保障食品安全一直以来都是中国政府和食品行业力图突破的重大课题。近年来，保障中国食品安全的种种方法和措施不断提出来，尤其是加入 WTO 后，食品行业所遭受的贸易壁垒使中国政府开始正视食品安全所面临的严峻挑战。据统计，2001 年 3 月～2002 年 3 月美国 FDA 共扣留我国出口产品 5651 批次，平均每月扣留 435 批次，其中 50％是农产品，且 90％与 TBT 有关。我国传统出口产品茶叶由于农药残留、酱油由于氯丙醇污染而影响了出口。2002 年欧盟全面禁止进口中国动物源食品，10 亿美元出口物品被禁。近年来我国禽肉、水果（汁）、蔬菜、蜂蜜、茶叶等产品再次遭到美国、欧盟、日本、韩国的一再阻杀。

食品安全问题已经成为制约我国农产品出口的重要原因之一。为了防止食品污染，保护消费者的利益，我国相关部门正着手从以下几个方面改善我国的食品安全状况。

1. 建立健全食品安全法律法规

我国有句成语“没有规矩不成方圆”，将其用在食品安全方面十分贴切。没有食品安全方面的法律法规，食品的安全性就无从保证。2007 年 4 月，中共中央政治局专门安排了集体学习我国农业标准化和食品安全问题研究。会议强调，保障食品安全，必须树立全程监管理念，坚持预防为主、源头治理的工作思路。

要切实抓好食品安全专项整治，做好“三绿工程”、食品药品放心工程，提高整治成效；要切实加强食品安全制度建设，努力建立健全保障食品安全的长效机制，严格实施食品质量市场准入制度，全面落实食品质量市场检验检测制度；要切实加强食品安全法制建设，完善食品安全法律法规，严格执法监督，把食品安全法律法规落到实处。

我国产品安全存在各种问题的主要原因是，现行法律、行政法规执行不够好，对生产经营者的违法行为处罚不到位，监督管理部门的监管不得力。1995年颁布实施的《中华人民共和国食品卫生法》从1983年试行至今，已经不能适应急剧变化了的食品安全形势和需要，急需根据新出现的问题加以完善和强化。为了加强食品等产品安全的监督管理、保障人体健康和生命安全，为产品安全监督管理提供更有针对性、可操作性和更有力的制度保障，我国政府在食品法律法规的制定上投入了大量力量。特别是改革开放以来，从20世纪80年代开始，我国政府制定了一系列与食品安全有关的法律法规和管理条例，陆续制定了不少必要标准。我国的食品卫生监督管理从最初的单项条例、办法，到1982年制定颁布《中华人民共和国食品卫生法（试行）》，到1995年实施的《中华人民共和国食品卫生法》等，已经具有比较健全的食品法律保证体系和标准体系。《中华人民共和国食品卫法》、《中华人民共和国产品质量法》、《中华人民共和国农业法》、《农产品安全法》和《中华人民共和国标准化法》等一系列法律法规从不同的角度对食品安全提出了保障。然而，我们必须清楚地认识到，我国食品安全法规体系相对于与WHO、FAO、CAC、欧盟、美国等国际组织和发达国家标准，不管是法律体系，还是法律本身的系统性、可操作性、科学性，以及时效与更新期限等方面都有不小的差距。

2. 加大食品安全控制技术的研究与开发力度

发展先进的食品安全控制技术是食品安全性的重要保障。一方面，需要投入转向经费，加强与国际发达国家的合作研究，包括改进检测方法、研究微生物的抗性、病原控制等预防技术、食品的现代加工技术和储藏技术等。另一方面，要加强国内研究项目的投入。“十五”食品安全重大科技攻关转向，国家投资1.5亿元人民币，重点研究放在我国食品生产、加工和流通过程中影响食品安全的关键控制技术、食品安全检测技术与相关设备、多部门配合和共享的检测网络体系。大力发展快速灵敏的食品安全检测技术并推广使用，提高食品生产精英单位的食品卫生保证能力和消费者的自我防范水平。

3. 在高等学校建立食品安全专业以培养相关的高级专业技术人才

目前，我国食品安全管理和控制体系不够完善，食品安全检测技术落后，相关的研究工作开展较少，研究力量薄弱。此外，严峻的食品安全形势又急需加强与食品有关的化学、微生物及与新资源食品相关的潜在危险因素评价，建立预防和降低食源性疾病爆发的新方法，改进或创建新的有效食品安全控制体系。要解决这些问题，首先必须发展相关专业的高等教育，培养一批食品安全控制的高级专业技术人才。为此，部分高校向教育部申报了食品安全专业；另外一些高校开设了食品安全专业方向，并已经招生。现在所面临的任务就是建立和完善该专业的教学计划，规范新开类似专业的审批方法和程序，培养相关的师资队伍，促进该专业的健康发展。

4. 加大食品安全监督管理力度

目前，我国正不断地完善食品安全的监督管理机制并试图加大执法力度。据调查，近年来出现的一系列食品安全事件中，很大一部分原因是生产者为了牟取更多的利益而向食品中添加了禁止使用或超标的物质，或者在生产过程中违反相关规定。为了切实杜绝这些不法现象，相关部门正在加大执法力度。但是，这是一项长期而艰难的工作。

5. 加强对食品加工人员和消费者及执法人员的培训或教育

随着时代的变化，食品本身也在变化，检测技术和水平也在变化，人们对食品安全性的认识也在变化。而本质上，食品安全只能是相对的，是以国家标准来界定的。凡是符合国家标准的食品，即为合格产品。然而，由于我国在食品安全相关知识的普及力度不够，人们对于食品安全并不能真正理解。这就造成了对一些食品安全事件的盲目恐慌。

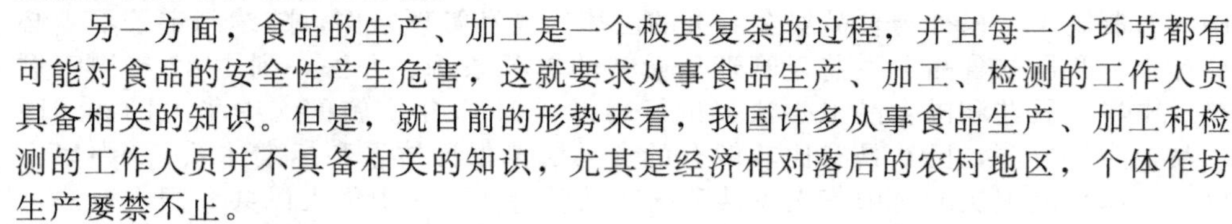

另一方面，食品的生产、加工是一个极其复杂的过程，并且每一个环节都有可能对食品的安全性产生危害，这就要求从事食品生产、加工、检测的工作人员具备相关的知识。但是，就目前的形势来看，我国许多从事食品生产、加工和检测的工作人员并不具备相关的知识，尤其是经济相对落后的农村地区，个体作坊生产屡禁不止。

如何适应这些变化，满足人们日益增长的物质和文化需要，在如此复杂的系统中，在任何环节都能保证消费者的食品安全，是食品科学工作者和食品安全工作者的责任和追求。不过，不同的检测、检验水平，对“食物安全”的要求和界定也会产生不同的结论。比如，当人们未发现和证实果子狸是SARS病毒的元凶时，有关部门还是允许人工养殖的。当人们开始津津有味地品尝山野菜时，没想到有关山野菜致癌的报告结论又放在了科学家的案头。因此不断加强检测工作人员的培训教育至关重要。

科技的发展和经济的不断全球化在给社会带来利益与机会的同时也带来了更重要的食品安全问题。保障食品安全的最终目的是为了预防与控制食源性疾病的发生和传播，避免人类健康受到食源性疾病的威胁。食物可在食物链的不同环境中受到污染，因此不可能靠单一的预防措施来确保所有食品的安全。新的加工工艺和设备、新的包装材料、新的储藏和运输方式等都会给食品带来新的不安全因素。因此，保障食品安全将是一项艰巨的任务，它是全社会的共同责任，需要整个社会的共同努力。

第三节　食品安全问题存在的原因及启发

古代中国长期处于一种落后闭塞的状态，封建阶级的局限性造成了食品分配上的不平等性，再加上古代中国人口众多，落后的生产力无法生产出足够的粮食来满足所有人民的温饱需要，加之恶劣的自然条件造成了古代中国饥荒不断，这种种原因造成了古代中国严重的食品安全问题。然而，在科技高度发达的今天，在人们已经研制出杂交水稻等一系列高产植物并发明了先进的检测技术的当今世界，为何食品安全问题仍然屡见不鲜，甚至更为人们所焦虑呢？为什么在生产技术日趋完善的当今世界仍有如此严重的食品安全事件呢？主要有以下原因。

① 生态破坏。近几十年来，人们为了片面追求经济利益，不惜以破坏生态环境为代价。一方面，人类对资源的过度开发和利用导致了生态平衡的严重失调，从而使病原菌生长繁殖并波及食品原料和生产的各个环节，导致某些疾病更容易通过食品爆发流行；另一方面，农业生产者在巨额经济利益的诱惑下，非法或不当使用含有有害物质或激素的化学药剂，还有农业生产管理的无知或失误、过多使用农药和化肥等均造成生态破坏。

② 污染严重。一些工厂为了最大限度地减少生产成本而在生产工程中采取不正当的操作或偷工减料，尤其是在对有毒有害物质处理的环节上，一些工厂肆意将“三废”排放到自然环境中，使自然环境遭到严重污染，进而污染到农产品。另外，食品生产过程中的不法操作也导致食品生产过程中的严重污染，引发食品安全问题。

③ 食物储藏和制造过程方法不当。因方法失当而造成的食品变质，食品加工企业不适当或非法使用各种添加剂都能造成食品安全问题。对于食品，最重要的要求是无毒害。因此生产食品的工厂须经省、自治区、直辖市产品主管部门、卫生部门及有关部门共同批准，指定生产。生产必须符合质量标准，并接受有关部门验收、监督和检查。

④ 管理体系不健全。政府部门多头管理，出现了管理上的漏洞。受经济发展水平的制约，我国食品行业的整体卫生条件和管理水平较低，存在规模小、加工设备落后、卫生保证能力差等问题。特别是部分食品企业存在欺诈行为，对我国食品行业卫生安全的总体形象造成了极其恶劣的影响。如有的食品生产企业无视国家法律规定，滥用食品添加剂，出售过期、变质食品，还有极少数不法分子为牟取暴利，不顾消费者的安危，利用有毒有害原料加工食品，直接危害了消费者的身体健康。

⑤ 检测方法落后。食品的安全检测与监督技术相对落后，不能满足对食品进行快速检测和监督的需要。在食品中不明有毒有害物质的鉴定技术及违禁物品、激素、农药残留、兽药残留的检测，以及转基因食品安全评价等方面，我国因投入不足和科技落后，监督检验能力与国际水平差距较大，制约了食品卫生监督水平的提高。

⑥ 国民食品安全常识教育不够与知识更新滞后。一方面，农村剩余劳动力缺乏从事食品生产的必要技术和专业知识，在不具备合格场地和设备的情况下，利用简陋的工具和缺乏卫生保证的原料，无照加工食品，给食品卫生安全带来重大隐患。还有少数违法犯罪分子故意掺杂造假、添加违禁物质，给食品卫生监督工作带来严峻挑战。另一方面，农村贫困人口及城市中的一些弱势人群，由于收入水平较低，食品购买力较差，往往为了满足温饱等基本需要，而忽视了食品的卫生安全，使一些生产经营条件差、食品卫生不能得到保障的食品摊贩、街头食品具有一定的市场空间，这也是假冒伪劣食品屡禁不止的重要原因之一。

从以上论述中可以知道，要在短期内完全解决以上问题绝非易事，除了要解决以上问题以外，还要解决它们所伴随的复杂而艰巨的社会问题。但是，为了促进以上问题的解决，首先必须对食品安全问题要有一个科学全面的理解，因为无

论是消费者还是食品生产者，对食品安全的理解都有一些盲点或误区。解决食品安全问题的关键在于管理和法制，根本在于科技和教育。

思考题

1. 食品安全的定义是什么？
2. 保障我国食品安全的措施有哪些？
3. 请简述我国现代的食品安全所面临的问题。

第十章　食品文化研究的展望

第一节　层出不穷的新饮食

近代，中国食品文化特别是饮食史得到了深入的研究并取得了辉煌的成就。徐吉军和姚伟钧合著的《二十世纪中国饮食史研究概述》一文中列举20世纪研究中国饮食史的论文和专著的数量达189篇，其中绝大部分都是20世纪80年代以后发表的，还不包括譬如《中国烹饪》这类饮食专刊上发表的几百篇专业论文。其数量之多，内容之丰富，丝毫不逊于其他分类学科。有关食品文化的著作更是不胜枚举。与此相对应的是，随着人们生活水平的提高和旅游事业的蒸蒸日上，从事食品生产的工作人员的数量也迅猛增加。20世纪90年代以来，人们的饮食消费观念已逐渐趋于成熟，昔日生猛海鲜横行大江南北，公款吃喝大行其道，狂吃滥饮、比财斗富的场面已鲜见于茶楼酒馆，取而代之的是如今亲朋聚会品菜谈心的场面。当人们从比财富、吃面子的狂躁虚荣中逐渐冷静下来，理性消费逐渐占据上风，返璞归真、追求精神层面的享受成了消费者的迫切要求。这些迹象从酒店宾馆的装潢档次和文化品位中可见一斑。改革开放之初，所谓的酒店档次就是要在大堂餐厅里装金贴银，装潢金碧辉煌、珠光宝气。菜品也是生猛海鲜充斥，追奇猎异，把为数众多的普通消费者排斥在外。这种畸形消费注定不能长久，因为它既不符合经济的发展规律，也不适应社会的发展需要。现今的酒店宾馆注重人与自然的和谐相处，内在文化品位的凸现。这就形成了市场的需求——要求一批既要对食品文化有深入研究，又深谙饮食之道的“两栖”专家显身市场。

第二节　食品文化研究中存在的问题

中国食品文化研究热潮兴起于20世纪80年代初，历经了20多个年头。当世人以兴奋的心情跨入21世纪，回顾中国食品文化研究的这20多年，我们既为取得的丰硕成果和发展的良好势头倍感欣慰，同时也为此付出了过高的代价，并为导致这种过高代价的国情因素及研究中的某些非科学心态、观念、口号和行为深感惋惜。倘若不是那些不正常和非科学因素的存在，我们的食品文化研究和饮食文化事业原本可以有着更健康的发展前景和更鼓舞人心的成果。

一、食品文化研究中存在的问题

20 世纪 80 年代以来的 20 余年，过度宣传中国是世界上独一无二的“烹饪王国”，使食品文化研究失去正确的方向。直至 1997 年中国饮食文化研究才进行了战略性重点转移，以批判继承的态度对自己的食品文化进行合理的取舍，并以开拓创新的精神面对现实与未来。

当代中国食品文化研究热最初始于“烹饪研究”，这种“研究”是以 20 世纪 70 年代中叶以后开始的餐饮业流行和技工学校需要的菜谱的编写为前奏的。80 年代这种研究很快便进入了总结传统烹调技术经验和弘扬国粹的阶段，至今依然，尽管“热潮”早已开始降温，冷静的思考和科学的审视已经开始成为越来越多研究者的思维方法，但其仍在餐饮行业内继续影响部分人的意识和认识。我们一直为中华美食及文化自豪，在对外市场上，中国饮食并非如我们所想象的那样——已成为国际知名品牌或外国人对之趋之若鹜。事实证明，不适当的宣传使这一口号远远超出了使人自豪和激励国人进取革新的正常与合理范畴。它僵化了许多研究者的头脑，滋养了文化国粹心态，并导致“弘扬”式研究的偏颇。正是在此种思想与方法的指导下，以“中国菜”为对象，以传统烹调工艺为主要内容的文化研究，成为 20 余年来“烹饪研究”的基本特点和主要成就。20 年来这一研究的文字积累远远超过了中华民族食品文化史文字成果的数十倍。人们对“中馈”——“厨业”——“饮食”认识观念的改变和价值认定发生了翻天覆地的变化，这种变化不仅是史无前例的，而且也是当今世界所罕见的。发人深省的是，中国从来也没有像以往 20 年那样更像一个“烹饪王国”。今天再回过头来冷静思考这一口号时，我们不能不说我们更是一个“烹饪大国”，一个有 12 亿人吃饭，并且主要是以传统烹饪方式吃饭的大国。

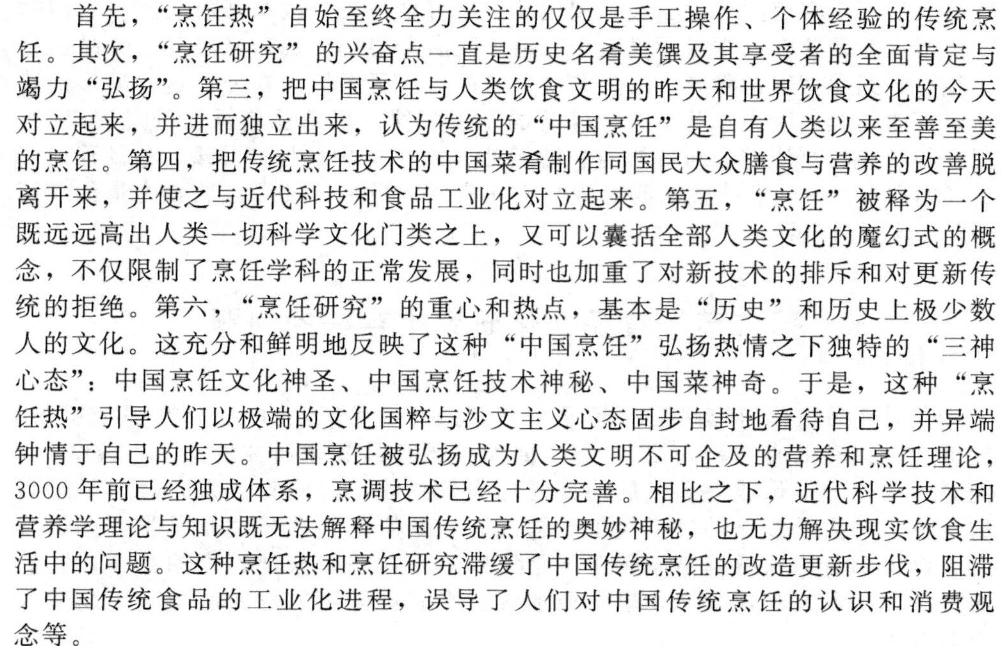

首先，“烹饪热”自始至终全力关注的仅仅是手工操作、个体经验的传统烹饪。其次，“烹饪研究”的兴奋点一直是历史名肴美馔及其享受者的全面肯定与竭力“弘扬”。第三，把中国烹饪与人类饮食文明的昨天和世界饮食文化的今天对立起来，并进而独立出来，认为传统的“中国烹饪”是自有人类以来至善至美的烹饪。第四，把传统烹饪技术的中国菜肴制作同国民大众膳食与营养的改善脱离开来，并使之与近代科技和食品工业化对立起来。第五，“烹饪”被释为一个既远远高出人类一切科学文化门类之上，又可以囊括全部人类文化的魔幻式的概念，不仅限制了烹饪学科的正常发展，同时也加重了对新技术的排斥和对更新传统的拒绝。第六，“烹饪研究”的重心和热点，基本是“历史”和历史上极少数人的文化。这充分和鲜明地反映了这种“中国烹饪”弘扬热情之下独特的“三神心态”：中国烹饪文化神圣、中国烹饪技术神秘、中国菜神奇。于是，这种“烹饪热”引导人们以极端的文化国粹与沙文主义心态固步自封地看待自己，并异端钟情于自己的昨天。中国烹饪被弘扬成为人类文明不可企及的营养和烹饪理论，3000 年前已经独成体系，烹调技术已经十分完善。相比之下，近代科学技术和营养学理论与知识既无法解释中国传统烹饪的奥妙神秘，也无力解决现实饮食生活中的问题。这种烹饪热和烹饪研究滞缓了中国传统烹饪的改造更新步伐，阻滞了中国传统食品的工业化进程，误导了人们对中国传统烹饪的认识和消费观念等。

二、食品文化研究追求美性饮食，忽视营养平衡

尽管中国讲究食疗和食补，重视以饮食来强身养生，但烹调却以追求美味为第一要求。人们多从味觉、视觉、嗅觉、触觉、文化等方面直观地把握饮食，不论营养过度还是不足，只要口味好、色彩美、造型佳，便乐意享受这口福。因此，中国是一种美性饮食观念。中国饮食之所以有其独特魅力，关键就在于它的“味”。而美味的产生，在于调和，要使食物的本味、加熟以后的熟味、加上配料和辅料的味，以及调料的调和之味，交织融合在一起。西方则是一种理性饮食观念，西方人摄取食物时，基本是从营养角度理解饮食的。不论食物的色、香、味、形如何，营养一定要保证。享受在饮食中基本不占有重要位置，故而不过分追求口味。因此西方的饮食比较简单实在，西方的这一饮食观念同西方整个哲学体系是相适应的。其饮食文化，到处都打上了方法论中形而上学的痕迹。西餐的菜肴主要讲究原汁原味，烹饪方式以烧、煎、炸、焖等为主，各种作料一般都是烧熟后自行加入，而不像中国菜那样烧入菜肴中。

第三节　食品文化的研究方法

食品文化的研究方法有实地调查法、跨文化比较研究法、历史文献研究法、跨学科综合研究法、结构研究法和文化人类学理论法。

(1) 实地调查法　指到现场调查、记录现场情况，询问有关人员情况，并记录下来。一般分谋食方式调查和饮食调查。一个社会要能生存，必须发展一套能从生存环境中谋取食物的方法。人类自古至今共发展了五种谋食方式，依次是狩猎和采集、初级农业、畜牧业、精耕农业、工业化谋食方式。饮食调查既要了解社会上平均饮食情况的营养水平，还要注意不同性别、年龄及社会地位的人在饮食方面的差别。另外，与饮食相关的礼节及习俗，均应进行调查。

(2) 跨文化比较研究法　不同地区、不同国家，食品文化之间或多或少存在差异，从食物到餐具，从主副食搭配到饮食习俗，从调味品到饮酒方式，从日常饮食到节日请客，几乎处处存在不同。在不同地方吃不同民族的饭菜，又感受到区域性和民族性的差异。

(3) 历史文献研究法　今人研究必须在前人研究的基础上进行，因此需要参考和查阅大量的书籍文献。中国饮食文献的利弊有其产生、形成和发展的过程，只有了解它们的来龙去脉，才能比较准确地进行分析研究，才能有根有据。

(4) 跨学科综合研究法　食品文化堪称中国文化之核心，它与许多学科及社会层面密切联系。对研究所涉及的多个学科要具有相关的常识，否则没法联系分析问题。谈到食品文化长短处之成因，需要涉及历史学科知识；谈到食品的结构，需要涉及民族学经济文化类型知识；谈到饮食保健，需要医学和养生学的知识；谈到环境与饮食的关系，需要生态学知识：谈到饮食器，需要工艺美术学知识：谈到饮食习俗，需要民俗学知识；谈到饮食资源，需要农业学知识；谈到食品市场，需要食品营销学、食品商品学、经济学、消费心理学、管理学等知识；谈到宗教文化对饮食的影响，需要宗教学知识；谈到食品文化交流，需要文化学

的知识；谈到饮食与反腐败的关系，需要社会学和政治学知识等。

(5) 结构研究法　应从空间角度分析它的构成形式和存在状态，如赵荣光在饮食生产和科学发展时代的基础上，以及在历史文化的大时空中全面考察孔孟的一生活动，由此入手全面准确地认识他们的饮食言论、饮食生活实践，进而再现孔孟的饮食思想。

(6) 文化人类学理论法　文化人类学从20世纪初进入中国，其走过的历程与现代中国饮食文化研究极为相似。新中国成立前是其萌芽期，20世纪50～60年代曾有迅猛发展，70年代是其停滞期，80年代开始至今，进入了新的发展历史时期。但所不同的是，文化人类学已经初步形成了具有中国特色的民族学体系，而食品文化研究的各个方面虽然有了长足进步，但离建立完整的食品文化体系还有很长的一段路要走。从这一方面来说，借鉴文化人类学的研究方法研究中国食品文化有其现实意义。

现代文化人类学的研究注重现实意义，旨在解决有关人类生活的各种弊端，为人类的健康发展探索各种理论方法。文化人类学的这些理论品质对食品文化研究具有的特点是非常吻合的。文化人类学要求研究人员深入到最基层，收集现实生活的第一手资料，并用客观的眼光对它进行分析说明。最后结合一定的理论，挖掘其中的现实意义。这一点对食品文化研究很重要。当一个民族的生活超过温饱线以后，人们对饮食生活的创造性才能真正体现出来。改革开放，特别是20世纪90年代以后，民间饮食生活大为丰富，各种具有浓郁乡土气息的菜肴不断被创造出来。这些“土得掉渣”的菜肴以它们质朴的品质和丰富的营养深受各阶层消费者的青睐，而这一内容经常被食品文化研究者所忽视。程云在《中国饮食文化之根》中说：“谈论中国饮食文化的根源，可以举出三片天地：一是宫廷饮食，二是各大菜系，三是民间生活。目前，研究饮食文化的文章、书籍多把眼睛盯在前两片天地中，更为丰富多彩的民间饮食被忽略了。民间饮食的主流是崇尚‘吃’德，崇尚节俭，既保持着淳朴的意蕴，又善于创新，它们才是中国饮食文化之根。”人民大众是人类文化的创造者，民间饮食理所当然是中国烹饪乃至食品文化发展的力量之源。忽视民间饮食，研究中国食品文化就成了无本之木、无源之水。民间饮食既包括民间菜肴、特殊烹饪原料，又包括民间烹饪技艺，当然还包括富有民族和地方特色的风俗习惯及其他精神层面的相关内容，这是食品文化研究的重要方面。

文化人类学还很重视对历史的研究。进化学派和文化传播学派对古人类的历史研究非常重视。中国民族学（文化人类学）学科最大的特点之一就是重视历史资料的应用。中国历代有关民族的研究著作不胜枚举，丰富的历史资料举世无双，这些资料提供了历史性研究的广泛资源。将史学和人类学结合，早在人类学的萌芽时期就有许多学者将其付诸实践。中国上下五千年的悠久历史，同时也是一部举世无双的中华民族饮食史，中国有关饮食保健、养生哲学、烹调心得、菜品欣赏等的著作汗牛充栋。从古人的文化遗产中汲取养分，进一步丰富、发展中国食品文化。

在中国文化人类学的发展过程中，引入了大量的西方理论研究成果，并在此基础之上初步形成了具有中国特色的文化人类学体系。进化论学派、功能主义学派、结构主义学派等西方著名学派都曾经对中国文化人类学的研究产生重大影

响，其中许多理论成果到今天都还有重要的现实意义。我们同样可以用文化人类学中的某些理论来研究中国食品文化，这种视角能为中国食品文化研究提供一条新的思路。文化功能论认为“文化基本上是一种当作手段的器具，人类在用它来满足需要的过程中，和用它来对付他们所面临的具体问题时，使自己处于有利的地位……人类在谋取食物、燃料、盖房、缝制衣服等以满足基本需要时，便为自己创造了一个新的、第二性的、派生的环境，这个环境就是文化”。这种需求理论得到学术界的普遍认可。中国古代先哲曾云“饥思食，渴思饮”，又曰“今人之性，饥而欲饱，寒而欲暖，劳而欲休，此人之性情也”，甚至说“食、色，性也”，充分肯定饮食需求对人类生活的重要作用。

文化功能论还认为，文化是一个有机的整体，每个部分都以其独特的功能发生作用。注意食品文化事项中的功能作用，对食品文化的完整理解很有好处。譬如过小年的时候，上海及江南一带流行吃“粽子糖”。民间传说腊月二十三（或二十四）这天灶王爷要奉旨上天汇报人间善恶，若是想来年风调雨顺、全家健康平安，就得好好招待灶王爷。粽子糖实际上是招待灶王爷的供品。粽子形似元宝，粽子糖甜甜蜜蜜，希望灶王爷享用后会向玉皇大帝“甜言蜜语”。虽然人们现在不再相信这种传说，但吃粽子糖的习俗却流传下来。粽子糖在这里的功能就是“娱神”、“媚神”，从而使自己和家人趋利避害，其根本属于一种天地崇拜。通常人们认为正月十五元宵节吃元宵是因为“元”通“圆”，象征家人“团团圆圆”。实际上这种解释并不能反应其本来的功能。元宵光滑圆润，象征明月。正月十五是新年的第一个月圆之夜，用元宵祭祀月神是一个非常合理的解释。因而正月十五吃元宵是典型的日月崇拜。

用文化功能论来解释食品文化中的要素，很容易抓住文化的本质内容，还原食品文化现象的本来面目，这同样也是整个文化人类学理论的重要特点。在食品文化研究过程中，适度关注文化人类学，并借鉴文化人类学中比较成熟的研究方法，吸取其中的理论精华，中国食品文化研究一定会更上一层楼。

第四节　世界各国食品文化的交流

中国食品文化源远流长，早在春秋战国时代就出现了比较系统的烹调理论，近千年来又形成了各具特色的菜系，从而展现出无与伦比的美食海洋。我国的烹调知识、烹调技术、烹调美学不仅为世界惊叹，而且丰富了世界文化宝库。孙中山先生在他的《建国方略》中就曾说过：“烹调之术本于文明而生，非深孕乎文明之种族，则辨味不精，辨味不精，则烹调之术不妙。中国烹调之妙，亦足表明文明进步之深也。昔者中西未通市以前，西人只知烹调一道，法国为世界之冠；及一尝中国之味，莫不以中国为冠矣。”

我们在为中国食品文化对世界食品文化做出重大贡献而感到骄傲的同时，也应该清醒地认识到，中国食品文化也是受惠者，也受到了世界上其他文化的影响和赐予，汲取了其他国家或民族食品文化的丰富养料，这才是在世界食品文化大交流的背景下对中国食品文化的正确估价，这才是明智的心态。中国食品文化从来就不是封闭的，更没有自我封闭的特性。开放、宽容、多元是中华文化宝贵的

特性。开放、吸收是中国食品文化长青不老的灵丹妙药。学习和吸收，不仅仅指食品物种的大量传入，如美洲的农作物传入中国，最重要的有番薯、玉米、土豆。这些作物产量高，对土地要求低，很大程度上改变了中国的粮食生产布局和结构。我国人口在17世纪中叶不过1亿左右，18世纪出现人口爆炸，到1850年达到4.3亿，正是由于美洲高产作物的引进，导致了“粮食生产革命”，才有可能养活那么多的人口。学习和吸收，更重要的表现在对食品安全、卫生的重视，对营养的追求，对不良饮食习惯的矫正，当然，还有对畸形饮食消费的社会心理的批判。

第五节　弘扬中华食品文化

中国的食品文化对世界产生过十分重大的影响，可以说自从中国食品文化对周边或者其他国家和民族发生影响起，这些国家和民族就已经开始了对中国食品文化的研究和借鉴。

海外的中国饮食史研究，首推日本。日本对中国饮食史的研究时间较早，也最为重视，成就最为突出。其研究的特点是细密而周到，注重史料且结论可靠，并且涉及中国食品文化的方方面面。

早在20世纪40～50年代，日本学者就掀起了中国饮食史研究的热潮。当时，相继发表的论著的研究范围涉及食具的有青木正儿《用匙吃饭考》(《学海》，1994年)，《用匙吃饭的中国古风俗》(《学海》第1集，1949年)；涉及饮食史的有青木正儿《中国的面食历史》(《东亚的衣和食》，京都，1946年)，篠田统《白干酒——关于高粱的传入》(《学芸》第39集，1948年)，《向中国传入的小麦》(《东光》第9集，1950年)，《明代的饮食生活》(收于薮内清编《天工开物之研究》，1955年)，《鲊年表(中国部)》(《生活文化研究》第6集，1957年)，《古代中国的烹饪》(《东方学报》第30集，1995年)，同人《华国风味》(东京，1949年)，《五谷的起源》(《自然与文化》第2集，1951年)，天野元之助《中国臼的历史》(《自然与文化》第3集，1953年)，冈崎敬《关于中国古代的炉灶》(《东洋史研究》第14卷，1955年)，北村四郎《中国栽培植物的起源》(《东方学报》第19卷，1950年)，由崎百治《东亚发酵化学论考》(1945年)。从植物交流的角度进行研究的有篠田统《欧亚大陆东西栽植物之交流》(《东方学报》第29卷，1959年)，等等。

20世纪60年代，日本关于中国饮食史研究的文章有篠田统《中世食经考》(收于薮内清《中国中世科学技术史研究》，1963年)，《宋元造酒史》(收于薮内清编《宋元时代的科学技术史》，1967年)，《豆腐考》(《风俗》第8卷，1968年)，同人《关于〈饮膳正要〉》(收于薮内清编《宋元时代的科学技术史》，1967年)，天野元之助《明代救荒作物著述考》(《东洋学报》第47卷，1964年)，桑山龙平《金瓶梅饮食考》(《中文研究》，1961年)。

到20世纪70年代，日本的中国饮食史研究掀起新的高潮。1972年，日本书籍文物流通会出版了篠田统、田中静一编纂的《中国食经丛书》。此丛书是从中国自古至清约150余部与饮食史有关书籍中精心挑选出来的，分成上下两卷，共

40 种。它是研究中国饮食史不可缺少的重要资料。此书受到相当重视，体现了日本学术研究注重史料的特点。其他著作还有：1973 年，天理大学鸟居久靖教授的系列专论《〈金瓶梅〉饮食考》公开出版；1974 年，柴田书店推出了篠田统所著的《中国食物史》和大谷彰所著的《中国的酒》两书；1976 年，平凡社出版了布目潮沨、中村乔编译的《中国的茶书》；1978 年，八坂书房出版了篠田统所著的《中国食物史之研究》；1983 年，角川书店出版了中山时子主编的《中国食文化事典》；1985 年，平凡社出版了石毛直道编的《东亚饮食文化论集》。1986 年，河原书店出版了松下智著的《中国的茶》；1987 年，柴田书店出版了田中静一著的《一衣带水——中国食物传入日本》；1988 年，同朋舍出版田中静一主编的《中国料理百科事典》；1991 年，柴田书店出版田静一主编的《中国食物事典》。

近年来，日本已相继出版了林已奈夫教授的《汉代饮食》等书。在日本研究中国饮食史的学者中，最著名的当推田中静一、篠田统、石毛直道、中山时子等。

田中静一先生是最早开展中日食物学史专项研究的著名学者。1970 年，田中静一在书籍文物流通会正式出版了《中国食品事典》。这是中国食物史上一部很有影响的大书。1972 年，田中静一又与篠田统合作出版了《中国食经丛书》。1976～1977 年期间，田中先生监修了《世界的食物》（中国篇·朝鲜篇）一集 15 卷，由日本著名的朝日新闻社出版，向全世界发行。该书内容广泛，图文并茂，印刷极其精美，对读者很具吸引力。1987 年，田中静一先生的大作《一衣带水——中国食物传入日本史》由柴田书店出版。该书史料翔实可靠，论述极其严谨，是一部具有很高学术价值的著作。此后，田中静一先生又于 1991 年编著出版了《中国食物事典》一书。该书内容极其丰富，对食品的名称、产地、发展过程等作了比较详细、认真的考证与叙述，在海内外影响颇大，现已译成中文，由中国商业出版社出版，在中国内地发行。

篠田统教授侧重于中国饮食史的贯通研究，他是日本京都大学人文科学研究所中国科学史研究班的成员。他对中国饮食史的研究始于 20 世纪 40～50 年代，从食物传入中国的研究发端。1948 年，在《学芸》杂志第 39 期上发表了《白干酒——关于高粱的传入》一文，引起了学术界的注意。次年，他又在《东光》杂志第 9 期上发表《小麦传入中国》一文。此后，他相继发表了《明代的饮食生活》（1955 年），《鲊年表（中国部）》（《生活文化研究》第 6 集，1957 年版），《中国古代的烹饪》（《东方学报》第 30 集，1959 年），《中世食经考》（收于薮内清编《中国中世科学技术史研究》，1963 年），《宋元造酒史》（收于薮内清编《宋元时代的科学技术史》，1967 年），《豆腐考》（《风俗》第 8 集，1968 年版）等。这些文章后来集成《中国食物史研究》一书（八坂书房，1978 年版）。此外，篠田统教授还著有《中国食物》。

海外的中国饮食史研究，美国的研究方法独特。他们了解日本、越南、泰国和其他东方国家的烹调风格，但是却不怎么了解中国的烹调风格。但是，美国为了肯德基、麦当劳、可口可乐等食品与饮料在中国的推销，美国商人和文化界开始深入了解中国的饮食文化，这样有利于他们更好地推销其产品。美国社会学教授考察北京的饭馆，研究其变革所反映的社会意义，这样的研究有新的角度，也很有价值。美国各州中学的社会研究课大多设有“美国政府”、“美国民族”等课题研究学习，注重文化研究，探讨民族文化，特别是饮食文化研究。如美国爱阿华市东南初中的课程设计中，要求学生涉及的不仅有自然探究领域，还有饮食文化研究。

一些国家由专门的食品文化研究组织推动中国饮食史研究，如法国。早在1284年，法国国王圣路易丝就成立了烧烤协会，会员被授予烤鹅的特权，因为当时烤鹅肉特别为人们所称道。1610年，皇家授予烧烤协会正式会徽。在1789年之前，烧烤行业不断壮大。尽管法国大革命后烧烤行业几近销声匿迹，但从事烹饪行业的人从未放弃使之成为一种艺术的努力。

1950年8月3日，法国美食家协会宣布成立，并在巴黎注册。美食家协会尽管是一个法国组织，但也包括来自法国以外的分支机构，称为“大区分会”，他们在巴黎总部的指导下开展活动。美食家协会由专业会员和业余（非专业）会员两部分组成。

韩国由世界饮食文化研究院组织研究。

第六节　食品文化研究的发展趋势与前景

当前对食品文化的研究，从大的方向讲有两种趋势：一种被称作“食品文化”——把食品文化当作一种文化现象进行剖析；另一种被称作“烹饪技术”——以食品生产为研究对象。前一种趋势主要从文化的角度来研究饮食的历史、习俗，以及与其他文化的相关联系。从事这一部分研究的人员以文史学者为主，重视理论研究。后一种趋势一方面研究烹饪技艺的创新和新款菜肴的制作，另一方面研究营养卫生，为人们提供健康的饮食。从事这一部分研究的人员以工作在食品生产第一线的饮食工作者及最近几年在高校或科研院所中研究食物营养、卫生安全的科研人员为主，更加偏重实践操作，直接为人们的生产生活服务。

中国食品文化受儒家文化的影响颇深。在儒家“君子食无求饱，居无求安，敏于事而慎于言”，以及“君子远庖厨”等思想的影响下，古代社会对食品文化的研究，要么是御用文人为皇族达官们献媚邀功的产物，要么是失意文人的寄情抒怀，抑或是文人们闲情逸致的生活感悟。

不同研究领域的专家学者数不胜数，但是要达到市场要求的人才标准还有一段距离。关键是如何使食品文化与食品生产技艺和营养卫生相互融合。此问题涉及的范围比较广，跨学科跨领域，用食品文化专家赵荣光先生的话说就是：“‘食品文化’是一个涉及自然科学、社会科学及哲学的普泛的概念，是个介于‘文化’的狭义和广义二者之间而又融通二者的一个边缘不十分清晰的文化范畴。”

当前，国内人类学研究也比较注重对食品文化的探讨。第一届人类学高级论坛的诸多理论成果中就有由台湾佛光大学龚鹏程教授所著的《饮食文明的宗教伦理冲突》。全文分为禁食与不禁食、禁什么食、荤素之争、伦理冲突、戒杀放生、圣物秽净、求同存异共七大部分，以小见大，从人类生活的小方面——各宗教的饮食方式来分析国际政治经济之间冲突的深层宗教文化因素。

随着经济全球化的影响，饮食文化的交流也在更大的、更为广阔的层面上展开。尤其是20世纪80年代以来，以迅雷不及掩耳之势席卷中国的“西餐”，更是对中国传统的饮食文化提出了强有力的挑战。20世纪80年代，以肯德基和麦当劳为代表的西式快餐店先是在北京叩开大门，即成摧枯拉朽之势，席卷全国，势不可挡。20多年的快餐热不仅造就了一个庞大的“快餐族”消费群体，而且还形成了颇具特色的中国式的“快餐文化”。“快餐文化”反过来又对中国传统的饮食业、饮食文化及消费者产生了重要影响。漂亮、干净、舒适的就餐环境，悦耳的轻音乐，一尘不染的洗手间，这些都代表新的餐饮服务理念，吸引着越来越多的年轻人，他们不只吃个味，更重要的是享受星级服务。快餐已经成为人们体会西方文化的一个重要场所。在食品市场五光十色的食品中，相当数量的食品是舶来品或中西合璧的新鲜物，大大饱了人们的口福。至于饮料市场，则更是目不暇接，进口的、合资的、引进技术生产的等，数不胜数。随着食品文化的交流，西方现代生活中必不可少的快餐店、酒吧、冷热饮店，也在我国大小城镇乃至乡村集贸市场应运而生。

西式快餐的确给我们的饮食习惯带来了新的风尚、口味和格调，但也带来了对传统食品业、食品文化的冲击，以及国人合理均衡膳食的问题。所有这些使得我国的食品文化市场空前活跃和繁荣起来，人们的饮食结构也发生了显著变化。但是另一方面的问题，如儿童的性早熟引起了社会的广泛关注。医学界人士指出，洋快餐是导致性早熟的“元凶”之一。洋快餐含有嫩肉成分的物质，可导致性早熟。而维持孩子健康的关键是均衡饮食，应多吃蛋白质，少吃脂肪和糖类丰富的食品，避免高糖、高脂肪、高热量的饮食。北京儿童医院内分泌科张美和主任医师说：“我国儿童性早熟从上世纪70年代到80年代初出现，近10年来出现迅速增长。”

现在一般家庭动物性食物的消费量已超过了谷类的消费量。这种“西方化”或“富裕型”的膳食提供的能量和脂肪过高，而膳食纤维过低，对一些慢性病的预防不利。这一切表明，新的形势向中国饮食文化研究提出了新的任务。食品文化研究必须做出回应，必须将研究的重点定位于人民大众和现实生活这两个基点，而且它的理念和价值坐标是指向科学和进步，也就是说，它是以批判继承的态度对自己的既往生活进行合理取舍，并以开拓创造面对现实和未来的。这是中国饮食文化研究的战略性重点转移，它表明事业的深入、健康，表明研究队伍思想、理论的成熟。这是中华民族饮食文化事业之福，是中国人民民生之福。

随着科技的迅速发展和经济的高度发展，人们的饮食观念也随之转变，进而对自己的饮食提出新的更高的时代要求。食品文化呈现出前所未有的丰富、活跃、更新、发展趋势，人们不仅希望吃到美味可口、营养丰富、快捷方便、风味多样、科学安全、功能有效的食品，而且对饮食生活开始更新观念的审视。中国食品文化研究领域将不断拓宽，既不会宥于某一或某些领域的事象层面，也不会仅仅局限于单纯的“弘扬”，一定会在人类饮食文明和民族食品文化的历史存在与发展结构中透视和探究民族食生产、食生活、食品文化更丰富的内涵；不仅注视食事的昨天，更会注重今天和明天。

思考题

1. 食品文化的研究方法有哪些？
2. 食品文化研究中存在的主要问题有哪些？
3. 食品文化研究的发展趋势如何？

参考文献

[1] 赵荣光.《中国饮食文化概论》. 北京：高等教育出版社，2003.
[2] 徐兴海.《食品文化概论》. 南京：东南大学出版社，2005.
[3] 赵霖，赵和，鲍善芬.《中国人的科学饮食》. 海口：南海出版社，2002.
[4] 王昕，李建桥，吕子珍.《饮食健康与食品文化》. 北京：化学工业出版社，2003.
[5] 王春阳.《中国传统吉礼的产生及其构建动因抉微》[J]. 阿坝师范高等专科学校学报，2007，24 (4)：23-26.
[6] 马兴，尧舜.《时代制度文明略论》[J]. 学习与探索，2006，4：159-161.
[7] 贾奋然.《六朝文体与儒家礼教文化》[J]. 孔子研究，2003，(5)：35-42.
[8] 顾希佳.《礼仪与中国文化》[M]. 北京：人民出版社，2001：167.
[9] 侯军.《论认知域》. 南京政治学院学报，2006，22 (126)：28-32.
[10] 贺雯.《认知方式研究的进展》. 心理科学，2001，24 (5)：631-632.
[11] 潘笃武.《认知科学的内容和发展》. 自然杂志，2006，28 (2)：116-119.
[12] 曾寅初，夏薇.《消费者对绿色食品的认知水平及其影响因素——基于北京市消费者调查的分析》. 消费经济. 2006，2：61-71.
[13] 杨健，李秀根，王龙.《绿色食品的生产要求与绿色食品标准》. 山西梨树，2007，2 (116)：38-40.
[14] 张丽霞，刘慧.《转基因生物安全性新探》. 安徽农业科学，2007，35 (3)：678-679.
[15] 杨萍，高伟.《转基因食品及其安全性》. 农业与技术，2005，25 (2)：139-141.
[16] 徐少华. 中国酒与传统文化 [M]. 北京：中国轻工业出版社，2003.
[17] 徐兴海，袁亚莉. 中国食品文化文献举要 [M]. 贵阳：贵州人民出版社，2005.
[18] 徐兴海主编. 中国食品文化论稿 [M]. 贵阳：贵州人民出版社，2005.
[19] 阴法鲁等. 中国古代文化 [M]. 北京：北京大学出版社，1991.
[20] 张岱年，方克立主编. 中国文化概论 [M]. 北京：北京师范大学出版社，2002.
[21] 周谷城. 中国通史 [M]. 上海：上海人民出版社，2005.
[22] 赵红群. 世界饮食文化 [M]. 北京：时事出版社，2006.
[23] 赵荣光，谢定源. 饮食文化概论 [M]. 北京：中国轻工业出版社，1999.
[24] 王利器主编. 史记注译 [M]. 西安：三秦出版社，1988.
[25] 王学泰. 中国饮食文化史. 桂林：广西师范大学出版社，2006.
[26] 熊四智主编. 中国饮食诗文大典 [M]. 青岛：青岛出版社，1995.
[27] 徐海荣主编. 中国饮食史 [M]. 北京：华夏出版社，1999.
[28] 陶文台. 中国烹饪史略 [M]. 南京：江苏科学技术出版社，1983.
[29] 汤一介主编. 中华文化通志 [M]. 上海：上海人民出版社，1998.
[30] 任百尊. 中国食经 [M]. 上海：上海文化出版社，1997.
[31] 邱庞同. 中国烹饪古籍概述 [M]. 北京：中国商业出版社，1989.
[32] 孔子等著. 四书五经·礼记 [M]. 兴华等译. 北京：昆仑出版社，2001.
[33] 梁石，梁栋编著. 中国古今巧对妙联大观 [M]. 北京：中国文联出版公司，1990.
[34] 梁羽生. 名联趣谈 [M]. 上海：上海古籍出版社，1993.
[35] 何宏. 中外饮食文化 [M]. 北京：北京大学出版社，2006.
[36] 姜若愚，张国杰. 中外民族民俗 [M]. 北京：旅游教育出版社，1991.
[37] 杜莉，孙俊秀，高海薇等. 筷子与刀叉——中西饮食文化比较 [M]. 成都：四川科学技术出版社，2007.

[38] 巴兆祥．中国民俗旅游［M］．福州：福建人民出版社，2006．
[39] 邓永进，薛群慧，赵伯乐．民俗风情旅游［M］．昆明：云南大学出版社，1997．
[40] 姚淦铭．先秦饮食文化研究［M］．贵州：贵州人民出版社，2005．
[41] 王仁兴．中国年节食俗［M］．北京：中国旅游出版社，1987．
[42] 王仁兴．中国饮食民俗学［M］．北京：中国展望出版社，1983．
[43] 艾君主编．中国年［M］．北京：中国建材工业出版社，2005．
[44] 万建中．民间文学引论［M］．北京：北京大学出版社，2006．
[45] 张晶主编．论审美文化［M］．北京：北京广播学院出版社，2003．
[46] 韩养民，韩小晶．中国风俗文化导论［M］．西安：陕西人民出版社，2002．
[47] 赵东玉．中国传统节庆文化研究［M］．北京：人民出版社，2002．
[48] 郭泽民，许高瑜．色彩斑斓的外国节日［M］．成都：四川人民出版社，1990．
[49] 庄维汉，陈理．世界风情大观［M］．北京：北京出版社，1992．